New Wun Ching Developmental Publishing Co., Ltd.

New Age · New Choice · The Best Selected Educational Publications—NEW WCDP

第5版 *Fifth Edition*

水質分析

檢測及實驗 技能檢定

陳昌佑 編著

本書為勞動部勞動力發展署下水道設施操作維護職類水質檢驗技能檢定量身
訂做的專書，內容涵蓋技能檢定「學科」及「術科」考試範圍

 Water Quality Analysis & Experiment

國家圖書館出版品預行編目資料

水質分析檢測及實驗/陳昌佑編著. -- 五版. -- 新北市：
新文京開發出版股份有限公司, 2021.08
面；　公分

ISBN　978-986-430-762-3（平裝）

1. 水　2. 分析化學　3. 實驗

345.112　　　　　　　　　　　　　　　110013095

水質分析檢測及實驗（第五版）　　　　　（書號：B203e5）

編 著 者	陳昌佑
出 版 者	新文京開發出版股份有限公司
地　　址	新北市中和區中山路二段 362 號 9 樓
電　　話	(02) 2244-8188（代表號）
Ｆ Ａ Ｘ	(02) 2244-8189
郵　　撥	1958730-2
初　　版	西元 2004 年 01 月 20 日
二　　版	西元 2011 年 08 月 25 日
三　　版	西元 2016 年 08 月 15 日
四　　版	西元 2018 年 08 月 01 日
五　　版	西元 2021 年 09 月 10 日

五版序
PREFACE

Water Quality Analysis &
Experiment

　　水質分析的技術，在環境工程上的應用相當廣泛，除了可利用來檢測給水與污水中水質的指標，也是環保法規中對水質標準判定的依據，並可權充化學實驗的精進演練，並作為勞動部勞動力發展署技能檢定中心的水質檢驗技術士證照檢定的參考，因此本書在撰寫及歷次修訂，即是朝向這個方向來編撰。本書為參考國內外相關水質分析標準方法，結合實務分析與實驗編著而成。全書共分為四大部分。第一部分為實驗室規範，介紹實驗室中器材、藥品及正確的使用觀念；第二部分涵蓋了實驗課堂設計，並有習題，利於教師的教學與演練；第三部分則包含與水質分析相關證照的資料與題庫；第四部分則為關於水質分析的相關法規及應用，方便專業人士及研習者查詢。本書的內容適合大專院校相關科系學生修習，以及有志考取水質相關證照之讀者進修之用。

　　本次修訂水質分析及實驗的內容，主要是將第七章的水質分析實驗內容作增訂，除加入環保署最新公告的檢測方法，並以 QR Code 附在每個實驗中便於即時線上查閱，此次修正的實驗內容包括 7-3 水中 pH 值測定；7-9 水中溶氧檢測；7-11 水中化學需氧量檢測。每個實驗內容設計成實驗報告的型式，方便使用者能直接將實驗結果及問題回答填寫於版面內，也便於教師批閱作業。第五章為水質檢驗能取得之相關證照類別的說明，內容都已更新至 2021 年之最新規範，便於使用者能藉由本書參考證照考試的要件，第六章為與水質相關法規之公告（已更新至 2021 年），並附上技檢中心的 2021 年最新考古題，以期使用者能將本書作為學習及參考的利器，並於最新法規中置入 QR Code，方便使用者能利用智慧手機掃瞄，即時上網查詢。

　　本書付梓，若有遺漏或誤謬之處，請不吝指正。

陳昌佑　謹識於

弘光科技大學　環境與安全衛生工程系

MEMO

🧪 實驗進度表

日 期	周 次	實驗名稱	作業成績	備 註
			實驗進度表	

MEMO

目錄
CONTENTS

水質實驗室
工作守則

Chapter

01

Water Quality Analysis &
Experiment

水質分析實驗，除一般觀測方式的檢測外，絕大部分的實驗都涉及化學變化，因此在檢測過程中必須遵守一般實驗的規則，並要注意實驗過程中的細節，因為檢測項目都涉及環境法規中的檢測標準，稍有不慎就可能產生錯誤而導致水樣檢測不合格。

1-1　實驗室一般規則

1. 留長頭髮需束起，並將頭髮後梳，以免影響視線及造成實驗干擾。

2. 在實驗進行中沒戴眼鏡者或佩戴隱形眼鏡者必須戴安全護目眼鏡。

3. 進行實驗時，應穿合身的實驗衣。袖子的寬緊需適宜，太緊則妨礙行動的靈活，太鬆則袖口易沾染化學藥品及將桌面之器皿掃落地面。

4. 穿著實驗衣宜穿著長褲，棉質衣褲容易受酸鹼液體噴濺後破損。

5. 不可穿著涼鞋及拖鞋以免無法徹底保護腳部，以策安全。應穿能包覆腳部的鞋子，以防止實驗過程不慎滴落的藥劑灼傷腳部。

6. 搬運或使用高度腐蝕性之酸、鹼或其他化學品時，應戴橡皮、neoprene 或 vinyl 手套。

7. 處理熱燙的物品時，應戴隔熱手套，取拿高溫爐的物品時，可用長臂夾取出。

8. 不可靠近、觸摸運轉中之馬達、幫浦、輸送帶等動力機械，若要檢查反常現象，必先關閉電源停止操作。

9. 實驗室內禁止從事與實驗無關之活動及工作，更不可互相打鬧。

10. 勿在實驗區內吃東西，以免疏忽而導致食物污染而致病。

11. 實驗過程中，切勿帶入飲料瓶或飲水，因水與許多藥劑都為無色，常因分心而隨手取用而誤飲。

12. 嚴禁吸菸。

13. 實驗進行中不可追逐嬉戲。

14. 實驗前先做好預習工作以避免可能發生的危險。

15. 未經允許，不可擅自取用他人實驗室之器材設備。

16. 未經許可，不可進行要求以外的實驗。

17. 離開實驗室時，必檢查水、電及瓦斯等是否關好；不需繼續開啟之儀器設備，應予關掉以策安全。

18. 養成「預知危險」的習慣。

19. 養成實驗後洗手的好習慣。

20. 實驗室要準備安全資料表（SDS Safety Data Sheet。）以供查閱。

 ## 1-2 實驗室儀器設備使用規則

1. 嚴禁擅自攜出實驗室器材、儀器及使用手冊。

2. 嚴禁擅拿他組器材。

3. 實驗室使用後，各類元件需回歸原位，並將桌椅排好，以維護實驗室整潔；儀器及電腦需確實關閉。

4. 各實驗室助理人員，於實驗室使用過後，需確實檢查各儀器狀況。

5. 所有儀器設備均應依手冊規定之步驟開機及關機。

6. 使用儀器之前應詳加考慮所作之實驗是否會造成污染或危險，若有不確定之處應請教教師或助理。

7. 實驗室所定之儀器設定狀況非經特殊之申請許可不得任意改變原有之設定。

8. 儀器使用狀況請詳加記錄。

9. 凡儀器操作不當以致造成污染或損壞者應儘速報告，若有故意隱瞞一經查獲將加重處分。

10. 儀器使用完畢應依規定加以清潔。

11. 未經核准前，不得自行操作實驗室內之儀器設備。

1-3　水質實驗室工作守則

　　水質分析實驗室有別於一般化學或物理實驗室，為使所有進入實驗室之相關人員都能遵循，並安全無虞地進行實驗，特別建立水質實驗室工作守則，本實驗室工作守則包括：實驗前準備工作、實驗中注意事項、實驗後處理工作以及值日組職責等四部分，請熟讀後簽名：

實驗前準備工作	
1. 有充足的事前準備，就能避免實驗過程的錯誤，因此實驗進行之前應先預習實驗內容，熟讀實驗原理與步驟、並瞭解實驗中使用之儀器、設備與試劑。	
2. 實驗前各組應先花一些時間去思考是否了解實驗內容，確定了解如何進行後再開始動手，避免因性急而有危險的步驟出現。	
3. 實驗時，各組組長應妥善分配每一位組員工作，並於時間內完成。	
4. 實驗前應熟悉可能發生的意外以及緊急應變措施與安全防護措施。	
5. 初學者或對不熟悉的實驗，應有老師或助理在旁指導，並應隨時詢問。	
實驗中注意事項	
衣著	(1) 進入實驗室時必須穿著長及膝蓋實驗衣，以避免直接受化學藥劑的噴濺。 (2) 實驗衣的袖子宜寬緊適宜，避免太緊妨礙行動之自由，而太鬆則會掃到周圍之器皿或設備而發生危險事故。 (3) 留長髮者應適當紮綁或束起，以防操作時引火燃燒。 (4) 勿穿著涼鞋、拖鞋或露出腳趾的鞋子，以免無法保護腳部。
秩序	實驗室禁止飲食、吸菸、喧嘩嬉鬧及追逐等行為，以避免危險。
整潔	(1) 實驗室應隨時保持整潔。 (2) 實驗前應先將實驗室桌面與操作檯清理乾淨，不要將書本或雜物堆滿桌面；並徹底洗淨雙手（如有必要應戴上手套）。 (3) 微生物實驗時，應以 70%消毒酒精噴灑手部（手套）及桌面（操作檯）。
操作步驟	實驗應依照實驗步驟進行，如不明瞭，務必先詢問老師或助理，以免發生危險。
實驗器材	(1) 實驗器材應避免操作不當。 (2) 實驗用之所有器材未經老師或助理許可，嚴禁攜出實驗室外。 (3) 玻璃器皿易破碎，操作時應小心使用，避免產生割傷，若有破裂之器皿應另外放置到收集處後丟棄。

實驗中注意事項	
儀器 使用	須熟悉儀器的原理及操作方法，並按照儀器之操作步驟正確執行。
試藥	(1)　實驗時一定要看清楚所用的試藥是否正確。 (2)　稱試藥時，應先將秤紙置於電子天平上歸零，再以秤藥杓取適量試藥置於電子天平上量秤。 (3)　量取試劑時，先以燒杯取出，取出之試劑，絕對不能再倒回藥瓶內。 (4)　掉落在桌上的試藥不可用水沖洗至水槽，必須倒回分類廢液桶中。 (5)　桌面上若有藥劑滴落，使用抹布擦拭前，必須先戴上手套。 (6)　取用藥瓶中的藥劑，須先倒入燒杯等器皿中再使用，切勿將移液管直接插入藥瓶中取用，以免污染藥劑。
標示 清楚	(1)　實驗過程應於所有使用容器上詳細標明班級、組別與實驗日期 (2)　以器皿盛裝或配製之化學試劑，更應清楚標明品名，切勿因偷懶或疏忽而發生憾事。
記錄	(1)　實驗過程應詳加記錄實驗結果以及實驗過程任何異常現象，並於實驗報告中進行討論。 (2)　記錄實驗數據前，應詳細了解該實驗所需記錄的數據，並事先規劃好記錄表格，以免因疏忽而遺漏。 (3)　記錄數據時最好由同一人擔任，可減低因記錄慣性不同所造成的誤差。 (4)　記錄數據時應詳實，切勿偽造或塗改數據。
安全 考量	(1)　實驗過程中若發生割傷、燙傷等意外時，應鎮靜處理並立即通知老師或助理。 (2)　當有化學藥劑不慎濺入眼睛時，應立即利用實驗室的緊急淋浴設備大量清水沖洗眼球，先將眼瞼撐開；一面沖水，一面轉動眼球；沖水後，再送醫急救。

實驗後處理工作
1. 實驗後的器材與儀器應儘速清理乾淨並歸回原位。
2. 實驗後之廢液，應按照分類，並倒入廢液收集桶中。
3. 實驗結束後，應關閉所有不用之電源。
4. 離開實驗室前請徹底洗淨雙手。
5. 事後的結果觀察務必親自出席，仔細觀察其結果並確實記錄，不可抄襲別組之數據。

值日組職責
1. 實驗前檢查實驗器材與儀器是否能正常使用。
2. 實驗中負責器皿及設備的補充。
3. 離開實驗室時水電之總檢查及環境的清理。
4. 負責歸還設備與器材。
5. 實驗教室的清潔及垃圾的傾倒。
6. 完成老師或助理臨時交辦之事項。
7. 逐項填寫實驗室清點檢核表，並請助教或老師確認後方可離開。
我熟知上述工作項目及注意事項，並確實遵守及執行。

請熟讀後簽名：_____　　　　　老師確認：_____

 1-4　實驗器皿管理及清洗

 1-4-1　器皿的存量

　　為了應付實驗室一般的使用，器皿的存量必須充足以應付正常所需，一般的存量可以如表 1-1 所示。

■ 表 1-1　實驗室器皿存量

名　稱	規　格	材　質	數　量	單　位
酒　精　燈		玻璃		個
漏　斗	4 cm	玻璃		個
漏　斗	7 cm	玻璃		個
量　筒	100 mL	玻璃		支
量　筒	500 mL	玻璃		支
量　筒	250 mL	玻璃		支
量　筒	50 mL	玻璃		支
量　筒	10 mL	玻璃		支
錐　形　瓶	500 mL	玻璃		個
錐　形　瓶	250 mL	玻璃		個
錐　形　瓶	125 mL	玻璃		個

■ 表 1-1　實驗室器皿存量（續）

名　　　稱	規　　格	材　　質	數　　量	單　　位
納　氏　管	100 mL	玻璃		支
納　氏　管	50 mL	玻璃		支
燒　　　杯	1 L	玻璃		個
燒　　　杯	500 mL	玻璃		個
燒　　　杯	250 mL	玻璃		個
燒　　　杯	100 mL	玻璃		個
燒　　　杯	50 mL	玻璃		個
燒　　　杯	25 mL	玻璃		個
量　　　瓶	1000 mL	玻璃		支
量　　　瓶	500 mL	玻璃		支
量　　　瓶	250 mL	玻璃		支
量　　　瓶	200 mL	玻璃		支
量　　　瓶	100 mL	玻璃		支
量　　　瓶	50 mL	玻璃		支
量　　　瓶	10 mL	玻璃		支
移　液　吸　管	5 mL	塑膠		支
移　液　吸　管	10 mL	塑膠		支
移　液　吸　管	20 mL	塑膠		支
移　液　吸　管	25 mL	塑膠		支
移　液　吸　管	1 mL	玻璃		支
移　液　吸　管	2 mL	玻璃		支
移　液　吸　管	3 mL	玻璃		支
移　液　吸　管	5 mL	玻璃		支
移　液　吸　管	10 mL	玻璃		支
移　液　吸　管	20 mL	玻璃		支
移　液　吸　管	25 mL	玻璃		支
移　液　吸　管	50 mL	玻璃		支
吸　量　管	0.1 mL	玻璃		支
吸　量　管	0.2 mL	玻璃		支
吸　量　管	0.5 mL	玻璃		支

■ 表 1-1　實驗室器皿存量（續）

名　　　稱	規　　格	材　　質	數　　量	單　　位
吸　量　管	1 mL	玻璃		支
吸　量　管	2 mL	玻璃		支
吸　量　管	5 mL	玻璃		支
吸　量　管	10 mL	玻璃		支
吸　量　管	20 mL	玻璃		支
吸　量　管	25 mL	玻璃		支
三　角　架	50 mL	鐵		個
滴　定　管		玻璃		支
定量滴定器	2 L	鐵		套
滴定管架		陶瓷		個
抽氣錐形瓶	1 L	木		支
布氏漏斗		玻璃		支
試管架	40 孔	玻璃		個
分液漏斗架	雙孔	玻璃		架
廣　口　瓶	1000 mL	玻璃		支
廣　口　瓶	500 mL	玻璃		支
廣　口　瓶	250 mL	玻璃		支
廣　口　瓶	100 mL	玻璃		支
採　樣　瓶	100 mL	P.E.		支
採　樣　瓶	500 mL	P.E.		支
採　樣　瓶	250 mL	P.E.		支
分液漏斗	100 mL	玻璃		支
分液漏斗	500 mL	玻璃		支
分液漏斗	250 mL	玻璃		支
分液漏斗	50 mL	玻璃		支
BOD 瓶	300 mL	玻璃		支
COD 瓶	140 mL	玻璃		支
凱　氏　瓶	1000 mL	玻璃		支
凱　氏　瓶	800 mL	玻璃		支
凱　氏　瓶	500 mL	玻璃		支

■ 表 1-1 實驗室器皿存量（續）

名　　稱	規　　格	材　　質	數　　量	單　　位
脂 肪 萃 取 器		玻璃		支
玻 璃 乾 燥 器	大	玻璃		雙
玻 璃 乾 燥 器	中	玻璃		台
蒸 氣 皿	6 cm	陶瓷		個
蒸 氣 皿	9 cm	陶瓷		個
蒸 氣 皿	11 cm	陶瓷		個
坩 堝	3 cm	陶瓷		個
坩 堝	4 cm	陶瓷		個
坩 堝	5 cm	陶瓷		個

 1-4-2 一般水質實驗室常見的實驗玻璃器皿

　　由於水質分析實驗與一般的實驗室所用的器材稍有不同，見圖 1-1 所示為水質實驗室所需要使用之玻璃器皿。

 **1-4-3 器皿的清洗**

　　清洗玻璃器皿並非一件困難的工作，但想要將玻璃器皿清洗乾淨卻必須有一公式化的清洗方法及步驟，才能確實合乎實驗室的需要達到無干擾物的要求。

1. 無機分析用玻璃器皿：

(1) 一般常量分析（待測物濃度在 1%以上）用玻璃器皿。

① 以自來水和洗潔精沖洗。

② 以自來水充分沖洗。

③ 以 1：1 之 HCl 或洗液($H_2SO_4/K_2Cr_2O_7$)潤濕。

④ 以自來水充分沖洗。

⑤ 以去離子水潤濕三遍以上。

⑥ 放置自然乾燥。

(2) 特別髒及次常量分析（待測物濃度為 100 mg/L～1%）用玻璃器皿。

① 以自來水和洗潔精沖洗。

② 以自來水充分洗淨。

③ 以 1：1 之 HCl 或洗液($H_2SO_4/K_2Cr_2O_7$)浸泡至少一小時以上。

④ 以自來水充分沖洗。

A. 吸管

B. 滴定管

C. 蒸發皿

D. 寬口瓶

E. 燒杯

F. 圓底燒瓶

G. 乾燥器

H. 三角錐瓶

I. 培養皿

J. 細口瓶

K. 高腰燒杯

L. 真空乾燥器

M. COD 瓶

N. 漏斗

O. 分液漏斗

P. T型聯接管

Q. 滴瓶

R. 冷凝管（迴流管）

S. 試管

T. 刻度量筒

U. 定量瓶

V. BOD 瓶

W. 洗滌瓶

X. 刻度吸管
　（移液管，pipet）

Y. 球型吸管

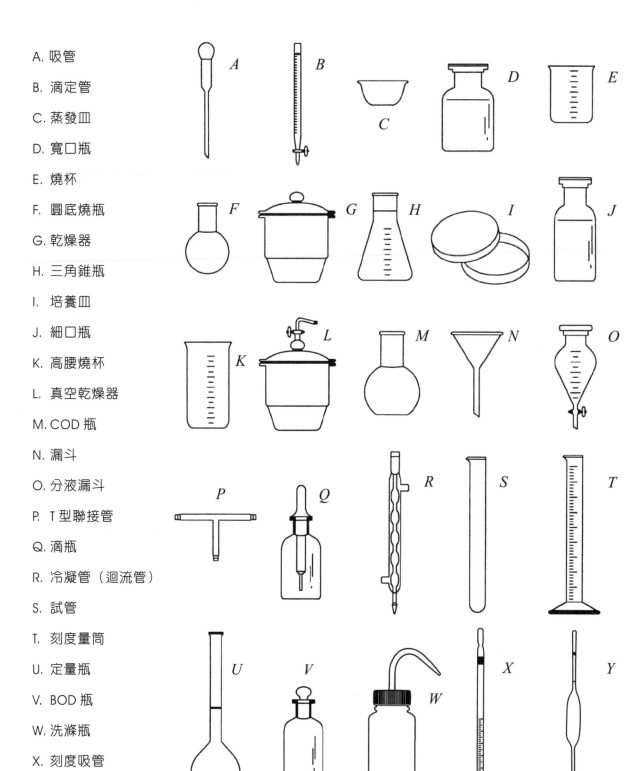

■ 圖 1-1　水質分析用玻璃器皿

⑤ 以去離子水潤濕三遍以上。

⑥ 放置自然乾燥。

(3) 微量分析（待測物濃度為 1～10 mg/L）用玻璃器皿。

① 以自來水充分洗淨。

② 在抽風櫃中以 7N HNO₃ 浸泡數天。

③ 二次蒸餾水沖洗數天。

④ 放置乾淨抽氣櫃中自然乾燥。

(4) 無塵室中超微量分析（待測物濃度為 10 mg/L 以下）用玻璃器皿。

① 7N，HNO₃ 中浸漬一天。

② HNO₃ 蒸氣沖洗 6 小時。

③ Sub-boiling 水沖洗數次。

④ 二次蒸餾水蒸氣沖洗數次。

⑤ 放置大型 Teflon 盤中自然乾燥。

2. 有機分析用玻璃器皿：

(1) 一般玻璃器皿：盛水溶性物之玻璃器皿。

① 以熱水或冷水洗滌。

② 以蒸餾水沖洗。

③ 以丙酮沖洗。

④ 烘乾。

(2) 一般玻璃器皿：盛非水溶性或難以清洗物質之玻璃器物。

① 依物質之性質，選擇以清潔劑、有機溶劑、重鉻酸鹽清洗液，硝酸或王水浸泡 15～30 分鐘。

② 以熱水或冷水洗滌。

③ 以蒸餾水沖洗。

④ 以丙酮沖洗。

⑤ 烘乾。

(3) 一般玻璃器皿：盛含油脂物質之玻璃器皿。

① 以丙酮或熱氫氧化鈉溶液浸泡 10～15 分鐘。

② 以清潔劑洗滌。

③ 以熱水或冷水洗滌。

④ 以蒸餾水沖洗。

⑤ 以丙酮沖洗。

⑥ 烘乾。

3. 有機污染物分析用玻璃器皿：

(1) 一般用玻璃器皿。

① 以最後使用之溶劑清洗。

② 以熱水或冷水清洗。

③ 以重鉻酸鹽清洗液浸泡 15～30 分鐘。

④ 以熱水或冷水洗滌。

⑤ 以蒸餾水沖洗。

⑥ 以丙酮沖洗。

⑦ 烘乾或陰乾。

⑧ 以鋁箔封口。

(2) 計量容器。

① 以最後使用之溶劑清洗。

② 以熱水或冷水清洗。

③ 以重鉻酸鹽清洗液浸泡 15～30 分鐘。

④ 以熱水或冷水洗滌。

⑤ 以蒸餾水沖洗。

⑥ 以丙酮沖洗。

⑦ 陰乾。

⑧ 以鋁箔封口。

4. 清洗液配製：

(1) 重鉻酸鹽清洗液。

① 取 35 mL 蒸餾水溶入飽和量之重鉻酸鉀。

② 將 1L 濃硫酸緩慢倒入上述溶液。

③ 靜置 15 分鐘。

(2) 鹼性清洗液配製。

① 於 1L 水中溶入 30g NaOH，4g sodium hexametaphos-phosphate，8g trisodiumophosphate。

② 加 1～2g sodium lauryl sulfate。

③ 均勻攪拌後即可使用。

5. 高分子組成分析用玻璃器皿：

(1) 萃取瓶及濃縮瓶部份。

① 先以 15 mL $CHCl_3$ 洗掉可能殘留之萃取物。

② 倒出 $CHCl_3$。

③ 放入超音波振盪器以泡沫水振盪 30～40 分鐘。

④ 取出，沖洗掉泡沫。

⑤ 再放入超音波振盪器以清水振盪 20 分鐘。

⑥ 取出，再以清水沖洗。

⑦ 再以蒸餾水沖洗。

⑧ 放入高溫爐中以 105℃ 烘乾兩小時。

(2) 萃取杯部份。

① 將萃取杯集中放於大燒杯內。

② 倒入 $CHCl_3$，以超音波振盪 0.5 小時。

③ 倒出 $CHCl_3$，加入泡沫水，以超音波振盪 30 分鐘。

④ 倒出泡沫水，以清水沖洗。

⑤ 加入清水，再放入超音波振盪器中振盪 20 分鐘。

⑥ 取出，再以清水沖洗。

⑦ 再以蒸餾水沖洗，放入高溫爐中以 105℃ 烘乾兩小時。

 1-5 實驗室藥品管理

 **藥品訂購及貯存**

1. 藥品於每學期末提出申請下學期之用藥，庫存量需依使用量仔細評估。

2. 藥品均需存放於指定之藥品櫃或冰箱內。

3. 液體藥品以不置高為原則。

4. 易燃、毒性等應管制之藥品，放置於科上之抽氣藥品櫃中集中管理。

5. 部份化學品應儲存於冰箱中，包括：

   (1) 沸點低於 30℃ 之有機液態微量包裝者。

   (2) 外購之 1000 ppm 標準品。

   (3) 需以冷藏之標準品或指明需冷藏之化學品。

   (4) 過氧化氫水溶液、次氯酸鈉及硫化鈉。

1-5-2 藥品的使用規定

1. 將藥品（包括試藥、溶劑、標準品及指示劑）的名稱、等級、存放位置及數量等資料建檔備查。

2. 藥品驗收後即貼上標籤以標示購入日期，並依適當方法妥善存放。

3. 拆封後若未能用畢則需標明拆封日期。

4. 使用時應注意購入日期，並以先買先用為原則。

5. 危險性高的藥品應註明，並於使用時提醒學生，若對化學品之毒性有疑問則可查閱「危害性化學物質災害緊急處理手冊」或參考各實驗室牆壁所列之化學品性質標示圖。

6. 注意藥品使用期限，可在製造廠商標示有效期間內使用，若無標示有效期限，則以五年為有效期。超出有效期限之藥品，則視為廢棄物交由原藥品商或廢棄物代處理公司處理之。

7. 絕不能將任何取出過量的藥品或試劑溶液放回瓶中，以免污染整瓶之藥品。

8. 不能將匙子、勺子或刀子置入藥品或試劑瓶中，取出藥品時先搖動有蓋之瓶子使內容物鬆動，然後傾出所需的量，若無法將瓶內物質倒出時，則可使用一支乾淨的瓷匙子取出。

9. 實驗室使用之藥品含「工業級」、「試藥特級」、「GR 級」、「標準品」及「光譜級」。實驗室用標準品可直接購自市售標準溶液或購買分析級試藥配製之。

10. 藥品使用後應儘速歸於原位。因本實驗室使用之藥品置於藥品室中，集中管理，藥品櫃平常均上鎖，以加強藥品之管理。

1-5-3 實驗室藥品之存量

實驗室的藥品須有安全存量，其藥品存量之建議可參照表 1-2 所示。

■ 表 1-2　實驗室藥品之存量參照表

英　　文　　名	中文名	化　　學　　式	數量	單　位	存放區	備　註
Aluminium Chloride	氯化鋁	$AlCl_3 \cdot 6H_2O$		500g/瓶		
Aluminium Hydroxide	氫氧化鋁	$Al(OH)_3$		500g/瓶		
Aluminium Nitrate	硝酸鋁	$Al(NO_3)_3 \cdot 9H_2O$		500g/瓶		
Aluminium Potassium Sulfate	硫酸鋁鉀	$K_2Al_2(SO_4)_2 \cdot 24H_2O$		500g/瓶		又名鉀明礬
Ammonium Acetate	醋酸銨	CH_3COONH_4		500g/瓶		
Ammonium Bicarborate	碳酸氫銨	NH_4HCO_3		500g/瓶		
Ammonium Carbonate	碳酸銨	$(NH_4)_2CO_3$		500g/瓶		
Ammonium Chloride	氯化銨	NH_4Cl		500g/瓶		
Ammonium Metavanadate	釩酸銨	NH_4VO_3		500g/瓶		
Ammonium Molydate	鉬酸銨	$(NH_4)_6Mo_7O_{24} \cdot 4H_2O$		500g/瓶		
Ammonium Oxalate	草酸銨	$(NH_4)_2C_2O_4 \cdot H_2O$		500g/瓶		
Ammonium Phosphate, Dibasic	磷酸氫二銨	$(NH_4)_2HPO_4$	3	500g/瓶		
Ammonium Sulfate	硫酸銨	$(NH_4)_2SO_4$		500g/瓶		
Barium Acetate	醋酸鋇	$Ba(CH_3COO)_2$		500g/瓶		
Barium Chloride	氯化鋇	$BaCl_2 \cdot 2H_2O$		500g/瓶		
Barium Nitrate	硝酸鋇	$Ba(NO_3)_2$		500g/瓶		
Barium Acid	硼酸	H_3BO_3		500g/瓶		

■ 表 1-2　實驗室藥品之存量參照表（續）

英　文　名	中　文　名	化　學　式	數量	單　位	存放區	備　註
Calcium Carbonate, Precipitate	碳酸鈣	$CaCO_3$		500g/瓶		
Calcium Chloride, dihydrate	氯化鈣	$CaCl_2 \cdot 2H_2O$		500g/瓶		
Calcium Hydroxde	氫氧化鈣	$Ca(OH)_2$		500g/瓶		
Calcium Hypochloride	次氯酸鈣	$Ca(OCl)_2$		500g/瓶		
Calcium Nitrate	硝酸鈣	$Ca(NO_3)_2 \cdot 4H_2O$		500g/瓶		
Charcol, activated carbon	活性碳	C		500g/瓶		
Chromium Nitrate	硝酸鉻	$Cr(NO_3)_3 \cdot 9H_2O$		500g/瓶		
Cobalt Chloride Hecahydrate	氯化亞鈷	$CoCl_2 \cdot 6H_2O$		500g/瓶		
Cobalt Nitrate	硝酸亞鈷	$Co(NO_3)_2 \cdot 6H_2O$		500g/瓶		
Copper(II) Sulfate	硫酸銅	$CuSO_4 \cdot 5H_2O$		500g/瓶		
Dextrose, Arhudrous	葡萄糖	$C_6H_{12}O_6$		500g/瓶		
Dextrin	糊精	$(C_6H_{10}O_5)n$		500g/瓶		
Diatomaceous, Arhudrous	矽藻土	SiO_2		500g/瓶		
EDTA-2Na	四醋酸乙二胺二鈉鹽	$C_{10}H_{14}N_2O_8Na_2 \cdot H_2O$		500g/瓶		
Femic Ammonium Sulfate	硫酸銨鐵	$NH_4Fe(SO_4)_2 \cdot 12H_2O$		500g/瓶		
Femic Chlonde	氯化鐵	$FeCl_3 \cdot 6H_2O$		500g/瓶		
Femic Nitrate	硝酸鐵	$Fe(NO_3)_3 \cdot 9H_2O$		500g/瓶		
Femic Ammomium Sulfate	硫酸亞鐵銨	$FeSO_4(NH_4)_2SO_4 \cdot 6H_2O$		500g/瓶		
Femic Sulfate	硫酸亞鐵	$FeSO_4 \cdot 7H_2O$		500g/瓶		
Glutamic Acid	麩胺酸	$HOOCCH_2CH_2(NH_2)COOH$		500g/瓶		
Glyine	甘胺酸	NH_2CH_2COOH		500g/瓶		
Hydroxylammonium Chloride	鹽化羥胺	$NH_2OH \cdot HCl$		500g/瓶		

■ 表 1-2 實驗室藥品之存量參照表（續）

英　　　　　　　文　　　　　　　名	中 文 名	化　　　學　　　式	數量	單 位	存放區	備 註
Iodine	碘晶體	I_2		500g/瓶		
Iron(III) Chloride, 6-Hytrate	氯化鐵	$FeCl_3 \cdot 6H_2O$		500g/瓶		
Iron Ocide, Black	黑氧化鐵	Fe_3O_4		500g/瓶		磁鐵礦
Magnesium Bicarbonate	碳酸氫鎂	$Mg(HCO_3)_2$	1	500g/瓶		
Magnesium Chloride	氯化鎂	$MgCl_2 \cdot 6H_2O$	0	500g/瓶		
Magnesium Nitrate	硝酸鎂	$Mg(NO_3)_2 \cdot 6H_2O$	1	500g/瓶		
Magnesium Sulfate	硫酸鎂	$MgSO_4 \cdot 7H_2O$	13	500g/瓶		
Magnesium Sulfate	硫酸亞錳	$MnSO_4 \cdot H_2O$	24	500g/瓶		
Magnesium Chloride	氯化汞	$HgCl_2$		500g/瓶		有毒勿吸入
Manganese(II) Iodide, red	碘化汞	HgI_2		500g/瓶		碘化第二汞
Mercuric(II) Nitrate	硝酸汞	$Hg(NO_3)_2 \cdot nH_2O$		500g/瓶		
Mercury(II) Sulfate	硫酸汞	$HgSO_4$		500g/瓶		
Potassium Aluminum Sulfate	硫酸鋁鉀	$K_2Al_2(SO_4)_3 \cdot 24H_2O$		500g/瓶		
Potassium Bromide	溴酸鉀	$KBrO_3$		500g/瓶		
Potassium Bromide	溴化鉀	KBr		500g/瓶		
Potassium Chloride	氯化鉀	KCl		500g/瓶		
Potassium Chloride	氯酸鉀	$KClO_3$		500g/瓶		
Potassium Chloride	鉻酸鉀	K_2CrO_4		500g/瓶		
Potassium Dichromate	重鉻酸鉀	$K_2Cr_2O_7$		500g/瓶		
Potassium Femicyanide	鐵氰化鉀	$K_3Fe(CN)_6$		500g/瓶		赤血鹽
Potassium Femocyanide	亞鐵氰化鉀	$K_4Fe(CN)_6 \cdot 3H_2O$		500g/瓶		黃血鹽
Potassium Fluonide	氟化鉀	KF		500g/瓶		
Potassium Hysrogen Pthalate	鄰苯二甲酸氫鉀	$C_6H_4(COOK)(COOH)$		500g/瓶		

■ 表 1-2　實驗室藥品之存量參照表（續）

英　　文　　名	中文名	化　　學　　式	數量	單位	存放區	備註
Potassium Hydroxide	氫氧化鉀	KOH		500g/瓶		
Potassium Iolide	碘化鉀	KI		500g/瓶		
Potassium Nitate	硝酸鉀	KNO_3		500g/瓶		
Potassium Permanganate	過錳酸鉀	$KMnO_4$		500g/瓶		
Potassium Phosphate, Dibasic	磷酸氫二鉀	K_2HPO_4		500g/瓶		
Potassium Phosphate, monobasic	磷酸二氫鉀	KH_2PO_4		500g/瓶		
Potassium Sulfate	硫酸鉀	K_2SO_4		500g/瓶		
Potassium Iodate	碘酸鉀	KIO_3		500g/瓶		
Saccharose	蔗糖	$C_{12}H_{22}O_{11}$		500g/瓶		
Salicylic Acid	鄰羥基苯甲酸	$HO \cdot C_6H_4 \cdot COOH$		500g/瓶		水楊酸或柳酸
Sodium Acetate(Cry.)	醋酸鈉	$CH_3COONa \cdot 3H_2O$		500g/瓶		
Sodium Azide	疊氮化鈉	NaN_3		500g/瓶		
Sodium Arsenate, Dlibasic	砷酸氫二鈉	$Na_2HAsO_4 \cdot 7H_2O$		500g/瓶		
Sodium Arsenite	亞砷酸鈉	$NaAsO_2$		500g/瓶		吸入有毒！
Sodium Bicarbonate	碳酸氫鈉	$NaHCO_3$		500g/瓶		
Sodium Borate(Borax)	硼酸鈉	$Na_2B_4O_7 \cdot 10H_2O$		500g/瓶		
Sodium Carbonate, Anhydrous	碳酸鈉	Na_2CO_3		500g/瓶		
Sodium Chloride	氯化鈉	NaCl		500g/瓶		
Sodium Fluoride	氟化鈉	NaF		500g/瓶		
Sodium Hydroxide	氫氧化鈉	NaOH		500g/瓶		
Sodium Iodide	碘化鈉	NaI		500g/瓶		

■ 表 1-2　實驗室藥品之存量參照表（續）

英　文　名	中文名	化　學　式	數量	單位	存放區	備註
Sodium Lauryl Sulfate	硫酸月桂酯鈉	$C_{12}H_{25}NaO_4S$		500g/瓶		
Sodium Nitrate	硝酸鈉	$NaNO_3$		500g/瓶		
Sodium Nitrate	亞硝酸鈉	$NaNO_2$		500g/瓶		
Sodium Oxalate	草酸鈉	$Na_2C_2O_4$		500g/瓶		
Sodium phosphate, Dibasic 12 Hydrate	磷酸氫二鈉	$Na_2HPO_4 \cdot 12H_2O$		500g/瓶		
Sodium phosphate, Monobasic dihydrate	磷酸氫二鈉	$Na_2HPO_4 \cdot 2H_2O$		500g/瓶		
Sodium phosphate, Tibasic 12 Hydrate	磷酸鈉	$Na_3HPO_4 \cdot 12H_2O$		500g/瓶		
Sodium Salicylate	水楊酸鈉	$HOC_{16}H_4COONa$		500g/瓶		
Sodium Silicate solution	偏矽酸鈉溶液	40%g $Na_2Si_3O_7$		500g/瓶		水玻璃
Sodium Sulfate, Anhydrous	硫酸鈉	Na_2SO_4		500g/瓶		
Sodium Sulfide	硫化鈉	$Na_2S \cdot 9H_2O$		500g/瓶		
Sodium Sulfate, Anhydrous	亞硫酸鈉	Na_2SO_3		500g/瓶		
Sodium Thiosulfate	硫代硫酸鈉	$Na_2SO_3 \cdot 5H_2O$		500g/瓶		
Sodium Tartrate	酒石酸鈉	$C_4H_4Na_2O_6$		500g/瓶		
Starch soluble	可溶性澱粉	$(C_6H_{10}O_5)n$		500g/瓶		
Tin Chloride	氯化錫	$SnCl_4 \cdot 5H_2O$		500g/瓶		
Stannous Chloride	氯化亞錫	$SnCl_2 \cdot 2H_2O$		500g/瓶		
Strontium Nitrate Anbyrous	硝酸鍶	$Sr(NO_3)_2$		500g/瓶		
Salfamicure	磺胺酸	$HOSO_2 \cdot NH_3$		500g/瓶		
Tartaric Acid	酒石酸	$COOHCH(OH)CM(OH) \cdot COOH$		500g/瓶		

■ 表 1-2　實驗室藥品之存量參照表（續）

英　文　名	中 文 名	化　學　式	數量	單　位	存放區	備　註
Thioacetamide	硫代乙醯胺	CH_3CSNH_2		500g/瓶		疑致癌物，避免皮膚接觸
Zinc Chlonide	氯化鋅	$ZnCl_2$		500g/瓶		
Zinc Sulfate	硫酸鋅	$ZnSO_4 \cdot 7H_2O$		500g/瓶		
Bromopenil Blue	溴酚藍	$C_{19}H_{10}Br_4O_5S$		500g/瓶		
EDTA-Disodium Magnesium		$C_{10}H_{12}N_2O_8 \cdot 4H_2O$		25g/瓶		
Ferroin Solution	菲羅啉指示劑			100 mL/瓶		
Mercunic Oxide, red	氧化汞	HgO		500g/瓶		
Methyl blue	甲基藍	$C_{37}H_{27}N_3O_aS_3Na_2$		25g/瓶		
Methyl orange	甲基橙	$C_{14}H_{14}N_3NaO_3S$		25g/瓶		
Methyl red	甲基紅	$C_{15}H_{15}O_2N_3$		25g/瓶		
1.10-Phenanthrathrolin monohydrate		$C_{12}H_8N_2 \cdot H_2O$		25g/瓶		
Thymol Blue	瑞香草藍	$C_{25}H_{30}O_5S$		25g/瓶		
Xylene cyanol FF	氰二甲苯 FF	$C_{25}H_{27}N_2NaO_7S_2$		25g/瓶		
Solium Peroxide	過氧酸鈉	Na_2O_2		25g/瓶		
Mercuric Sulfate	硫酸汞	$HgSO_4$		25g/瓶		
Cobalt Chloride	氯化鈷(II)	$CoCl_2 \cdot 6H_2O$		25g/瓶		
N,N-Dimethyl-p-phenylenediamine Sulfate, anhydrous	無水 DPD 硫酸鹽			g		

■ 表 1-2 實驗室藥品之存量參照表（續）

英　　文　　名	中文名	化　　學　　式	數量	單　位	存放區	備註
Diphenylaminesulfonic acid barium salt	二苯基胺磺酸鋇			5g/瓶		
Diphenylaminesulfonic sodium salt	二苯基胺磺酸鈉	$C_{12}H_{10}NNaO_3S$		25g/瓶		
1,5-Diphenylcarbazone				g		
Diphenylcarbazone	二苯卡巴氮	$C_{13}H_{12}N_4O$		g		
s-Diphenylcarbazone				g		
Potassium Hydrogen Iodate	重碘酸鉀	$KH(IO_3)_2$		g		
Potassium Herachlorophatinate(IV)	氯鉑酸鉀	K_2PtCl_2		g		
Sulfacilic acid	磺胺酸對胺基塵磺酸	$NH_2C_6H_4SO_3H$		g		
Diphenycarbazide	聯苯二胺尿	$C_6H_5(NH)_2$		25g/瓶		
1,5-Diphenylcarhazide				25g/瓶		
Silbersulfate reinst	硫酸銀	Ag_2SO_4		1 1b/瓶		
Acetone	丙酮	$(CH_3)_2CO$		500g/瓶		
Chloroform	氯仿	$CHCl_3$	59	500g/瓶	L1	
Glycerin	丙三醇	$C_3H_5(OH)_3$		500g/瓶		甘油
Glycine solution	甘胺酸溶液	NH_2CH_2COOH		500g/瓶		
n-Hexane	正己烷	$CH_3(CH_2)CH_3$		500g/瓶		
Hydrochloric acid	鹽酸	HCl		1 1b/瓶		
Phosphoric acid	磷酸	H_3PO_4		1 1b/瓶		
Sulfunic acid	硫酸	H_2SO_4		1 1b/瓶		
iso=propyl Alcohol	異丙醇	$(CH_3)_2CHOH$		1 1b/瓶		
Ehtyl Alcohol	乙醇	C_2H_5OH		1 1b/瓶		

1-5-4 學術機構運作毒性化學物質管理辦法

中華民國 98 年 9 月 9 日修正法規「學術機構毒性化學物質管理辦法」為「學術機構運作毒性化學物質管理辦法」

中華民國 101 年 12 月 20 日教育部臺參字第 1010218504C 號令、行政院環境保護署環署毒字第 1010108263A 號令會銜修正發布全文十一條

第一條　本辦法依毒性化學物質管理法（以下簡稱本法）第二十八條第一款規定訂定之。

第二條　本辦法所稱學術機構，指各級公私立學校、教育部主管之社會教育機構及學術研究機構。但軍警學校，不在此限。

　　　　本辦法所稱學術機構之運作單位，指學術機構運作毒性化學物質之實驗（試驗）室及實習（試驗）場所。

第三條　為妥善管理毒性化學物質之運作，學術機構之管理權責如下：
　　　　一、毒性化學物質運作管理規定之訂定及實施。
　　　　二、毒性化學物質危害預防及應變計畫之訂定及實施。
　　　　三、所屬單位運作毒性化學物質之監督管理。
　　　　四、毒性化學物質運作記錄之彙整及定期申報。

第四條　運作毒性化學物質之學術機構應設管理委員會（以下簡稱委員會），負責毒性化學物質運作之管理，委員會應置委員五人至七人，其中至少應有二人具備毒性化學物質毒理、運作技術或管理專長。

　　　　前項委員會之組成及運作，由學術機構定之。

第五條　學術機構之運作單位運作毒性化學物質者，學術機構之許可、登記或核可之申請文件應先經委員會審議通過後，依毒性化學物質管理法及其相關法規規定辦理，並副知各該主管教育行政機關。

　　　　前項毒性化學物質得貯存於學術機構之運作單位內。

　　　　第一類至第三類毒性化學物質停止運作期間超過六個月者，得將所剩毒性化學物質列冊報主管機關核准後，依下列方式處理之：
　　　　一、退回原製造或販賣者。
　　　　二、販賣或轉讓他人。
　　　　三、依廢棄物清理有關法規規定處置。

第六條　學術機構毒性化學物質運作量達中央主管機關依本法第十一條第二項規定公告之大量運作基準者，應依本法第十八條規定，置專業技術管理人員。

第七條　學術機構之運作單位運作毒性化學物質，應依毒性化學物質及其成分含量，分別按實際運作情形依毒性化學物質運作及釋放量記錄管理辦法第三條第一項規定公告之格式確實記錄，逐日填寫毒性化學物質運作記錄表，並以書面或電子檔案方式保存。

學術機構之運作單位應將運作毒性化學物質記錄表交由委員會彙整並審核後，由學術機構採網路傳輸方式於每年一月三十一日、四月三十日、七月三十一日、十月三十一日前，向毒性化學物質所在地之主管機關申報前三個月毒性化學物質運作記錄表。

毒性化學物質各種運作（量）無變動者，第一項之逐日記錄得以逐月記錄替代之，並於每年一月三十一日前，申報前一年毒性化學物質運作記錄表，不受前項申報規定期限之限制。

毒性化學物質運作記錄表，應於各學術機構之運作單位妥善保存三年備查。

第一項至第三項規定，自中華民國一百零三年三月三十一日施行。

第八條　學術機構毒性化學物質容器、包裝或其運作單位及設施之標示，應依毒性化學物質標示及物質安全資料表管理辦法規定辦理。

前項容器之容積在一百毫升以下者，得僅標示名稱、危害圖式及警示語。

第九條　學術機構除廢棄、輸出外，其單一運作單位運作第一類至第三類毒性化學物質之運作總量達第六條所定大量運作基準者，學術機構應於申請毒性化學物質許可證或登記文件前，檢具經委員會審核通過之危害預防及應變計畫，報直轄市、縣（市）主管機關備查。

第十條　高級中等以下學校運作毒性化學物質，未達第六條所定大量運作基準者，得免依第四條規定設立委員會，並不受第五條第一項規定應經委員會審議之限制。

第十一條　本辦法除另定施行日期者外，自發布日施行。

1-5-5　環保署公告之毒性化學物質

環保署依「毒性及關注化學物質管理法」之規定已公告列管物質達 310 種（如表 1-3 之範例），並採分類、分量管理之精神，有效管理毒性化學物質之運作，幾與先進國家同步。相關之管理採禁用、限用、許可、核可、登記方式，以提升管理效益。為強化毒化物危害評估及預防措施，預防毒化災之發生，除加強運作及其釋放量記錄申報、提報減量計畫外，對第一類至第三類毒化物運作者規定應建立危害預防及應變計畫，並公開供民眾查閱。為方便即時查詢，亦可使用如圖 1-2 之線上查詢系統。

■ 圖 1-2　環保署之毒災防救管理資訊系統之列管毒性及關注化學物質線上查詢系統

毒性化學物質須有明顯標記（如圖 1-3），並張貼於毒化物的瓶外，以達警示的功用，並須於實驗室內放置安全資料表供隨時查閱。

火 焰	圓圈上圍火焰	炸彈爆炸
易燃氣體‧易燃氣膠 易燃固體‧自反應物質 有機過氧化物‧發火性液體 發火性固體‧自熱物質禁水物質	氧化性氣體 氧化性液體 氧化性固體	爆炸物 自反應物質A型及B型 有機過氧化物A型及B型
腐 蝕	氣體鋼瓶	骷髏與兩根交叉骨
金屬腐蝕物 腐蝕／刺激皮膚物質第1級 嚴重損傷／刺激眼睛物質第1級	加壓氣體	急毒性物質第4級～第3級
驚嘆號	環 境	健康危害
急毒性物質第4級 腐蝕／刺激皮膚物質第2級 嚴重損傷／刺激眼睛物質第2級 皮膚過敏物質 物定標的器官系統毒性物質 ～單一暴露第3級	水之危害	呼吸道過敏物質 生殖細胞突變性物質 致癌物質 生殖毒性物質 特定標的器官系統毒性物質 ～單一暴露第1級-第2級 特定標的器官系統毒性物質 ～重複暴露吸入性危害物質

■ 圖 1-3　GHS 危害圖式與危害分類之對應圖

■ 表 1-3　公告之列管毒性化學物質一覽表

列管編號 No.	序號	中文名稱 Chinese Name	英文名稱[註11] English Name	分子式[註11]	化學文摘設登記號碼[註11] CAS. Number	最低管制限量（公斤）	管制濃度標準 w/w %	毒性分類
001	01	多氯聯苯	Polychlorinated biphenyls	$C_{10}H_{10-x}Cl_x$（1≤x≤10）	1336-36-3	10** / 50*	0.1	1,2
002	01	可氯丹	Chlordane	$C_{10}H_6Cl_8$	57-74-9	50*	1	1,3
003	01	石綿	Asbestos	$5.5FeO,1.5MgO,8SiO_2,H_2O$	1332-21-4	500	1#	2
004	01	地特靈	Dieldrin	$C_{12}H_8Cl_6O$	50-57-1	50*	1	1,3
005	01	滴滴涕	4,4-Dichlorodiphenyl-trichloroethane(DDT)	$C_{14}H_9Cl_5$	50-29-3	50*	1	1,3
006	01	毒殺芬	Toxaphene	$C_{10}H_{10}Cl_8$	8001-35-2	50*	1	1
007	01	五氯酚	Pentacholorophenol	C_6Cl_5OH	87-86-5	50*	0.01	1,3
008	01	五氯酚鈉	Sodium pentachlorophenate	C_6Cl_5ONa	131-52-2	50*	0.01	3
009	01	甲基汞	Methylmercury	CH_3Hg	22967-92-6	50*	1	1
010	01	安特靈	Endrin	$C_{12}H_8Cl_6O$	72-20-8	50*	1	1,3
011	01	飛佈達	Heptachlor	$C_{10}H_5Cl_7$	76-44-8	50*	1	1,3
012	01	蟲必死	Hexachlorocyclohexane	$C_6H_6Cl_6$	319-84-6 / 319-85-7 / 319-86-8 / 6108-10-7	50*	1	1,3
013	01	阿特靈	Aldrin	$C_{12}H_8Cl_6$	309-00-2	50*	1	1,3
014	01	二溴氯丙烷	1,2-Dibromo-3-chloropropane (DBCP)	$CH_2BrCHBrCH_2Cl$	96-12-8	50*	1	1,2,3
015	01	福賜松	Leptophos	$C_6H_5PS(OCH_3)OC_6H_2BrCl_2$	21609-90-5	50*	1	1,3
016	01	克氯苯	Chlorobezilate	$C_{16}H_{14}Cl_2O_3$	510-15-6	50*	1	1,3
017	01	護谷	Nitrofen	$C_{12}H_7Cl_2NO_3$	836-75-5	50*	1	2
018	01	達諾殺	Dinoseb	$C_6H_2(NO_2)_2(C_4H_9)OH$	88-85-7	50	1	1,3
019	01	靈丹	Lindane (γ-BHC, or γ-HCH)	$C_6H_6Cl_6$	58-89-9	50*	1	1,3
022	01	汞	Mercury	Hg	7439-97-6	50	95	1
023	01	五氯硝苯	Pentachloronitrobenzene	$C_6Cl_5NO_2$	82-58-8	50*	1	1

■ 表 1-3　公告之列管毒性化學物質一覽表（續）

列管編號 No.	序號	中文名稱 Chinese Name	英文名稱[11] English Name	分子式[11]	化學文摘[11] 設登記號碼 CAS. Number	最低管制限量（公斤）	管制濃度標準 w/w %	毒性分類
024	01	亞拉生長素	Daminozide	$(CH_3)_2NNHCOCH_2CH_2COOH$	1596-84-5	50*	1	1
025	01	氰乃淨	Cyanazine	$C_9H_{13}ClN_6$	21725-46-2	50*	1	2
026	01	樂乃松	Fenchlorphos	$C_8H_8Cl_3O_3PS$	299-84-3	50*	1	1
027	01	四氯丹	Captafol	$C_{10}H_9Cl_4NO_2S$	2425-06-1	50*	1	2,3
028	01	蓋普丹	Captan	$C_9H_8Cl_3NO_2S$	133-06-2	50*	1	1,3
029	01	福爾培	Folpet	$C_9H_4Cl_3NO_2S$	133-07-3	50*	1	3
030	01	錫蟎丹	Cyhexatin	$(C_6H_{11})_3SnOH$	13121-70-5	50*	1	3
031	01	α-氰溴甲苯	α-Bromobenzyl cyanide	$C_6H_5CHBrCN$	5798-79-8	50*	1	3
032	01	二氯甲醚	Bis-Chloromethyl ether	$(CH_2Cl)O$	542-88-1	50*	1	2,3
033	01	對-硝基聯苯	P-Nitrobiphenyl	$C_6H_5C_6H_4NO_2$	92-93-3	50*	1	1,2
034	01	對-胺基聯苯	P-Aminobiphenyl	$C_6H_5C_6H_4NH_2$	92-67-1	50*	1	2
034	02	對-胺基聯苯鹽酸鹽	P-Aminobiphenyl Hydrochloride	$C_6H_5C_6H_4NH_2 \cdot HCl$	2113-61-3		1	
035	01	2-萘胺	2-Naphthylamine	$C_{10}H_7NH_2$	91-59-8	50*	1	1,2
035	02	2-萘胺醋酸鹽	2-Naphthylamine acetate	$C_{10}H_7NH_2 \cdot CH_3COOH$	553-00-4			
035	03	2-萘胺鹽酸鹽	2-Naphthylamine Hydrochloride	$C_{10}H_7NH_2 \cdot HCl$	612-52-2			
036	01	聯苯胺	Benzidine	$(NH_2C_6H_4)_2$	92-87-5	50*	1	2
036	02	聯苯胺醋酸鹽	Benzidine acetate	$(NH_2C_6H_4)_2 \cdot CH_3COOH$	36341-27-2			
036	03	聯苯胺硫酸鹽	Benzidine sulfate	$(NH_2C_6H_4)_2 \cdot H_2SO_4$	531-86-2			
036	04	聯苯胺二鹽酸鹽	Benzidine dihydrochloride	$(NH_2C_6H_4)_2 \cdot 2HCl$	531-85-1			
036	05	聯苯胺二氫氟酸鹽	Benzidine dihydrofluoride	$(NH_2C_6H_4)_2 \cdot 2HF$	41766-73-8			
036	06	聯苯胺過氯酸鹽（一）	Benzidine perchlorate	$(NH_2C_6H_4)_2 \cdot HClO_4$	29806-76-6			
036	07	聯苯胺過氯酸鹽（二）	Benzidine perchlorate	$(NH_2C_6H_4)_2 \cdot xHClO_4$	38668-12-1			
036	08	聯苯胺二過氯酸鹽	Benzidine diperchlorate	$(NH_2C_6H_4)_2 \cdot 2HClO_4$	41195-21-5			

■ 表1-3 公告之列管毒性化學物質一覽表（續）

列管編號 No.	序號	中文名稱 Chinese Name	英文名稱[註11] English Name	分子式[註11]	化學文摘[註11] 設登記號碼 CAS. Number	最低管制限量（公斤）	管制濃度標準 w/w%	毒性分類
037	01	鎘	Cadmium	Cd	7440-43-9	500	95	2,3
	02	氧化鎘	Cadmium oxide	CdO	1306-19-0			
	03	碳酸鎘	Cadmium carbonate	$CdCO_3$	513-78-0			
	04	硫化鎘	Cadmium sulfide	CdS	1306-23-6	500		
	05	硫酸鎘	Cadmium sulfate	$CdSO_4$	10124-36-4			
	06	硝酸鎘	Cadmium nitrate	$Cd(NO_3)_2$	10325-94-7			
	07	氯化鎘	Cadmium chloride	$CdCl_2$	10108-64-2			
038	01	苯胺	Aniline	$C_6H_5NH_2$	62-53-3	50	1	3
039	01	鄰-甲苯胺	o-Aminotoluene	$CH_3C_6H_4NH_2$	95-53-4	50	1	1
	02	間-甲苯胺	m-Aminotoluene	$CH_3C_6H_4NH_2$	108-44-1			
	03	對-甲苯胺	p-Aminotoluene	$CH_3C_6H_4NH_2$	106-49-0			
040	01	1-萘胺	1-Naphthylamine	$C_{10}H_7NH_2$	134-32-7	50	1	1
041	01	二甲氧基聯苯胺	3,3'-Dimethoxybenzidine	$(NH_2C_6H_3)_2 \cdot (CH_3O)_2$	119-90-4	50	1	1
042	01	二氯聯苯胺	3,3'-Dichlorobenzidine	$(NH_2ClC_6H_3)_2$	91-94-1	50	1	1,2
043	01	鄰-二甲基聯苯胺	3,3'-Dimethyl-[1,1'-biphenyl]-4,4'-diamine	$(NH_2CH_3C_6H_3)_2$	119-93-7	50	1	1
044	01	三氯甲苯	Trichloromethyl benzene	$CCl_3C_6H_5$	98-07-7	50	1	1,3
045	01	三氧化二砷	Arsenic trioxide	As_2O_3	1327-53-3	50	1	1,2,3
046	01	氰化鈉	Sodium cyanide	$NaCN$	143-33-9	500	氰離子含量達1%以上	3
	02	氰化鉀	Potassium cyanide	KCN	151-50-8			
	03	氰化銀	Silver cyanide	$AgCN$	506-64-9			
	04	氰化亞銅	Copper(I) cyanide	$CuCN$	544-92-3			
	05	氰化鉀銅	Copper(I) potassium cyanide	$KCu(CN)_2$	13682-73-0			
	06	氰化鎘	Cadmium cyanide	$Cd(CN)_2$	542-83-6			
	07	氰化鋅	Zinc cyanide	$Zn(CN)_2$	557-21-1			
	08	氰化銅	Copper(II) cyanide	$Cu(CN)_2$	14763-77-0			
	09	氰化銅鈉	Copper Sodium cyanide	$NaCu(CN)_3$	14264-31-4			

■ 表 1-3　公告之列管毒性化學物質一覽表（續）

列管編號 No.	序號	中文名稱 Chinese Name	英文名稱[註11] English Name	分子式[註11]	化學文摘設登記號碼[註11] CAS. Number	最低管制限量（公斤）	管制濃度標準 w/w %	毒性分類
047	01	光氣	Phosgene	$COCl_2$	75-44-5	5	1##	1,3
048	01	異氰酸甲酯	Methyl isocyanate	CH_3OCN	624-83-9	5	1##	3
049	01	氯	Chlorine	Cl_2	7782-50-5	50	1##	3
050	01	丙烯醯胺	Acrylamide	$CH_2CHCONH_2$	79-06-1	50	50	2,3
051	01	丙烯腈	Acrylonitrile	CH_2CHCN	107-13-1	50	50	1,2
052	01	苯	Benzene	C_6H_6	71-43-2	50	70	1,2
053	01	四氯化碳	Carbon tetrachloride	CCl_4	56-23-5	50	50	1
054	01	三氯甲烷	Chloroform	$CHCl_3$	67-66-3	50	50	1
055	01	三氧化鉻（鉻酸）	Chromium(VI) trioxide	CrO_3	1333-82-0	500	六價鉻含量達1%以上	2
055	02	重鉻酸鉀	Potassium dichromate	$K_2Cr_2O_7$	7778-50-9			
055	03	重鉻酸鈉	Sodium dichromate, dihydrate	$Na_2Cr_2O_7 \cdot 2H_2O$	7789-12-0			
055	04	重鉻酸鈉	Sodium dichromate	$Na_2Cr_2O_7$	10588-01-9			
055	05	重鉻酸銨	Ammonium dichromate	$(NH_4)_2Cr_2O_7$	7789-09-5			
055	06	重鉻酸鈣	Calcium dichromate	$CaCr_2O_7$	14307-33-6			
055	07	重鉻酸銅	Cupric dichromate	$CuCr_2O_7$	13675-47-3			
055	08	重鉻酸鋰	Lithium dichromate	$Li_2Cr_2O_7$	13843-81-7			
055	09	重鉻酸汞	Mercuric dichromate	$HgCr_2O_7$	7789-10-8			
055	10	重鉻酸鋅	Zinc dichromate	$ZnCr_2O_7$	14018-95-2			
055	11	鉻酸銨	Ammonium chromate	$(NH_4)_2CrO_4$	7788-98-9			
055	12	鉻酸鋇	Barium chromate	$BaCrO_4$	10294-40-3			
055	13	鉻酸鈣	Calcium chromate	$CaCrO_4$	13765-19-0			
055	14	鉻酸銅	Cupric chromate	$CuCrO_4$	13548-42-0			
055	15	鉻酸鐵	Ferric chromate	$Fe_2(CrO_4)_3$	10294-52-7			
055	16	鉻酸鉛	Lead chromate	$PbCrO_4$	7758-97-6			
055	17	鉻酸氧鉛	Lead chromate oxide	$Pb_2(CrO_4)O$	18454-12-1			
055	18	鉻酸鋰	Lithium chromate	Li_2CrO_4	14307-35-8			
055		鉻酸鉀	Potassium chromate	K_2CrO_4	7789-00-6			

■ 表 1-3　公告之列管毒性化學物質一覽表（續）

列管編號 No.	序號 No.	中文名稱 Chinese Name	英文名稱 English Name[註1]	分子式[註1]	化學文摘設登記號碼[註1] CAS. Number	最低管制限量（公斤）	管制濃度標準 w/w %	毒性分類
055	19	鉻酸銀	Silver chromate	Ag_2CrO_4	7784-01-2	500	六價鉻 含量達1 %以上	2
	20	鉻酸鈉	Sodium chromate	Na_2CrO_4	7775-11-3			
	21	鉻酸錫	Stannic chromate	$Sn(CrO_4)_2$	38455-77-5			
	22	鉻酸鍶	Strontium chromate	$SrCrO_4$	7789-06-2			
	23	鉻酸鋅（鉻酸鋅氫氧化合物）	Zinc chromate (Zinc chromate hydroxide)	$ZnCrO_4(Zn_2CrO_4(OH)_2)$	13530-65-9			
	24	六羰化鉻	Chromium carbonyl	$Cr(CO)_6$	13007-92-6			
	25	鉻化砷酸銅	Chromated Copper Arsenate					
056	01	2,4,6-三氯酚	2,4,6-Trichlorophenol	$C_6H_2Cl_3OH$	88-06-2	50	1	1,2
	02	2,4,5-三氯酚	2,4,5-Trichlorophenol	$C_6H_2Cl_3OH$	95-95-4	50 *	1	1,2
057	01	氯甲基甲基醚	Chloromethyl methyl ether	CH_2ClOCH_3	107-30-2	50 *	1	1,2,3
058	01	六氯苯	Hexachlorobenzene	C_6Cl_6	118-74-1	50 *	1	1
059	01	次硫化鎳	Trinickel disulfide	Ni_3S_2	12035-72-2	50 *	1	2
060	01	二溴乙烷（二溴乙烯）	Ethylene dibromide	$C_2H_4Br_2$	106-93-4	50	10	1,2
061	01	環氧乙烷	Ethylene oxide	C_2H_4O	75-21-8	50	1	1,2
062	01	1,3-丁二烯	1,3-Butadiene	$CH_2CHCHCH_2$	106-99-0	50	50	2
063	01	四氯乙烯	Tetrachloroethylene	CCl_2CCl_2	127-18-4	350	10	1,2
064	01	三氯乙烯	Trichloroethylene	$CHClCCl_2$	79-01-6	50	10	1,2
065	01	氯乙烯	Vinyl Chloride	CH_2CHCl	75-01-4	50	50	2
066	01	甲醛	Formaldehyde	$HCHO$	50-00-0	50	25	2,3
067	01	4,4'-亞甲雙（2-氯苯胺）	4,4'-Methylenebis(2-chloroaniline)	$CH_2(C_6H_4ClNH_2)_2$	101-14-4	500	1	1,2
068	01	鄰苯二甲酸二（2-乙基己基）酯	Di(2-ethylhexyl)phthalate	$C_6H_4[COOCH_2CH(C_2H_5)C_4H_9]_2$	117-81-7	--	10	4

■ 表 1-3　公告之列管毒性化學物質一覽表（續）

列管編號 No.	序號	中文名稱 Chinese Name	英文名稱[11] English Name	分子式[11]	化學文摘社登記號碼[11] CAS. Number	最低管制限量（公斤）	管制濃度標準 w/w%	毒性分類
069	01	1,3-二氯苯	1,3-Dichlorobenzene	$C_6H_4Cl_2$	541-73-1	50	1	1
	02	鄰-二氯苯	o-Dichlorobenzene (1,2-Dichloro benzene)	$C_6H_4Cl_2$	95-50-1	50	1	1
070	01	1,2,4-三氯苯	1,2,4-Trichlorobenzene	$C_6H_3Cl_3$	120-82-1	50	1	1
071	01	乙二醇乙醚	2-Ethoxyethanol (Ethylene glycol monoethyl ether)	$CH_2OHCH_2OC_2H_5$	110-80-5	50	1	2
	02	乙二醇甲醚	2-Methoxyethanol (Ethylene glycol monomethyl ether)	$CH_2OHCH_2OCH_3$	109-86-4	50	1	2
072	01	環氧氯丙烷	Epichlorohydrin (1-Chloro-2,3-epoxypropane)	OCH_2CHCH_2Cl	106-89-8	50	1	2
073	01	鄰苯二甲酐	Phthalic anhydride	$C_6H_4(CO)_2O$	85-44-9	50	1	3
074	01	二異氰酸甲苯[註7]	Toluene diisocyanate (mixed isomers)	$C_9H_6O_2N_2$	26471-62-5	500	1	3
	02	2,4-二異氰酸甲苯[註7]	Toluene-2,4-diisocyanate	$C_6H_3CH_3(NCO)_2$	584-84-9	500	1	3
075	01	1,2-二氯乙烷	1,2-Dichloroethane (Ethylene dichloride)	CH_2ClCH_2Cl	107-06-2	--	25	4
076	01	1,1,2,2-四氯乙烷	1,1,2,2-Tetrachloroethane	$CHCl_2CHCl_2$	79-34-5	--	1	4
077	01	1,2-二氯乙烯	1,2-Dichloroethylene	$ClCH=CHCl$	540-59-0	--	25	4
	02	1,1-二氯乙烯	1,1-Dichloroethylene	$C_2H_2Cl_2$	75-35-4	--	25	4
078	01	氯甲烷	Chloromethane (Methyl chloride)	CH_3Cl	74-87-3	--	25	4
079	01	二氯甲烷	Dichloromethane(Methylenechloride)	CH_2Cl_2	75-09-2	--	25	4
080	01	鄰苯二甲酸二甲酯	Dimethyl phthalate	$C_6H_4(COOCH_3)_2$	131-11-3	--	1	4
	02	鄰苯二甲酸二丁酯	Dibutyl phthalate	$C_6H_4(COOC_4H_9)_2$	84-74-2	--	1	4
081	01	異丙苯	Cumene	$C_6H_5CH(CH_3)_2$	98-82-8	--	1	4
082	01	環己烷	Cyclohexane	C_6H_{12}	110-82-7	--	1	4
083	01	氯乙酸	Chloroacetic acid	$CH_2ClCOOH$	79-11-8	--	1	4
084	01	氯甲酸乙酯	Ethyl chloroformate	$ClCOOC_2H_5$	541-41-3	--	1	4

■ 表 1-3　公告之列管毒性化學物質一覽表（續）

列管編號 No.	序號 No.	中文名稱 Chinese Name	英文名稱[11] English Name	分子式[11]	化學文摘設登記號碼[11] CAS. Number	最低管制限量（公斤）	管制濃度標準 w/w %	毒性分類
085	01	2,4-二硝基酚	2,4-Dinitrophenol	$C_6H_4N_2O_5$	51-28-5	50	1	1,3
086	01	硫酸二甲酯	Dimethyl sulfate	$C_2H_6O_4S$	77-78-1	50	1	2,3
087	01	次乙亞胺	Ethyleneimine	C_2H_5N	151-56-4	50	1	2,3
088	01	二氯異丙醚	Bis(2-chloro-1-methylethyl) ether	$C_6H_{12}Cl_2O$	108-60-1	50	1	1
089	01	二硫化碳	Carbon disulfide	CS_2	75-15-0	50	1	1
090	01	氯苯	Chlorobenzene	C_6H_5Cl	108-90-7	50	1	1
091	01	十溴二苯醚	Decabromobiphenyl ether	$C_{12}Br_{10}O$	1163-19-5	--	30	4
	02	八溴二苯醚	Octabromodiphenyl ether	C_6HBr_4-O-C_6HBr_4	32536-52-0	--	1	1
	03	五溴二苯醚	Pentabromodiphenyl ether	$C_6Br_3H_2$-O-$C_6Br_5H_3$	32534-81-9	--	1	1
	04	2,2,4,4-四溴二苯醚	2,2',4,4'-tetrabromodiphenyl ether(bde-47)	$C_{12}H_6Br_4O$	40088-47-9	--	1	1
	05	2,2,4,4,5,5-六溴二苯醚	2,2',4,4',5,5'-hexabromodiphenyl ether(BDE -153)	$C_{12}H_4Br_6O$	68631-49-2	--	1	1
	06	2,2,4,4,5,6-六溴二苯醚	2,2',4,4',5,6'-hexabromodiphenyl ether(BDE -154)	$C_{12}H_4Br_6O$	207122-15-4	--	1	1
	07	2,2,3,3,4,5,6-七溴二苯醚	2,2',3,3',4,5',6-heptabromodiphenyl ether(BDE-175)	$C_{12}H_3Br_7O$	446255-22-7	--	1	1
	08	2,2,3,4,4,5,6-七溴二苯醚	2,2',3,4,4',5',6-heptabromodiphenyl ether(BDE -183)	$C_{12}H_3Br_7O$	207122-16-5	--	1	1
092	01	二苯駢呋喃	Dibenzofuran	$C_{12}H_8O$	132-64-9	50	70	1
093	01	1,4-二氧陸圜	1,4-Dioxane	$C_4H_8O_2$	123-91-1	50	1	1
094	01	六氯萘	Hexachloronaphthalene	$C_{10}H_2Cl_6$	1335-87-1	50	1	1
095	01	碘甲烷	Methyl iodide	CH_3I	74-88-4	50	1	1
096	01	β-丙內酯	β-Propiolactone	$C_3H_4O_2$	57-57-8	50	1	1
097	01	吡啶	Pyridine	C_5H_5N	110-86-1	50	1	1
098	01	二甲基甲醯胺	N,N-Dimethyl formamide	C_3H_7NO	68-12-2	50	30	2
099	01	四羰化鎳	Nickel carbonyl	C_4NiO_4	13463-39-3	50	1	2
100	01	丙烯醛	Acrolein	C_3H_4O	107-02-8	50	1	3

■ 表 1-3　公告之列管毒性化學物質一覽表（續）

列管編號 No.	序號	中文名稱 Chinese Name	英文名稱[註11] English Name	分子式[註11]	化學文摘[註11] 設登記號碼 CAS. Number	最低管制限量（公斤）	管制濃度標準 w/w %	毒性分類
101	01	丙烯醇	Allyl alcohol	C_3H_6O	107-18-6	50	1	3
102	01	1,2-二苯基聯胺	1,2-Diphenylhydrazine	$C_{12}H_{12}N_2$	122-66-7	50	1	3
103	01	氰化氫	Hydrogen cyanide	HCN	74-90-8	50	1	3
104	01	乙醛	Acetaldehyde	C_2H_4O	75-07-0	--	1	4
105	01	乙腈	Acetonitrile	CH_3CN	75-05-8	--	1	4
106	01	苯甲氯	Benzyl chloride	C_7H_7Cl	100-44-7	--	1	4
107	01	丙烯酸丁酯	Butyl acrylate	$C_7H_{12}O_2$	141-32-2	--	1	4
108	01	丁醛	Butyraldehyde	C_4H_8O	123-72-8	--	1	4
109	01	氰胺化鈣	Calcium cyanamide	CN_2Ca	156-62-7	--	1	4
110	01	六氯內-甲烯基-四氫苯二甲酸	Chlorendic acid	$C_9H_4Cl_6O_4$	115-28-6	--	1	4
111	01	氯丁二烯	Chloroprene	C_4H_5Cl	126-99-8	--	1	4
112	01	間-甲酚	m-Cresol	C_7H_8O	108-39-4	--	1	4
113	01	1,3-二氯丙烯	1,3-Dichloropropene	$C_3H_4Cl_2$	542-75-6	--	50	4
114	01	二乙醇胺	Diethanolamine	$C_4H_{11}NO_2$	111-42-2	--	50	4
115	01	二苯胺	Diphenylamine	$C_{12}H_{11}N$	122-39-4	--	1	4
116	01	乙苯	Ethylbenzene	C_8H_{10}	100-41-4	--	70	4
117	01	甲基異丁酮	Methyl isobutyl ketone	$C_6H_{12}O$	108-10-1	--	1	4
118	01	4,4'-二胺基二苯甲烷	4,4'-Methylenedianiline	$C_{13}H_{14}N_2$	101-77-9	--	1	4
119	01	三乙酸基氮	Nitrilotri acetic acid	$C_6H_9NO_6$	139-13-9	--	1	4
120	01	1,3-丙烷磺內酯	Propane sultone	$C_3H_6O_3S$	1120-71-4	--	1	4
121	01	三乙胺	Triethylamine	$C_6H_{15}N$	121-44-8	--	1	4
122	01	α-苯氯乙酮（w-苯氯乙酮）	α-Chloroacetophenone (w-Chloroacetophenone)	$C_6H_5COCH_2Cl$	532-27-4	50	1	1,3
123	01	蒽	Anthracene	$C_6H_4(CH)_2C_6H_4$	120-12-7	50	10	1
124	01	二溴甲烷	Dibromomethane(Methylenebromide)	CH_2Br_2	74-95-3	50	1	1

表 1-3　公告之列管毒性化學物質一覽表（續）

列管編號 No.	序號 No.	中文名稱 Chinese Name	英文名稱[註11] English Name	分子式[註11]	化學文摘設登記號碼[註11] CAS. Number	最低管制限量（公斤）	管制濃度標準 w/w %	毒性分類
125	01	三溴甲烷（溴仿）	Bromoform (Tribromomethane)	$CHBr_3$	75-25-2	50	1	1
126	01	氯乙烷	Chloroethane (Ethyl chloride)	C_2H_5Cl	75-00-3	50	1	1
128	01	六氯芬（2,2'-二羥-3,3',5,5',6,6'-六氯二苯甲烷）	Hexachlorophene (2,2'-dihydroxy-3,3',5,5',6,6'-hexachlorodiphenylmethane)	$(C_6HCl_3OH)_2CH_2$	70-30-4	50	10	1
129	01	硝苯	Nitrobenzene	$C_6H_5NO_2$	98-95-3	50	10	1
130	01	八氯萘	Octachloronaphthalene	$C_{10}Cl_8$	2234-13-1	50	1	1
131	01	硫酸乙酯（硫酸二乙酯）	ethyl sulfate (Diethyl sulfate)	$(C_2H_5)_2SO_4$	64-67-5	50	1	2
132	01	六甲基磷酸三胺	Hexamethylphosphoramide(HMPA)	$[N(CH_3)_2]_3PO$	680-31-9	50	1	2
133	01	N-亞硝-正-甲脲	N-Nitroso-N-methylurea	$C_2H_5N_3O_2$	684-93-5	50	1	2
134	01	N-亞硝二甲胺（二甲亞硝胺）	Nitrosodimethylamine (DMNA)	$(CH_3)_2N\,N\,O$	62-75-9	50	1	2
134	02	N-亞硝二乙胺（二乙亞硝胺）	Diethylamine, N-nitroso- (Nitrosamine diethyl)	$(C_2H_5)_2N\,N\,O$	55-18-5	50	二	2
135	01	三（2,3-二溴丙基）-磷酸酯	Tris-(2,3-dibromopropyl)-phosphate	$[BrCH_2CH(Br)CH2O]_3P{=}O$	126-72-7	50	1	2
136	01	溴乙烯	Vinyl bromide	CH_2CHBr	593-60-2	50	1	2
137	01	4,6-二硝基鄰-甲酚	4,6-Dinitro-o-cresol	$CH_3C_6H_2(NO_2)_2OH$	534-52-1	50	1	3
138	01	甲基聯胺	Methyl hydrazine	CH_3NHNH_2	60-34-4	50	1	3
139	01	氟乙醯胺	Monofluoroacetamide	CH_2FCONH_2	640-19-7	50	1	3
140	01	炔丙醇（2-丙炔-1-醇）	Propargyl alcohol	$HCCCH_2OH$	107-19-7	50	1	3
141	01	丙烯亞胺	Propyleneimine	CH_3CHCH_2NH	75-55-8	50	1	3
142	01	三氟化硼	Boron trifluoride	BF_3	7637-07-2	--	1	4
143	01	巴豆醛（2-丁烯醛）	Crotonaldehyde (2-butenal)	$CH_3CH{=}CHCHO$	4170-30-3	--	1	4
144	01	硫脲	Thiourea (thiocarbamide)	$(NH_2)_2CS$	62-56-6	--	1	4
145	01	2,4-甲苯二胺	m-Toluylenediamine(m-Tolylene-diamine ; toluene- 2,4-diamine)	$C_7H_{10}N_2$	95-80-7	--	1	4
	02	甲苯二胺(同分異構物混合物)	Toluylenediamines(mixed isomers) ; (toluene,diamino)-(mixed isomers)	$CH_3C_6H_3(NH_2)_2$	25376-45-8	--	1	4

■ 表 1-3　公告之列管毒性化學物質一覽表（續）

列管編號 No.	序號	中文名稱 Chinese Name	英文名稱[註11] English Name	分子式[註11]	化學文摘設登記號碼[註11] CAS. Number	最低管制限量（公斤）	管制濃度標準 w/w %	毒性分類
146	01	醋酸乙烯酯	Vinyl acetate	$CH_3COOCH{=}CH_2$	108-05-4	—	1	4
147	01	1,2-二氯丙烷	1,2-Dichloropropane	$CH_3CHClCH_2Cl$	78-87-5	50	1	1
148	01	氧化三丁錫	Tributyltin oxide Bis(tributyltin)oxide	$(C_4H_9)_3SnOSn(C_4H_9)_3$	56-35-9	50	1	1
148	02	氫氧化三苯錫	Triphenyltin hydroxide	$(C_6H_5)_3SnOH$	76-87-9	50	1	1
148	03	醋酸三丁錫	Tributyltin acetate	$(C_4H_9)_3SnOOCCH_3$	56-36-0	—	1	4
148	04	溴化三丁錫	Tributyltin bromide	$(C_4H_9)_3SnBr$	1461-23-0			
148	05	氯化三丁錫	Tributyltin chloride	$(C_4H_9)_3SnCl$	1461-22-9			
148	06	氟化三丁錫	Tributyltin fluoride	$(C_4H_9)_3SnF$	1983-10-4			
148	07	氫化三丁錫	Tributyltin hydride	$(C_4H_9)_3SnH$	688-73-3			
148	08	月桂酸三丁錫	Tributyltin laurate	$C_{24}H_{50}O_2Sn$	3090-36-6			
148	09	順丁烯二酸三丁錫	Tributyltin maleate	$C_{16}H_{30}O_4Sn$	4027-18-3 14275-57-1			
148	10	三正丙基乙錫	Tri-n-propylethyltin	$(C_3H_7)_3SnCH_2CH_3$				
148	11	三正丙基異丁錫	Tri-n-propylisobutyltin	$(C_3H_7)_3Sn(C_4H_9)$				
148	12	三正丙基正丁錫	Tri-n-propyl-n-butyltin	$(C_3H_7)_3SnC_4H_9$				
148	13	碘化三正丙錫	Tri-n-propyltin iodide	$(C_3H_7)_3SnI$	7342-45-2			
148	14	三苯基苄錫	Triphenylbenzyltin	$(C_6H_5)_3(C_6H_5CH_2)Sn$				
148	15	三苯基甲錫	Triphenylmethyltin	$(C_6H_5)_3SnCH_3$				
148	16	三苯基-對-甲苯錫	Triphenyl-p-tolyltin	$(C_6H_5)_3Sn(C_6H_4CH_3)$				
148	17	溴化三苯錫	Triphenyltin bromide	$(C_6H_5)_3SnBr$				
148	18	氟化三苯錫	Triphenyltin fluoride	$(C_6H_5)_3SnF$	379-52-2			
148	19	碘化三苯錫	Triphenyltin iodide	$(C_6H_5)_3SnI$	894-09-7			
148	20	醋酸三苯錫	Triphenyltin acetate	$(C_6H_5)_3SnOOCCH_3$	900-95-8	—	1	4
148	21	氯化三苯錫	Triphenyltin chloride	$(C_6H_5)_3SnCl$	639-58-7			
148	22	三苯基-α-萘錫	Triphenyl-α-naphthyltin	$(C_6H_5)_3SnC_{10}H_7$				

■ 表 1-3　公告之列管毒性化學物質一覽表（續）

列管編號 No.	序號	中文名稱 Chinese Name	英文名稱 English Name	分子式[註11]	化學文摘[註11]設登記號碼 CAS Number	最低管制限量（公斤）	管制濃度標準 w/w %	毒性分類
148	23	溴化三丙錫	Tripropyltin bromide	$(C_3H_7)_3SnBr$				
148	24	氯化三丙錫	Tripropyltin chloride	$(C_3H_7)_3SnCl$	2279-76-7			
148	25	氟化三丙錫	Tripropyltin fluoride	$(C_3H_7)_3SnF$				
148	26	溴化三甲苯錫	Tritolyltin bromide	$(CH_3C_6H_4)_3SnBr$				
148	27	氯化三甲苯錫	Tritolyltin chloride	$(CH_3C_6H_4)_3SnCl$				
148	28	氟化三甲苯錫	Tritolyltin fluoride	$(CH_3C_6H_4)_3SnF$				
148	29	氫氧化三甲苯錫	Tritolyltin hydroxide	$(CH_3C_6H_4)_3SnOH$				
148	30	碘化三甲苯錫	Tritolyltin iodide	$(CH_3C_6H_4)_3SnI$				
148	31	參（三苯錫）甲烷	Tritriphenylstannyl-methane	$[(C_6H_5)_3Sn]_3CH$				
148	32	溴化三荏錫	Trixylyltin bromide	$[(CH_3)_2C_6H_3]_3SnBr$				
148	33	氯化三荏錫	Trixylyltin chloride	$[(CH_3)_2C_6H_3]_3SnCl$				
148	34	氟化三荏錫	Trixylyltin fluoride	$[(CH_3)_2C_6H_3]_3SnF$				
148	35	碘化三荏錫	Trixylyltin iodide	$[(CH_3)_2C_6H_3]_3SnI$				
149	01	六氯乙烷	Hexachloroethane	Cl_3CCCl_3	67-72-1	50	1	1
150	01	六氯-1,3-丁二烯	Hexachloro-1,3-butadiene	$Cl_2CCClClCCl_2$	87-68-3	50	1	1
151	01	鈹	Beryllium	Be	7440-41-7	50	95	2
152	01	對-氯-鄰-甲苯胺	p-Chloro-o-toluidine	C_7H_8ClN	95-69-2	50	1	2
153	01	二甲基胺甲醯氯	Dimethylcarbamyl chloride	$(CH_3)_2NCOCl$	79-44-7	50	1	2
154	01	氧化苯乙烯	Styrene oxide	$C_6H_5CHCH_2O$	96-09-3	50	1	2
155	01	1,2,3-三氯丙烷	1,2,3-Trichloropropane	$ClCH_2CHClCH_2Cl$	96-18-4	50	1	2
156	01	氟	Fluorine	F_2	7782-41-4	50	1	3
157	01	磷化氫	Phosphine	PH_3	7803-51-2	50	1	3
158	01	三氯化磷	Phosphorus trichloride	PCl_3	7719-12-2	50	1	3
159	01	胺基硫脲	Thiosemicarbazide 1-amino-2-thiourea	CH_5N_3S	79-19-6	50	1	3
160	01	甲基第三丁基醚	Methyl-tert-butyl ether	$(CH_3)_3COCH_3$	1634-04-4	--	20	4

■ 表 1-3　公告之列管毒性化學物質一覽表（續）

列管編號 No.	序號	中文名稱 Chinese Name	英文名稱 English Name [註11]	分子式 [註11]	化學文摘社登記號碼 CAS. Number [註11]	最低管制限量（公斤）	管制濃度標準 w/w %	毒性分類
161	01	2,4-二氯酚	2,4-Dichlorophenol	$Cl_2C_6H_3OH$	120-83-2	--	1	4
162	01	二氯溴甲烷	Dichlorobromomethane	$CHBrCl_2$	75-27-4	--	1	4
163	01	二環戊二烯	Dicyclopentadiene	$C_{10}H_{12}$	77-73-6	--	1	4
164	01	聯胺	Hydrazine	H_2NNH_2	302-01-2	--	1	4
165	01	王基酚	Nonylphenol	$C_6H_4(OH)C_9H_{19}$	25154-52-3	--	10	1
165	02	王基酚聚乙氧基醇	Nonylphenol polyethylene glycol ether	$C_2H_4O(C_{15}H_{24}O)_n$	26027-38-3、9016-45-9	--	10	1
166	01	雙酚 A	Bisphenol A	$C_{15}H_{16}O_2$	80-05-7	--	30	4
167	01	滅蟻樂	Mirex	$C_{10}Cl_{12}$	2385-85-5	--	1	1,3
168	01	十氯酮	Chlordecone	$C_{10}Cl_{10}O$	143-50-0	--	1	1,3
169	01	全氟辛烷磺酸	Perfluorooctane sulfonic acid	$C_8HF_{17}O_3S$	1763-23-1	--	1	1,2
169	02	全氟辛烷磺酸鋰鹽	Lithium perfluorooctane sulfonate	$C_8HF_{17}O_3S \cdot Li$	29457-72-5	--	1	1,2
169	03	全氟辛烷磺醯氟	Perfluorooctane sulfonyl fluoride	$C_8F_{18}O_2S$	307-35-7	--	1	4
170	01	五氯苯	Pentachlorobenzene	$C_8F_{18}O_2S$	307-35-7	--	1	1,3
171	01	六溴聯苯	Hexabromobiphenyl	$C_{12}H_4Br_6$	36355-01-8	--	1	1

註：1. ＊：僅限試驗、研究、教育用。
2. ＊＊：多氯聯苯最低管制限量數量為十台（含十台）含毒性化學物質多氯聯苯之電容器或變壓器。
3. ＃：石綿管制濃度標準為纖維狀、細絲狀或純毛狀石綿含量達1%以上（含1%）W/W者。
4. ＃＃：光氣，其最高氯酸甲酯，氣以體積百分率(V/V)表示。
5. 管制濃度標準：例1、其氯酸甲酯，氣以體積百分率(V/V)表示。
　　例2.「氯化鈉」表示含氯離子達70%以上（含70%）w/w者。
　　例3.「多氯聯苯」表示含多氯聯苯0.1%(1000ppm)以上（含0.1%）w/w者。
6. 最低管制限量：
　　例1.鉻酸鍍液及金屬表面處理液及表面處理液，不計入最低管制限量。
　　例1.含六價鉻運作達1%以上（含1%）w/w三氧化鉻運作總量（不含鍍槽之鍍液）低於500公斤（不含500公斤）者，運作量低於最低管制限量。
　　例2.含氰化物運作量低於1%以上（含1%）w/w氰化鈉運作總量（不含鍍槽之鍍液）低於500公斤（不含500公斤）者，運作量低於最低管制限量。
7. 在攝氏二十五度以下液溫製程中之其氯酸甲酯及2,4-二異氰酸甲苯，其五公噸以下數量均計為使用量。
8. 毒性化學物質，除依規定運作，不受本法第八條、第十一條、第十六條及第十七條規定之限制。
9. 第四類毒性化學物質（包括物質安全資料表及毒性化學物質防災基本資料）及適用本法第二十條、第二十九條、第三十三條、第三十四條規定之外，不受本法其他規定之限制。
10. 毒性分類："1"表第一類毒性化學物質，"2"表第二類毒性化學物質，"3"表第三類毒性化學物質，"4"表第四類毒性化學物質。
11. 本表以中文名稱為準，英文名稱、分子式及化學文摘社登記號碼僅供參考。

MEMO

實驗室安全
衛生守則

Chapter

02

Water Quality Analysis &
Experiment

2-1　實驗室安全通則

　　實驗室所用的藥品多具有毒性、易燃、腐蝕，甚至有爆炸性，化學反應又是在不同的溫度、壓力下進行，因此操作不正確或不認真就會造成失火、爆炸等事故。各實驗所用化學試劑純度和濃度不相同，取用時必須仔細認真，否則將污染試劑而浪費藥品，影響實驗效果。在安全防護上是幾乎不可能訂出一套守則，可涵蓋所有可能在實驗室發生之危險狀況，減少在實驗室工作之危險！請使用者務必遵守。在實驗中要嚴格遵守操作流程和以下的安全規則：

1. 實驗時要清楚原理和方法，熟悉實驗步驟及危險藥品的使用方法。

2. 實驗開始前要檢查儀器是否完整無損，裝置是否正確。

3. 實驗進行時不得擅自離開，並應隨時注意儀器運行情況，反應情形是否正常。

4. 使用光學或電學儀器時，所有開關旋鈕均應輕開輕關，使用完後應將電源線和其它接線拆除，並將所有開關旋至「關」(OFF)字標記。

5. 實驗過程中要愛護儀器，節約試劑、水、電、煤氣，注意安全，實驗結束時關閉水、煤氣閥門，拉開電閘。

6. 使用有毒藥品（如氰化物、氯化汞等）時，應絕對防止進入口中或皮膚的傷口處，操作時應戴口罩，實驗完畢應立即洗手，取用有毒藥品時，移液管絕對禁止用口吸取，一定要用吸球吸取；使用有毒液體、氣體或在反應中生成這些物質時，應在抽氣櫃內操作，剩餘物質不可亂丟。

7. 使用易燃、易爆的試劑，如乙醚、酒精、二氧化碳、丙酮等，應遠離火源，並禁止使用直火加熱；迴流、蒸餾這類藥品的儀器不能漏氣，室內空氣要通暢。

8. 應經常保持實驗室的整潔，在實驗過程中要保持桌面、儀器和水槽整潔與乾淨，任何固體物質不能投入水槽中；廢紙、廢屑應投入廢紙箱內；廢酸或廢鹼溶液應分別且小心地倒入廢液收集桶內，不可混在一起，以免危險。

9. 實驗前要了解安全設備、滅火器的使用方法及放置位置，著火時不要驚慌失措。

10. 在實驗室工作時必須確切地了解每一個動作可能發生的危險及應採取之安全防護工作。

11. 善加使用一些防護設備如眼鏡、手套等等。

12. 有毒物質一定要在 fume hood 中操作。

13. 隱形眼鏡可能會讓化學品附著以致傷害眼睛，因此盡量不要使用。

14. 在工作的區域應保持清潔。

15. 所有化學品應詳加標示。

16. 使用化學品後雙手需洗淨方能飲食或抽菸。

17. 處理廢棄物時應遵守有關廢棄物處理之規定。

18. 熟悉緊急應變的步驟及工作區域之緊急應變設備（如滅火器，逃生呼吸器等）之放置位置。

19. 實驗室之同一房間，不管任何時間必須要有至少兩人在其中作實驗或協助之。

2-2　實驗室之安全防護設備

　　實驗室之構築、儀器、設備及其他設施，在建造或購入時，均須考量其安全衛生問題，且要求其有足夠需求之安全設備及措施。

1. 需有良好的照明及通風設備。

2. 需有洗眼及淋浴等安全沖洗設備(Emergency Shower)，並需定期測試保持功能正常。

3. 備有急救藥箱，並隨時補充用罄之藥物。

4. 在適當的位置掛各種適宜的警示牌。

5. 在顯眼之位置懸掛滅火器並告知正確之使用方法，且需定期檢查及更新。滅火器配置在實驗室每一方便取用之處所，並製作固定架以固定之。全部實驗室消防器材配置圖應貼於實驗室入口明顯處。

6. 氣體鋼瓶需以鐵鏈固定，避免碰撞，未使用時應收妥開關把手。

7. 設置廢棄液桶及廢棄物的收集需注意分類及標示清楚。

8. 實驗室之設備基本上應採用耐火與耐酸鹼之材質構築。

9. 高噪音設備應集中，並有隔音措施。

10. 實驗室應懸掛禁菸標誌。

11. 實驗室均應設置抽氣櫃，及其所排出之廢氣洗滌處理裝置。其中，抽氣櫃在吸風罩處抽引之線性流速每分鐘至少在 100 呎以上。

12. 實驗室應設置防火警示器。

13. 必須添置足夠數量的個人防護設備，包括實驗衣、安全眼鏡及手套等。

14. 須有緊急照明設備及逃生出口指示燈之配置。

15. 須貼有附近警察局及醫院之電話和地址之標示。

16. 各類儀器或電器等設備均需接上地線，而重要儀器除需在配電盤中個別接用及標示外，必要時，並附有不斷電裝置。

17. 實驗室最常見之防護設備為 fume hood，因此在使用 fume hood 時需注意以下幾點：
    (1) 工作時 fume hood 上的防護玻璃罩須拉下至適當的位置。
    (2) 可用無塵紙置於抽風口看 fume hood 是否正在運作。
    (3) 非必要性物品請物放置於 fume hood 內，以致造成排氣量的減少。
    (4) 當 fume hood 有操作不正常時，請立即與實驗室助理聯絡。
    (5) 使用完畢後請保持 fume hood 中的整潔。

18. 第二個常用的緊急防護設備為緊急淋浴器及洗眼器，也請注意以下的幾點事項：
    (1) 請熟悉它的位置及使用的方法。
    (2) 請勿放置物品在緊急淋浴器及洗眼器的附近阻礙通行。
    (3) 實驗室助理應定期檢查它們是否操作正常。

19. 見圖 2-1 之實驗操作安全須知圖。

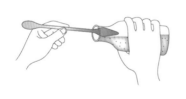

(a)固體藥品取用方法

(b)藥品溶液宜用量筒量取（不可使用燒杯或三角錐瓶定量）

(c)取用藥品時須先注意標籤

■ 圖 2-1　實驗操作安全須知圖

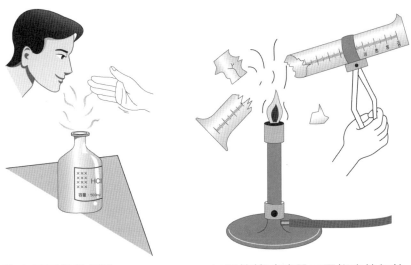

(d)嗅藥品之氣味時宜用手微微搧動　　　　(e)量筒等玻璃器皿不能直接加熱

(f)試管加熱時，不可將管口朝向他人，以免危險

(g)強酸溶液稀釋法（將強酸緩緩倒入水中）　　(h) 不可將水直接傾入強酸中，以免發生危險

（因強酸遇水發生高熱，致酸液濺出）

■ 圖 2-1　實驗操作安全須知圖（續）

2-3　實驗室之安全要求

1. 以火源加熱時不可無人看守,且被加熱的物質系統不可密閉。

2. 藥品使用時需看清標示,以免因加錯藥品而產生危險的產物。

3. 使用腐蝕或毒性物質需在抽氣櫃中操作。

4. 各類儀器及電器均應接地線。

5. 遇有高腐蝕性藥品時宜戴用橡膠手套,而熱的物質則需戴用隔熱手套。

6. 實驗室中不存放過量的危險物質。

7. 使用玻璃器皿時,應給予適當的支撐,若有破裂的器皿則需另外收集標示後丟棄,以免清潔人員受傷。

8. 吸取液體時,需用安全吸球,不可以直接以口吸取。

9. 當強酸需加水稀釋時,需將強酸緩慢的加入水中,若放出的熱很多,則需水浴以助其散熱。

10. 化學品及器材之搬移時,需以兩手抓緊靠近身體,不拿自己無法負荷之重物。

11. 不論天氣寒冷與否,進入實驗室時必先開啟窗戶及抽風機,以維持空氣之暢通。

12. 實驗完畢後,所有的廢液及廢棄物依照指定分類收集丟棄。

13. 出入口必須保持暢通。

14. 嚴禁在實驗室吸菸。

15. 嚴禁在實驗室飲食。

16. 嚴禁攜帶危險物品進入實驗室。

17. 實驗室使用時,需請老師或助理人員在場。

18. 實驗室內延長線之使用,應注意電力負荷。

19. 實驗室內之機器出現異常或有任何突發狀況,應立即向老師或助理人員反應,不得私自處理。

20. 實驗室需保持良好通風。

21. 下課後,值日組需注意實驗室門窗是否鎖緊,儀器電源是否確實關閉,並請老師或助理人員檢查。

22. 行動電話請於上課時關機，以免干擾儀器或引起爆炸的危險。

23. 注意辨別 110V 與 220V 電壓插座之不同型式。

24. 注意在任何時間內，實驗室均為嚴肅工作之場所。

25. 僅可做教師所指定或認可之實驗，未經許可之實驗，嚴加禁止。每人預備實習衣一件，以備實驗時穿著。

26. 在實驗前須將本次實驗之內容詳細閱讀，對於書上提出之注意事項尤須特別留意，避免發生危險。

27. 公用藥品或儀器，置有定所，切勿移置他處。

28. 取用藥品，不宜超過書上所載之量，若有剩餘，切勿倒回原瓶。酸液或腐蝕性藥品沾衣物，須迅速以清水洗滌。

29. 凡取用固體須帶藥勺，取用液體須帶量筒；除經認可外，切勿用手拿取，亦不可直接嚐試。

30. 酸、鹼、濾紙、火柴棒及一切殘餘物品，切勿隨意亂拋，更不宜傾入水槽。

31. 用過之藥品可複用者，經教師說明後，須置於規定之器具中。

32. 實驗時所得之生成物，經教師說明須保留者，當置於規定之器具中。

33. 實驗時須專心，詳細觀察所生現象。並迅速予以記錄，以備作報告之資料。

34. 實驗時手續須敏捷，切勿魯莽。注意試劑瓶標籤名稱及標記，不可稍有疏忽。

35. 不要在水槽邊沖洗或甩溫度計，以免水銀掉入水槽中，無法清除。

36. 檢查藥品之氣味，不可將臉部直對瓶口，祇可以手微微搧動，嗅其揮發氣體。

37. 灼熱玻璃不可立刻澆以冷水，須充分時間冷卻，注意冷與熱玻璃其外觀是否相同。

38. 若遇意外事件發生，應立即報告任課教師或助理。

 2-4 實驗室之操作安全

1. 從橡皮塞中拔出玻璃管或溫度計時，要緊抓靠近橡皮塞部份的管身，旋轉後拔出，必要時可以用水或甘油作為潤滑劑。

2. 對塞死的瓶塞要用安全的方法開啟。

3. 破裂的玻璃器皿應該另外收集後丟棄。

4. 圓底燒瓶應放置在特製的橡皮墊或軟木環上。

5. 絕對不要將試管對著別人或自己。

6. 為了安全及整潔，應將試管安置在「試管架」上。

7. 用試管加熱時，應靠近管內液體或固體表面「緩緩」加熱，並隨時準備移開火焰，以防突沸。

8. 當實驗用到有毒或可燃物質時，應在抽風櫃中進行。

9. 稀釋強酸時，一定是將酸液緩慢的加入水中，「絕不可」將水加入酸液中。

10. 吸取化學品，應使用安全吸球，不可以用嘴來吸。

11. 鋼瓶必須以鎖鏈或瓶架予以固定牢靠。

12. 使用蓋子保護鋼瓶開關。

13. 輸送鋼瓶宜使用手推車，不可用滾動的方式，更要避免碰撞。

14. 搬運、裝、卸鋼瓶應在白天進行，如不得已需在夜間進行，則須有充分之照明。

15. 鋼瓶旁邊不可有火源、熱源。

16. 鋼瓶儲存地點應避免日光直接照射。

17. 搬動化學品瓶子時，要用雙手同時抓緊，並靠近身體，其中一隻手還須用手指穿過瓶環，不可僅握著瓶頸。

18. 壓縮氣瓶及危險氣體之操作（表 2-1）。

■ 表 2-1　壓縮氣瓶及危險氣體之操作

名　稱	性　質	危　　害	防　治　方　法
矽烷類	易燃性	非常純的矽烷，空氣中會著火。	
氫　氣	毒　性 爆炸性	氣體激烈反應形成氟化氫和二氧化硫，形成氟化氟毒性如前所示。	將剩餘氣體或有洩漏的氣體瓶子，慢慢引入充水的洗滌塔的通風櫥內排除。
六氟化硫	毒　性	令人不愉快的蛋白腐臭味，高濃度下立即引起呼吸麻痺。低濃度下，對整個呼吸系統和眼睛刺激，遇氧有爆炸性反應。	將剩餘氣體或有洩漏的氣體瓶子，慢慢引入充水的洗滌塔的通風櫥內排除。
磷化氫	毒　性	刺激皮膚、眼睛及呼吸系統，高濃度引起皮膚灼傷。	剩餘氣體或氣瓶漏洩氣體慢慢導入排氣設備或水槽內。

■ 表 2-1　壓縮氣瓶及危險氣體之操作（續）

名　稱	性　質	危　害	防　治　方　法
氯化硼	毒　性	含刺激性，會刺激眼睛及呼吸系統。	更換氣瓶戴防護面具及防護手套。
氟化硼	毒　性	刺激眼睛和呼吸器官的黏膜，會與空氣中的氧和水份反應產生氫化氫，有水份時腐蝕性極強，臭白煙。	以鹼水溶液沖洗處理。
二氨甲矽	毒　性 可燃性	具有維生素氣味，遇水進行水解產氫氣，會助長燃燒，侵害肺及呼吸器官黏膜，對肝及腎臟有害，慢性中毒時會發冷、咳嗽和胸部壓迫感。	乙硼烷會與 Freon 起反應，不能用來滅火，中止其燃燒要阻止其流動，觸到皮膚，用大量水沖洗患部，漏出氣體用鹼液沖洗。
氫　氣	可燃性	還原性強，高溫時反應很大，極易滲透，比空氣輕。	對於裝置和配管進行分解修護，必須先置換惰性氣體後才可做，排放於大氣時，必須在通風良好處。
氧　氣	助燃性	化學性屬活性，可和大部份的元素形成氧化物。	實施裝置和配管的分解修理時，用惰性氣體置換。排入大氣中，必須遠離可燃物及火源。
1.氮氣 2.氦氣 3.氬氣			注意缺氧狀態，室內排出時注意換氣。
三氟化氮	毒　性 腐蝕性 爆炸性	有稻草味道。	

2-5　實驗室之安全管理

1. 所有藥品容器及鋼瓶皆應貼上標籤註明，空的鋼瓶也要標示清楚。

2. 自行配置的溶液亦應清楚標示，為避免污染，不可將用不完的液體再倒回原來的容器內。

3. 各實驗室應建立所使用化學品之「物質安全資料表」(MSDS: Material Safety Data Sheet)。實驗者應在實驗前就先閱讀有關之資料。

4. 環保署業已公告若干化學品為毒性物質，如汞、氰化鈉、氰化鉀…等，因此有關這些物質的製造、輸送、販賣、贈與、受贈、及使用…等都需要經過一定程序的申請及核可後才可從事上述之行為，而且需要具有污染防治、偵測、警報及緊急應變之處置措施。

5. 鹼金屬（如 Na、K）及黃磷等會和水反應而起火或爆炸，接觸皮膚則會造成嚴重灼傷，應置於輕質油中存放。鹼金屬質軟，可放在紙巾上用藥刀切割。如須銷毀，可投

於酒精中，必要時需冷卻之。儲存此類危險物品之容器，不可任意拋棄，也不可以用水來洗（可能有殘留物）。

6. 不可在鋪設地毯區使用水銀。撒出的水銀可用真空吸去（如用抽氣瓶將之抽入瓶內），要盡可能清乾淨。

7. 潑出的酸可以撒上固體的碳酸氫鈉中和後，再用水洗除。強鹼濺到實驗桌上時，先用水，再用稀醋酸清洗。

8. 進行危險性實驗或處理危險性化學藥品時，應樹立明顯之告示牌或標誌，以警告他人。

9. 許多化學品具有「不相容性」。亦即當兩者相混後，會產生熱、起火、放出有害氣體、劇烈彼此反應，甚或爆炸等後果，不可不慎。

10. 認清及牢記最近之「滅火器」、「緊急洗眼器」、「緊急淋洗設備」、「急救箱」，並確知使用方法。

11. 走廊上應安裝的滅火器為：多效乾粉（蓄壓式）滅火器，可用於 A 類（一般物品、紙類），B 類（可燃液體），C 類（電氣火災）等類型火災。

12. 須定期檢查上述各種急救設備（至少每月一次）。

13. 藥品或其他類似物品應予固定，以預防地震時倒塌的危險性。

2-6　實驗室之緊急應變措施

實驗室容易發生意外事件之緊急應變措施如：

1. 緊急連絡電話號碼，應置於電話機附近。

2. 化學品濺入眼睛後，要立即以大量清水沖洗眼球，然後送醫急救處理。沖水時要將眼瞼撐開，一面沖水，一面轉動眼球，沖水 15 分鐘後再送醫（一般鹼性物質濺入眼內所造成的傷害更大）。

3. 身上被化學品濺到應立即除去污染之部位的衣服，以方便沖洗，不可因害羞而招致嚴重的傷害。當身體濺到毒性或腐蝕性之藥品時，應立即脫去被污衣物，並用**大量清水**沖洗乾淨。如情況緊急，可立即改用緊急淋浴裝置沖洗。另外可參照有害物質安全資料中所載之相關應變措施。

4. 當發現火災，應立即關緊氫氣、氧氣、乙炔等易爆鋼瓶，並切斷電源。

5. 火災、爆炸時，應慎選消防滅火器，若無法控制，則應叫人速撥 TEL：119，請消防隊前來處理。

6. 火災、爆炸疏散時，則依室內疏散逃生出口路線逃走。

7. 若遇酒精燈倒翻而著火，即速覆以潮濕抹布，火自熄滅。

8. 若磷著火而劇燃，則速覆上潮濕細砂，火即熄滅。

9. 若皮膚被火灼傷，則於傷處塗上灼傷藥膏。情形嚴重者，立刻送醫務室或醫院治療。

10. 身上著火最好用防火毯、實驗衣等包裹身體滅火，或可利用安全淋洗沖洗，二氧化碳滅火器等來滅火。其中防火毯的用法，是拉著毯子並轉動身體，使毯子在身上滅火。

11. 緊急用的空氣面罩，只能在「一小段時間」內供應純空氣。

12. 遇有警鈴響時，應即刻將危險氣體與煤氣關閉，然後迅速離開實驗室。

13. 見圖 2-2 火災、化學品外洩及地震緊急等應變措施圖。

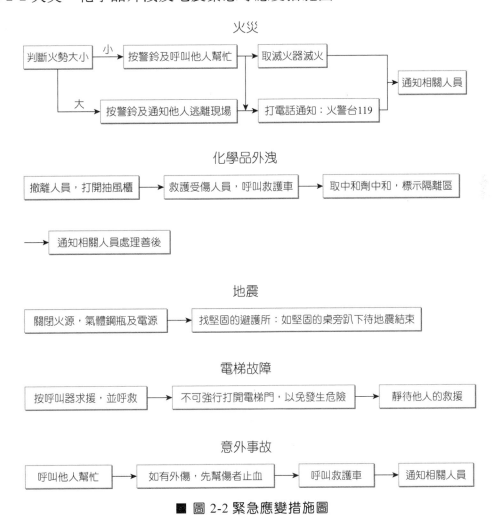

■ 圖 2-2 緊急應變措施圖

14. 發生火災時之處理：

    (1) 首先需將總電源關掉，如正在使用瓦斯器具時，亦需將瓦斯關掉。

    (2) 使用滅火器滅火，若是燒杯中之藥品燃火時，可使用更大之燒杯或表玻璃覆蓋隔絕空氣，亦可用濕毛巾蓋熄；遇金屬起火則以砂覆蓋，不要用水；有機溶劑多數會浮於水面故用滅火劑較理想；粉末滅火劑對因電線走火之火災有效，但對再燃性高的物質沒有效果。

    (3) 「預防勝於治療」，故如何避免火災發生乃重要課題。

    (4) 在點燃火柴、本生燈或酒精燈之前，應檢查附近有無易燃物或揮發性溶劑之存在。溶劑蒸氣大都重於空氣，故它常彌漫於實驗工作檯上或沿著排水管附近積聚。點燃之火柴棒（甚至已熄滅之火柴棒）或其他熱之廢棄物，均不可都丟入字紙簍或垃圾桶內，因廢棄桶或簍內很可能存有低燃點之揮發性溶劑。同理，不可將揮發性溶劑丟於廢棄桶或簍內，因較重之溶劑蒸氣可能滯留該處好幾天。

    (5) 無論何時使用揮發性溶劑，必須注意附近不能有火源，如須加熱到溶劑之沸點，以趕走溶液中之溶劑時，必須在抽氣櫃中進行。吸附有溶劑之濾紙，在丟棄前應放置在抽氣櫃中使其蒸乾或風乾。濺出之溶劑，不能任其自行揮發變乾；此時應馬上關閉附近的所有火源，然後再以紙巾擦拭；一樣地，丟棄此紙巾前，應置於抽氣櫃中風乾。

    (6) 揮發性溶劑絕對不可傾入下水槽或是排水溝中。高揮發性溶劑應傾入實驗室準備之細頸筒中，集中處理。

    (7) 所有的可燃性物質和溶劑，應經常保持在一絕對的最低量。一般來說，一間十坪大的實驗室，架子上的易燃性溶劑的總體積應以 20 公升為極限。一些不常使用的溶劑，不可大量地堆積在實驗室裡面。可燃性物質不使用的時候，必須採取適當的措施，存放在一設計精良的防火倉庫中。

    (8) 操作實驗前對各種藥品的混合有無爆炸起火之危險應有充分之了解。每間實驗室都應該準備適當的滅火裝置。所有的學生都應練習及熟悉裝備的使用方法，如此，常可使一場小火災很快的就被撲滅而不蔓延。滅火器之分配須視各實驗室的需要而定，在大的實驗室中，水式滅火材料至少能涵蓋 2000m² 火災的量，至少不能少於 4 加侖的水。

15. 當有害藥品打翻於地板時，應立即用**吸收劑**處理，必要時並告知該區其他人員迅即疏散；處理時，需穿戴呼吸防護具及防護實驗衣。當吸收完畢後，應將廢吸收劑移置於廢棄物處理區妥善儲存、處理。

16. 當身體局部受到燙傷時，可將燙傷處以大量冷清流水冷卻，以減輕其疼痛。

17. 嚴重傷患應速送醫，並知會醫療人員所傷的是何種危害。

18. 當發現到有氣體洩漏時，須馬上關掉氣體鋼瓶源頭。

19. 破損器皿應集中包裝妥當，並在包裝外標示「**小心破璃**」。

20. 在實驗時，若因中毒而突然昏倒，則令該生靜坐凳上，頭俯向下，用冷水噴灑。若又無效，則取氨水置鼻處刺激之，當可甦醒。

21. 若誤嗅或誤觸及有毒藥品，應先明瞭解除之方法而消解之，如不能自己處理，當請醫生診察。

2-7 急救常識

1. 玻璃割傷：

　　輕傷應先用消毒鑷子取出玻璃屑，用蒸餾水洗滌傷處，塗上碘酒或優碘，然後用紗布或 OK 繃包紮；大傷口要及時止血，送醫療室。在實驗室中受到玻璃或其他器皿之割傷的情形是時有所聞。但要特別注意的是，當傷害之部位含有殘餘之化學藥品時，應即刻以大量清水沖洗，加壓繃帶可用來止血。如嚴重割傷而造成大量之流血是很嚴重的問題，應在送醫前緊急處理。其處理之普通原則為：

　(1) 安放患者在一適宜之位置，切記當患者坐下時，出血之壓力較緩，臥下時則更緩。

　(2) 將流血之部位舉高。

　(3) 除去衣服以露出傷口為限。

　(4) 勿干擾傷口處已凝結之血塊。

　(5) 除去傷口內用肉眼可見及易於移去之異物，或以一塊乾淨之敷料抹去。

　(6) 施用指壓法止血，如流血不止，可找出動脈上之一點壓制之，可止住一些血液，但不可過度，也不可用止血帶，因過度止血會使四肢壞死而遭受更大之傷害。

2. 酸或鹼液濺入眼中：

　　立即用大量的水沖洗。若是酸液，則用 1%碳酸氫鈉溶液沖洗；若是鹼液，則用 1%硼酸溶液沖洗，最後再用水沖洗一次。重傷者經初步處理後迅速送醫院。強酸或強鹼濺出時之一般處理原則為：

　(1) 若是強酸濺出則先加 $NaHCO_3$ 中和之後再用大量水清洗。

　(2) 若是強鹼先用水稀釋之再以稀醋酸清洗之。

(3) 氫氧化鈉是一強烈的腐蝕性鹼。固態的氫氧化鈉在空氣中會潮解，因此掉落的氫氧化鈉如被忽視而不立刻加以清理則很可能成為一灘強鹼液而造成傷害。故掉在桌上之片鹼，應馬上用紙片或其他代用品清除入排水溝，並以大量清水沖淡之。

(4) 若是皮膚上沾有濺出之強酸或強鹼時，馬上以大量之清水沖洗之，而不需使用 $NaHCO_3$ 或 CH_3COOH 中和，以免生成之中和熱再度造成傷害。

3. 火傷：

輕傷塗以硼酸油膏，重傷則迅速送醫院。衣服著火時不可奔跑，緊急處理方式為：

(1) 用防火毯或實驗衣包裹身體滅火。

(2) 可在較大空間之地上翻滾以便滅火。

(3) 用安全淋洗設備沖洗或用滅火器滅火。

4. 酸液濺入眼中：

依酸液濺入眼中的處理辦法急救，然後迅速送醫治療。

5. 皮膚被酸、鹼或溴液灼傷：

若是被酸灼傷，先用大量水沖洗，再用飽和碳酸氫鈉溶液洗滌。若為鹼液灼傷，先用大量水沖洗，再用 1%醋酸洗滌。最後都要再用水沖洗一遍，並塗上藥用凡士林。若被溴液灼傷，傷處先立即用石油醚沖洗，再用 2%硫代硫酸鈉溶液洗，然後再塗上甘油。而化學灼傷的處理為：

(1) 任何化學藥品（不論水溶性與否），當濺落在皮膚上時應即刻用大量水沖洗之，並以肥皂清洗。用肥皂清洗的目的是可以清除任何非水溶性之藥品。當落在皮膚上的藥品屬強酸或強鹼時則立刻用大量之冷水清洗，強酸通常會刺痛皮膚，強鹼雖然不刺痛皮膚，但會破壞表皮組織，所以使用強鹼後通常需要再洗一次手，以資保護。如大量藥品噴灑到全身，則應馬上除去衣物作沖水浴。

(2) 常見之化學灼傷藥品，酸性有：硫酸、鹽酸、石碳酸、甲酚及醋酸。鹼性的有：苛性鹼、生石灰、蘇打及亞摩尼亞。化學品對人體之侵蝕，強鹼者甚於強酸者。因為強酸破壞組織後會使組織蛋白凝固，形成一層保護外殼故傷害不會太深入；然而強鹼則不然，強鹼破壞組織後會溶解組織蛋白，因此會繼續往深層侵蝕下去。

6. 一般創傷之急救要領：

(1) 止血：將消毒紗布、棉墊或乾淨布塊置於傷口上，而後用手直接加壓止血。

(2) 防止污染：未受泥土或其他物質污染者，用消毒紗布或乾淨布塊覆蓋後用繃帶包紮；對已受污染者則需先行清潔後再用繃帶包紮。

(3) 傷口暫時止血後應緊急送醫治療。

7. **骨折之急救要領：**

(1) 盡可能將肢體置於自然位置。

(2) 用夾板固定骨折處。

(3) 搬運傷者時避免骨折加劇，故一定要將骨折處固定後再搬運為佳。

8. **燙傷之急救要領：**

(1) 謹記燙傷急救原則：沖、脫、泡、蓋、送，即：

① 用冷水沖洗傷口。

② 輕輕脫掉傷口上的衣物。

③ 將傷口泡在冷水中。

④ 用乾淨紗布覆蓋傷口。

⑤ 送醫治療。

(2) 在送醫前切勿在傷口上塗抹藥物，尤其是油膏類藥物。

(3) 防止傷者休克方法：

① 盡可能的給予止痛。

② 若傷者神智清醒能下嚥時應盡速供給非酒精性飲料，如：茶、果汁、牛奶、食鹽水等。

③ 注意保溫，避免著涼。

9. **休克之急救要領：**

對於任何較嚴重之傷患應隨時不忘預防休克，其要領如下：

(1) 如可能的話，盡可能除去引起休克的原因，如出血予以止血，疼痛止痛。

(2) 除頭胸部創傷外，患者應平臥採低頭位，如下肢無骨折應予抬高。

(3) 患者如有嘔吐，應將其頭部轉向一側，以利吐出物之吐出，避免將吐出物吸入肺部引起肺炎。

(4) 如患者神智清醒可以吞嚥而非腹部受傷者，可給予非酒精性飲料，最好略加蘇打水或淡食鹽水。

(5) 注意保暖，避免著涼。

10. **熱灼傷之處理：**

在實驗室中，如從熱玻璃器或熱試管之接觸而導致的熱灼傷，應先馬上浸入冷水 5～10 分鐘，然後塗抹止痛及灼傷藥物，或到醫務室請醫生敷藥。

為防止這類之灼傷，最好事先準備一副寬鬆之棉質手套，當需接觸高熱之容器時應戴上。當受較嚴重之灼傷時很可能發生休克之危險，故應盡快處理被燒傷或燙傷之部

位，連衣服在內，多數有一短時間之滅菌性，故須盡力保持此狀況，不要用水洗患部，也不要用任何軟膏塗在患部，應盡快送醫處理。

然而送到醫院之前這段時間可施以冷敷，來驅散皮膚上多餘之熱量，以減輕疼痛。灼傷者灼傷部位浸入冷水中送醫治療。

11. 吸入有毒物蒸氣之處理：

在實驗室中如呼吸到有毒蒸氣時，可能會感覺到頭昏目眩，甚至昏倒。此時應迅速離開實驗室，到室外空氣流通處休息。對昏倒之患者其處理方法為：

(1) 將患者迅速抬到室外空氣流通處。

(2) 解開患者的鈕扣、領帶等衣物束縛，平躺通風處。

(3) 如果呼吸微弱或已消失則要趕快行口對口之人工呼吸，如果呼吸不規則、太慢或太弱時，要按正常的呼吸次數行人工呼吸，這樣可以幫助他吸入足夠的氧氣。

(4) 盡速召救護車送醫治療，在送達醫院前，要隨時留意患者症狀變化。

12. 其他補充說明：

(1) 使用中之試管開口不可對著自己或對別人。

(2) 吸取化學藥品時一律使用安全吸球，不得使用嘴吸。

(3) 傾倒危險化學藥品時需戴手套，並於水槽上方傾倒，以免化學藥品外流。

(4) 一般化學藥品翻倒或流出時，使用大量清水沖洗稀釋，酸液傾倒在桌面上時，應先加碳酸氫鈉中和後，再以清水沖洗之。

(5) 搬動瓶子時，需兩手同時使用，一手抓緊瓶頸，另一手托於瓶底。

(6) 搬運長型玻璃器皿時（如滴定管），應拿上端並持於胸前，且靠近身體以保護之。

(7) 實驗室中不可戴隱形眼鏡，頭髮後梳並束縛妥當，不可穿拖鞋或露出腳趾之鞋，以免化學藥品噴濺及碎玻璃所引起之危險。

(8) 化學藥品濺到身上，立刻以大量清水沖洗，並將受污染之衣物迅速脫掉，以避免更大之傷害，切勿因害羞不敢沖水而導致延誤處理時機。

(9) 容器及實驗器皿之清洗：一般實驗完成之後，應將其立即清洗，清洗之方法如下，先使用自來水及各式刷子、菜瓜布將器皿內外皆清洗乾淨。若過於不潔之器皿，可將該器皿浸泡於實驗室內之清潔劑桶內四小時，再取出以清水沖洗乾淨。以自來水沖洗乾淨之器皿，再以逆滲透水清潔兩次，以達洗淨之目的。

廢棄物安全管理通則

Chapter

03

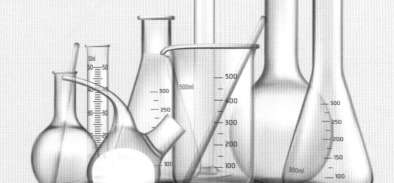

Water Quality Analysis &
Experiment

 **3-1　實驗室廢棄物來源**

　　實驗室之廢棄物來源，包括如：

1. 過期之藥品。

2. 建立檢量線之標準溶液及配製過程中之溶液。

3. 實驗廢液。

　　本實驗室之廢棄物均依其化性及物性分類後貯存至一定量後，交由廢棄物處理公司處理之。

　　為了使貯存之廢棄物，在貯存過程及以後之處理能順利進行而不發生意外之事故，必須在廢棄物之容器上有非常清楚的標示。同時，任何空瓶之標示均應劃去原標誌並加註「空瓶器」之字樣，以免被誤用。以下兩點為容器標示之原則：

1. 內容物及成分說明：如 $K_2Cr_2O_7/H_2SO_4$，若為商品名則需註明化學名稱及化學式。

2. 危害性質標示（見圖 3-1）。

3. 圖式請依危害物質圖示之規定。

危害物質之分類、標示要項

危害物質分類			標準要項			備註
危害性	危害分類	組別(Division)、級別(Category)或型別(Type)	危害圖示	警示語	危害警號訊息	依國家標準一五○三○化學品分類及標示系統標準之規定辦理。(各危害性依CNS15030-1 至CNS15030-26 標準分類及標示辦理)
物理性危害	爆炸物	不穩定爆炸物		危險	不穩定爆炸物	

危害物質分類			標準要項			備註
物理性危害	爆炸物	1.1 組　有整體爆炸危險之物質或物品。	![爆炸圖示]	危險	爆炸物；整體爆炸危害	
		1.2 組　有拋射危險，但無整體爆炸危險之物質或物品。	![爆炸圖示]	危險	爆炸物：嚴重拋射危害	
		1.3 組　會引起火災，並有輕微爆炸或拋射危險但無整體爆炸危險之物質或物品。	![爆炸圖示]	危險	爆炸物；引火、爆炸或拋射危害	
		1.4 組　無重大危險之物質或物品。	![爆炸圖示]	警告	引火或拋射危害	
		1.5 組　很不敏感，但有整體爆炸危險之物質或物品。	1.5（背景橘色）	危險	可能在火中整體爆炸	
		1.6 組　極不敏感，且無整體爆炸危險之物質或物品。	1.6（背景橘色）	無	無	
	易燃氣體	第 1 級	![火焰圖示]	危險	極度易燃氣體	
		第 2 級	無	警告	易燃氣體	

危害物質分類			標準要項		備註
物理性危害	易燃氣膠	第 1 級	危險	極度易燃氣膠	
		第 2 級	警告	易燃氣膠	
	氧化性氣體	第 1 級	危險	可能導致或加劇燃燒；氧化劑	
	加壓氣體	壓縮氣體	警告	內含加壓氣體；遇熱可能爆炸	
		液化氣體	警告	內含加壓氣體；遇熱可能爆炸	
		冷凍液化氣體	警告	內含冷凍氣體；可能造成低溫灼傷或損害	
		溶解氣體	警告	內含加壓氣體；遇熱可能爆炸	

危害物質分類			標準要項		備註
物理性危害	易燃液體	第 1 級	危險	極度易燃液體和蒸氣	
		第 2 級	危險	高度易燃液體和蒸氣	
		第 3 級	警告	易燃液體和蒸氣	
		第 4 級　無	警告	可燃液體	
	易燃固體	第 1 級	危險	易燃固體	
		第 2 級	警告	易燃固體	
	自反應物質	A 型	危險	遇熱可能爆炸	
		B 型	危險	遇熱可能起火或大爆炸	

危害物質分類			標準要項		備註
物理性危害	自反應物質	C 型和 D 型		危險	遇熱可能起火	
		E 型和 F 型		警告	遇熱可能起火	
		G 型	無	無	無	
	發火性液體	第 1 級		危險	暴露在空氣中會自燃	
	發火性固體	第 1 級		危險	暴露在空氣中會自燃	
	自熱物質	第 1 級		危險	自熱；可能燃燒	
		第 2 級		警告	量大時可自熱；可能燃燒	
	禁水性物質	第 1 級		危險	遇水放出可能自燃的易燃氣體	
		第 2 級		危險	遇水放出易燃氣體	

危害物質分類		標準要項			備註
物理性危害	禁水性物質	第 3 級	警告	遇水放出易燃氣體	
	氧化性液體	第 1 級	危險	可能引起燃燒或爆炸；強氧化劑	
		第 2 級	危險	可能加劇燃燒；氧化劑	
		第 3 級	警告	可能加劇燃燒；氧化劑	
	氧化性固體	第 1 級	危險	可能引起燃燒或爆炸；強氧化劑	
		第 2 級	危險	可能加劇燃燒；氧化劑	
		第 3 級	警告	可能加劇燃燒；氧化劑	

危害物質分類			標準要項		備註
物理性危害	有機過氧化物	A 型		危險	遇熱可能爆炸	
		B 型		危險	遇熱可能起火或爆炸	
		C 型和 D 型		危險	遇熱可能起火	
		E 型和 F 型		警告	遇熱可能起火	
		G 型	無	無	無	
	金屬腐蝕物	第 1 級		警告	可能腐蝕金屬	
健康危害	急毒性物質：吞食	第 1 級		危險	吞食致命	
		第 2 級		危險	吞食致命	

危害物質分類			標準要項		備註
健康危害	急毒性物質：吞食	第 3 級		危險	吞食有毒	
		第 4 級		警告	吞食有害	
		第 5 級	無	警告	吞食可能有害	
	急毒性物質：皮膚	第 1 級		危險	皮膚接觸致命	
		第 2 級		危險	皮膚接觸致命	
		第 3 級		危險	皮膚接觸有毒	
		第 4 級		警告	皮膚接觸有害	
		第 5 級	無	警告	皮膚接觸可能有害	
	急毒性物質：吞食	第 1 級		危險	吸入致命	
		第 2 級		危險	吸入致命	

危害物質分類			標準要項		備註
急毒性物質：吞食	第 3 級		危險	吸入有毒	
	第 4 級		警告	吸入有害	
	第 5 級	無	警告	吸入可能有害	
腐蝕／刺激皮膚物質	第 1A 級		危險	造成嚴重皮膚灼傷和眼睛損傷	
	第 1B 級				
	第 1C 級				
	第 2 級		警告	造成皮膚刺激	
	第 3 級	無	警告	造成輕微皮膚刺激	
嚴重損傷／刺激眼睛物質	第 1 級		危險	造成嚴重眼睛損傷	
	第 2A 級		警告	造成眼睛刺激	
	第 2B 級	無	警告	造成眼睛刺激	
呼吸道過敏物質	第 1 級		危險	吸入可能導致過敏或哮喘病症狀或呼吸困難	

危害物質分類		標準要項			備註
健康危害	皮膚過敏物質	第 1 級		警告	可能造成皮膚過敏	
	生殖細胞致突變性物質	第 1A 級		危險	可能造成遺傳性缺陷	
		第 1B 級				
		第 2 級		警告	懷疑造成遺傳性缺陷	
	致癌物質	第 1A 級		危險	可能致癌	
		第 1B 級				
		第 2 級		警告	懷疑致癌	
	生殖毒性物質	第 1A 級		危險	可能對生育能力或對胎兒造成傷害	
		第 1B 級				
	生殖毒性物質	第 2 級		警告	懷疑對生育能力或對胎兒造成傷害	
		影響哺乳期或透過哺乳期產生影響的附加級別	無	無	可能對母乳餵養的兒童造成傷害	

危害物質分類			標準要項			備註
健康危害	特定標的器官系統毒性物質－單一暴露	第 1 級		危險	會對器官造成傷害	
		第 2 級		警告	可能會對器官造成傷害	
		第 3 級		警告	可能造成呼吸道刺激或者可能造成困倦或暈眩	
	特定標的器官系統毒性質質－重複暴露	第 1 級		危險	長期或重複暴露會對器官造成傷害	
		第 2 級		警告	長期或重複暴露可能對器官造成傷害	
	吸入性危害物質	第 1 級		危險	如果吞食並進入呼吸道可能致命	
		第 2 級		警告	如果吞食並進入呼吸道可能有害	

3-2 實驗室廢棄物貯存場所

1. 通風良好。

2. 避免高溫。因高溫會使貯存液體之容器膨脹甚而爆炸。

3. 避免日曬雨淋，以免容器材質劣化，導致標示不清。

4. 有防止人員或動物擅自闖入之安全設備或設施。

5. 有消防設施。

6. 不相容之廢棄物容器最好不要混合貯存，以免洩出而導致危險。

3-3 廢棄物之相容性

　　實驗室中不相容廢液相混合時，有時會放出高熱引起爆炸、燃燒、釋放出有毒物質而造成傷害，故對不相容之化學物質必須分開貯存。至於不能相混之廢棄物則可參考相關書籍如表 3-1 所示。

■ 表 3-1　不相容化學物質一覽表

	參考 MSDS 不可混物質	硫酸	氫氯酸	磷酸	醋酸	硝酸	氨	雙氧水	氧氯化磷	三氯乙烷	鹽酸	氨水	異丙醇	丙酮	水	容器材質
硫酸	鹼、酸、可燃物、硝酸		×	○	×	○					○	○	○	×	∨	
氫氯酸	遠離鹼性、金屬、硫酸	×				○					○	○				不可使用含玻璃成分
磷酸	強鹼					○					○	○				
醋酸	氧化劑、強鹼、硝酸	○				×	○	○			○	○				
硝酸	鹼、酸、醇、可燃物						○				○	○	×	×	∨	
氨	酸、氧化劑	○	○	○	○	○		○		○	○					
雙氧水	鹼、可燃物				○		○		○		○	○	○	○		不可用塑膠、橡膠材質

■ 表 3-1　不相容化學物質一覽表（續）

	參考 MSDS 不可混物質	硫酸	氫氯酸	磷酸	醋酸	硝酸	氨	雙氧水	氧氯化磷	三氯乙烷	鹽酸	氨水	異丙醇	丙酮	水	容器材質
氧氯化磷	強鹼、水							○					○	○	×	
三氯乙烷	強氧化劑、鹼					○						○			×	
鹽酸	氧化劑、鹼	○			○	○	○					○	○		∨	可使 PE、玻璃容器
氨水	氧化劑	○	○	○	○	○		○		○	○					
異丙醇	氧化劑、硝酸、腐蝕劑	○	○	○	○	×		○	○		○					
丙酮	強氧化劑、與硝酸、硫酸劇烈分解	×				×		○	○							
HMDS	氧化劑、水	○				○		○								
SOG	氧化劑	○				○		○								
TSMR-CR-B2	強氧化劑	○														
TSMR-V3	氧化劑	○														
S1400（鹼）	氧化劑、酸	○	○	○	○			○			○					
OFPR-800	氧化劑	○				○		○								
HPR-204	強氧化劑	○				○		○	○							
HPR-429（鹼）	強酸、氨類混合物	○	○	○	○	○	○				○	○				
TEOS	酸、鹼	○	○	○	○	○	○	○			○	○				
MF319（鹼）	強硝	○	○	○	○	○										
PRS-1000	強酸、強氧化劑	○	○	○	○	○					○					

註：（×）不可混合物質，（○）混合可能會有危害（∨）加大量水起劇烈反應。

3-4　實驗室廢棄物分類

　　由於實驗室廢水中之重金屬、有機物、懸浮固體及一些劇毒性物質經常會超過放流水標準，但因其廢水組成及濃度深受學校課程所影響而有季節性之變化，此也造成調查分析之困難。雖然有上述之困難，實驗室仍儘可能依廢水可能之性質做必要之分類予以收集，其分類方式及判定方法請參照表 3-2 所示。

■ 表 3-2 實驗室廢液分類類別

A.酸性廢液
B.鹼性廢液
C.含鉻廢液
D1.有機汞銀廢液
D2.無機汞銀廢液
E.重金屬廢液
F.氧化還原廢液
G.氰系廢液 　*需保存於鹼性環境（pH＞10.5 以上）
0.1.一般有機廢液
0.2 含氯有機廢液

其他： 特殊實驗廢液，另以廢液桶單獨收集（例如：水玻璃、COD 強酸廢液、葉脈書籤強鹼廢
　　　 液…等）。

3-5　實驗室廢液處理

　　實驗後之廢液可分成(1)酸鹼廢液；(2)金屬廢液；(3)有毒廢液，應分別收集，委託
代處理業者予以適當處理。水質實驗室的廢液處理流程可參考圖 3-3：

1. 各組依老師規定將廢液倒入規定之廢液收集桶中。（各類收集桶應標示清楚）

2. 倒入後再以 5～10 mL 之清水清洗器，再將洗滌液倒入分類收集桶中。

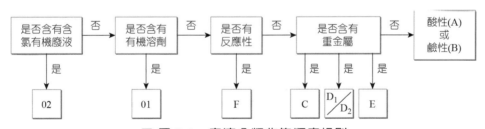
■ 圖 3-1　廢液分類收集順序規則

3-6　實驗室廢空瓶處理

1. 必須先將瓶內液體盡量倒空（不要的液體應倒入廢液收集桶內）。

2. 可再用少量清水清洗沾在瓶壁的殘留液，此時清洗液應倒入廢液收集桶。

3. 視該藥品之毒性（有害性）可重複上述清洗程序。

4. 為確保瓶內不沾有化學藥品，最後可再用較大量自來水清洗一、二次，此時清洗液即可排放到水槽內。

5. 處理完畢的空瓶，要放到專門的收集桶內。

 ## 3-7　實驗室之污染防治

1. 廢棄物一定要分類，而有害的廢棄物及廢液，更須適當地集中收集處理，不可任意排放。

2. 熱玻璃或反應性化學品，絕不可與可燃性垃圾混在一起。

3. 廢液至少可分裝為：一般含重金屬的廢水、酸鹼類廢水、六價類鉻廢水、含汞廢水、氰系廢水、氧化劑、還原劑廢水，以及有機溶劑等。

4. 一般只有無害之中性鹽類或陰陽離子類廢水，方可稀釋後由水槽排放。

5. 丟棄化學品空瓶時，務必要將殘留液清洗乾淨，始可予以丟棄。洗滌液亦應當作廢液分類收集之。

6. 實驗室廢液需自行分類回收保存，待裝滿後送至廢液存放區。

水樣前處理及
微生物檢測通則

Chapter

04

Water Quality Analysis &
Experiment

4-1 水體採樣方法

　　通常水質分析檢驗所需水樣量約為 2L，如需另作某些特殊項目之化驗，則需增減水樣量。在採樣及處理方法上，因理化性及細菌檢驗用水樣因性質不同，不宜用同一水樣檢驗。

　　在進行採樣時，須注意獲得其有代表性之水樣，並避免可能的污染，故於採樣前需要注意的事項如：

1. 採樣瓶是先需清洗乾淨並晾乾。

2. 採樣瓶要用擬採之水樣洗滌二、三遍。

3. 進行採樣後，水樣會因化學性或生物性的變化而改變其性質，故採樣與檢驗間隔的時間必須縮短，以免影響結果。

4. 採樣後，因交通、天候或其他因素無法立即檢驗，則水樣必須以適當方法保存，以延緩其變質。

5. 飲用水水質採樣方法，可查閱以下 QR Code：

6. 河川、湖泊及水庫水質採樣方法，可查閱以下 QR Code：

4-2 水體保存原則

　　當水樣採取完成後，接著這就必須考量採樣地點與檢測地點的距離遠近，因為會涉及水樣存放的方式。

　　水樣保存的方法包括：

1. pH 值控制。

2. 4℃冷藏。

3. 添加試劑。

　　水樣必須妥善保存，如此才能降低或抑制生物性的活動及污染成份之分解、吸附或揮發等現象，使檢測結果完整呈現水質的實況，才能達成採樣的目的。

　　在水質檢測的項目中，由於水樣之溫度、pH 值或溶解的氣體量（如 DO、CO_2 等）變化很快，必須於採樣現場立即測定，其原因如下：

1. pH、鹼度及二氧化碳平衡之改變，碳酸鈣容易沉澱出來，而減低水樣之鹼度及總硬度。

2. 陽離子如鋁、鎘、鉻、銅、鐵、鉛、錳、銀、鋅等亦可能沉澱或吸附於採樣容器上，故應儲存於乾淨的瓶內，並加硝酸（或硫酸）使水樣之 pH<2。

3. 鈉、矽、硼可能自玻璃容器溶出，如需檢測這些成分，水樣需直接存放於塑膠瓶中。

4. 微生物的活動會影響硝酸鹽、亞硝酸鹽及氨的平衡，並降低酚類的含量及生化需氧量，並使硫酸鹽還原為硫化物、餘氯還原成氯鹽，可使水樣之 pH<2 來抑制微生物的活動，並冰存於 4℃的冰箱中。

5. 硫化物、亞硫酸鹽、亞鐵離子、碘離子及氰化物等可能藉由氧化而減低含量。

6. 各種檢測項目的採樣需求及保存方法，詳見表 4-1。

■ 表 4-1　各種檢測項目的採樣需求及保存方法

檢 測 項 目	水樣需要量 (mL)[註1]	容　　　　器	保　存　方　法	保 存 期 限	備　註
色　度	500	玻璃或塑膠瓶	暗處，4℃冷藏。	48 小時	
導電度	500	塑膠瓶	暗處，4℃冷藏。	48 小時	
硬　度	500	玻璃或塑膠瓶	加硝酸使水樣之 pH<2。	7 天	
臭　度	1000	玻璃瓶	暗處，4℃冷藏。	6 小時	
pH 值	300	玻璃或塑膠瓶	無特殊規定。	立刻分析	現場測定
溫　度	1000	玻璃或塑膠瓶	無特殊規定。	立刻分析	現場測定
濁　度	100	玻璃或塑膠瓶	暗處，4℃冷藏。	48 小時	
懸浮固體	500	玻璃或塑膠瓶	暗處，4℃冷藏。	7 天	
總溶解固體	500	玻璃或塑膠瓶	暗處，4℃冷藏。	7 天	
一般金屬	200	以 1+1 硝酸洗淨之塑膠瓶	加硝酸使水樣之 pH<2。(若測定溶解性金屬，須於採樣後立刻以 0.45 μm 之薄膜濾紙過濾，並加硝酸使濾液之 pH<2）。	6 個月	
六價鉻	300	以 1+1 硝酸洗淨之塑膠瓶	暗處，4℃冷藏。	24 小時	
汞	500	以 1+1 硝酸洗淨之塑膠瓶	加硝酸使水樣之 pH<2。(若測定溶解性汞，須於採樣後立刻以 0.45 μm 之薄膜濾紙過濾，並加硝酸使濾液之 pH<2）。	14 天	
酸度	100	塑膠瓶	暗處，4℃冷藏。	48 小時	
鹼度	200	塑膠瓶	暗處，4℃冷藏。	48 小時	
硼	100	塑膠瓶	無特殊規定。	7 天	
氯化物	50	玻璃或塑膠瓶	無特殊規定。	7 天	

■ 表 4-1　各種檢測項目的採樣需求及保存方法（續）

檢測項目	水樣需要量 (mL)[註1]	容　器	保　存　方　法	保存期限	備　註
餘　氯	500	玻璃或塑膠瓶	無特殊規定。	立刻分析	現場測定
氟化物	300	塑膠瓶	無特殊規定。	7 天	
總凱氏氮	500	玻璃或塑膠瓶	加硫酸使水樣之 pH<2。暗處，4℃冷藏。	7 天	
氨　氮	500	玻璃或塑膠瓶	加硫酸使水樣之 pH<2。暗處，4℃冷藏。	7 天	
氰化物	1000	塑膠瓶	加氫氧化鈉使水樣之 pH12，暗處，4℃冷藏	7 天(若水樣含硫化物，則為 24 小時)	
硝酸鹽	100	玻璃或塑膠瓶	暗處，4℃冷藏。	48 小時 (已氯化水樣則為 28 天)	
亞硝酸鹽	100	玻璃或塑膠瓶	暗處，4℃冷藏。	48 小時	
溶氧（碘定量法）	300	BOD 瓶	採樣後立刻加入 0.7 mL 濃硫酸及 1 mL 疊氮化鈉溶液，在 10 至 20℃時以水封保存。	8 小時	
溶氧（疊氮化物修正法）	300	BOD 瓶	無特殊規定。	立刻分析	現場測定
總　磷	100	以 1+1 硝酸洗淨之玻璃瓶	加硫酸使水樣 pH<2，4℃冷藏。	7 天	
磷酸鹽	100	以 1+1 硝酸洗淨之玻璃瓶	暗處，4℃冷藏，若測定溶解性磷酸鹽，須於採樣後立刻以 0.45μm 之薄膜濾紙過濾。	48 小時	

■ 表 4-1　各種檢測項目的採樣需求及保存方法（續）

檢 測 項 目	水樣需要量 (mL)註1	容　　　　器	保　存　方　法	保存期限	備　註
硫酸鹽	50	玻璃或塑膠瓶	暗處，4℃冷藏。	7 天	
硫化物	100	玻璃或塑膠瓶	每 100 mL 之水樣加入 4 滴 2N 醋酸鋅溶液，再加入氫氧化鈉使水樣之 pH9，暗處，4℃冷藏。	7 天	
生化需氧量	1000	玻璃或塑膠瓶	暗處，4℃冷藏。	48 小時	
化學需氧量	100	玻璃或塑膠瓶	加硫酸使水樣 pH<2，暗處，4℃冷藏。	7 天	
油　脂	1000	廣口玻璃瓶	加硫酸使水樣 pH<2，暗處，4℃冷藏。	7 天	不得以擬採之水樣預洗。
酚　類	500	玻璃瓶	加硫酸使水樣 pH<2，暗處，4℃冷藏。	7 天	
陰離子界面活性劑	250	玻璃或塑膠瓶	暗處，4℃冷藏。	48 小時	
總有機碳	100	玻璃瓶	加硫酸使水樣之 pH<2。暗處，4℃冷藏。	14 天	不得以擬採之水樣預洗。
多氯聯苯 (Poly-chlorinated biphenyls)	2000	以有機溶劑洗淨之玻璃瓶附鐵氟龍內墊之蓋子。	加硫酸或氫氧化鈉使水樣之 pH 值為 5.0～9.0，4℃冷藏（若採樣後 72 小時內可完成水樣之萃取，則水樣可免調整 pH 值）。	水樣應於 7 天內完成萃取，萃取後 40 天內完成分析。	不得以擬採之水樣預洗。

■ 表 4-1 各種檢測項目的採樣需求及保存方法（續）

檢測項目	水樣需要量(mL)[註1]	容器	保存方法	保存期限	備註
揮發性有機物(VOCs)	400mL，2瓶	以有機溶劑洗淨之玻璃瓶附鐵氟龍內墊之蓋子。	加鹽酸使水樣之 pH<2，暗處，4℃冷藏，若水樣中含餘氯則於每瓶水樣中添加 40 mg 抗壞血酸。	14 天	不得以擬採之水樣預洗。
半揮發性有機物	1000	以有機溶劑洗淨之玻璃瓶附鐵氟龍內墊之蓋子。	暗處，4℃冷藏。（若水樣中含餘氯則需添加 80 mg 硫代硫酸鈉/L）	水樣應於 7 天內完成萃取，萃取後 40 天內完成分析。	不得以擬採之水樣預洗。
多苯環芳香族碳氫化合物(PAHs)	2000	以有機溶劑洗淨之玻璃瓶附鐵氟龍內墊之蓋子。	暗處，4℃冷藏。（若水樣中含餘氯則需添加 80 mg 硫代硫酸鈉/L）	水樣應於 7 天內完成萃取，萃取後 40 天內完成分析。	不得以擬採之水樣預洗。
農藥(Pesticides)	2000	以有機溶劑洗淨之玻璃瓶附鐵氟龍內墊之蓋子。	依種類而異，請依公告檢測方法規定行之。	水樣應於 7 天內完成萃取，萃取後 40 天內完成分析。	不得以擬採之水樣預洗。

註 1： 本表所列水樣需要量僅足夠分析一次樣品，若欲配合執行品管要求，則應依需要酌增樣品量。

註 2： 本表未列之檢測項目，建議以玻璃或塑膠瓶盛裝，於 4℃冷藏，並盡速分析。

註 3： 本表參考行政院環保署公告之檢測方法。

4-3 微生物檢測通則

在任何一個微生物的檢測或分析過程中，除了應先確保其所用的玻璃器皿、培養基及稀釋水等皆為無菌外，尚須進行滅菌、培養基的品管、培養基的滅菌、樣品的稀釋等的監控過程，以保證實驗分析結果的可靠性。

1. 滅菌：

清洗完畢後的各種器皿用具，應依其對熱的耐受性，選擇適當的滅菌方法，例如對可用高溫滅菌的塑膠製品而言，以滅菌釜 121℃，15 分鐘即可滅菌，但一般的塑膠製品絕不可以用滅菌釜滅菌：對玻璃用具、器皿的滅菌則用高壓滅菌釜或乾熱滅菌，唯若用滅菌釜滅菌，除了滅菌釜可以確保滅菌後器皿是乾燥的之外，均應在滅完菌後入 60 至 80℃的烘箱中烘乾：但若使用的滅菌方法為乾熱滅菌時，則滅菌的溫度應為 170℃，滅菌時間不可少於 60 分鐘。如果玻璃器皿在金屬的容器中，則其滅菌溫度必到達 170℃，滅菌時間不可少於 2 小時。對不同的實驗，有時玻璃器皿的滅菌溫度必須高於 250℃（例如：RNA 的製備實驗），所以最好在滅菌前應確定各種玻璃皿的用途，而施以適當的滅菌過程。

滅菌過程中除了要依實驗目的，及待滅菌器皿的性質決定滅菌方法及其適用的溫度之外，並應注意在高壓高溫滅菌的過程中，具螺旋蓋的器具（不論是玻璃或塑膠），滅菌時應將螺旋蓋稍微放鬆，以防內外壓力不同造成玻璃器皿破裂或塑膠器皿變形，而滅菌後若瓶子或內裝的內容物尚未冷卻至室溫時，不可轉緊螺旋蓋，以防止造成內外壓差而使瓶蓋不易打開，但若發生上述的情況，可稍微加溫內容物，即可打開瓶蓋。

2. 培養基的品管：

培養基是微生物實驗中最重要的一環，因為培養基是實驗室中供給微生物生長的營養來源，所以任何微生物的培養過程是否會成功，均依賴其所用培養基的性質而定，所以在培養基的製備上，應儘可能的使用最好的藥品、最佳的技術加以配製，以保證其最佳品質。

一般微生物實驗中所使用的培養基，通常都是商業化的產品，所以應注意的是，不同廠牌、不同批號、其產品品質都會有些微的差異，所以每次使用一新品牌、新批號的培養基時，都應注意其培養出來的微生物菌落大小，與上一批號或品牌所培養出的微生物菌落大小是否一致，這種觀察可做為一簡單的培養基品管手續。每次培養基的購買量以不要超過一年的用量為準，培養基的使用原則是先進先用，並且購買時以小包裝為佳，記錄所進培養基的種類、量、外觀、批號、使用年限及收貨時間。在開封時記錄開

封時間，每三個月檢查清單一次，並把任何外觀發生變化（例如變色、結塊）的培養基丟棄。一般已開封的培養基保存期限是二年，其時限又因實驗室內的溫度、日照及濕度而差異頗大，最好先用一瓶開封已有一年以上的培養基做一次效果測試，並將之與已知可用的培養基互相比較效果，以測定實驗室內溫度、日照及濕度，對開封一年的培養基影響情形，訂出開封後的培養基在實驗室內保存時的使用期限。但不論實驗室內各項條件對開瓶培養基的保存效果如何，已開瓶的培養基最好在半年之內用完，如果實驗室內之濕度太大，則開瓶後的培養基最好放在乾燥箱保存，以確保其品質。

製備培養基的藥品選擇及保存上，除須注意上述的大原則外，為確保製備好的培養基在使用上的品質，培養基的製備、滅菌、貯存等，在操作時還必須遵守下列數節中所討論的原則，在每一步驟確實做好品質管理的工作，如此才能確保培養基的正確性，也才能確保檢測工作的順利完成。

3. 培養基的滅菌：

培養基的除滅菌方法有：(1)滅菌釜滅菌；(2)過濾除菌兩種。前者是利用高溫高壓殺死培養基中的生命體，而後者則是利用濾膜的孔隙，除去培養基中的生命體，二者皆可達到滅菌的效果，但因前者利用高溫高壓滅菌，對培養基之內容物會產生一定的影響。因此以滅菌釜滅菌時，滅菌溫度及時間會依培養基種類的不同而有差異。對特殊的培養基而言，其滅菌應依製造廠商的指示操作。培養基滅菌應注意的事項，包括：

(1) 培養基配製好後 2 小時以內，必須完成滅菌的工作，絕對不可以保存未滅菌的培養基。

(2) 如果培養基中含有對熱敏感的物質，如：葡萄糖、指示劑、血或抗生素等，應用過濾法（$0.22\,\mu m$ 濾膜）滅菌，或單獨對這些對熱敏感的物質用過濾法除菌，待培養基其他部份滅菌後，溫度降至可容許的範圍內（例如培養基的溫度須降至 55℃ 以下才可加入抗生素）再加入，但是各種對熱敏感的化學藥品，其過濾、分裝等操作過程，必須在無菌環境下完成。

(3) 滅完菌後的培養基應待壓力回到大氣壓後，再行取出。

(4) 培養基不可重複滅菌。

(5) 滅菌效果可用商品化之孢子試紙或孢子懸浮液加以確定。因為只有在 121℃，15min 高溫高壓處理後才可將孢子殺死，所以滅菌後以 55℃ 培養，如果孢子仍能生長，表示滅菌效果不好。

(6) 所有與培養基製備有關的玻璃器皿，除了可直接用滅菌釜滅菌外，也可利用 170℃，2hr 乾熱滅菌，並應用孢子懸浮液檢測其滅菌效果。

(7) 其他一些對熱敏感的待滅菌器皿則以蒸氣滅菌法滅菌，可將其曝露於氧化乙烯的氣體中殺菌，不過現在有以放射線殺菌的各種對熱敏感的商業化器皿，如塑膠培

養皿等，這些使用後即可丟棄的無菌器皿，是實驗室中一些對熱敏感器皿的最佳替代品，可充分應用於製備培養基及滅菌後分裝工作上。

4. 樣品的稀釋：

樣品稀釋的目的是將樣品中微生物在單位體積內的數目，降低至可以計數或可單獨分離的程度：在實驗內常用來稀釋樣品的方法是連續稀釋法(Serial dilution)，稀釋的倍數通常是以 10 倍的體積連續稀釋。

一般常用的稀釋法，其樣品體積與稀釋液體積間的關係可見圖 4-1，而在稀釋過程中唯一須注意的是，稀釋開始前樣品必須完全均勻混合，混合的方法依樣品體積的多寡，有數種不同的選擇，體積大者可用振盪法混合樣品，如果樣品的體積很小，則可用吸管上下吸放數次，也可以達到相同的效果，但須小心，混合時不可有任何待測樣品的潑灑。

樣品稀釋完成後，接下來便是將樣品中的微生物，培養在適當的培養基中，以便進行計數或鑑定等工作。而將微生物接種於固體培養基的方法有三種，分別為混合稀釋法、畫碟法及塗抹法。

5. 微生物計數法：

(1) 細胞直接計數(Direct Count)：

一定體積內的樣品中，不論死活細胞數的總和稱為全細胞數(Total Cell Number)。全細胞的計數常使用在細菌、孢子及酵母（單細胞生物）的計數上，全細胞數的測數可由下列數種方法測得。

① 顯微鏡直接觀察計數法：

直接測數是將一定量的樣品置於一已知面積的載玻片上，在一定的具代表性顯微鏡視野中計數，並將其平均值乘以適當的體積面積換算因子後，測定樣品中的全菌數。

常用的血球計數器，如 Petroff-Hauser 及 Levy 的計數器，可直接測數一定體積樣品中的菌數，則其測值不用再以體積面積的關係換算。

② 吸光度計數（Optical Density，簡稱 O.D）：

吸光度計數是利用單色之入射光和通過待測樣品後的穿透光(Transmission light)二者間的差異，用來估計細胞濃度的一種方法。不同的細胞，其細胞濃度與吸光度，簡稱 O.D，其定義是 $\log_{10}(IO/I)$（IO 為全射光強度，I 為通過樣品後光之強度）間的定量關係各不相同，但對一定的細胞種類，在某一定的細胞濃度範圍內，均略呈直線的相關關係，所以可以利用 OD 測定細胞濃度。以此種方法測細胞數時，必須先做某種細胞在某種特定波長下，吸光度與細胞數之間的標準曲線，才可以使用這種方法測數。

③ 測全細胞數，除了常用上述兩種方法外，也有利用細胞通過某特定點對電導度的影響，加以計數細胞的科爾特法(Coulter method)，及利用細胞對入射光散射的程度來計數的濁度測定法(Nephelometry)等方法，但是這些方法都需要有特殊的儀器才能進行。

(2) 活細胞計數(Viable Cell Count)：

活細胞計數是指測定樣品中的活細胞總數，其測定的方法有直接測定法、最大可能數測試法及菌落計數(Colony Count)法，其中最大可能數測試法，如「多試管測試法」。

① 直接計數：

直接計數的方法與「顯微鏡直接觀察計數法」的方法一樣，只是該種方法中所計數的細胞是不論死活，本節所討論則為活細胞的計數。為了要確定細胞是否為活細胞，可用各種不同的染劑，對活細胞不同的部份加以染色，區分其死活，這種染色法稱為活細胞染色法(Vital Staining)，常用的染色劑為：Bismarck brown、Cresyl blue、Janus green、Methylene blue、Neutral red、Nile blue A、Eosin，大多數是鹼性染劑(Basic dye)，只有 Eosin 除外。這些染活細胞的染劑又稱為 vital dye，均有些微的毒性，故染細胞時須較低的濃度（通常低於0.01% w/v），各種染劑的作用點各不相同，例如 Janus green 是以還原氧化電位的變化來染細胞中的粒線體。利用這些染劑將活細胞染出來後，就可以依據「顯微鏡直接觀察計數法」來計數樣品中的活細胞數了。

② 菌落計數(Colony Count)：

這種計數方法的基本假設是每一活細胞都可以長成一菌落，故可以利用菌落的數目來估計定量體積樣本中的活菌數。但利用此法計算活菌數時，須特別注意此時所用的培養基及培養條件，對菌落的生成相當重要。一般用來測數的方法是利用混合稀釋法，接種不同稀釋度、一定體積的樣品於一定種類的培養基中，培養後測其菌落數目即可，此種方法並非直接測數樣品中的活菌數，故其求出的活菌數單位經常用菌落形成單位（菌落數(CFU)）來加以表示。

MEMO

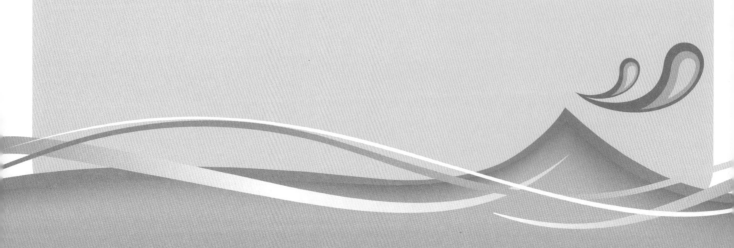

水質檢驗之
證照規範

Chapter

05

Water Quality Analysis &
Experiment

5-1　下水道法規說明

根據下水道法第十七、十八條規定：

1. 下水道之規劃、設計及監造，得委託登記開業之有關專業技師辦理。其由政府機關自行規劃、設計及監造者，應由符合中央主管機關規定之技術人員擔任之（第十七條）。

2. 下水道設施之操作、維護，應由技能檢定合格人員擔任之。其技能檢定辦法，由中央主管機關定之。（第十八條）

　　與水質分析相關之職類為下水道設施操作維護－水質檢驗技術士之檢定，鑑於上述法規，在從事下水道之相關工作時，持有下水道相關證照是必要的條件。

5-2　技術士證照之效用

一、教育部行政主管機關現行或研議中對技術士的激勵措施

（一）「高級中等學校專業及技術教師遴聘辦法」

（103 年 01 月 10 日更新）

　　此辦法指出，依據高級中等教育法第 29 條規定：「高級中等學校得置專業及技術教師，遴聘具有實際經驗之人員，擔任專業或技術科目之教學；其聘任、解聘、停聘、不續聘、請假、申訴、待遇、福利、退休、撫卹、資遣等事項，準用教師之規定；其分級、資格、進修、成績考核及其他權益等事項之辦法，由中央主管機關定之。」及教育人員任用條例第二十條第一項規定：「偏遠或特殊地區之學校校長、教師之資格及專業科目、技術科目、特殊科目教師及稀少性科技人員之資格，由教育部定之。」

◎　專業及技術教師應具有下列資格之一：（第 3 條）

1. 專科以上學校畢業，取得與其應聘科別相關之下列資格之一，並具有性質相關專業或技術之業界實際工作經驗二年以上者：

    (1) 乙級以上技術士證。

    (2) 專門職業及技術人員普通考試以上及格。

    (3) 與前目相當之考試及格。

2. 依職業訓練師甄審遴聘辦法取得與應聘科別性質相關之職業訓練師資格，並於職業訓練中心從事訓練工作三年以上。

3. 高級中等學校畢業，取得與其應聘科別相關之下列資格之一，並具有性質相關專業或技術之業界實際工作經驗五年以上者：

   (1) 甲級技術士證。

   (2) 專門職業及技術人員普通考試以上及格。

   (3) 與前目相當之考試及格。

4. 曾從事與應聘科別性質相關專業或技術之業界實際工作經驗六年以上，具有特殊造詣或成就。

   具有前項各款資格者，其歸屬之類、群、科及認定基準，由中央主管機關定之。

（二）大學同等學力認定標準

（民國 106 年 06 月 02 日更新）

◎ 具下列資格之一者，得以同等學力報考大學學士班（不包括二年制學士班）一年級新生入學考試：（第 2 條第 11 點）

1. 取得丙級技術士證或相當於丙級之單一級技術士證後，從事相關工作經驗五年以上。

2. 取得乙級技術士證或相當於乙級之單一級技術士證後，從事相關工作經驗二年以上。

3. 取得甲級技術士證或相當於甲級之單一級技術士證。

◎ 具下列資格之一者，得以同等學力報考大學二年制學士班一年級新生入學考試：（第 3 條第 7 點）

1. 取得乙級技術士證或相當於乙級之單一級技術士證後，從事相關工作經驗四年以上。

2. 取得甲級技術士證或相當於甲級之單一級技術士證後，從事相關工作經驗二年以上。

◎ 具下列資格之一者，得以同等學力報考大學碩士班一年級新生入學考試：（第 5 條第 6 點）

1. 取得甲級技術士證或相當於甲級之單一級技術士證後，從事相關工作經驗三年以上。

2. 技能檢定職類以乙級為最高級別者，取得乙級技術士證或相當於乙級之單一級技術士證後，從事相關工作經驗五年以上。

（三）高級中等學校技藝技能優良學生甄審及保送入學實施要點

（民國 98 年 10 月 29 日修正）

教育部（以下簡稱本部）為鼓勵及輔導高級中等學校技藝技能優良學生適性發展，落實技專校院多元入學方案，強化技術及職業教育之發展，辦理甄審及保送入學之時間，以每年三月至五月辦理為原則。

領有甲級技術士證者，增加甄審實得總分百分之二十五；領有乙級技術士證者，增加甄審實得總分百分之十五。

（四）專科學校技藝技能優良學生甄審及保送入學實施要點

（民國 98 年 11 月 10 日修正）

為鼓勵及輔導專科學校技藝技能優良學生適性發展，落實技專校院多元入學方案，強化技術及職業教育之發展，辦理甄審及保送入學之時間，以每年三月至五月辦理為原則。

領有甲級技術士證者，增加甄審實得總分百分之二十五；領有乙級技術士證者，增加甄審實得總分百分之十五。

二、陸海空軍軍官士官任職條例施行細則

（民國 107 年 08 月 27 日修正）

◎ 士官職務：（第 5 條第 5 點）

(一) 士官長職務：應完成士官長正規班以上教育。但有下列情形之一者，不在此限：

1. 取得相關專長甲級技術士以上證照。
2. 國內專科學校以上畢業，或符合教育部採認規定之國外專科學校畢業，領有畢業證書。
3. 經公務人員普通考試及格。

(二) 上士職務：應完成士官高級班教育。但有下列情形之一者，不在此限：

1. 取得相關專長乙級技術士以上證照。
2. 國內專科學校以上畢業，或符合教育部採認規定之國外專科學校畢業，領有畢業證書。
3. 經公務人員普通考試及格。

(三) 中士、下士職務：應完成士官基礎教育。但有下列情形之一者，不在此限：

1. 兵科學校專業、專長教育、預備士官教育或其他士官訓練。

2. 取得相關專長丙級技術士以上證照。

3. 國內高級中學以上畢業，或符合教育部採認規定之高級中學以上畢業，領有畢業證書。

4. 經公務人員初等考試或特種考試五等考試及格。

三、原住民取得技術士證照獎勵辦法

中華民國 95 年 7 月 31 日台（95）原民衛字第 09500232401 號令

一、取得甲級技術士證者，發給新臺幣六萬元。

二、取得乙級技術士證者，發給新臺幣一萬元。

三、取得丙級技術士證者，發給新臺幣五千元。取得單一級技術士證者，依中央勞工主管機關認定之等級按前項標準發給之。

5-3 水質檢驗技術士之實施及考照

　　下水道設施操作維護職類共有四項，分為管渠系統、機電設備、處理系統及水質檢驗。依照下水道法第十八條規定，在技術上與公共安全有關事業機構應僱用技術士達一定比率，也就是說，下水道設施之操作、維護，應由技能檢定之合格人員擔任，其目的事業之主管機關為內政部。

　　下水道設施操作維護－水質檢驗技術士之檢定分為學科測驗及術科測驗，每年定期於 9 月報名，先進行學科測驗，然後再通知參加術科測驗，待學科及術科測驗全部通過後，才能取得水質檢驗技術士證照。

5-4 下水道設施操作維護（水質檢驗）技術士技能檢定規範

目前下水道操作維護－水質檢驗技術士分為：乙級，其檢定規範如下：

1. 級別：乙級

工作範圍：從事廢污水採樣及一般性物理化學生物等水質檢驗工作。

應具知能：應具備下列技能與一般水質分析知識。

工作項目	技能種類	技能標準	相關知識
一、一般基本操作	(一) 器具之使用與清洗	下列各種器具之正確使用及清洗： 1. 玻璃溫度計。 2. 燒杯 3. 燒瓶。 4. 漏斗。 5. 量筒。 6. 滴定管。 7. 吸管。 8. 量瓶。 9. 試劑瓶。 10. BOD 瓶。 11. 磁製坩堝。 12. 蒸發皿。 13. 酒精燈。 14. 分液漏斗。 15. 培養皿。 16. 納氏管。 17. 採樣瓶。	(1) 瞭解器具之使用方法。 (2) 瞭解洗液之配製與清洗方法。
	(二) 試藥配製及標定	分析試藥及指示劑之正確配製。	(1) 瞭解試藥之性質及等級。 (2) 瞭解培養基之種類及性質。 (3) 瞭解濃度之表示法及其計算。 (4) 瞭解標準溶液配製、標定及有效期限。

工作項目	技能種類	技能標準	相關知識
一、一般基本操作（續）	(三) 玻璃器具之裝配與操作	下列與水質檢驗有關玻璃器具之正確裝配與操作： 1. 滴定裝置。 2. 蒸餾裝置。 3. 迴流反應裝置。 4. 過濾裝置。 5. 萃取裝置。 6. 蒸發裝置。 7. 水蒸氣蒸餾裝置。 8. 消化裝置。	瞭解滴定、蒸餾、迴流、過濾、萃取、蒸發及消化之意義。
	(四) 分析設備之使用與校正	下列分析設備之使用與校正： 1. 化學天平。 2. pH 試紙及 pH 計。 3. 濁度計。 4. 分光光度計。 5. 溶氧測定計。 6. 電導度計。	瞭解天平、pH 計、濁度計、分光光度計、溶氧測定計、電導度計之正確操作方法。
	(五) 其他常用實驗室設備之操作	下列設備之操作： 1. 離心機。 2. 真空泵。 3. 攪拌器。 4. 恆溫裝置。 5. 培養箱。 6. 菌落計數器。 7. 高壓滅菌釜。 8. 無菌操作檯。 9. 烘箱。 10. 高溫爐。	瞭解離心機、真空泵、攪拌器、恆溫裝置、培養箱、菌落計數器、高壓滅菌釜、無菌操作檯、烘箱、高溫爐之正確操作方法。
二、採樣及保存水樣	採樣器具之使用、檢驗水質項目之採樣及水樣保存等方法	採樣器具之使用、採樣方法與水樣保存方法及品管制。 參考 (1) 行政院環境保護署頒布之水質檢測方法中，有關採樣及水樣保存方法。 (2) 美國 APHA、AWWA、WEF 等協會出版之水及廢水標準分析方法(Standard Methods for the Examination of Water and Wastewater)中有關採樣及保存方法。	(1) 瞭解如何取得代表性之水樣。 (2) 瞭解如何保存水樣。

工作項目	技能種類	技能標準	相關知識
三、水質分析	(一) 物理性分析	能正確操作下列物理性分析： 1. 真色色度。 2. 電導度。 3. 臭度。 4. 溫度。 5. 濁度。 6. 懸浮固體。 7. 總溶解固體。 8. 揮發性懸浮固體。 9. 總揮發性固體。 10. 污泥容積指數(SVI)。	(1) 瞭解各種檢驗方法之步驟。 (2) 瞭解檢驗結果之計算及表示方法。
	(二) 化學性分析	能正確操作下列化學性分析： 1. pH。 2. 酸度。 3. 鹼度。 4. 氯鹽。 5. 餘氯。 6. 硝酸鹽。 7. 亞硝酸鹽。 8. 溶氧。 9. 正磷酸鹽。 10. 硫酸鹽 11. 化學需氧量(COD)。 12. 生化需氧量(BOD)。	
	(三) 生物性分析	能正確操作下列生物性分析： 1. 大腸桿菌群。 2. 總菌落數。 水質分析之方法，參考 (1) 行政院環境保護署頒布之水質檢測方法。 (2) 美國 APHA、AWWA、WEF 等協會出版之水及廢水標準分析方法(StandardMethods for the Examination of Waterand Wastewater)。	

工作項目	技能種類	技能標準	相關知識
四、檢驗之品質管制	(一) 精密度分析 (二) 準確度分析	瞭解及正確施作下列各項品質管制作業： 1. 檢量線製作。 2. 空白分析。 3. 添加標準品分析。 4. 重複分析。 5. 查核樣品分析。各檢驗項目之品管方法請參考 (1) 行政院環境保護署頒布之水質檢測方法 (2) 行政院環境保護署環境檢驗所網上公布之品質管制指引文件。網址：www.niea.gov.tw →「相關法令」→「環境檢驗室品質管制指引相關文件六份」。 (3) 美國 APHA、AWWA、WEF 等協會出版之水及廢水標準分析方法(Standard Methods for the Examination of Water and Wastewater)。	瞭解各水質檢驗標準方法之品質管制相關規定及要求
五、安全與衛生	(一) 人員安全 (二) 設備安全 (三) 消防安全 (四) 氣體安全 (五) 簡易救護 (六) 環境衛生	1. 安全防護設備之使用。 2. 安全手冊及工作要領。 3. 儀器工具正確使用方法。 4. 安全防護設備之檢查與保養。 5. 消防設備及滅火要領。 6. 有毒、高壓或易燃氣體之防護對策。 7. 人工呼吸、急救常識及技巧。 8. 工作環境之整潔衛生及污染之防止。	(1) 瞭解物質之易燃性、毒性、刺激性、腐蝕性、污染性及相關法規。 (2) 高壓器具及易燃氣體之安全使用。 (3) 瞭解實驗室廢棄物之分類及處置方法。 (4) 消防常識。 (5) 急救常識。

工作項目	技能種類	技能標準	相關知識
六、職業道德	(一) 敬業精神	能愛物惜物，忠於工作，以最安全、經濟、有效的方法完成工作。	(1) 能熟悉水質檢驗相關器具、設備及儀器之維護知識。 (2) 能瞭解敬業精神的意義及其重要性。
	(二) 工作環境的保持	1. 能遵守實驗室管理規範、維持實驗室之整潔及器具、儀器、設備於良好之備用狀態。 2. 能以適當之操作方法，減少檢驗之浪費及環境污染。	(1) 能瞭解實驗室管理規範。 (2) 能瞭解最經濟、合理的工作方法。 (3) 能瞭解水質檢驗相關的環保知識。 (4) 能瞭解減少環境污染之工作方法。
	(三) 職業素養	1. 能具職業神聖的理念及重視團隊精神的發揮，以最和諧的氣氛進行工作。 2. 能充分有效地與有關人員協調溝通，並能適時圓滿地配合相關工作。	(1) 能瞭解職業素養的意義及其重要性。 (2) 能瞭解團隊精神及人際關係的重要性。 (3) 能瞭解與工作有關之溝通協調要領。 (4) 能瞭解水質檢驗與其他相關工作之配合性。

5-5 學科測驗模擬考題

 測驗 A

本試卷有選擇題 80 題，每題 1.25 分，皆為單選選擇題，測試時間為 100 分鐘，請在答案卡上作答，答錯不倒扣；未作答者，不予計分。

選擇題

(　　) 1. 測定水中懸浮固體時，若樣品體積為 100mL，懸浮固體及濾紙重為 1.050g，而濾紙重為 1.000g，試問此水樣中之懸浮固體濃度為多少 mg/L　①500　②50　③100　④1000。

(　　) 2. 吸入有毒氣體時，最好是　①把患者移至空氣新鮮的地方　②行口對口呼吸　③給予患者飲料　④用冷水沖醒。

(　　) 3. 要將 10.0mL 之水樣精確稀釋至 100mL，應使用　①量瓶　②量筒　③移液管　④滴定管。

(　　) 4. 如 A 表示水樣經稀釋後之濁度，B 表示稀釋時使用無濁度水之體積(mL)，C 表示水樣體積(mL)，則濁度等於　①(B＋C)/A　②(B＋C)/A＋C　③[A×(B＋C)]/C　④[B×(A＋C)]/C。

(　　) 5. 硝酸銀標準溶液應貯存於　①聚乙烯瓶　②塑膠瓶　③透明玻璃瓶　④褐色玻璃瓶。

(　　) 6. 臭度以 T.O.N.表示，如 A 表示原水樣容積，B 表示稀釋用無臭水容積，則 T.O.N.等於　①(A＋B)/A　②A/(A＋B)　③A/B　④B/A。

(　　) 7. 優秀人力至少需要那兩項素質　①健康身體及愉快心情　②專業訓練及工作使命感　③責任心及團隊精神　④專業知識及電腦操作。

(　　) 8. 檢量線之相關係數 r 值必須大於　①0.965　②0.975　③0.985　④0.995　才可作為定量之用。

(　　) 9. 關閉真空泵時，應　①立刻拔掉插頭　②先釋放真空至常壓後，關閉開關　③立刻關閉開關　④關閉開關同時釋放真空。

(　　) 10. 位於實驗室和走廊間的牆門窗，至少應保持　①15　②30　③45　④60 分鐘之抗火條件。

( ) 11. 不含弱鹼鹽類（非緩衝溶液）之水溶液 pH＝8，以純水稀釋一倍後 pH 等於 ①7.5 ②7.2～7.3 ③7.65～7.75 ④不一定。

( ) 12. 使用分光光度計／維生素丙法測定水中磷時，若為檢測正磷酸鹽，則無須添加硫酸，且須於 ①12 ②24 ③36 ④48 小時內檢測完畢。

( ) 13. 實驗室安全巡查之項目不須包含 ①排煙設備 ②高壓鋼瓶 ③水電設施 ④藥劑是否過期。

( ) 14. 檢測水中生化需氧量時，水樣中之溶氧若過飽和，可將水溫調至 ①25℃ ②30℃ ③20℃ ④35℃ 再通入空氣或充分搖動之以驅除干擾。

( ) 15. 水中餘氯測定時的檢量線標準溶液為 ①重鉻酸鉀溶液 ②高錳酸鉀溶液 ③草酸鈉溶液 ④碘酸氫鉀溶液。

( ) 16. 污水處理廠操作人員欲評估沉澱池之操作功能，皆須在 ①沉澱池進水口 ②沉澱池內 ③沉澱池出水口 ④沉澱池進出水口 取樣。

( ) 17. 下列何種分析物水樣之保存期限為七天 ①總有機碳 ②生化需養量 ③溶氧 ④鹼度。

( ) 18. 以硝酸銀法檢測水中氯離子，滴定用水樣為 100mL，氯離子濃度最適範圍為 ①0.1～10 ②1.5～100 ③10～500 ④100～1000 ppm。

( ) 19. 檢測揮發性固體物之高溫爐操作溫度為 ①105 ②180 ③350 ④550 ℃。

( ) 20. 下列何項分析項目需要使用迴流裝置？ ①氯鹽 ②硝酸鹽氮 ③生化需氧量 ④化學需氧量。

( ) 21. 檢驗何項水質，水樣需添加酸使 pH＜2，予以保存 ①硝酸鹽、亞硝酸鹽 ②pH 值、溶氧 ③餘氯、氯化物 ④氨氮、化學需氧量。

( ) 22. 檢測懸浮固體物所用之濾紙為 ①定性濾紙 ②定量濾紙 ③玻璃纖維濾紙 ④薄膜濾紙。

( ) 23. 以一級標準品配製標準溶液時，應精確量稱標準品後，用 ①量筒 ②量瓶 ③三角瓶 ④移液管定量適當體積。

( ) 24. 強酸與水混合時，會 ①放熱 ②吸熱 ③生氣泡 ④變頻色。

( ) 25. 混合稀釋法檢測污水中總細菌落數，水樣加入培養基前，培養基需放入 ①35 ②45 ③55 ④65 ℃之水浴槽內。

( ) 26. 以電極法檢測水中氫離子濃度指數時，使用之去離子蒸餾水，可以電導度小於 2μmho/cm 之蒸餾水 ①煮沸冷卻 ②過濾 ③靜置 ④調 pH 值 後使用。

（　）27. BOD 檢測若在日光下培養微生物耗氧量，主要會受何種微生物作用而產生誤差　①大腸菌　②絲狀菌　③藻類　④真菌。

（　）28. 以重鉻酸鉀迴流法檢測 COD 時，COD 之計算係以下列那一項的滴定消耗量　①硫酸銀　②氧化鐵　③硫酸銨　④硫酸亞鐵銨　溶液。

（　）29. 以混合稀釋法檢測某污水的總菌落數，原污水先經稀釋 100 倍，在培養皿中加入 2mL 的稀釋液及 15mL 培養基後，在 35±1℃培養 48±3 小時，形成 140 個菌落，則此污水的總菌落數為　①70　②140　③7000　④14000　CFU/mL。

（　）30. 比色法檢量線製備之時機為　①檢驗室依需要自訂之　②儀器分析條件變更時　③每分析日重新製備　④長時間未檢測時。

（　）31. 測定水樣之硝酸鹽含量，若使用馬錢子鹼比色法時，需使用　①45　②65　③95　④105　℃之硫酸溶液中與馬錢子鹼反應，生成複合物。

（　）32. 進行檢驗空白測試，無法暸解　①試劑水　②檢驗前處理　③檢驗人員　④檢驗方法　的污染狀況。

（　）33. 水樣之酚鹼度係指水樣的　①總鹼度　②重碳酸鹽鹼度　③氫氧化物鹼度　④氫氧化物鹼度＋1/2 碳酸鹽鹼度。

（　）34. 職業道德不彰，易產生　①工作環境良好　②仿冒盜印　③節省時間　④節省工料。

（　）35. 下列何項為實驗室之不良處置方法　①廢液或油脂倒入水槽　②空藥品瓶由原廠商回收　③破損玻璃器皿投入專用容器　④濺出之酸液立刻清除。

（　）36. 利用分光光度計／維生素丙法測定水樣中磷濃度時，經酸消化後，加入鉬酸銨及酒石酸銻鉀，再經維生素丙還原成　①黃　②藍　③綠　④紅　色之複合物。

（　）37. 硝酸汞滴定法檢驗氯化物時，pH 值應保持在　①2.3～2.8　②3.5～4.6　③4.6～7.6　④7.6～9.3。

（　）38. 以疊氮化物法檢測 DO 時，加入 2mL 之硫酸亞錳等溶液所產生的 $Mn(OH)_2$ 是何種顏色的膠羽物？　①淡藍色　②淡黃色　③白色　④無色。

（　）39. 檢測污泥容積指數(SVI)所需沈降時間為　①15　②30　③45　④60　分鐘。

（　）40. 以塗抹法檢測水中總菌落數，塗抹水樣於培養基上，菌落生長之培養條件為在 35±1℃下培養　①12±2　②24±2　③48±3　④72±3　小時。

（　）41. 濾膜法檢測大腸菌群所使用之培養基為　①營養瓊脂培養基　②LES Endo 培養基　③M-Endo 培養基　④LST 培養基。

（　）42. 以分光光度計法測定水中硝酸鹽氮，下列何物不受干擾？　①懸浮固體　②水溶性有機物　③界面活性劑　④亞砷酸鈉。

（　）43. 以多管醱酵標準法測定總大腸菌群數時，培養箱之溫度應維持在　①40±0.5　②35±0.5　③30±0.5　④25±0.5　℃。

（　）44. 實驗衣的布料應為　①棉布　②麻布　③尼龍　④羊毛。

（　）45. 檢驗 BOD 所用稀釋水，加入之緩衝溶劑中之試劑除了 $Na_2HPO_4 \cdot 7H_2O$ 及 NH_4Cl 外，還包括　①$KH_2PO_4 + H_3PO_4$　②$KH_2PO_4 + KH_2PO_4$　③$K_2HPO_4 + K_3PO_4$　④$NaH_2BO_3 + Na_2HBO_3$。

（　）46. 實驗室內發生意外的主因，是　①錯誤的檢驗技術　②陳舊的儀器設備　③過時的化學藥品　④不落實的檢驗品管。

（　）47. 檢測臭度用水樣之保存方法為　①暗處，4℃冷藏　②4℃冷藏　③酸化，4℃冷藏　④鹼化，4℃冷藏。

（　）48. 進行化學需氧量檢測時，水樣中若有揮發性之直鏈脂肪族化合物不易氧化，可加入　①硝酸鈉　②硝酸銀　③硫酸銀　④硫酸鈉　以做為催化劑。

（　）49. 欲測水中濁度，但無法在 24 小時內檢測時，應將水樣　①貯於暗處並冷藏　②加硫酸使 pH＜2　③加氫氧化鈉使 pH＞12　④加鹽酸使 pH＜2。

（　）50. 下述何者為酸之一級標準品　①鄰苯二甲酸氫鉀　②醋酸　③硫酸　④硝酸。

（　）51. 分析 BOD 時，若水樣為含有腐蝕性的鹼或酸之水樣，則宜用硫酸或氫氧化鈉將水樣 pH 值調節至　①4.5～5.0　②5.5～6.5　③6.5～7.5　④7.5～8.0　間。

（　）52. 甲基橙酸度及總酸度（又稱酚酸度）之反應終點 pH 分別為　①3.5、9.2　②4.3、8.3　③4.0、8.7　④5.0、9.2。

（　）53. 有機性廢氣須經　①抽至室外排放　②洗滌塔處理　③活性碳吸附處理　④芳香劑中和處理。

（　）54. 測定水中懸浮固體物時，重複烘乾、冷卻及秤重直到恆重為止，前後兩次之重量差須在多少範圍內，並小於前重之 4％才表示達恆重狀態：　①0.5　②1　③5　④10　mg。

（　）55. 檢測總固體物時，每多少件樣品需進行重複分析　①每件　②10 件　③20 件　④每批。

( ) 56. 水中餘氯與氨反應可生成 ①氯化氫 ②二氯胺 ③氯醯胺 ④硝酸銨。

( ) 57. 同一樣品重覆分析二次,得測定值 X1、X2,其相對差異百分比 R(%)為 ①(X1-X2)／X1 ②(X1-X2)／X2 ③(X1-X2)／1/2(X1+X2) ④｜X1-X2｜／1/2(X1+X2)。

( ) 58. 正磷酸鹽-分光光度計／維生素丙法,加入混合試劑後呈色時間為 ①5～10分鐘 ②10～30分鐘 ③30～60分鐘 ④1～2小時。

( ) 59. 硫酸溶液應使用下列何種試劑標定濃度? ①碳酸鈉溶液 ②碳酸氫鈉溶液 ③氨水 ④氫氧化鈉溶液。

( ) 60. 下列何種情況採取組合採樣較單一採樣為佳? ①水質隨時改變 ②水樣屬非連續流 ③大腸桿菌群水樣 ④水質相當穩定。

( ) 61. 濁度之單位為 ①燭光/m^2 ②cm ③mg/L ④NTU。

( ) 62. 以 DPD 比色法測定水中之總餘氯濃度,應添加下列何種緩衝溶液? ①磷酸緩衝溶液 ②硼酸緩衝溶液 ③硫酸緩衝溶液 ④次氯酸緩衝溶液。

( ) 63. 水溶液 pH＝8 與 pH＝7,兩種自然水溶液等量混合後 pH 等於 ①7.5 ②7.2 ③7.8 ④7.0～8.0。

( ) 64. 下圖所示以 ①A ②B ③C ④D 為蒸餾裝置之冷卻水進水口。

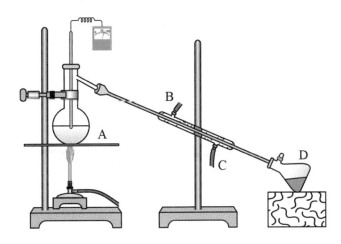

( ) 65. 操作活性污泥時之 SVI 宜維持在 ①10 以下 ②50～100 ③200～300 ④300～400。

( ) 66. 使用分光光度計／維生素丙法測定水中磷時,其使用波長為 ①880 ②543 ③410 ④635 nm。

( ) 67. 以高壓滅菌釜消毒樣品瓶,應在 121℃加熱 ①15 ②25 ③35 ④45 分鐘。

（　）68. 取樣時應注意下列事項，但其中一項不正確者為　①應有記錄卡　②樣瓶上貼標籤　③應按檢驗項目分別裝入玻璃或塑膠瓶　④同一污水源出口，但取樣點不固定。

（　）69. 卜列分析方法中不適宜作鹼度測定者為：　①PH 測定計　②指示劑法　③標準酸滴定法　④蒸餾法。

（　）70. 水樣需適當保存以延緩其變質，一般之保存方式有下列何種方式？　①pH 控制　②過濾　③高溫消毒　④抽真空。

（　）71. 良好的消毒劑，無須下列一項之特性　①高活性　②腐蝕性　③安定性　④廣泛性。

（　）72. 配製硫酸鹽標準溶液時，在 1000mL 量瓶內，溶解多少克無水之 Na_2SO_4 於蒸餾水，稀釋至刻度可獲得　$1.0mL = 100\mu g\ SO_4^{2-}$　①0.142　②14.2　③28.4　④0.284（註：Na 原子量為 23，硫原子量為 32）。

（　）73. 測定水中生化需氧量時，水樣中若含餘氯會消耗溶氧而造成誤差，可以使用　①活性碳　②亞硫酸鈉　③氯化鋁　④氫氧化鈉　排除干擾。

（　）74. 一般水銀溫度計使用攝氏溫標者，量測範圍由 0 至 100℃（或合適範圍），刻度需準確至　①1℃　②0.1℃　③0.01℃　④0.001℃。

（　）75. 檢驗硫酸鹽時，水樣以 4℃冷藏，其最長保存期限為　①24 小時　②48 小時　③72 小時　④7 天。

（　）76. 下列何項檢驗，須當場或立即進行，不能冷藏保存後再驗　①溫度、濁度　②酸度、鹼度　③餘氯、氯化物　④pH 值、溶氧。

（　）77. 裝置高錳酸鉀溶液之玻璃容器，當其器壁附著褐紫色污垢時，可用下列何項試劑洗去污垢　①氫氧化鈉溶液　②硫酸溶液　③草酸鈉溶液　④醋酸溶液。

（　）78. 檢測懸浮固體物之主要品管要求為　①標準品分析　②添加標準品分析　③重複分析　④野外分析。

（　）79. 檢測水樣時，應先瞭解水樣是否含有過多之　①有毒物質　②氧化物質　③干擾物質　④揮發物質。

（　）80. 臭度之檢測單位為　①無單位　②度　③毫升　④公分。

測驗 B

本試卷有選擇題 80 題，每題 1.25 分，皆為單選選擇題，測試時間為 100 分鐘，請在答案卡上作答，答錯不倒扣；未作答者，不予計分。

選擇題

( )1. 逃離火災現場應採　①往建築物下層方向　②坐電梯　③低姿勢　④往順風方向　、快速逃離。

( )2. 某些化學藥品或化學處理過程會發生危害，但下列一項不包括在內　①窒息　②中毒　③灼傷　④凍傷。

( )3. 測定鹼度時，由於 pH-鹼度-二氧化碳平衡之改變，　①硫酸亞鐵　②碳酸鈣　③氯化鋇　④氫氧化鈉　可能沉澱出來，而減低水樣之鹼度及總硬度。

( )4. 總細菌菌落數檢驗時，使用之培養基，保持溶解之溫度為　①37　②70　③45　④90　℃。

( )5. 重覆樣品分析品質管制圖之管制下限值為　①$\bar{R}-S$　②0　③$\bar{R}-2S$　④$\bar{R}-3S$　，$\bar{R}$ 為重覆樣品相對差異百分比平均值，S 為標準偏差。

( )6. 一般水樣之酸度檢驗，是用　①0.1N H_2SO_4　②0.1N NaOH　③0.02N NaOH　④0.02N H_2SO_4　之溶液滴定。

( )7. 導電度單位是　①cm　②度　③μohm/cm　④μmho/cm。

( )8. 以濁度法分析水中硫酸鹽其原理係利用下列何種化學試劑使其產生硫酸鋇沉澱？　①氧化鋇　②氫氧化鋇　③氯化鈉　④氯化鋇。

( )9. 以分光光度計法，檢測水中亞硝酸鹽時，使用光徑 1cm 之樣品槽進行分析時，適用亞硝酸鹽濃度範圍為：　①5～500　②10～1000　③1～50　④1～10μg/L。

( )10. 以硝酸汞法分析氯鹽時，必須標定其正確濃度之試劑應為　①硝酸汞標準溶液　②氯化鈉標準溶液　③D.B.混合指示劑　④0.1N 氫氧化鈉。

( )11. 有機性廢氣須經　①芳香劑中和處理　②抽至室外排放　③洗滌塔處理　④活性碳吸附處理。

( )12. 檢驗 BOD 所用稀釋水，配製方法為 1 升的水中各加入磷酸鹽緩衝液，$MgSO_4$，$CaCl_2$ 及 $FeCl_3$ 溶液　①2　②4　③1　④3　mL。

（　）13. 使用分光光度計／維生素丙法測定水中磷時，其使用波長為　①543　②880　③635　④410　nm。

（　）14. 實驗室器皿以酒精消毒時，宜用　①50%　②70%　③90%　④30%　酒精清洗為佳。

（　）15. 0.01N 之標準氯化鉀溶液，其導電度值與溫度之關係　①不一定　②成反比　③無關　④成正比。

（　）16. 欲添加 0.20mg 的磷標準溶液於 50.0mL 之水樣中作添加樣品分析，最佳的添加方式為何？　①0.50mL 400mg P/L　②0.20mL 1000mg P/L　③2.0mL 100mg P/L　④1.0mL 200mg P/L。

（　）17. 檢測 BOD 之植菌稀釋水之 DO 消耗量應介於　①7～8　②2～3　③4～5　④0.6～1.0　mg/L 範圍內較適宜。

（　）18. 一般 pH 計以　①銀　②銅　③甘汞　④白金　電極做為參考電極。

（　）19. 截面取樣器宜用於污水處理廠之　①沈澱池及曝氣池　②進流水及沈澱池　③曝氣池及消化池　④沈澱池及消化池　之採樣。

（　）20. 配製硫酸鹽標準溶液所用之試藥為　①ZnSO_4　②BaSO_4　③HgSO_4　④Na_2SO_4。

（　）21. 分析 TOC 及重金屬之水樣保存方法以　①加酸　②4℃及加酸　③0℃　④4℃　保存為宜。

（　）22. 鹼度滴定過程，使用 1mL 的 0.2N 硫酸，相當於被滴定溶液中鹼度（以 CaCO_3 表示）為　①15　②10　③1　④5mg。

（　）23. 優秀人力至少需要那兩項素質　①健康身體及愉快心情　②專業訓練及工作使命感　③專業知識及電腦操作　④責任心及團隊精神。

（　）24. 檢測臭度水樣應於採樣後多久完成分析　①8　②6　③4　④24　小時。

（　）25. 實驗衣的布料應為　①尼龍　②羊毛　③棉布　④麻布。

（　）26. 檢驗磷酸鹽時，須用下列何種容器採集　①1＋1 醋酸洗淨之塑膠瓶　②1＋1 硝酸洗淨之玻璃或塑膠瓶　③1＋1 氫氧化鈉洗淨之玻璃瓶　④暗色玻璃瓶為宜。

（　）27. 溶解 7.356 克無水重鉻酸鉀（原子量：K＝39.1，Cr＝52.0）於蒸餾水，並稀釋至 1000mL，則重鉻酸鉀之當量濃度為　①0.150　②0.075　③0.025　④0.050　N。

（　）28. 在測水樣 pH 值時，於 25℃理想條件下，氫離子活性改變 10 倍，電位變化為
　　　　①59.16　②24.25　③12.35　④37.56　mV。

（　）29. 硝酸銀標準溶液應貯存於　①聚乙烯瓶　②透明玻璃瓶　③褐色玻璃瓶　④塑
　　　　膠瓶。

（　）30. 下列何種檢測項目其樣品之保存方式無特殊規定　①溫度　②色度　③鹼度
　　　　④硬度。

（　）31. 下述何者之測定，不必於現場立刻分析？　①pH　②溶氧　③導電度　④溫
　　　　度。

（　）32. 濾膜法檢驗大腸菌群數目，所需時間比多管醱酵法為短，其時間為　①4　②3
　　　　③1　④2　天。

（　）33. 測導電度時使用之去離子蒸餾水，其導電度必須小於　①0.1　②100　③1
　　　　④10　μmho/cm。

（　）34. 採集河川水樣，宜選擇河川分支之　①分流處　②上、下游　③上、中游　④
　　　　中、下游。

（　）35. 以一級標準品配製標準溶液時，應精確量稱標準品後，用　①量筒　②量瓶
　　　　③三角瓶　④移液管定量適當體積。

（　）36. 乾熱滅菌最適當的滅菌溫度及時間分別是　①150℃，2 小時　②160℃，2 小
　　　　時　③121℃，15 分鐘以上　④100℃，15 分鐘。

（　）37. 氯鹽、氰鹽、氨氮屬水之　①非金屬之無機成份　②金屬成份　③有機成份
　　　　④物理性質。

（　）38. 較大的廢水固體應排除在取樣之外，其直徑大於　①2　②6　③3　④1　mm
　　　　以上。

（　）39. 位於實驗室和走廊間的牆門窗，至少應保持　①60　②15　③30　④45 分鐘
　　　　之抗火條件。

（　）40. 以硝酸銀法檢測水中氯離子，在加入鉻酸鉀指示劑前，滴定用水樣之 pH 應調
　　　　整至　①7～8　②8～9　③9～10　④4～6。

（　）41. 下列何者為檢驗室應遵守規定事項　①廢酸鹼液丟入垃圾筒　②檢驗室綠化
　　　　③穿著實驗衣　④隨意飲食。

（　）42. 檢驗硝酸鹽時，對於受污染之水樣，不可採用　①紫外線光譜儀法　②酚二磺
　　　　酸法　③馬錢子法　④鎘還原法　檢驗。

（　）43. 下列何項與生化需氧量檢驗無關　①硫酸鹽　②溫度　③細菌　④溶氧量。

（　）44. 下列二種氣體均具毒性，使用時必須小心　①氦氣與氪氣　②氯氣與硫化氫　③氮氣與氦氣　④硫化氫與二氧化碳。

（　）45. 作添加樣品分析時，所添加標準品之體積相對於樣品之體積，應儘可能　①隨意　②中　③小　④大。

（　）46. 將採集的樣品均分為二，以相同的方法及程序檢測是為　①空白分析　②添加標準品分析　③重複分析　④查核樣品分析。

（　）47. 定容器皿不包含　①量瓶　②滴定管　③移液管　④量筒。

（　）48. 空白樣品檢測係使用　①試劑水　②自來水　③標準溶液　④品管溶液　經與樣品相同之前處理步驟製備及測定。

（　）49. 水質分析用 pH 計之精密度，一般至少應為　①±0.01　②±1.0　③0.001　④±0.1　pH。

（　）50. 分光光度計一般使用波長之單位為　①cm　②μm　③mm　④nm。

（　）51. 移液管校正時，不需使用之物品為　①溫度計　②天平　③pH 計　④蒸餾水。

（　）52. 檢驗待測水樣之生化需氧量過程中，檢測至第 5 天水樣之溶氧濃度不能低於　①3　②1　③2　④4　mg/L。

（　）53. 欲知水樣之有機性固體含量須檢測　①溶解性固體物　②懸浮固體物　③揮發性固體物　④總固體物。

（　）54. 多管發酵法中以煌綠乳糖膽汁培養液(Brilliant Green Lactose Bile broth)進行試驗的部分屬於　①完成試驗　②不需此項試驗　③推定試驗　④確定試驗。

（　）55. 酸鹼性廢氣須經　①抽至室外排放　②芳香劑中和處理　③活性碳吸附塔處理　④洗滌塔處理。

（　）56. 測定水樣 pH 值，下列何者非必須　①決定樣品之 pH 範圍　②以緩衝溶液校正　③清洗電極　④過濾水樣。

（　）57. 水樣中含有微小氣泡時，會使濁度值　①不變　②不一定　③偏低　④偏高。

（　）58. 菌落計數器之背景為　①黑色　②白色　③紅色　④綠色。

（　）59. 下列何種情況採取組合採樣較單一採樣為佳？　①水質相當穩定　②水樣屬非連續流　③水質隨時改變　④大腸桿菌群水樣。

（　）60. 下列何者不屬於檢驗空白之種類　①旅送空白　②操作空白　③試劑空白　④儀器空白。

（　）61. 水中溶氧檢測時以碘定量之疊氮化物法是以多少濃度的硫代硫酸鈉滴定溶液中之碘　①0.025　②5　③1.25　④25　M。

（　）62. 檢驗溶氧量，其中澱粉指示劑加入水楊酸之目的是　①使待滴定液顯現藍色　②助呈色反應　③防止澱粉溶液變質　④除去干擾。

（　）63. 配製硫酸溶液時，應將　①水快速倒入濃硫酸中　②濃硫酸緩慢倒入水中　③水及濃硫酸同時倒入燒杯　④水緩慢倒入濃硫酸中。

（　）64. 濾膜法檢驗大腸菌群密度時，若每 100mL 有超過 5 個大腸菌群菌落數的飲用水水樣，至少要做　①1 個　②5 個　③全部　④3 個　菌落的驗證試驗。

（　）65. 多管醱酵法檢驗大腸菌群細菌，所用之格蘭氏染色方法為　①不需要此項試驗　②確定試驗　③完成試驗　④推定試驗。

（　）66. 用分光光度計測定過濾後之廢水顏色以何種項目表示？　①透視度　②色度主波長　③透明度　④色度。

（　）67. 水樣保存的方法，不包括下列何項　①pH 控制　②添加試劑　③加溫　④冷藏。

（　）68. 檢測用之蒸餾水欲去除其中的二氧化碳，以下列何者方法較佳　①冷卻之　②加硫酸　③加熱煮沸　④加苛性鈉。

（　）69. 濾膜法檢測河水及經過氯消毒污水大腸菌群密度，建議使用之原水樣體積為　①≧100　②50　③10　④≦1　mL。

（　）70. 多管醱酵法檢驗糞便大腸菌群所使用之培養基為 EC 培養液，其培養條件為　①35±0.2℃，48 小時　②35±0.2℃，24 小時　③44.5±0.2℃，48 小時　④44.5±0.2℃，24 小時。

（　）71. 燒杯上的小火不可使用下列何種設備滅火　①玻璃蓋　②濕毛巾　③濕毯　④滅火器。

（　）72. 檢驗生化需氧量過程中，5 天水樣之培養，其溶氧減少量至少要大於　①4　②2　③3　④1　mg/L 為宜。

（　）73. 以 A 表示視覺比色後測得之色度單位，B 表示取用之水樣體積(mL)，則計算水樣中色度單位之公式為　①(B×50)/A　②B/A　③A/B　④(A×50)/B。

( ) 74. 檢測臭度用之恒溫水浴器或電熱板應可控制檢驗溫度在 60℃或 40℃，且其允許誤差在 　①±2℃　②±1℃　③±5℃　④±0.5℃。

( ) 75. 污水中懸浮性固體物之英文縮寫為 　①tvs　②s.s　③v.s　④t.s。

( ) 76. 以濁度法檢測硫酸鹽時，加入調理試劑與氯化鋇後，宜在一定速率下攪拌多久？　①10　②30　③1　④15　分鐘。

( ) 77. 水樣中以完成試驗測得之大腸菌群數目比推定試驗測得為 　①低　②不一定　③相同　④高。

( ) 78. 水質分析工作的項目繁多，步驟複雜，人員工作態度首應重視　①樂群　②節約　③敬業　④好學。

( ) 79. 從橡皮塞中抽出玻璃管，下列方法中不正確者為　①鉗子拉出　②用毛巾包纏玻管　③緩緩扭轉拉出　④以水或甘油濕潤。

( ) 80. 導電度計所使用之校正溶液為　①0.01N KCl溶液　②0.1N NaCl溶液　③0.1N KCl溶液　④0.01N NaCl溶液。

測驗 C

本試卷有選擇題 80 題,每題 1.25 分,皆為單選選擇題,測試時間為 100 分鐘,請在答案卡上作答,答錯不倒扣;未作答者,不予計分。

選擇題

( ) 1. 在測水樣 pH 值時,於 25℃理想條件下,氫離子活性改變 ①1 ②10 ③20 ④5 倍,即改變一個 pH 值單位。

( ) 2. ①T.S ②S.S ③D.S ④V.S 代表揮發性固體物。

( ) 3. 聯接橡皮管和玻璃器具時,以用何種物質來潤滑較為合適? ①凡士林 ②丙酮 ③水 ④油脂。

( ) 4. 測定水樣之硝酸鹽含量,若使用馬錢子鹼比色法時,需使用 ①45 ②95 ③105 ④65 ℃之硫酸溶液中與馬錢子鹼反應,生成複合物。

( ) 5. 分析總硬度時,水樣之保存方式 ①加濃硫酸或濃鹽酸使水樣 pH<2,4℃冷藏 ②加濃硫酸使水樣 pH<2,4℃冷藏 ③加濃硝酸使水樣 pH<2,4℃冷藏 ④4℃冷藏。

( ) 6. 微生物檢驗之水樣保存條件是,滅菌後之容器,在 4℃冷藏,最長保存期限為 ①24 ②48 ③36 ④12 小時。

( ) 7. 檢測 BOD 之稀釋水空白試樣,最好所用的稀釋水之溶氧消耗量在多少以下 ①0.2 ②1.0 ③2.0 ④0.5 mg/L。

( ) 8. 水質分析工作的項目繁多,步驟複雜,人員工作態度首應重視 ①敬業 ②好學 ③樂群 ④節約。

( ) 9. 以液體一液體萃取法來萃取水中之物質時,所使用之液體需 ①比重小於水 ②與水不互溶 ③與水互溶 ④比重大於水。

( ) 10. 正磷酸鹽－分光光度計／維生素丙法,加入混合試劑後呈色時間為 ①5～10 分鐘 ②1～2 小時 ③30～60 分鐘 ④10～30 分鐘。

( ) 11. 以混合指示劑作為檢驗水樣鹼度之指示劑時,水樣滴定過程中 pH 值介於 ①4.6～5.2 ②6.0～6.8 ③3.7～4.6 ④5.2～6.0 範圍,pH 值不同會呈現不同之顏色。

( ) 12. 以重量法檢測水中固體物質,當前後兩次秤重之重量差小於 ①0.1 ②1.0 ③2.0 ④0.5 mg 時即為恆重。

（　）13. 檢驗化學需氧量時，鹵離子之干擾，可事先加入何種試劑排除之　①硫酸汞　②硫酸鐵　③硫酸　④硫酸亞鐵銨。

（　）14. 檢測用之蒸餾水欲去除其中的二氧化碳，以下列何者方法較佳　①冷卻之　②加硫酸　③加熱煮沸　④加苛性鈉。

（　）15. 下列二種氣體鋼瓶應標示並分別存放　①氧氣與氮氣　②氧氣與乙炔氣　③氮氣與氦氣　④氦氣與氧氣。

（　）16. 分光光度計／維生素丙法檢驗水樣正磷酸鹽濃度時，適用之測定光波長為　①880　②560　③700　④430　nm。

（　）17. 以濁度法檢測水中硫酸鹽時，水中硫酸根濃度適用範圍為：　①5～100　②2～70　③0.1～10　④1～40　mg/L。

（　）18. 以碘定量之疊氮化物修正法檢驗溶氧量，所配製之硫代硫酸鈉標準滴定液，可用下列何種方法標定　①過錳酸鉀或過氯酸溶液　②過氧化氫或醋酸　③硫酸溶液　④碘酸氫鉀或重鉻酸鉀溶液。

（　）19. 下列何種氣體鋼瓶須遠離火種　①二氧化碳　②氦氣　③氫氣　④氮氣。

（　）20. 以硝酸銀法檢測水中氯離子時，若水中濁度過高，應添加　①磷酸鈣　②氫氧化鋁　③氫氧化鈣　④碳酸鈣　以降低濁度之干擾。

（　）21. 以硝酸銀法檢測水中氯離子，滴定用水樣中鐵離子含量不能大於　①5　②1　③25　④10　mg。

（　）22. 某水樣含若干硫酸鹽污染物，若使用濁度法測定，則需加入　①$BaCl_2$　②NaOH　③$MgCl_2$　④HCl　試劑，使其產生均勻之懸浮態沈澱。

（　）23. 以多管醱酵標準法測定總大腸菌群數時，培養箱之溫度應維持在　①40±0.5　②25±0.5　③30±0.5　④35±0.5　℃。

（　）24. 污水中懸浮性固體物之英文縮寫為　①t.s　②t.v.s　③v.s　④s.s。

（　）25. 以濾膜法測定水中大腸菌數時，使用的固態培養基為下列何者：　①NA　②TGE　③m-Endo　④PCA。

（　）26. 造成分析工作偏差與下列何者無關？　①檢驗方法不當　②薪資待遇　③藥品等級　④儀器誤差。

（　）27. 污水例行大腸菌群密度檢驗過程中一般取　①10　②5　③20　④50　%之確定試驗結果呈陽性之水樣進行完成試驗。

（　）28. 水樣保存的方法，不包括下列何項　①pH 控制　②加溫　③添加試劑　④冷藏。

（　）29. 逃離火災現場應採　①往建築物下層方向　②往順風方向　③坐電梯　④低姿勢　快速逃離。

（　）30. 二種揮發性不同之液體混合物，經蒸餾後，揮發性較大者，在蒸餾出液中含量　①較高　②不一定　③相同　④較低。

（　）31. 使用檢量線時，以下何者為不正確　①可將樣品稀釋，使其含量在校正範圍內再量測　②不得在校正範圍外之區域作量測　③不得使用內插法　④最低一點標準品的濃度應與方法定量極限之濃度相當。

（　）32. 測定水中氯鹽時，如因滴定終點不清之有色或混濁水樣，才採用　①比色法　②硝酸汞法　③電位法　④硝酸銀法。

（　）33. 測定水中懸浮固體物時，樣品充分混合後，以吸量管移取水樣中含多少的固體物含量至蒸發皿（容量為 100ml）中為適當：　①50～1000　②100～500　③50～500　④10～200　mg。

（　）34. pH 計於使用時，應以適當之緩衝溶液作　①三點　②一點　③二點　④零點　之校正。

（　）35. 檢測水樣溫度之溫度計，其刻度範圍為　①0～60　②0～50　③0～100　④0～80　℃。

（　）36. 配製氯化鈉標準溶液時，應置於何種溫度，乾燥隔夜？　①110　②140　③120　④130　℃。

（　）37. 實驗室內何處須標示禁止煙火　①培養室　②洗濯室　③空調室　④儲存室。

（　）38. 實驗室器皿以酒精消毒時，宜用　①50%　②90%　③30%　④70%　酒精清洗為佳。

（　）39. 濾膜法測定大腸菌類時，在 24 小時培養狀況下，產生深色菌落，帶有　①螺旋狀光澤　②金屬光澤　③綠色亮片　④銀色雪花狀　，即為大腸菌群。

（　）40. 測定鹼度時，由於 pH-鹼度-二氧化碳平衡之改變，　①硫酸亞鐵　②碳酸鈣　③氫氧化鈉　④氯化鋇可能沉澱出來，而減低水樣之鹼度及總硬度。

（　）41. 檢驗細菌之水樣瓶應預置去氯劑，以去除水中之餘氯，下列何種化學藥劑為良好之去氯劑？　①碳酸氫鈉　②硫酸銨　③硫代硫酸鈉　④硫酸鈉。

（　）42. 作檢量線之目的為　①規範樣品　②校正儀器　③使儀器有比對標準　④去除人為誤差。

（　）43. 分析水樣中鉛、鎘陽離子，採樣後加濃硝酸使水樣 pH＜2 保存，主要作用為何？　①減少分解作用　②減少溶解作用　③降低揮發性　④減少沉澱及吸附作用。

（　）44. 水樣應冷藏保存，通常係指水樣應保存之溫度為　①4　②0　③10　④-20 ℃。

（　）45. 在無植種下，原水樣 30mL 稀釋至 300mL，DO_0＝7.5mg/L，DO_5＝2.5mg/L，則其 BOD＝　①135　②15　③50　④25　mg/L。

（　）46. 假設懸浮固體量為 200mg/L，則過濾之水樣量應選擇　①5　②500　③10　④2000　mL。

（　）47. 實驗室中最適用之耐酸鹼玻璃容器為　①鋁矽化合物　②氟鋁氧化物　③硼矽化合物　④硫矽化合物製品。

（　）48. 稱重結果的精確度與天秤的放置位置息息相關，下列條件中選出不適當者　①只有一個入口的工作室　②位在房間出入口旁　③單獨使用一個工作檯　④不要在電風扇的附近。

（　）49. 由檢量線求得樣品的濃度，應使用　①內插法　②添加法　③斜率法　④外插法。

（　）50. 因電擊傷之救護，不應作下列一項之處置　①用乾物將患者移開電源　②除卻電插頭　③關閉電源　④用手抱患者離開電源。

（　）51. 硝酸汞滴定法檢驗氯化物時，pH 值應保持在　①3.5～4.6　②2.3～2.8　③7.6～9.3　④4.6～7.6。

（　）52. 水中餘氯測定時的檢量線標準溶液為　①重鉻酸鉀溶液　②碘酸氫鉀溶液　③高錳酸鉀溶液　④草酸鈉溶液。

（　）53. 真色色度檢驗之水樣於採集後應儘可能在最短時間內完成檢驗，若無法即時進行檢驗，水樣應於暗處 4℃冷藏，並於　①48　②24　③36　④12　小時內檢驗之。

（　）54. 蒸餾水之傳送管線之材質以　①不銹鋼　②銅　③鐵弗龍　④聚氯乙烯　為最佳。

（　）55. 一般水質檢驗所需水樣量，約為　①2　②15　③20　④10　公升。

（　）56. 檢驗亞硝酸鹽時，加入呈色劑後，產生　①綠色　②紫紅色　③黃色　④藍色。

(　) 57. 含瓊脂的微生物培養基在加熱融化後，如果不能馬上使用，可保存在　①45～50　②35～40　③20～30　④55～60　℃的溫度，但保存時間最好不要超過三小時。

(　) 58. 檢量線確認時，使用標準溶液之最適濃度為　①檢量線中點濃度　②檢量線最高點濃度　③檢量線最低點濃度　④任意濃度。

(　) 59. 配製強酸的稀釋溶液時，其法係將　①強酸緩慢加入水中　②強酸分段稀釋之　③水緩慢加入強酸中　④兩者同時緩慢倒入容器中。

(　) 60. 以分光光度計法，檢測水中亞硝酸鹽時，使用光徑 1cm 之樣品槽進行分析時，適用亞硝酸鹽濃度範圍為：　①5～500　②1～10　③10～1000　④1～50 μg/L。

(　) 61. 一般水銀溫度計使用攝氏溫標者，量測範圍由 0 至 100℃（或合適範圍），刻度需準確至　①0.01℃　②0.1℃　③1℃　④0.001℃。

(　) 62. 下列何種分析物水樣之保存期限為七天　①總有機碳　②生化需養量　③鹼度　④溶氧。

(　) 63. 使用 pH 計前，須用　①兩種緩衝液　②兩種強鹼　③兩種強酸　④蒸餾水來校對。

(　) 64. 下列何者容器，不需定期作校正？　①量瓶　②量筒　③滴定管　④移液管。

(　) 65. 實驗室中揮發性液體不須遠離　①熱源　②光源　③水源　④電氣開關。

(　) 66. 以分光光度計法檢測亞硝酸鹽氮時之檢測波長為　①450　②400　③543　④500　nm。

(　) 67. 下列化學藥品非屬毒性化學物質　①苯　②甲醛　③硫酸　④四氯化碳。

(　) 68. 硝酸銀標準溶液應貯存於　①塑膠瓶　②聚乙烯瓶　③褐色玻璃瓶　④透明玻璃瓶。

(　) 69. 何種分析物之水樣不適合以塑膠瓶盛裝　①總有機碳　②硫酸鹽　③氨氮　④濁度。

(　) 70. 水樣之甲基橙酸度係指水樣的　①總酸度　②重碳酸鹽酸度　③碳酸酸度　④礦質酸酸度。

(　) 71. 不含弱鹼鹽類（非緩衝溶液）之水溶液 pH＝8，以純水稀釋一倍後 pH 等於　①7.65～7.75　②不一定　③7.2～7.3　④7.5。

（　）72. 下列分析方法中，何者需製備檢量線？　①重量法　②滴定法　③沈澱法　④比色法。

（　）73. 以濁度法檢測水中硫酸鹽時，加入下列何物後產生沉澱物，再測定其吸光度而定量之？　①氯化鋇　②氯化鉀　③氯化鎂　④氯化鈉。

（　）74. 使用分光光度計／維生素丙法測定水中磷時，若為檢測正磷酸鹽，則無須添加硫酸，且須於　①48　②36　③24　④12　小時內檢測完畢。

（　）75. 酒石銻酸鉀溶液之保存條件　①玻璃瓶，4℃　②附玻璃栓之棕色瓶，4℃　③塑膠瓶，4℃　④玻璃瓶，常溫。

（　）76. 硫酸溶液應使用下列何種試劑標定濃度？　①碳酸鈉溶液　②氫氧化鈉溶液　③碳酸氫鈉溶液　④氨水。

（　）77. 疊氮化物修正法檢驗溶氧量，當加入硫酸亞錳及鹼性碘化物－疊氮化物溶液後，所產生白色之膠羽為　①I_2　②NH_3　③MnO_2　④$Mn(OH)_2$。

（　）78. 實驗衣的布料應為　①尼龍　②羊毛　③棉布　④麻布。

（　）79. 菌落計數器之背景為　①白色　②紅色　③黑色　④綠色。

（　）80. 職業須具備　①私利性　②合法性　③特殊性　④機會性。

測驗 D

本試卷有選擇題 80 題，每題 1.25 分，皆為單選選擇題，測試時間為 100 分鐘，請在答案卡上作答，答錯不倒扣；未作答者，不予計分。

選擇題

( )1. 下列何項檢驗，須當場或立即進行，不能冷藏保存後再驗　①pH 值、溶氧　②溫度、濁度　③酸度、鹼度　④餘氯、氯化物。

( )2. 較大的廢水固體應排除在取樣之外，其直徑大於　①6　②2　③3　④1　mm 以上。

( )3. 欲添加 0.20mg 的磷標準溶液於 50.0mL 之水樣中作添加樣品分析，最佳的添加方式為何？　①0.50mL 400mg P/L　②2.0mL 100mg P/L　③1.0mL 200mg P/L　④0.20mL 1000mg P/L。

( )4. 以硝酸銀法檢測水中氯離子，滴定用水樣為 100mL，氯離子濃度最適範圍為　①100～1000　②0.1～10　③10～500　④1.5～100　ppm。

( )5. 利用分光光度計／維生素丙法測定水樣中磷濃度時，經酸消化後，加入鉬酸銨及酒石酸銻鉀，再經維生素丙還原成　①紅　②黃　③綠　④藍　色之複合物。

( )6. 高壓滅菌釜須小心操作，但下列一項除外　①不用塑膠器具　②密封　③戴耳罩　④不用溶劑。

( )7. 以分光光度計法，檢測水中亞硝酸鹽時，利用磺胺與水中亞硝酸鹽在何種 pH 條件下起偶氮化反應而測定之：　①2～2.5　②10～10.5　③4～4.5　④8～8.5。

( )8. 如 A 表示水樣經稀釋後之濁度，B 表示稀釋時使用無濁度水之體積(mL)，C 表示水樣體積(mL)，則濁度等於　①[B×(A＋C)]/C　②(B＋C)/A　③[A×(B＋C)]/C　④(B＋C)/A＋C。

( )9. 藉由下列何種方式可以使用回收率確定分析結果的可信度？　①重複分析　②查核樣品分析　③空白樣品分析　④添加分析。

( )10. 濾膜法檢測大腸桿菌群密度之結果以　①CFU/mL　②MPN/mL　③MPN/100mL　④CFU/100mL　表示之。

( )11. 以混合指示劑作為檢驗水樣鹼度之指示劑時，水樣滴定過程中 pH 值介於　①6.0～6.8　②3.7～4.6　③4.6～5.2　④5.2～6.0　範圍，pH 值不同會呈現不同之顏色。

（　）12. 生化需氧量的培養箱溫度應設定在　①20　②35　③40　④15　℃。

（　）13. 職業道德為　①限制經濟規模　②約束職業安全　③約束經濟活動　④一種社會規範。

（　）14. 水樣應冷藏保存，通常係指水樣應保存之溫度為　①0　②4　③10　④-20　℃。

（　）15. 吸入有毒氣體時，最好是　①給予患者飲料　②行口對口呼吸　③用冷水沖醒　④把患者移至空氣新鮮的地方。

（　）16. 滅火器放置高度不超過地板　①5呎　②7呎　③3呎　④10呎。

（　）17. 導電度計所使用之校正溶液為　①0.01N NaCl溶液　②0.01N KCl溶液　③0.1N KCl溶液　④0.1N NaCl溶液。

（　）18. 作檢量線之目的為　①去除人為誤差　②校正儀器　③規範樣品　④使儀器有比對標準。

（　）19. 以濁度法檢測水中硫酸鹽時，水中硫酸根濃度適用範圍為：　①5～100　②2～70　③0.1～10　④1～40　mg/L。

（　）20. 檢驗何項水質，水樣需添加酸使 pH＜2，予以保存　①餘氯、氯化物　②硝酸鹽、亞硝酸鹽　③pH 值、溶氧　④氨氮、化學需氧量。

（　）21. 碘定量法檢驗溶氧量，採用下列何種方法可除去 NO_2^- 之干擾？　①高錳酸鉀修正法　②磺胺酸膠凝修正法　③疊氮化物修正法　④鋁礬膠凝修正法。

（　）22. 下列何者為廢棄玻璃器皿不當之處置方法？　①廢棄前先破碎裝箱後再處置　②不需清洗直接處置　③廢棄前需清洗乾淨後再處置　④盡量以資源回收再利用方式處置。

（　）23. 多管發酵試測法中之推定試驗，其主要試驗內容為配製　①LES Endo Agar　②M-Endo 培養基　③LST 培養液　④BGLB 培養液　進行試驗。

（　）24. 進行檢驗空白測試，無法瞭解　①試劑水　②檢驗方法　③檢驗人員　④檢驗前處理　的污染狀況。

（　）25. 多管發酵法之完成試驗，需進行革蘭氏染色，經鏡檢為　①呈紅色之球菌　②呈紅色之桿菌　③呈深紫色之球菌　④呈深紫色之桿菌　為大腸菌群。

（　）26. 使用分光光度計／維生素丙法測定水中磷時，若為檢測正磷酸鹽，則無須添加硫酸，且須於　①48　②36　③12　④24　小時內檢測完畢。

( ) 27. 用分光光度計測定過濾後之廢水顏色以何種項目表示？ ①色度主波長 ②色度 ③透視度 ④透明度。

( ) 28. 以高壓滅菌釜消毒樣品瓶，應在 121℃加熱 ①45 ②35 ③25 ④15 分鐘。

( ) 29. 作迴流反應分析時，下列何種方法不正確？ ①在所需時間內加溫迴流 ②迴流完畢即可滴定迴流液，無須冷卻 ③冷凝管之水入口在下，出口在上 ④加熱之燒瓶其盛裝之體積不超過一半，並投入沸石。

( ) 30. 氯鹽之標準溶液應使用下列何種試劑標定濃度 ①以標準級氯化鈉配製，不需標定 ②硝酸銀溶液 ③氫氧化鈉溶液 ④硝酸汞溶液。

( ) 31. 二種揮發性不同之液體混合物，經蒸餾後，揮發性較大者，在蒸餾出液中含量 ①較高 ②較低 ③不一定 ④相同。

( ) 32. 污水處理廠操作人員欲採取消化池中污泥時應在 ①馬達開動後約 5～10 分鐘，不取剛流出之污泥而取後流出之污泥 ②馬達靜止時在採樣閥取樣 ③馬達開動後流出的污泥 ④馬達開動時在採樣閥取樣。

( ) 33. 測定水中懸浮固體物時，重複烘乾、冷卻及秤重直到恒重為止，前後兩次之重量差須在多少範圍內，並小於前重之 4%才表示達恒重狀態： ①1 ②0.5 ③5 ④10 mg。

( ) 34. 開啟盛裝酸液之瓶子，下列何者為錯誤行為 ①先沖水洗淨瓶子外部 ②不用時將塞子栓緊 ③避免劇烈搖晃 ④將塞子朝下放在檯面上。

( ) 35. 被火燒傷時，下列方法何者正確？ ①撕開粘住皮膚之依物 ②把水泡濟破再敷藥 ③使用單寧酸於灼傷處 ④立即浸入水中，並加冰塊。

( ) 36. 測定水中氯鹽時，如因滴定終點不清之有色或混濁水樣，才採用 ①硝酸銀法 ②電位法 ③硝酸汞法 ④比色法。

( ) 37. 混合稀釋法檢測污水中總細菌落數，水樣加入培養基前，培養基需放入 ①65 ②45 ③55 ④35 ℃之水浴槽內。

( ) 38. 檢量線確認時，使用標準溶液之最適濃度為 ①任意濃度 ②檢量線中點濃度 ③檢量線最高點濃度 ④檢量線最低點濃度。

( ) 39. 導電度檢測之表示溫度為 ①15 ②25 ③20 ④30 ℃。

( ) 40. 檢驗 BOD 所用稀釋水，加入之緩衝溶劑中之試劑除了 $Na_2HPO_4 \cdot 7H_2O$ 及 NH_4Cl 外，還包括 ①$NaH_2BO_3 + Na_2HBO_3$ ②$K_2HPO_4 + K_3PO_4$ ③$KH_2PO_4 + H_3PO_4$ ④$KH_2PO_4 + K_2HPO_4$。

( ) 41. 蒸餾水中若含有微量亞硝酸鹽之污染，可添加　①硫代硫酸鈉　②高錳酸鉀　③重鉻酸鉀　④草酸鉀　再蒸餾以去除之。

( ) 42. 以硝酸汞滴定法檢測水中氯鹽時，下列何種化合物在分析時不會產生干擾？　①過量亞硫酸鹽　②氮化物　③溴化物　④碘化物。

( ) 43. 水中溶氧檢測時以碘定量之疊氮化物法是以多少濃度的硫代硫酸鈉滴定溶液中之碘　①1.25　②5　③0.025　④25　M。

( ) 44. 以 pH 計檢測 pH 值，其範圍為　①0～14　②-1～13　③1～14　④0～15。

( ) 45. 硝酸汞滴定法檢驗氯化物時，pH 值應保持在　①3.5～4.6　②4.6～7.6　③2.3～2.8　④7.6～9.3。

( ) 46. 位於實驗室和走廊間的牆門窗，至少應保持　①30　②45　③60　④15 分鐘之抗火條件。

( ) 47. 配製導電度標準溶液之試劑是　①NaI　②KI　③NaCl　④KCl。

( ) 48. 以一級標準品配製標準溶液時，應精確量稱標準品後，用　①量筒　②量瓶　③三角瓶　④移液管定　量適當體積。

( ) 49. 以重鉻酸鉀迴流滴定法測定化學需氧量，在迴流完成後，應使用何種滴定液滴定　①硫酸銀　②硫酸銨　③硫酸亞鐵銨　④硫酸鐵。

( ) 50. 污水例行大腸菌群密度檢驗過程中一般取　①5　②10　③20　④50　%之確定試驗結果呈陽性之水樣進行完成試驗。

( ) 51. 以硝酸銀法檢測水中氯離子，在加入鉻酸鉀指示劑前，滴定用水樣之 pH 應調整至　①7～8　②8～9　③4～6　④9～10。

( ) 52. 何種分析物之水樣不適合以塑膠瓶盛裝　①氨氮　②濁度　③總有機碳　④硫酸鹽。

( ) 53. 以混合稀釋法檢測某污水的總菌落數，原污水先經稀釋 100 倍，在培養皿中加入 2mL 的稀釋液及 15mL 培養基後，在 35±1℃培養 48±3 小時，形成 140 個菌落，則此污水的總菌落數為　①7000　②70　③140　④14000　CFU/mL。

( ) 54. 進行 BOD_5 測試時，水樣應維持在下列何種溫度下五天　①室溫　②20℃　③35℃　④4℃。

( ) 55. 玻璃器皿長期不用時，下列工作何者不正確？　①將瓶塞從磨合接頭移開　②將整組玻璃塞住不動，方便使用　③擦去接頭潤滑劑　④鬆開鐵弗龍瓶塞。

（　）56. 實驗室安全巡查之項目不須包含　①水電設施　②高壓鋼瓶　③藥劑是否過期　④排煙設備。

（　）57. 以濁度計法檢測水中濁度時，適用濁度之範圍為　①1～50　②5～50　③10～100　④0～40　NTU。

（　）58. 截面取樣器宜用於污水處理廠之　①曝氣池及消化池　②進流水及沈澱池　③沈澱池及曝氣池　④沈澱池及消化池　之採樣。

（　）59. 檢測公司接受政府機關委託從事檢測工作時，如登錄不實數據，將違反　①水污法　②公司法　③民法　④刑法。

（　）60. 重覆分析的目的是確定分析的　①精密度　②精確度　③準確度　④差異度。

（　）61. 下列項目，何者與履行職業道德的基礎無關：　①規律的生活　②熟練之檢驗技術　③敬業的態度　④自治的精神。

（　）62. 檢測懸浮固體物所用之濾紙為　①定性濾紙　②薄膜濾紙　③玻璃纖維濾紙　④定量濾紙。

（　）63. 下述何者之測定，不必於現場立刻分析？　①溫度　②導電度　③溶氧　④pH。

（　）64. 分光光度計／維生素丙法檢驗水樣正磷酸鹽需使用之試劑為　①鹽酸　②硫酸　③硼酸　④硫代硫酸鈉溶液。

（　）65. 檢測廢水之生化需氧量時，其水樣培養溫度及時間為　①25℃、5天　②20℃、5天　③30℃、5天　④15℃、5天。

（　）66. 使用檢量線時，以下何者為不正確　①可將樣品稀釋，使其含量在校正範圍內再量測　②最低一點標準品的濃度應與方法定量極限之濃度相當　③不得使用內插法　④不得在校正範圍外之區域作量測。

（　）67. 檢驗亞硝酸鹽時，加入呈色劑後，產生　①黃色　②藍色　③紫紅色　④綠色。

（　）68. 採水樣須備妥器具，但下列一項不包括在內　①水樣容器　②水樣固定試劑　③採樣器　④烘箱。

（　）69. 移液管校正時，不需使用之物品為　①蒸餾水　②溫度計　③天平　④pH計。

（　）70. 一般水質檢驗室較不常用的個人防護用具為　①口罩　②安全眼鏡　③實驗衣　④頭套。

（　）71. 濾膜法檢驗大腸菌群數目，所需時間比多管醱酵法為短，其時間為　①3　②2　③4　④1　天。

（　）72. 環保署公告大腸桿菌群採後之水樣運送及保存溫度應維持　①0～5　②0～10　③5～10　④0～-5℃。

（　）73. 導電度之測定需要用何種標準導電度溶液先行校正導電度計後再測水樣之導電度？　①氯化鈉　②氯化鉀　③氯化鋇　④碘化鉀。

（　）74. 若已知 50.0mL 水樣中，正磷酸鹽 P 的濃度為 1.0mg/L，欲做添加樣品分析時，下列何者之添加量為適當？　①0.01mg　②0.04mg　③0.08mg　④0.02mg。

（　）75. 下列何者非檢測水中懸浮固體時所使用之設備？　①古氏坩堝　②真空幫浦　③滴定管　④濾膜過濾

（　）76. 在測水樣 pH 值時，於 25℃理想條件下，氫離子活性改變 10 倍，電位變化為　①37.56　②12.35　③24.25　④59.16　mV。

（　）77. 檢測 BOD 之植菌稀釋水之 DO 消耗量應介於　①0.6～1.0　②2～3　③7～8　④4～5　mg/L 範圍內較適宜。

（　）78. 以濾膜法檢驗大腸菌群所用之吸收墊是用作　①吸收二氧化碳　②吸收細菌　③吸收培養劑　④吸收水樣。

（　）79. 以重量法檢測水中固體物質，當前後兩次秤重之重量差小於　①0.1　②2.0　③1.0　④0.5　mg 時即為恆重。

（　）80. 分析 BOD 時，若水樣為含有腐蝕性的鹼或酸之水樣，則宜用硫酸或氫氧化鈉將水樣 pH 值調節至　①6.5～7.5　②5.5～6.5　③4.5～5.0　④7.5～8.0　間。

測驗 E

本試卷有選擇題 80 題【單選選擇題 60 題，每題 1 分；複選選擇題 20 題，每題 2 分】，測試時間為 100 分鐘，請在答案卡上作答，答錯不倒扣；未作答者，不予計分。

單選題

(　　) 1. 用濾膜法檢測大腸菌群，在培養皿上理想之菌落數　①10～50　②300～400　③200～300　④20～80。

(　　) 2. 設 D_1＝稀釋水樣於配製後經過 15 分鐘之溶氧量，D_2＝經培養後之稀釋水樣之溶氧量，P＝水樣體積／稀釋後水樣體積，則不植種之生化需氧量等於　①$P/(D_2-D_1)$　②$(D_1-D_2)/P$　③$(D_2-D_1)/P$　④$P/(D_1-D_2)$。

(　　) 3. 檢查查核樣品管制圖時，若有連續　①4 點　②3 點　③2 點　④1 點　超過警告上限之外，即應判斷為分析過程失控。

(　　) 4. 疊氮化物修正法檢驗溶氧量，當加入硫酸亞錳及鹼性碘化物－疊氮化物溶液後，在沒有溶氧下所產生白色之膠羽為　①$Mn(OH)_2$　②NH_3　③I_2　④MnO_2。

(　　) 5. 以硝酸汞滴定法檢測水中氯鹽時，下列何種化合物在分析時不會產生干擾？　①碘化物　②過量亞硫酸鹽　③氮化物　④溴化物。

(　　) 6. 進行化學需氧量檢測時，水樣中若有揮發性之直鏈脂肪族化合物不易氧化，可加入　①硝酸鈉　②硫酸鈉　③硫酸銀　④硝酸銀　以做為催化劑。

(　　) 7. 水中正磷酸鹽－分光光度計／維生素丙法，反應所呈之顏色為　①紅　②藍　③黃　④綠。

(　　) 8. 下列何種操作可不在排煙櫃進行？　①大腸菌群抽氣過濾　②酸加熱消化　③化學需氧量迴流　④氨氮蒸餾。

(　　) 9. 以混合稀釋法檢測某污水的總菌落數，原污水先經稀釋 100 倍，在培養皿中加入 2mL 的稀釋液及 15mL 培養基後，在 35±1℃培養 48±3 小時，形成 140 個菌落，則此污水的總菌落數為　①7000　②140　③70　④14000　CFU/mL。

(　　) 10. 多管醱酵法檢驗糞便大腸菌群所使用之培養基為 EC 培養液，其培養條件為　①44.5±0.2℃，48 小時　②35±0.2℃，24 小時　③35±0.2℃，48 小時　④44.5±0.2℃，24 小時。

（　）11. 下列儀器於使用前皆需校正，但何者之校正方式為誤？　①天平－內（外）砝碼　②溶氧計－Winkler titration　③濁度計－KCl 標準溶液　④pH 計－標準緩衝溶液。

（　）12. 量瓶校正時，係將量瓶充滿　①丙酮　②水　③酒精　④甲醇　至刻度後，稱重之。

（　）13. 以濁度法分析水中硫酸鹽，其原理係利用下列何種化學試劑使其產生硫酸鋇沉澱？　①氯化鋇　②氧化鋇　③氫氧化鋇　④氯化鈉。

（　）14. 下述何種物質，可經由蒸餾自來水中去除？　①高錳酸鉀　②氨　③硝酸鹽　④鐵離子。

（　）15. DPD 呈色法檢驗餘氯時，產生之顏色為　①紅色　②綠色　③藍色　④黃色。

（　）16. 過濾 200cc 水樣，濾片上樣品淨重為 20mg，則懸浮固體物濃度為　①20mg　②100mg/L　③20mg/L　④100mg。

（　）17. 採集河川水樣，宜選擇河川分支之　①上、下游　②中、下游　③分流處　④上、中游。

（　）18. 量測濁度之水樣應於採樣後儘速分析，否則樣品須置於暗處 4℃冷藏，並於　①24　②8　③48　④36　小時內完成分析。

（　）19. 燒杯上的小火不可使用下列何種設備滅火　①滅火器　②玻璃蓋　③濕毯　④濕毛巾。

（　）20. 影響定容器皿體積最大的因素是　①壓力　②高度　③濕度　④溫度。

（　）21. 以分光光度計法檢測亞硝酸鹽氮時之檢測波長為　①543　②500　③450　④400　nm。

（　）22. 下列何者藥品濺到皮膚不會發生立即性危害或潛在性毒性反應　①苯胺　②酒精　③酚　④濃硫酸。

（　）23. 檢量線確認時，使用標準溶液之最適濃度為　①任意濃度　②檢量線中點濃度　③檢量線最低點濃度　④檢量線最高點濃度。

（　）24. 進行 BOD_5 測試時，水樣應維持在下列何種溫度下五天　①20℃　②室溫　③35℃　④4℃。

（　）25. 同一樣品重覆分析二次，得測定值 X1、X2，其相對差異百分比 R(%)為　①(X1－X2)／X2　②｜X1－X2｜／1/2(X1＋X2)　③(X1－X2)／X1　④(X1－X2)／1/2(X1＋X2)。

（　）26. 假設懸浮固體量為 200mg/L，則過濾之水樣量應選擇　①10　②500　③2000 ④5　mL。

（　）27. 下列何者容器，不需定期作校正？　①量筒　②滴定管　③移液管　④量瓶。

（　）28. 酸鹼性廢氣須經　①芳香劑中和處理　②活性碳吸附塔處理　③洗滌塔處理 ④抽至室外排放。

（　）29. 細菌培養基之貯藏，不適合的貯藏條件　①水樣預先酸化　②避免過度之蒸發 ③在 30℃以下　④貯於清潔乾燥之處。

（　）30. 測定水樣 pH 值，下列何者非必須？　①以緩衝溶液校正　②清洗電極　③過 濾水樣　④決定樣品之 pH 範圍。

（　）31. 以電極法量測飲用水中之 pH 值，pH 計之校正以 pH　①5.0 和 6.0　②4.0 和 5.0　③4.0 和 7.0　④8.0 和 10　標準緩衝溶液進行。

（　）32. 下列何者與培養工作同仁積極工作態度造成反效果　①權責不分　②尊重人格 ③公平公正　④充分授權。

（　）33. 量測污泥容積指數(SVI)係將污泥倒入　①三角瓶　②定量瓶　③量筒　④燒 杯。

（　）34. 污水處理廠操作人員欲採取消化池中污泥時應在　①馬達開動後約 5～10 分 鐘，不取剛流出之污泥而取後流出之污泥　②馬達靜止時在採樣閥取樣　③馬 達開動後流出的污泥　④馬達開動時在採樣閥取樣。

（　）35. 高壓滅菌釜須小心操作，但下列哪一項除外　①不用塑膠器具　②不用溶劑 ③密封　④戴耳罩。

（　）36. 測定水中氯鹽時，如因滴定終點不清之有色或混濁水樣，才採用　①硝酸銀法 ②硝酸汞法　③比色法　④電位法。

（　）37. 用分光光度計測定過濾後之廢水顏色以何種項目表示？　①色度　②透明度 ③色度主波長　④透視度。

（　）38. 檢驗亞硝酸鹽時，加入呈色劑後，產生　①紫紅色　②藍色　③黃色　④綠 色。

（　）39. 檢驗硝酸鹽或亞硝酸鹽時，水樣之保存方法為　①加鹼保存　②暗處，0℃ ③暗處，4℃　④加酸保存。

（　）40. 下列何種氣體鋼瓶須遠離火種　①氮氣　②氦氣　③氫氣　④二氧化碳。

( ) 41. 作生化需氧量測定時，培養 5 天後，水樣中殘存之溶氧量至少應為 ①0.5 ②2.0 ③1.5 ④1.0 mg/L。

( ) 42. 硝酸鹽儲備溶液配製時，可添加下列何種物質保存之？ ①氯仿 ②硫酸銅 ③強酸 ④酚。

( ) 43. 水樣應冷藏保存，通常係指水樣應保存之溫度為 ①0 ②10 ③-20 ④4 ℃。

( ) 44. 聯接橡皮管和玻璃器具時，以用何種物質來潤滑較為合適？ ①凡士林 ②水 ③油脂 ④丙酮。

( ) 45. 在測水樣 pH 值時，若 pH 值在 ①5 ②3 ③7 ④10 以上，高濃度之鈉離子易造成測定誤差。

( ) 46. 水樣需適當保存以延緩其變質，一般之保存方式有下列何種方式？ ①過濾 ②高溫消毒 ③抽真空 ④pH 控制。

( ) 47. 下列何者非檢測水中懸浮固體時所使用之設備？ ①濾膜過濾器 ②古氏坩堝 ③真空幫浦 ④滴定管。

( ) 48. 測定鹼度時，由於 pH-鹼度-二氧化碳平衡之改變， ①硫酸亞鐵 ②氫氧化鈉 ③氯化鋇 ④碳酸鈣 可能沉澱出來，而減低水樣之鹼度及總硬度。

( ) 49. 以多管發酵法檢測大腸菌群數是以 ①NPM ②MPN ③PMN ④NMP 計算之。

( ) 50. 以硝酸銀滴定法檢驗氯化物，所使用之指示劑為 ①$KMnO_4$ ②K_2CrO_4 ③Ferroin ④混合指示劑。

( ) 51. 硫代硫酸鈉溶液應使用下列何種試劑標定濃度 ①碘酸氫鉀 ②碘 ③碳酸鈉 ④高錳酸鉀之溶液

( ) 52. 檢驗臭度、油脂時，水樣容器須用 ①玻璃瓶 ②玻璃或塑膠瓶均可 ③塑膠瓶 ④不銹鋼瓶。

( ) 53. 正磷酸鹽－分光光度計／維生素丙法，加入混合試劑後呈色時間為 ①30～60 分鐘 ②1～2 小時 ③10～30 分鐘 ④5～10 分鐘。

( ) 54. 溶解 7.356 克無水重鉻酸鉀（原子量：K＝39.1，Cr＝52.0）於蒸餾水，並稀釋至 1000mL，則重鉻酸鉀之當量濃度為 ①0.050 ②0.075 ③0.025 ④0.150 N。

（　）55. 下列何項水質檢驗項目之保存時間不得超過 48 小時　①氨氮　②總溶解固體　③硬度　④硝酸鹽。

（　）56. 水樣中因含溶解性物質而產生顏色時，則該溶解性物質會吸收光而使濁度值　①升高　②降低　③不一定　④相同。

（　）57. 以一級標準品配製標準溶液時，應精確量稱標準品後，用　①移液管　②量瓶　③三角瓶　④量筒定量適當體積。

（　）58. 強酸與水混合時，會　①生氣泡　②放熱　③變頻色　④吸熱。

（　）59. 配製標準溶液時，須用下列何種等級之試藥　①普通級　②分析試藥級　③工業級　④試藥級。

（　）60. 在工作場所內同仁之間，講求　①團隊精神　②各自為政　③派系分明　④排除異己。

複選題

（　）61. 使用無菌操作檯進行微生物檢驗時　①操作前應檢查無菌操作檯濾網是否定期更換　②無菌操作檯不需要先送風　③操作時無菌操作檯的紫外光燈源必須打開　④使用前後無菌操作檯檯面均需要以 70% 至 75% 酒精擦拭消毒。

（　）62. 消防滅火措施包括　①暢通安全門　②有效使用期限內之滅火器　③可燃性氣體滯留場所進行監測　④熟悉滅火器操作步驟。

（　）63. 水樣臭度檢驗　①水樣採集後置放於室溫下，採樣後 6 小時內進行分析　②確保檢驗之準確性，臭度檢驗人員不可少於 5 人　③臭度因溫度不同而異，40℃ 及 60℃ 各為冷、熱臭度檢驗之標準溫度　④水樣收集於玻璃瓶或塑膠容器。

（　）64. 具完全滅菌功能之設備包括　①恆溫培養箱　②無菌操作台　③高溫乾熱烘箱　④高壓滅菌釜。

（　）65. 下列何者須貼上標籤並註明品名及日期　①所有藥品　②待測或測完樣品　③鋼瓶　④配製溶液。

（　）66. 有關「方法偵測極限(MDL)」，可用下列哪些方式預估其值？　①相當於儀器偵測極限(IDL)濃度值　②待測物檢量線於低濃度時，斜率呈明顯變化之濃度　③待測物於試劑水、適當溶劑或基質中，儀器重複測定值之標準偏差的 10 倍濃度　④可產生相當於儀器訊噪比(S/N)為 2.5 至 5.0 之待測物濃度。

（　）67. 分光光度計／維生素丙法檢測水中磷時，下列哪些因素會造成干擾　①玻璃器皿未以 1+1 熱鹽酸溶液清洗　②硫酸　③六價鉻　④亞硝酸鹽。

（　）68. 檢測水中生化需氧量之干擾物有　①氰離子　②硫化物　③餘氯　④肉眼可見之生物。

（　）69. 無菌操作檯進行落菌試驗　①依規定應每季進行一次　②使用選擇性瓊脂培養基　③於送風狀態下取 3 個培養基置於檯面左、中、右，暴露 30 分鐘採樣　④採樣後將培養基置放在 35℃培養 48 小時。

（　）70. 檢測氯鹽時，如水中氯離子濃度高於 100mg/L 時，所使用之混合指示劑成分包括　①硫酸　②二苯卡巴腙　③溴酚藍　④乙醇。

（　）71. 何種檢測項目之樣品保存需添加氫氧化鈉　①陰離子界面活性劑　②氰化物　③硫化物　④正磷酸鹽。

（　）72. 一級標準試藥有　①硫代硫酸鈉　②碳酸鈉　③碘酸氫鉀　④鹽酸。

（　）73. 欲採檢測三鹵甲烷之飲用水樣品時，需注意下列哪些事項　①添加鹽酸至 pH 值小於 2　②水樣應完全灌滿採樣瓶　③應採重複樣品　④應先在採樣瓶內加入抗壞血酸。

（　）74. 檢驗人員之廉正作為包括　①利益迴避　②廉潔自持　③依法公正執行　④聽從上級指示。

（　）75. 常見酸鹼指示劑有　①甲基橙　②甲基藍　③甲基紅　④酚酞。

（　）76. 製備檢量線　①待測物之濃度應於檢量線最高濃度之 10%至 50%間之濃度為適當　②製備檢量線後應立即以另一來源標準品確認　③最低一點標準品的濃度宜與方法定量極限之濃度相當　④應包括至少 5 種不同濃度。

（　）77. 微生物的活動會影響下列何者之間的平衡　①硫化物　②氨　③亞硝酸鹽　④硝酸鹽。

（　）78. 檢測下述哪些水質項目，採用之分光光度計波長>400nm　①硝酸鹽氮　②硫酸鹽　③亞硝酸鹽氮　④正磷酸鹽。

（　）79. 水樣之導電度測定過程中　①測定水樣時，電極先使用試劑水清洗，再用水樣淋洗後即可測其導電度　②使用去離子蒸餾水，其導電度必須小於 1μmho/cm　③配製 0.01N 之標準氯化鉀溶液校正　④測定時須保持 20℃恆溫。

（　）80. 檢測水中微生物之培養基，製備時　①可以使用硼矽玻璃容器　②可以使用銅製品容器　③培養基不可重複滅菌　④容器體積與待配培養基體積相同。

測驗 F

本試卷有選擇題 80 題（單選選擇題 60 題，每題 1 分；複選選擇題 20 題，每題 2 分），測試時間為 100 分鐘，請在答案卡上作答，答錯不倒扣；未作答者，不予計分。

單選題

( ) 1. 實驗室中揮發性液體不須遠離　①光源　②熱源　③水源　④電氣開關。

( ) 2. 以碘定量法分析餘氯量時，其試劑硫代硫酸鈉標準液中應加入　①氫氧化鈣　②氯仿　③硝酸　④硫酸　可防止細菌之分解。

( ) 3. 乾熱滅菌最適當的滅菌溫度及時間分別是　①140℃±10℃，2 小時　②110℃±10℃，15 分鐘以上　③80℃±10℃，15 分鐘　④170℃±10℃，2 小時。

( ) 4. 水樣中因含溶解性物質而產生顏色時，則該溶解性物質會吸收光而使濁度值　①不一定　②相同　③升高　④降低。

( ) 5. 下列何者為水體之定深採樣器　①Kemmerer bottle　②Dipper　③Trowel　④Peristalic pump。

( ) 6. 從橡皮塞中抽出玻璃管，下列方法中不正確者為　①用毛巾包纏玻管　②鉗子拉出　③以水或甘油濕潤　④緩緩扭轉拉出。

( ) 7. 比色法檢量線製備之時機為　①每分析日重新製備　②長時間未檢測時　③檢驗室依需要自訂之　④儀器分析條件變更時。

( ) 8. 作檢量線之目的為　①規範樣品　②使儀器有比對標準　③去除人為誤差　④校正儀器。

( ) 9. 測定水樣 pH 值，下列何者非必須？　①清洗電極　②以緩衝溶液校正　③過濾水樣　④決定樣品之 pH 範圍。

( ) 10. 檢驗何項水質，水樣需添加酸使 pH＜2，予以保存　①pH 值、溶氧　②氨氮、化學需氧量　③餘氯、氯化物　④硝酸鹽、亞硝酸鹽。

( ) 11. 廢酸棄置前應採下列何種處理方法？　①稀釋　②氧化　③中和　④沉澱。

( ) 12. 由檢量線求得樣品的濃度，應使用　①斜率法　②添加法　③外插法　④內插法。

( ) 13. 檢測臭度用水樣之保存方法為　①4℃冷藏　②鹼化，4℃冷藏　③酸化，4℃冷藏　④暗處，4℃冷藏。

（　）14. 配製硫酸溶液時，應將　①濃硫酸緩慢倒入水中　②水快速倒入濃硫酸中　③水緩慢倒入濃硫酸中　④水及濃硫酸同時倒入燒杯。

（　）15. 鋼瓶之流量調整器校正時，汞濺出之清除可用　①碳　②磷　③硫　④硒　來處理。

（　）16. 水樣之酚鹼度係指水樣的　①氫氧化物鹼度　②重碳酸鹽鹼度　③氫氧化物鹼度＋1/2 碳酸鹽鹼度　④總鹼度。

（　）17. 下列儀器於使用前皆需校正，但何者之校正方式為誤？　①天平－內（外）砝碼　②濁度計－KCl 標準溶液　③pH 計－標準緩衝溶液　④溶氧計－Winkler titration。

（　）18. 檢驗細菌之水樣瓶應預置去氯劑，以去除水中之餘氯，下列何種化學藥劑為良好之去氯劑？　①硫代硫酸鈉　②硫酸鈉　③硫酸銨　④碳酸氫鈉。

（　）19. 濾膜法檢測大腸桿菌群密度，每過濾　①10 件　②30 件　③20 件　④40 件水樣後，須過濾一次 100ml 的無菌水當做對照組來檢測是否遭受污染。

（　）20. 用分光光度計測定過濾後之廢水顏色以何種項目表示？　①色度　②透視度　③透明度　④色度主波長。

（　）21. 作添加樣品分析時，所添加標準品之體積相對於樣品之體積，應盡可能　①隨意　②小　③中　④大。

（　）22. 以硝酸銀法檢測水中氯離子，在加入鉻酸鉀指示劑前，滴定用水樣之 pH 應調整至　①9～10　②7～8　③8～9　④4～6。

（　）23. 電氣器具使用時發出臭味、出煙、火花，應即　①更換插座　②切斷電源　③加大電線粗度　④加大保險絲粗度　，為首要工作。

（　）24. 色度之測定應使用　①濁度計　②分光光度計　③紅外線光譜儀　④離子分析儀。

（　）25. pH 計不使用時，其電極應浸在　①洗乾不浸水　②稀氯化鉀溶液　③醋酸溶液　④稀鹽酸溶液。

（　）26. 測定水中氯鹽時，如因滴定終點不清之有色或混濁水樣，才採用　①硝酸銀法　②硝酸汞法　③比色法　④電位法。

（　）27. 微生物檢驗之水樣保存條件是，滅菌後之容器，在 4℃冷藏，最長保存期限為　①48　②12　③24　④36　小時。

( ) 28. 多管發酵試測法中之推定試驗，其主要試驗內容為配製 ①BGLB 培養液 ②M-Endo 培養基 ③LST 培養液 ④LES Endo Agar 進行試驗。

( ) 29. 作生化需氧量測定時，培養 5 天後，水樣中殘存之溶氧量至少應為 ①0.5 ②1.0 ③2.0 ④1.5mg/L。

( ) 30. 配製硝酸鹽儲備溶液，所使用之試藥為 ①無水硝酸鎂 ②無水硝酸鉀 ③無水硝酸鈣 ④無水硝酸鈉。

( ) 31. 要確定樣品是否有基質干擾應進行 ①重覆分析 ②空白分析 ③查核樣品分析 ④添加標準品分析。

( ) 32. 關閉真空泵時，應 ①立刻拔掉插頭 ②先釋放真空至常壓後，關閉開關 ③關閉開關同時釋放真空 ④立刻關閉開關。

( ) 33. 清洗水樣貯存容器時若須用丙酮與蒸餾水洗滌，此兩者使用順序 ①交叉使用 ②混合後再使用 ③先使用丙酮 ④先使用水。

( ) 34. 配製導電度標準溶液之試劑是 ①KCl ②NaI ③KI ④NaCl。

( ) 35. 以多管發酵法檢測大腸桿菌群數是以 ①PMN ②NPM ③MPN ④NMP 計算之。

( ) 36. 採樣負責人，負責管理樣品之點收、包裝、運送及 ①樣品製備 ②樣品拆啟 ③樣品分類 ④文件記錄。

( ) 37. 多管發酵法檢測大腸桿菌群密度時，5 支發酵管連續三種稀釋度之 MPN 可自統計表中找到，若發酵管中接種水樣量為 1mL、0.1mL 及 0.01mL，則統計表中所列之 MPN 濃度應再乘以 ①100 ②10 ③1000 ④1 倍。

( ) 38. 檢驗水中生化需氧量(BOD)，若水樣 BOD 濃度在 5mg/L 以下，則水樣稀釋 ①25 倍 ②3 倍 ③10 倍 ④不必稀釋 才可測得 BOD 值。

( ) 39. 污水處理廠操作人員欲採取消化池中污泥時應在 ①馬達開動後約 5～10 分鐘，不取剛流出之污泥而取後流出之污泥 ②馬達靜止時在採樣閥取樣 ③馬達開動時在採樣閥取樣 ④馬達開動後流出的污泥。

( ) 40. 正磷酸鹽－分光光度計／維生素丙法，加入混合試劑後呈色時間為 ①30～60 分鐘 ②10～30 分鐘 ③1～2 小時 ④5～10 分鐘。

( ) 41. 水中若含有磷成份，通常會使用分光光度計／維生素丙法測定，其過程是將水樣以硫酸或過硫酸鹽消化處理，使其中之磷轉變為 ①有鹽磷 ②焦磷酸鹽 ③元素磷 ④正磷酸鹽 之形式存在。

（　　）42. 氯鹽之標準溶液應使用下列何種試劑標定濃度　①硝酸汞溶液　②以標準級氯化鈉配製，不需標定　③氫氧化鈉溶液　④硝酸銀溶液。

（　　）43. 下列何種氣體鋼瓶須遠離火種　①氫氣　②氮氣　③二氧化碳　④氦氣。

（　　）44. 測試硝酸鹽氮，可用下述何種器皿在分光光度計測其吸光度？　①毛細管　②比色管(cell)　③試管　④鈉氏管。

（　　）45. 檢測水中懸浮固體物之過濾時間超過 10 分鐘時，則最佳處理方式為　①加大濾片孔隙　②繼續過濾　③水樣重作　④減少水樣體積。

（　　）46. 職業教育是要培養　①德技兼備之現代國民　②會賺錢之經營者　③在法律限界內爭取有利商機　④高超專業技術。

（　　）47. 水質分析時，微生物的活動會使水中成份的改變而造成干擾，所以必須在採樣與樣品保存時抑制微生物的活動。以下何者不是微生物的活動所造成的影響　①鋅離子會沉澱或吸附於容器上　②氨氮的硝化　③降低酚類的含量　④使硫酸鹽還原為硫化物。

（　　）48. 在無植種下，原水樣 30mL 稀釋至 300mL，$DO_0 = 7.5mg/L$，$DO_5 = 2.5mg/L$，則其 BOD＝　①50　②25　③135　④15　mg/L。

（　　）49. 塑造敬業、樂群的工作環境，下列何者較為重要？　①公平的工作分配　②自動化的儀器設備　③電腦化的作業流程　④工作負荷的減輕。

（　　）50. 下列何者不屬於迴流反應裝置　①蒸發皿　②冷凝管　③加熱板　④燒瓶。

（　　）51. 碘定量法檢驗溶氧量，採用下列何種方法可除去 NO_2 之干擾？　①磺胺酸膠凝修正法　②高錳酸鉀修正法　③鋁礬膠凝修正法　④疊氮化物修正法。

（　　）52. 測定水中懸浮固體時，若樣品體積為100mL，懸浮固體及濾紙重為1.050g，而濾紙重為1.000g，試問此水樣中之懸浮固體濃度為多少mg/L　①500　②50　③100　④1000。

（　　）53. 水中餘氯測定時的檢量線標準溶液為　①碘酸氫鉀溶液　②重鉻酸鉀溶液　③草酸鈉溶液　④高錳酸鉀溶液。

（　　）54. 檢測 BOD 之植菌稀釋水之 DO 消耗量應介於　①0.6～1.0　②2～3　③7～8　④4～5　mg/L 範圍內較適宜。

（　　）55. 分光光度計一般使用波長之單位為　①cm　②nm　③mm　④μm。

（　　）56. 檢驗亞硝酸鹽，如濃度超過檢量線範圍之水樣，其最佳處理方法為　①呈色之待測液稀釋重測　②標準曲線重做　③改用電極法　④取較少量之水樣重測。

( ) 57. 含有餘氯之水樣測其生化需氧量，其水樣之預前處理方法為　①加入 Na₂SO₃　②加入 1N 濃硫酸　③加入純水　④加入 1N 氫氧化鈉　去除。

( ) 58. 檢驗化學需氧量(COD)，使用重鉻酸鉀迴流法時，對下列何者無法完全氧化　①丙醛　②吡啶(Pyridine)　③乙醇　④丙酮。

( ) 59. 量瓶校正時，不需使用之物品為　①蒸餾水　②天平　③球形吸管　④溫度計。

( ) 60. 選擇防腐劑，無須考慮下列因素　①毒性　②過敏性　③去色性　④芳香性。

複選題

( ) 61. COD 迴流裝置　①冷凝效果不足將易造成 COD 瓶內液體蒸發影響結果　②迴流時可用小燒杯蓋住冷凝管頂端，以防止污染物掉入　③冷凝水水流方向應由上往下流　④冷凝水水流方向應由下往上流。

( ) 62. 檢測水中微生物之培養基，製備時　①可以使用硼矽玻璃容器　②可以使用銅製品容器　③容器體積與待配培養基體積相同　④培養基不可重複滅菌。

( ) 63. 分光光度計／維生素丙法檢測水中磷時，下列哪些因素會造成干擾　①玻璃器皿未以 1+1 熱鹽酸溶液清洗　②硫酸　③六價鉻　④亞硝酸鹽。

( ) 64. 微生物檢測紀錄須註明之原始數據資料包括　①各稀釋度　②培養基名稱及培養溫度　③培養起始及終了時間　④採樣時間。

( ) 65. 無菌操作檯進行落菌試驗　①於送風狀態下取 3 個培養基置於檯面左、中、右，暴露 30 分鐘採樣　②採樣後將培養基置放在 35℃培養 48 小時　③使用選擇性瓊脂培養基　④依規定應每季進行一次。

( ) 66. 採樣樣品應有樣品標籤內容至少應包括　①採樣時間　②添加保存劑　③樣品編號　④委託單位。

( ) 67. 污泥容積指數(SVI)　①用來代表污泥沉降性好壞之指標　②單位以 mL/g 表示　③可作為污泥活性之指標　④一般 SVI>150 代表有污泥膨化之現象。

( ) 68. 分光光度計法檢測水中餘氯，可檢測及計算出　①自由有效餘氯　②氯離子　③總餘氯　④結合餘氯。

( ) 69. 以分光光度計法檢測有機物含量低之飲用水中硝酸鹽氮，會使用哪些波長　①275nm　②880 nm　③220nm　④543nm。

( ) 70. 檢測下述哪些水質項目，採用之分光光度計波長>400nm　①亞硝酸鹽氮　②硝酸鹽氮　③硫酸鹽　④正磷酸鹽。

（　）71. 分光光度計法檢測水中餘氯時，會使用　①磷酸緩衝液　②DPD 呈色劑　③碘化鉀　④氯化鈉。

（　）72. 下列何者須貼上標籤並註明品名及日期　①待測或測完樣品　②所有藥品　③配製溶液　④鋼瓶。

（　）73. 下列何檢項之樣品須加硝酸使水樣之 pH＜2　①氨氮　②鉛　③鐵　④硫酸鹽。

（　）74. 有關「方法偵測極限(MDL)」，可用下列哪些方式預估其值？　①相當於儀器偵測極限(IDL)濃度值　②待測物檢量線於低濃度時，斜率呈明顯變化之濃度　③可產生相當於儀器訊噪比(S/N)為 2.5 至 5.0 之待測物濃度　④待測物於試劑水、適當溶劑或基質中，儀器重複測定值之標準偏差的 10 倍濃度。

（　）75. 常見酸鹼指示劑有　①甲基橙　②甲基紅　③甲基藍　④酚酞。

（　）76. 下列何者屬敬業精神之範疇　①忠於工作　②有效率完成工作　③愛物惜物　④遲到早退。

（　）77. 有關檢測數據品質下列敘述何者正確　①檢量線之確認，通常規定使用第二來源標準溶液，主要是為了降低隨機誤差　②準確度是指量測值接近真值的程度　③系統誤差及隨機誤差是分析人員用來驗證分析程序中檢測品質的評估方式　④隨機誤差低時，量測可以得到一個可接受的準確度。

（　）78. 量測液體 pH 值時應　①經均勻緩慢攪拌達到平衡後，再記錄 pH 值　②電極浸入樣品後，無須等待數值穩定即記錄 pH 值　③執行溫度補償及溫度探棒校正　④確認使用正確的緩衝溶液。

（　）79. 事業放流水採集混合樣品時，可依下列哪些條件進行定量混合　①樣品濃度　②樣品溫度　③採樣時間　④採樣地點。

（　）80. 清除或傾倒廢液或廢樣品時，須穿著　①實驗衣　②護目鏡　③口罩　④手套。

測驗 G

　　本試卷有選擇題 80 題（單選選擇題 60 題，每題 1 分；複選選擇題 20 題，每題 2 分），測試時間為 100 分鐘，請在答案卡上作答，答錯不倒扣；未作答者，不予計分。

是非題

（　）1. 以濁度法檢測硫酸鹽時，加入調理試劑與氯化鋇後，宜在一定速率下攪拌多久？　①1　②15　③30　④10　分鐘。

（　）2. 以硝酸銀法檢測水中氯離子，滴定用水樣為 100mL，氯離子濃度最適範圍為①0.1～10　②1.5～100　③10～500　④100～1000　ppm。

（　）3. 以混合稀釋法測定水中總菌落數時，使用的固態培養基為下列何者：　①m-Endo　②NA　③BGLB　④TGEA。

（　）4. 檢測懸浮固體物時需用到　①蒸發皿　②抽氣裝置　③高溫爐　④pH 計。

（　）5. 在測定水中亞硝酸鹽時，若使用濾光鏡片光度計，其濾光鏡顏色為　①綠　②黃　③紅　④藍　色。

（　）6. 下列何者不會干擾 DO meter 探針讀數之正確性　①反應性氣體　②水樣中的氣泡　③硫化物　④氯化鈉。

（　）7. 關於管制圖的敘述何者為不正確？　①合於管制的數據才能使用　②一旦確認分析過程失控，應立即停止分析　③找出失控原因後，即可將該批次所有樣品進行累積數據　④透過管制圖可以了解分析過程是否均在控制之內。

（　）8. 量瓶校正時，不一定需使用之物品為　①球形吸管　②天平　③溫度計　④蒸餾水。

（　）9. 檢測水樣之真色色度時，應同時測定　①電導度　②透視度　③溫度　④pH 值。

（　）10. 水中溶氧檢測時以碘定量之疊氮化物法是以多少濃度的硫代硫酸鈉滴定溶液中之碘　①25　②5　③0.025　④1.25　M。

（　）11. 以下何者為檢驗數據之品管措施　①儀器定期校正　②檢驗人員訓練　③進行內部稽查　④重覆分析。

（　）12. 為採購案而與公務機關人員互動時，下列敘述何者正確？　①以借貸名義，餽贈財物予公務員，即可規避刑事追究　②因民俗節慶公開舉辦之活動，機關公務員在簽准後可受邀參與　③招待驗收人員至餐廳用餐，是慣例屬社交禮貌行

為　④對於機關承辦人，經常給予不超過新台幣伍佰元以下的好處，無論有無對價關係，對方收受皆符合廉政倫理規範。

(　) 13. 下圖所示以　①B　②C　③A　④D　為蒸餾裝置之冷卻水進水口。

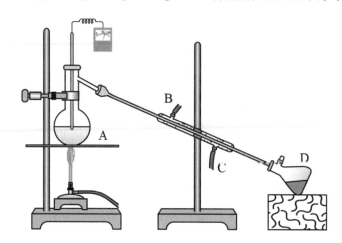

(　) 14. 檢驗硝酸鹽時，對於受污染之水樣，不可採用　①馬錢子法　②酚二磺酸法③紫外線光譜儀法　④鎘還原法　檢驗。

(　) 15. 一般 pH 計以　①銀　②銅　③白金　④甘汞　電極做為參考電極。

(　) 16. DPD 呈色法檢驗餘氯時，產生之顏色為　①藍色　②綠色　③黃色　④紅色。

(　) 17. 下列分析方法中不適宜作鹼度測定者為：　①標準酸滴定法　②蒸餾法　③指示劑法　④pH 測定計。

(　) 18. 空白樣品檢測係使用　①自來水　②試劑水　③標準溶液　④品管溶液　經與樣品相同之前處理步驟製備及測定。

(　) 19. 分光光度計不需定期作　①波長　②迷光　③全刻度　④吸光度　之校正。

(　) 20. 水質分析用 pH 計之精密度，一般至少應為　①±0.1　②±0.01　③±1.0　④0.001　pH。

(　) 21. 分析水樣中鉛、鎘陽離子，採樣後加濃硝酸使水樣 pH＜2 保存，主要作用為何？　①減少溶解作用　②減少沉澱及吸附作用　③減少分解作用　④降低揮發性。

(　) 22. 檢測懸浮固體物之必須執行品管要求為　①重複分析　②添加標準品分析　③標準品分析　④野外分析。

(　) 23. 以硝酸汞滴定法檢測水中氯鹽時，下列何種化合物在分析時不會產生干擾？①氰化物　②溴化物　③過量亞硫酸鹽　④碘化物。

（　）24. 濃硫酸之當量濃度為　①12　②24　③48　④36　N。

（　）25. 含瓊脂的微生物培養基在加熱融化後，如果不能馬上使用，可保存在　①45～50　②35～40　③20～30　④55～60　℃的水浴溫度，但保存時間最好不要超過三小時。

（　）26. 取樣後，應立即在現場測定之水質項目為　①濁度、導電度　②水溫、pH　③硝酸鹽、亞硝酸鹽氮　④懸浮固體、揮發性懸浮固體。

（　）27. 碘定量法檢驗溶氧量，採用下列何種方法可除去之 NO_2^- 干擾？　①高錳酸鉀修正法　②鋁礬膠凝修正法　③疊氮化物修正法　④磺胺酸膠凝修正法。

（　）28. 職業災害預防工作中對於危害控制，首先應考慮的為下列何者？　①危害源控制　②勞工之控制　③危害路徑控制　④危害場所控制。

（　）29. 以多管醱酵法測定總大腸桿菌群數時，接種醱酵管應 35±1℃培養，時間最長應為：　①48±3　②12±1　③24±2　④36±2　小時。

（　）30. 檢驗氯化物時，如水樣之顏色或混濁，經前處理仍無法去除時，應採下列哪一法檢驗　①硝酸汞滴定法　②無法檢驗　③電位滴定法　④硝酸銀滴定法。

（　）31. 污水處理廠之現場自動連續取樣器，係採　①流量加權水樣　②單一水樣　③混合水樣　④任意水樣。

（　）32. 塗抹法檢測水樣總細菌菌落數，若每毫升水樣之細菌菌落數約為 $2×10^4$～$5×10^4$，水樣先稀釋 1000 倍，則加入培養基之稀釋水樣體積以　①10　②2　③5　④0.2　mL 為宜。

（　）33. 檢驗水中生化需氧量(BOD)，若水樣 BOD 濃度在 5mg/L 以下，則水樣稀釋　①3 倍　②25 倍　③不必稀釋　④10 倍才可測得 BOD 值。

（　）34. 水樣進行化學性分析時，樣品應冷藏保存，通常係指應保存之溫度為　①10　②0　③4　④-20　±2℃。

（　）35. 「吊運作業中嚴禁人員進入吊掛物下方及吊鏈、鋼索等內側角」此安全指令對下列何作業尤其重要？　①自來水管接管作業　②堆高機作業　③移動式起重機作業　④高空工作車作業。

（　）36. 與空氣中的二氧化碳達到平衡之水溶液，總鹼度／酚鹼度　①＜0.5　②≧2.0　③≧0.5　④＜2.0。

（　）37. 硝酸鹽儲備溶液配製時，可添加下列何種物質保存之？　①硫酸銅　②氯仿　③強酸　④酚。

( )38. 您個人的敬業精神通常在下列哪個場域發揮與實踐？ ①百貨公司 ②電影院 ③家庭 ④職場。

( )39. 燒杯內上的小火最好使用下列何種設備滅火 ①玻璃蓋 ②滅火器 ③濕毛巾 ④濕毯。

( )40. 查核樣品分析的管制下限值為 ①$\bar{X}-S$ ②0 ③$\bar{X}-2S$ ④$\bar{X}-3S$ ，為查核樣品測定值之平均值，S 為標準偏差。

( )41. 欲測水中濁度，但無法在 24 小時內檢測時，應將水樣 ①加鹽酸使 pH＜2 ②加硫酸使 pH＜2 ③加氫氧化鈉使 pH＞12 ④貯於暗處並冷藏。

( )42. 以純水配製 pH 為 10 之水溶液，曝氣平衡後，pH 約為 ①8.3 ②4.3 ③7.0 ④10.0。

( )43. ①野外空白 ②運送空白 ③保存空白 ④試劑空白 係欲檢測樣品在取樣現場是否導入污染。

( )44. 以重量法檢測水中總溶解固體，乾燥溫度為 ①150～180 ②103～105 ③120～150 ④80～85 ℃。

( )45. 甲公司嚴格保密之最新配方產品大賣，下列何者侵害甲公司之營業秘密？ ①鑑定人 A 因司法審理而知悉配方 ②甲公司授權乙公司使用其配方 ③甲公司與乙公司協議共有配方 ④甲公司之 B 員工擅自將配方盜賣給乙公司。

( )46. 檢驗磷酸鹽時，須用下列何種容器採集為宜 ①1＋1 硝酸洗淨之玻璃瓶 ②暗色玻璃瓶 ③1＋1 氫氧化鈉洗淨之玻璃瓶 ④1＋1 醋酸洗淨之塑膠瓶 為宜。

( )47. 分析 BOD 時，若水樣為含有腐蝕性的鹼或酸之水樣，則宜用硫酸或氫氧化鈉將水樣 pH 值調節至 ①4.5～5.0 ②7.0～7.2 ③7.5～8.0 ④5.5～6.5 間。

( )48. 執行自動檢查主要是下列何者的工作？ ①現場主管及人員 ②安全衛生部門 ③顧客 ④行政人員。

( )49. 以硝酸銀滴定法檢驗氯化物，所使用之指示劑為 ①Ferroin ②$KMnO_4$ ③K_2CrO_4 ④混合指示劑。

( )50. 以濁度法檢測水中硫酸鹽濃度時，使用之測定光波長為 ①620 ②520 ③720 ④420 nm。

( )51. 以電極法檢測水中氫離子濃度指數時，使用之去離子蒸餾水，可以電導度小於 $2\mu mho/cm$ 之蒸餾水 ①過濾 ②調 pH 值 ③靜置 ④煮沸冷卻 後使用。

（　）52. 下列何種情況採取組合採樣較單一採樣為佳？　①大腸桿菌群水樣　②水樣屬非連續流　③水質相當穩定　④水質隨時改變。

（　）53. 以多管發酵法檢測大腸桿菌群數是以　①MPN　②NMP　③NPM　④PMN計算之。

（　）54. 用濾膜法檢測大腸桿菌群，在培養皿上理想之菌落數　①200～300　②10～50　③20～80　④300～400。

（　）55. 因故意或過失而不法侵害他人之營業秘密者，負損害賠償責任。該損害賠償之請求權，自請求權人知有行為及賠償義務人時起，幾年間不行使就會消滅？　①7 年　②10 年　③5 年　④2 年。

（　）56. 勞工常處於高溫及低溫間交替暴露的情況、或常在有明顯溫差之場所間出入，對勞工的生（心）理工作負荷之影響一般為何？　①不一定　②增加　③無　④減少。

（　）57. 用分光光度計測定過濾後之廢水顏色以何種項目表示？　①色度主波長　②透明度　③色度　④透視度。

（　）58. BOD 檢測若在日光下培養微生物耗氧量，主要會受何種微生物作用而產生誤差　①大腸桿菌　②真菌　③絲狀菌　④藻類。

（　）59. 去除水中餘氯可使用　①高錳酸鉀溶液　②碘酸氫鉀溶液　③硫代硫酸鈉溶液　④重鉻酸鉀溶液。

（　）60. 濾膜法測定大腸桿菌類時，在 24 小時培養狀況下，產生深色菌落，帶有　①銀色雪花狀　②綠色亮片　③金屬光澤　④螺旋狀光澤　，即為大腸桿菌群。

複選題

（　）61. 分光光度計／維生素丙法檢測水中磷時，混合試劑未含有　①氫氧化鈉溶液　②硫酸溶液　③酚酞指示劑　④鉬酸銨溶液。

（　）62. 檢測水中重金屬時，清洗所使用容器　①第二步驟再以自來水清洗　②步驟先後次序無多大關係　③第一步驟先用 10%硝酸清洗　④第三步驟再以試劑水清洗。

（　）63. 下列敘述何者正確？　①添加樣品應以高濃度小體積方式添加　②添加樣品可省略前處理步驟，僅分析步驟與待測樣品相同　③一般添加於樣品中待測物標準品濃度應為原樣品中待測物濃度之 1 至 5 倍　④添加樣品與待測樣品依相同之前處理及分析步驟執行檢測。

（　）64. 製備檢測水中生化需氧量之稀釋水時，每 1L 源水中，各加入 1mL 磷酸鹽緩衝溶液及　①氯化鈣溶液　②矽酸鈉溶液　③硫酸鎂溶液　④氯化鐵溶液。

（　）65. 水中揮發性懸浮固體　①分析時在 850℃ 高溫爐進行煅燒　②是懸浮固體的一部分　③通常是指懸浮固體之有機物部分　④在 103-105℃ 進行烘乾。

（　）66. 欲採檢測三鹵甲烷之飲用水樣品時，需注意下列哪些事項　①應先在採樣瓶內加入抗壞血酸　②應採重複樣品　③水樣應完全灌滿採樣瓶　④添加鹽酸至 pH 值小於 2。

（　）67. COD 檢測時迴流裝置　①冷凝效果不足將易造成 COD 瓶內液體蒸發影響結果　②冷凝水水流方向應由上往下流　③迴流時可用小燒杯蓋住冷凝管頂端，以防止污染物掉入　④冷凝水水流方向應由下往上流。

（　）68. 檢測水中生化需氧量之干擾物有　①氰離子　②肉眼可見之生物　③餘氯　④硫化物。

（　）69. 微生物檢測之品管樣品為　①方法空白樣品　②重複樣品　③現場空白樣品　④運送空白樣品。

（　）70. 污泥容積指數(SVI)　①一般 SVI>150 代表有污泥膨化之現象　②可作為污泥活性之指標　③單位以 mL/g 表示　④用來代表污泥沉降性好壞之指標。

（　）71. 事業放流水採集混合樣品時，可依下列哪些條件進行定量混合　①樣品溫度　②採樣時間　③樣品濃度　④採樣地點。

（　）72. 以硝酸汞滴定法檢測水中氯鹽時，如水中氯離子濃度高於 100mg/L 時，所使用之混合指示劑成分包括　①硫酸　②二苯卡巴腙　③溴酚藍　④乙醇。

（　）73. 關於實驗室品保品管要求，下列敘述何者正確　①由重複分析之結果可以評估分析之精密度　②將樣品一分為二，一部分直接依步驟分析，另一部分添加適當濃度之標準品後再分析，稱為查核標準品分析　③由添加標準品分析之回收率可以知道樣品是否受基質干擾　④總懸浮固體檢測每一個批次只要執行一個重複分析。

（　）74. 重鉻酸鉀迴流法檢測水中化學需氧量時，下列哪些因素會造成干擾　①亞鐵離子　②硫化物　③氯離子　④吡啶。

（　）75. 有關分析時的品保品管規範何者錯誤　①準確度評估可由樣品添加回收率來評估　②由重複分析結果可確認試劑是否有污染　③精密度可由重複分析的結果來評估　④由添加分析結果可知樣品是否有基質干擾。

（　）76. 去除水樣中自由餘氯方法　①加硫酸　②加硫代硫酸鈉溶液　③加硫酸鈉溶液　④加亞硫酸鈉溶液。

（　）77. 水中凱氏氮檢測　①使用之器皿，均應以 pH 值為 7.0 的試劑水清洗　②若是取用 1.91gNH₄Cl（分子量 53.5g/mol）溶解於 100mL 試劑水中，此溶液中氮(NH₃-N)（原子量 14.0g/mol）濃度為 1mg/mL　③使用的試劑水為不含氨氮之二次蒸餾水　④製備檢量線使用的氨氮儲備溶液，取用的 NH₄Cl 應預先於 110 ℃乾燥。

（　）78. 水質檢驗於酸鹼滴定時使用的一級標準試藥有　①硫代硫酸鈉　②鹽酸　③碳酸鈉　④碘酸氫鉀。

（　）79. 採樣時，為確保樣品之品質，視需要採取適當之空白樣品，其中包含：　①運送空白　②野外空白　③設備空白　④方法空白。

（　）80. 重鉻酸鉀迴流法檢測含高濃度鹵離子水中化學需氧量時，可使用那些方法測定氯離子濃度　①導電度估算法　②pH 電極法　③氯離子濃度檢測方法　④氯離子試紙估算法。

測驗 H

本試卷有選擇題 80 題（單選選擇題 60 題，每題 1 分；複選選擇題 20 題，每題 2 分），測試時間為 100 分鐘，請在答案卡上作答，答錯不倒扣；未作答者，不予計分。

選擇題

（　）1. 工作愉快的交談很容易與顧客建立友誼，不宜交談的話題是　①流行資訊　②他人隱私　③體育新聞　④旅遊趣事。

（　）2. 將適當濃度標準樣品添加試劑水後配成水樣分析是為　①重複分析　②查核樣品分析　③添加標準品分析　④空白分析。

（　）3. 分光光度計／維生素丙法檢驗水樣正磷酸鹽濃度時，適用之測定光波長為　①560　②700　③880　④430　nm。

（　）4. 常用之酸性廢水中和劑為　①硫酸　②氫氧化鈣　③氫氧化鉻　④醋酸。

（　）5. 下列何者非個人資料保護法所稱之「蒐集」？　①在路上隨機請路人填寫問卷，並留下個人資料　②會計單位為了發給員工薪資而向人資單位索取員工的帳戶資料　③人資單位請新進員工填寫員工資料卡　④在網路上搜尋知名學者的學、經歷。

（　）6. 標定亞硝酸鹽氮儲備溶液時，無需使用到　①高錳酸鉀溶液　②濃硫酸　③濃鹽酸　④草酸鈉溶液。

（　）7. 以多管醱酵標準法測定總大腸桿菌群數時，培養箱之溫度應維持在　①35±1　②40±1　③25±1　④30±1　℃。

（　）8. 將經清洗後之採樣設備，以不含待測物之試劑水淋洗並收集最後一次之試劑水，視同樣品進行檢測之空白樣品實驗稱為　①運送空白　②設備空白　③方法空白　④現場空白　樣品。

（　）9. 濃硫酸之當量濃度為　①48　②36　③12　④24　N。

（　）10. 量瓶校正時，係將量瓶充滿　①丙酮　②酒精　③水　④甲醇　至刻度後，稱重之。

（　）11. 目前不採用 o-tolidine 法檢驗餘氯，其原因為　①感度差　②成本高　③不方便　④有毒性。

（　）12. 下列何者，非屬法定之勞工？　①被派遣之工作者　②部分工時之工作者　③受薪之工讀生　④委任之經理人。

（　）13. 以純水配製 pH 為 10 之水溶液，曝氣平衡後，pH 約為　①8.3　②4.3　③10.0　④7.0。

（　）14. 檢驗磷酸鹽時，須用下列何種容器採集為宜　①1＋1 硝酸洗淨之玻璃瓶　②1＋1 醋酸洗淨之塑膠瓶　③1＋1 氫氧化鈉洗淨之玻璃瓶　④暗色玻璃瓶　為宜。

（　）15. 行（受）賄罪成立要素之一為具有對價關係，而作為公務員職務之對價有「賄賂」或「不正利益」，下列何者不屬於「賄賂」或「不正利益」？　①招待吃大餐　②開工邀請觀禮　③介紹工作　④免除債務。

（　）16. 下列何者為節能標章？　①　②　③　④

。

（　）17. 分析 TOC 及重金屬之水樣保存方法以　①4℃及加酸　②0℃　③4℃　④加酸保存為宜。

（　）18. 小李具有乙級廢水專責人員證照，某工廠希望以高價租用證照的方式合作，請問下列何者正確？　①經環保局同意即可　②價錢合理即可　③互蒙其利　④這是違法行為。

（　）19. 使用一般水銀溫度計時，其水溫可直接由溫度計讀得，並依需要記錄至小數點以下　①三位　②二位　③四位　④一位。

（　）20. 政府為推廣節能設備而補助民眾汰換老舊設備，下列何者的節電效益最佳？　①優先淘汰 10 年以上的老舊冷氣機為能源效率標示分級中之一級冷氣機　②因為經費有限，選擇便宜的產品比較重要　③汰換電風扇，改裝設能源效率標示分級為一級的冷氣機　④將桌上檯燈光源由螢光燈換為 LED 燈。

（　）21. 以比導電度計法檢測水中導電度時，使用之去離子蒸餾水，其導電度必須小於　①1　②10　③5　④2　μmho/cm。

（　）22. 下述何種物質，可經由蒸餾自來水中去除？　①鐵離子　②氨　③硝酸鹽　④高錳酸鉀。

（　）23. 一般水銀溫度計使用攝氏溫標者，量測範圍由 0 至 100℃（或合適範圍），刻度需準確至　①1℃　②0.001℃　③0.01℃　④0.1℃。

( ) 24. 某水樣含若干硫酸鹽污染物，若使用濁度法測定，則需加入　①$BaCl_2$　②HC1　③NaOH　④$MgCl_2$ 試劑，使其產生均勻之懸浮態沉澱。

( ) 25. 溫室氣體減量及管理法中所稱：一單位之排放額度相當於允許排放　①一公噸　②一公斤　③一公擔　④一立方米　之二氧化碳當量。

( ) 26. 以重量法檢測水中固體物質，當前後兩次秤重之重量差小於　①1.0　②0.5　③2.0　④0.1　mg 時即為恆重。

( ) 27. 測定鹼度時，由於 pH-鹼度-二氧化碳平衡之改變，　①硫酸亞鐵　②氫氧化鈉　③氯化鋇　④碳酸鈣　可能沉澱出來，而減低水樣之鹼度及總硬度。

( ) 28. 下列何者是海洋受污染的現象？　①溫室效應　②形成紅潮　③臭氧層破洞　④形成黑潮。

( ) 29. 下列何者應適用個人資料保護法之規定？　①與公司往來客戶資料庫之個人資料　②自然人為單純個人活動目的，而將其個人照片或電話，於臉書分享予其他友人等利用行為　③將家人或朋友的電話號碼抄寫整理成電話本或輸入至手機通訊錄　④自然人基於保障其自身或居家權益之個人或家庭活動目的，而公布大樓或宿舍監視錄影器中涉及個人資料畫面之行為。

( ) 30. 欲配製 1000mg/L 之氯鹽溶液，應將多少克之氯化鈉溶於純水中，並定量至 1000mL　①1.000 克　②1.4365 克　③1.6488 克　④0.6250 克。（原子量：氯＝35.45，鈉＝23）

( ) 31. 外食自備餐具是落實綠色消費的哪一項表現？　①回收再生　②環保選購　③降低成本　④重複使用。

( ) 32. 濁度法檢驗硫酸鹽所用之調理試劑，含　①氯化鋇　②硝酸　③甘油　④硫酸。

( ) 33. 濾膜法檢測大腸桿菌群所使用之培養基為　①LES Endo 培養基　②LST 培養基　③M-Endo 培養基　④營養瓊脂培養基。

( ) 34. 水樣之甲基橙酸度係指水樣的　①礦質酸酸度　②碳酸酸度　③總酸度　④重碳酸鹽酸度。

( ) 35. 下列那一種氣體較易造成臭氧層被嚴重的破壞？　①氮氧化合物　②二氧化碳　③氟氯碳化物　④二氧化硫。

( ) 36. 下圖所示以 ①A ②C ③D ④B 為蒸餾裝置之冷卻水進水口。

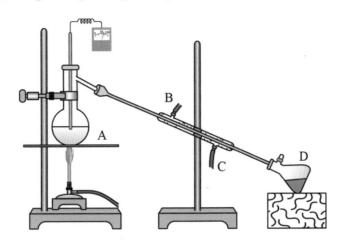

( ) 37. 何種分析物之水樣不適合以塑膠瓶盛裝 ①硫酸鹽 ②濁度 ③氨氮 ④總有機碳。

( ) 38. 一個色度單位係指 1mg 鉑以氯鉑酸根離子態存在於 ①2.5 ②1 ③2.0 ④1.5 L 水溶液中時能產生之色度。

( ) 39. 欲配製 0.25N 之氫氧化鈉溶液,應加入 ①10g ②15g ③5g ④20g 氫氧化鈉溶解之(原子量:Na=23,O=16,H=1)最後再定量至 1 公升。

( ) 40. 污水中懸浮性固體物之英文縮寫為 ①VS ②TVS ③SS ④TS。

( ) 41. 開啟盛裝酸液之瓶子,下列何者為錯誤行為 ①先沖水洗淨瓶子外部 ②避免劇烈搖晃 ③不用時將塞子拴緊 ④將塞子朝下放在檯面上。

( ) 42. 用指示劑法測定酸度時,係用 ①甲基藍 ②乙基紅 ③甲基橙 ④甲基紅 作指示劑。

( ) 43. 以液體一液體萃取法來萃取水中之物質時,所使用之液體需 ①與水不互溶 ②比重小於水 ③與水互溶 ④比重大於水。

( ) 44. 檢驗水樣之甲基橙酸度,水樣之變色 pH 值為 ①8.3 ②7.0 ③4.3 ④3.7。

( ) 45. 採水樣須備妥器具,但下列哪一項不包括在內 ①水樣容器 ②採樣器 ③烘箱 ④水樣固定試劑。

( ) 46. 下述何者為鹼滴定用之一級標準品 ①硫酸 ②硝酸 ③醋酸 ④鄰苯二甲酸氫鉀。

( ) 47. 量測濁度之水樣應於採樣後儘速分析,否則樣品須置於暗處 4℃冷藏,並於 ①8 ②36 ③48 ④24 小時內完成分析。

（　）48. 測定水中硫酸鹽濃度時，下列何者不是其干擾物質　①色度　②氯化鈉　③矽濃度超過 500mgSiO₂/L　④濁度。

（　）49. 檢驗 BOD 所用稀釋水，加入之緩衝溶劑中之試劑除了 Na₂HPO₄‧7H₂O 及 NH₄Cl 外，還包括　①KH₂PO₄＋K₂HPO₄　②K₂HPO₄＋K₃PO₄　③KH₂PO₄＋H₃PO₄　④NaH₂BO₃＋Na₂HBO₃。

（　）50. 進行 BOD₅ 測試時，水樣應維持在下列何種溫度下五天　①35±1℃　②室溫±1℃　③20±1℃　④4±1℃。

（　）51. 以濁度法檢測水中硫酸鹽時，水中硫酸根濃度適用範圍為　①1～40　②5～100　③0.1～10　④2～70　mg/L。

（　）52. 檢驗待測水樣之生化需氧量過程中，檢測至第 5 天水樣之溶氧濃度不能低於　①1　②4　③3　④2　mg/L。

（　）53. 事業單位之勞工代表如何產生？　①由企業工會推派之　②由產業工會推派之　③由勞資雙方協議推派之　④由勞工輪流擔任之。

（　）54. 利用濁度法測定水中硫酸鹽濃度時，是以分光光度計在　①515　②543　③420　④605　nm 測其吸光度。

（　）55. 職業安全衛生法所稱有母性健康危害之虞之工作，係指對於具生育能力之女性勞工從事工作，可能會導致的一些影響。下列何者除外？　①經期紊亂　②胚胎發育　③哺乳期間之幼兒健康　④妊娠期間之母體健康。

（　）56. 下列何者燈泡發光效率最高？　①鹵素燈泡　②白熾燈泡　③省電燈泡　④LED 燈泡。

（　）57. 測定水中懸浮固體時，若樣品體積為 100mL，懸浮固體及濾紙重為 1.050g，而濾紙重為 1.000g，試問此水樣中之懸浮固體濃度為多少 mg/L？　①50　②100　③500　④1000。

（　）58. 檢驗產生之誤差原因甚多，但下列哪一項不包括在內？　①不當之樣品保存方法　②樣品不具代表性　③採樣量過多　④不當之檢驗技術。

（　）59. 檢測水樣溫度之溫度計，其刻度範圍為　①0～80　②0～60　③0～100　④0～50　℃。

（　）60. 勞動基準法第 84 條之 1 規定之工作者，因工作性質特殊，就其工作時間，下列何者正確？　①無例假與休假　②不另給予延時工資　③勞雇間應有合理協商彈性　④完全不受限制。

複選題

( ) 61. 重鉻酸鉀迴流法檢測水中化學需氧量時，下列哪些因素會造成干擾？ ①吡啶 ②亞鐵離子 ③硫化物 ④氯離子。

( ) 62. 污泥容積指數(SVI) ①一般 SVI>150 代表有污泥膨化之現象 ②用來代表污泥沉降性好壞之指標 ③單位以 mL/g 表示 ④可作為污泥活性之指標。

( ) 63. 重鉻酸鉀迴流法檢測含高濃度鹵離子水中化學需氧量時，可使用哪些方法測定氯離子濃度？ ①氯離子試紙估算法 ②氯離子濃度檢測方法 ③導電度估算法 ④pH 電極法。

( ) 64. 製備檢測水中微生物之培養基時 ①可以使用銅製品容器 ②容器體積與待配培養基體積相同 ③可以使用硼矽玻璃容器 ④培養基不可重複滅菌。

( ) 65. 碘定量法檢測水中溶氧時，滴定過程中會出現哪些顏色？ ①無色 ②紅色 ③淡黃色 ④藍色。

( ) 66. 採樣時，為確保樣品之品質，視需要採取適當之空白樣品，其中包含： ①野外空白 ②設備空白 ③方法空白 ④運送空白。

( ) 67. 水中懸浮固體 ①可以用來表示水體水質之污染強度 ②水樣檢測時需要用到真空幫浦 ③所指的是水樣過濾後濾液部分 ④可以代表曝氣池中活性污泥之濃度。

( ) 68. 使用濁度計測定水樣濁度 ①濁度單位可用 NTU 表示 ②標準濁度懸浮液應每年配製進行濁度計校正 ③濁度計偵測之波長範圍為 400 至 600nm ④水樣中微小氣泡會降低濁度值。

( ) 69. 重鉻酸鉀迴流法檢測海水中化學需氧量時，可用哪些方法測試亞硝酸鹽氮濃度？ ①水中硝酸鹽氮及亞硝酸鹽氮之鎘還原流動注入分析法 ②水中亞硝酸鹽氮檢測方法－電解法 ③水中陰離子檢測方法－離子層析法 ④水中亞硝酸鹽氮檢測方法－分光光度計法。

( ) 70. 一般不適宜混樣之檢測項目分為 ①不可攪動和混樣之項目 ②須現場檢測之項目 ③樣品最長保存期限為 24 小時以下之項目 ④微生物樣品。

( ) 71. 微生物檢測之品管樣品為 ①運送空白樣品 ②重複樣品 ③方法空白樣品 ④現場空白樣品。

( ) 72. 空白樣品分析值需符合以下規定之一 ①須低於待測物方法偵測極限的 2 倍 ②須低於待測物方法偵測極限的 5 倍 ③須低於待測物法規管制標準值的 5% ④微生物檢測之大腸桿菌群及總菌落數現場空白樣品分析值應低於檢測方法之最小計數值。

( ) 73. 污泥之總揮發性固體　①一般是針對污泥進行檢測分析　②檢測時需要用到真空幫浦　③通常用在放流水的監測分析　④單位可用 mg/kg 表示。

( ) 74. 水中揮發性懸浮固體　①是懸浮固體的一部分　②分析時在 850℃高溫爐進行煅燒　③在 103-105℃進行烘乾　④通常是指懸浮固體之有機物部分。

( ) 75. 用於水中細菌檢測之濾膜材質包括　①硝化纖維素　②混合纖維素酯　③玻璃纖維　④尼龍。

( ) 76. BOD 檢測時　①培養箱內部應設置照明以方便觀察　②BOD 瓶內若有藻類生長會影響 BOD 測值　③培養箱溫度應該控制在 20±1℃　④BOD 瓶應加以水封避免空氣進入。

( ) 77. 分光光度計／維生素丙法檢測水中磷時，下列哪些因素會造成干擾？　①六價鉻　②亞硝酸鹽　③硫酸　④玻璃器皿未以 1+1 熱鹽酸溶液清洗。

( ) 78. 有關「方法偵測極限(MDL)」，可用下列哪些方式預估其值？　①待測物檢量線於低濃度時，斜率呈明顯變化之濃度　②可產生相當於儀器訊噪比(S/N)為 2.5 至 5.0 之待測物濃度　③待測物於試劑水、適當溶劑或基質中，儀器重複測定值之標準偏差的 10 倍濃度　④相當於儀器偵測極限(IDL)濃度值。

( ) 79. 有關分析時的品保品管規範何者錯誤？　①精密度可由重複分析的結果來評估　②準確度評估可由樣品添加回收率來評估　③由添加分析結果可知樣品是否有基質干擾　④由重複分析結果可確認試劑是否有污染。

( ) 80. 何種檢測項目之採樣瓶不得以擬採集之水樣預洗　①農藥　②油脂　③多氯聯苯　④色度。

測驗 I

　　本試卷有選擇題 80 題（單選選擇題 60 題，每題 1 分；複選選擇題 20 題，每題 2 分），測試時間為 100 分鐘，請在答案卡上作答，答錯不倒扣；未作答者，不予計分。

選擇題

（　）1. 濁度法檢驗硫酸鹽所用之調理試劑，含　①氯化鋇　②甘油　③硝酸　④硫酸。

（　）2. 二種揮發性不同之液體混合物，經蒸餾後，揮發性較大者，在蒸餾出液中含量　①不一定　②較高　③相同　④較低。

（　）3. 微生物檢驗之水樣保存條件是，滅菌後之容器，在 4℃冷藏，最長保存期限為　①48　②24　③12　④36　小時。

（　）4. 濃硫酸之當量濃度為　①36　②24　③12　④48　N。

（　）5. 雇主要求確實管制人員不得進入吊舉物下方，可避免下列何種災害發生？　①物體飛落　②墜落　③被撞　④感電。

（　）6. 在生物鏈越上端的物種其體內累積持久性有機污染物(POPs)濃度將越高，危害性也將越大，這是說明 POPs 具有下列何種特性？　①半揮發性　②持久性　③生物累積性　④高毒性。

（　）7. 何種分析物之水樣不適合以塑膠瓶盛裝？　①濁度　②硫酸鹽　③總有機碳　④氨氮。

（　）8. 以碘定量之疊氮化物修正法檢驗溶氧量，所配製之硫代硫酸鈉標準滴定液，可用下列何種方法標定？　①硫酸溶液　②碘酸氫鉀溶液　③過氧化氫　④過錳酸鉀溶液。

（　）9. BOD 檢測若在日光下培養微生物耗氧量，主要會受何種微生物作用而產生誤差？　①大腸桿菌　②絲狀菌　③真菌　④藻類。

（　）10. 總固體量減去懸浮固體量後為　①灰份　②溶解性固體量　③揮發性固體量　④揮發性懸浮固體量。

（　）11. 我國移動污染源空氣污染防制費的徵收機制為何？　①依車輛里程數計費　②依照排氣量徵收　③依牌照徵收　④隨油品銷售徵收。

（　）12. 下列何者不使用於過濾裝置使用之器材或設備？　①抽氣裝置　②三角瓶　③燒杯　④濾紙。

（　）13. 以塗抹法檢測水中總細菌菌落數，加入培養基之適當水樣體積為　①2mL　②10mL　③5mL　④0.2mL。

（　）14. 「勞工於職場上遭受主管或同事利用職務或地位上的優勢予以不當之對待，及遭受顧客、服務對象或其他相關人士之肢體攻擊、言語侮辱、恐嚇、威脅等霸凌或暴力事件，致發生精神或身體上的傷害」此等危害可歸類於下列何種職業危害？　①化學性　②生物性　③社會心理性　④物理性。

（　）15. 採用 1 公分樣品槽時，正磷酸鹽－分光光度計／維生素丙法適用之檢量線濃度範圍為　①0.02～0.5　②0.01～1.0　③0.01～5.0　④0.1～10　mgP/L。

（　）16. 受雇者因承辦業務而知悉營業秘密，在離職後對於該營業秘密的處理方式，下列敘述何者正確？　①離職後仍不得洩漏該營業秘密　②自離職日起 3 年後便不再負有保障營業秘密之責　③聘雇關係解除後便不再負有保障營業秘密之責　④僅能自用而不得販售獲取利益。

（　）17. 儀器偵測極限(Instrument detection limit, IDL)是指待測物，在儀器偵測時，足夠產生一可與空白訊號區別之訊號者之最低量或最小濃度。亦即該待測物之量或濃度在 99% 之可信度下，可產生大於平均雜訊之標準偏差　①30　②5　③3　④10　倍之訊號。

（　）18. 依據台灣電力公司三段式時間電價（尖峰、半尖峰及離峰時段）的規定，請問哪個時段電價最便宜？　①非夏月半尖峰時段　②夏月半尖峰時段　③離峰時段　④尖峰時段。

（　）19. 檢驗待測水樣之生化需氧量過程中，檢測至第 5 天水樣之溶氧濃度不能低於　①4　②2　③3　④1　mg/L。

（　）20. 分光光度計／維生素丙法檢驗水樣正磷酸鹽需使用之試劑為　①硫代硫酸鈉溶液　②鹽酸　③硼酸　④硫酸。

（　）21. 水中的鹼度成份對酸之作用順序　①無法分辨　②碳酸氫鹽先於碳酸鹽　③碳酸鹽與碳酸氫鹽同時作用　④碳酸鹽先於碳酸氫鹽。

（　）22. 下列分析方法中，何者需製備檢量線？　①比色法　②沉澱法　③滴定法　④重量法。

（　）23. 分光光度計不需定期作　①吸光度　②波長　③全刻度　④迷光　之校正。

（　）24. 以硝酸汞法分析氯鹽時，必須標定其正確濃度之試劑應為　①D.B.混合指示劑　②硝酸汞標準溶液　③0.1N 氫氧化鈉　④氯化鈉標準溶液。

( ) 25. 採集河川水樣，宜選擇河川之　①中、下游　②上、下游　③上、中游　④分流處。

( ) 26. 下列何者是酸雨對環境的影響？　①湖泊水質酸化　②增加森林生長速度　③增加水生動物種類　④土壤肥沃。

( ) 27. 下列何者是作為重鉻酸鉀迴流法檢測 COD 之指示劑？　①甲基紅　②菲羅林　③酚　④吡啶。

( ) 28. 下列何種水質檢測項目必須於採樣現場測定？　①酸度　②硬度　③懸浮固體　④pH。

( ) 29. 下列何者是懸浮微粒與落塵的差異？　①分布濃度　②粒徑大小　③採樣地區　④物體顏色。

( ) 30. 要確定樣品是否有基質干擾應進行　①添加標準品分析　②查核樣品分析　③重覆分析　④空白分析。

( ) 31. 電氣設備維修時，在關掉電源後，最好停留 1 至 5 分鐘才開始檢修，其主要的理由為下列何者？　①先平靜心情，做好準備才動手　②法規沒有規定，這完全沒有必要　③讓裡面的電容器有時間放電完畢，才安全　④讓機器設備降溫下來再查修。

( ) 32. 有關觸電的處理方式，下列敘述何者錯誤？　①應立刻將觸電者拉離現場　②通知救護人員　③使用絕緣的裝備來移除電源　④把電源開關關閉。

( ) 33. 以混合稀釋法測定水中總菌落數時，使用的固態培養基為下列何者：　①NA　②TGEA　③m-Endo　④BGLB。

( ) 34. 針對在我國境內竊取營業秘密後，意圖在外國、中國大陸或港澳地區使用者，營業秘密法是否可以適用？　①可以適用並加重其刑　②無法適用　③可以適用，但若屬未遂犯則不罰　④能否適用需視該國家或地區與我國是否簽訂相互保護營業秘密之條約或協定。

( ) 35. 以 DPD 比色法測定水中餘氯，係利用餘氯的　①氧化作用　②複合作用　③還原作用　④水解作用。

( ) 36. 檢測水中亞硝酸鹽含量時，加入呈色試劑後，至少需要　①10　②5　③3　④1　分鐘，再以分光光度計測定其吸光度較為適當。

( ) 37. 影響定容器皿體積最大的因素是　①壓力　②濕度　③溫度　④高度。

（　）38. 下列儀器於使用前皆需校正，但何者之校正方式為誤？　①天平－內（外）砝碼　②溶氧計－Winkler titration　③濁度計－KCl 標準溶液　④pH 計－標準緩衝溶液。

（　）39. 在測定水樣之亞硝酸鹽氮時，樣品槽之光徑至少在　①5　②1　③15　④10 cm 以上。

（　）40. 檢測 BOD 之稀釋水空白試樣，最好所用的稀釋水之溶氧消耗量在多少以下？①0.5　②0.2　③1.0　④2.0　mg/L。

（　）41. 下列何種方式沒有辦法降低洗衣機之使用水量，所以不建議採用？　①使用低水位清洗　②選擇快洗行程　③兩、三件衣服也丟洗衣機洗　④選擇有自動調節水量的洗衣機，洗衣清洗前先脫水 1 次。

（　）42. 乘坐轎車時，如有司機駕駛，按照乘車禮儀，以司機的方位來看，首位應為①後排左側　②後排右側　③後排中間　④前座右側。

（　）43. 混合稀釋法檢測污水中總細菌落數，水樣加入培養基前，培養基需放入　①65~75　②55~65　③45~50　④30~40　℃之水浴槽內。

（　）44. 檢測臭度所使用之無臭度水是經　①蒸餾　②反滲透膜　③活性碳　④離子交換樹脂　之淨化而得。

（　）45. 下列何種分析物水樣之保存期限為七天？　①總有機碳　②生化需養量　③鹼度　④溶氧。

（　）46. 公司總務部門員工因辦理政府採購案，而與公務機關人員有互動時，下列敘述何者「正確」？　①招待驗收人員至餐廳用餐，是慣例屬社交禮貌行為　②對於機關承辦人，經常給予不超過新台幣 5 佰元以下的好處，無論有無對價關係，對方收受皆符合廉政倫理規範　③因民俗節慶公開舉辦之活動，機關公務員在簽准後可受邀參與　④以借貸名義，餽贈財物予公務員，即可規避刑事追究。

（　）47. 配製導電度標準溶液之試劑是　①KI　②NaI　③NaCl　④KCl。

（　）48. 檢量線之相關係數 r 值必須大於　①0.985　②0.965　③0.975　④0.995　才可作為定量之用。

（　）49. 檢驗水樣之 BOD 時，若僅將培養溫度由 20℃提升為 25℃，理論上 25℃測得之 BOD 值比 20℃測得之值為　①低　②高　③相同　④不一定。

（　）50. 檢測水中生化需氧量時，水樣中之溶氧若過飽和，可將水溫調至　①20℃　②30℃　③35℃　④25℃　再通入空氣或充分搖動之以驅除干擾。

（　）51. 檢驗化學需氧量時，鹵離子之干擾，可事先加入何種試劑排除之？　①硫酸亞鐵銨　②硫酸　③硫酸鐵　④硫酸汞。

（　）52. ①S.S　②V.S　③D.S　④T.S　代表揮發性固體物。

（　）53. 測定化學需氧量時，分析　①每 20 個　②每 10 個　③每 1 個　④每 30 個樣品，應至少執行一次查核樣品分析。

（　）54. 在測定水中亞硝酸鹽時，若使用濾光鏡片光度計，其濾光鏡顏色為　①綠　②黃　③紅　④藍　色。

（　）55. 下列何者非屬電氣之絕緣材料？　①絕緣油　②漂白水　③空氣　④氟、氯、烷。

（　）56. 一般金屬盛裝容器之清洗方式為　①1＋1 硝酸溶液清洗　②1＋1 鹽酸溶液清洗　③清水　④1＋1 磷酸溶液清洗。

（　）57. 檢驗產生之誤差原因甚多，但下列哪一項不包括在內？　①樣品不具代表性②採樣量過多　③不當之樣品保存方法　④不當之檢驗技術。

（　）58. 測定水中氯鹽時，如因滴定終點不清之有色或混濁水樣，才採用　①硝酸汞法②電位法　③比色法　④硝酸銀法。

（　）59. 分析 BOD 時，若水樣為含有腐蝕性的鹼或酸之水樣，則宜用硫酸或氫氧化鈉將水樣 pH 值調節至　①7.0～7.2　②7.5～8.0　③4.5～5.0　④5.5～6.5　間。

（　）60. 對於染有油污之破布、紙屑等應如何處置？　①與一般廢棄物一起處置　②應蓋藏於不燃性之容器內　③無特別規定，以方便丟棄即可　④應分類置於回收桶內。

複選題

（　）61. 量測液體 pH 值時應　①確認使用正確的緩衝溶液　②經均勻緩慢攪拌達到平衡後，再記錄 pH 值　③執行溫度補償及溫度探棒校正　④電極浸入樣品後，無須等待數值穩定即記錄 pH 值。

（　）62. 查核樣品分析品質管制圖有下述情形時，該批次樣品應重新分析　①連續 2 點在平均值之一邊　②有一點超出管制上限時　③連續 6 點（不包括轉折點）有漸昇或漸減之趨勢　④連續兩點超出警告上限。

（　）63. COD 檢測時迴流裝置　①冷凝水水流方向應由上往下流　②迴流時可用小燒杯蓋住冷凝管頂端，以防止污染物掉入　③冷凝效果不足將易造成 COD 瓶內液體蒸發影響結果　④冷凝水水流方向應由下往上流。

( ) 64. 下列何種品質管制圖沒有警告下限值？ ①空白分析 ②添加樣品分析 ③重複樣品分析 ④查核樣品分析。

( ) 65. 何種檢測項目之樣品保存需添加氫氧化鈉？ ①陰離子界面活性劑 ②氰化物 ③正磷酸鹽 ④硫化物。

( ) 66. 檢測水中真色色度 ADMI 值 ①使用分光光度計，直接讀取水樣在 590nm、540nm 及 438nm 之透光率，該透光率即為 ADMI 值 ②製備檢量線時，配製一系列濃度之標準溶液，必須先利用 0.45μm 濾紙過濾或以離心方式去除懸浮物 ③使用已清潔並經試劑水清洗過之塑膠瓶或玻璃瓶 ④在測定前，先以試劑水設定 590nm、540nm 及 438nm 三個波長的透光率為 100%。

( ) 67. 常見酸鹼指示劑有 ①甲基藍 ②甲基紅 ③酚酞 ④甲基橙。

( ) 68. 使用萃取裝置測定水中總油脂 ①應將水樣倒入分液漏斗，無須排氣，直接搖動分液漏斗數分鐘後，靜置分層 ②圓底燒瓶使用前，須先放入 50℃之烘箱中 10 分鐘，取出放入乾燥器中冷卻後稱重並記錄之 ③乾燥管內裝有無水硫酸鈉，須先以正己烷潤濕 ④靜置分層後，將有機層流經乾燥管，收集於圓底燒瓶中。

( ) 69. 無菌操作檯進行落菌試驗 ①採樣後將培養基置放在 35℃培養 48 小時 ②依規定應每季進行一次 ③於送風狀態下取 3 個培養基置於檯面左、中、右，暴露 30 分鐘採樣 ④使用選擇性瓊脂培養基。

( ) 70. 棕色玻璃瓶適合下列哪些種項目之採樣容器？ ①總菌落數 ②鎘 ③總有機碳 ④農藥。

( ) 71. 去除水樣中自由餘氯方法 ①加亞硫酸鈉溶液 ②加硫酸鈉溶液 ③加硫代硫酸鈉溶液 ④加硫酸。

( ) 72. 微生物檢測紀錄須註明之原始數據資料包括 ①採樣時間 ②培養基名稱及培養溫度 ③培養起始及終了時間 ④各稀釋度。

( ) 73. 水中懸浮固體 ①可以代表曝氣池中活性污泥之濃度 ②水樣檢測時需要用到真空幫浦 ③可以用來表示水體水質之污染強度 ④所指的是水樣過濾後濾液部分。

( ) 74. 以滴定法檢測水中氯鹽時，可能會使用下列哪些試劑？ ①二苯卡巴腙 ②酚酞指示液 ③鉻酸鉀 ④硝酸汞。

( ) 75. 下述哪些方法可檢測水中氯離子濃度？ ①離子層析法 ②硝酸銀滴定法 ③硝酸汞滴定法 ④濁度法。

（　）76. 下列何方法必須每工作日執行檢量線製備？　①氣相層析法　②電極法　③原子吸收光譜法　④比色法（分光光度法）。

（　）77. 分光光度計／維生素丙法檢測水中磷時，下列哪些因素會造成干擾？　①六價鉻　②硫酸　③玻璃器皿未以 1+1 熱鹽酸溶液清洗　④亞硝酸鹽。

（　）78. 重鉻酸鉀迴流法檢測海水中化學需氧量時，可用哪些方法測試亞硝酸鹽氮濃度？　①水中亞硝酸鹽氮檢測方法－分光光度計法　②水中硝酸鹽氮及亞硝酸鹽氮之鎘還原流動注入分析法　③水中陰離子檢測方法－離子層析法　④水中亞硝酸鹽氮檢測方法－電解法。

（　）79. 一般不適宜混樣之檢測項目分為　①微生物樣品　②樣品最長保存期限為 24 小時以下之項目　③須現場檢測之項目　④不可攪動和混樣之項目。

（　）80. 微生物檢測之品管樣品為　①運送空白樣品　②現場空白樣品　③重複樣品　④方法空白樣品。

測驗 J

本試卷有選擇題 80 題（單選選擇題 60 題，每題 1 分；複選選擇題 20 題，每題 2 分），測試時間為 100 分鐘，請在答案卡上作答，答錯不倒扣；未作答者，不予計分。

選擇題

（　）1. 如何降低飲用水中消毒副產物三鹵甲烷？　①先將水過濾，打開壺蓋使其自然蒸發　②先將水煮沸，加氯消毒　③先將水過濾，加氯消毒　④先將水煮沸，打開壺蓋再煮三分鐘以上。

（　）2. 下列何者不使用於過濾裝置使用之器材或設備？　①燒杯　②濾紙　③三角瓶　④抽氣裝置。

（　）3. 由檢量線求得樣品的濃度，應使用　①斜率法　②外插法　③添加法　④內插法。

（　）4. 欲降低由玻璃部分侵入之熱負載，下列的改善方法何者錯誤？　①換裝雙層玻璃　②加裝深色窗簾　③裝設百葉窗　④貼隔熱反射膠片。

（　）5. 下述何種物質，可經由蒸餾自來水中去除？　①高錳酸鉀　②氨　③硝酸鹽　④鐵離子。

（　）6. 污水處理廠操作人員欲評估沉澱池之操作功能，皆須在　①沉澱池內　②沉澱池出水口　③沉澱池進水口　④沉澱池進出水口　取樣。

（　）7. 檢測污泥之鹼度時，取 50mL 之上澄液，加數滴酚酞溶液，用 0.05N 硫酸滴定液滴定至淺紅色消失，則酚酞鹼度 mg/L $CaCO_3$＝P×50，其中 P 表示　①所用 $0.05NH_2SO_4$ 量　②所用碳酸鈣之量　③所消失二氧化碳之量　④所用酚酞之量。

（　）8. 濃硫酸之當量濃度為　①36　②48　③24　④12　N。

（　）9. 懸浮固體物測定時由於濾片之阻塞會使過濾時間拖長，導致　①溶解鹽類　②膠體粒子　③濾片纖維　④金屬離子　之吸附而使懸浮固體數據偏高。

（　）10. 以硝酸銀法檢測水中氯離子時，若水中濁度過高，應添加　①磷酸鈣　②氫氧化鋁　③碳酸鈣　④氫氧化鈣　以降低濁度之干擾。

（　）11. 硝酸銀標準溶液應貯存於　①聚乙烯瓶　②塑膠瓶　③透明玻璃瓶　④褐色玻璃瓶。

（　）12. 取樣時應注意下列事項，但其中一項不正確者為　①同一污水源出口，但取樣點不固定　②樣瓶上貼標籤　③應按檢驗項目分別裝入玻璃或塑膠瓶　④應有記錄卡。

（　）13. 下列何者，非屬法定之勞工？　①委任之經理人　②被派遣之工作者　③受薪之工讀生　④部分工時之工作者。

（　）14. 某水樣含若干硫酸鹽污染物，若使用濁度法測定，則需加入　①NaOH　②BaCl$_2$　③HC1　④MgCl$_2$　試劑，使其產生均勻之懸浮態沉澱。

（　）15. 我國制定何種法律以保護刑事案件之證人，使其勇於出面作證，俾利犯罪之偵查、審判？　①行政程序法　②貪污治罪條例　③證人保護法　④刑事訴訟法。

（　）16. 行（受）賄罪成立要素之一為具有對價關係，而作為公務員職務之對價有「賄賂」或「不正利益」，下列何者「不」屬於「賄賂」或「不正利益」？　①開工邀請公務員觀禮　②送百貨公司大額禮券　③招待吃米其林等級之高檔大餐　④免除債務。

（　）17. 以分光光度計法檢測水中亞硝酸鹽時，利用磺胺與水中亞硝酸鹽在何種 pH 條件下起偶氮化反應而測定之：　①10～10.5　②2～2.5　③8～8.5　④4～4.5。

（　）18. 依勞動基準法規定，雇主應置備勞工工資清冊並應保存幾年？　①1 年　②5 年　③10 年　④2 年。

（　）19. 以碘定量法分析餘氯量時，其試劑硫代硫酸鈉標準液中應加入　①硝酸　②氯仿　③硫酸　④鹽酸　可防止細菌之分解。

（　）20. 薄膜電極法檢驗溶氧量，以下何者為不當？　①無須測定水中氧分子之活性　②溫度修正　③校正儀器　④對海水和淡水均須修正。

（　）21. 多管醱酵法檢驗糞便大腸桿菌群所使用之培養基為 EC 培養液，其培養條件為　①35±0.5℃培養 24±2 小時　②44.5±0.5℃培養 24±2 小時　③35±0.5℃培養 48±2 小時　④44.5±0.5℃培養 48±2 小時。

（　）22. 溶氧計的電極應先以　①稀硫酸　②稀醋酸　③去離子水　④稀鹽酸　淋洗，再拭乾後使用。

（　）23. 下列何者為非再生能源？　①焦煤　②地熱能　③水力能　④太陽能。

( ) 24. 下列何種方法無法減少二氧化碳？　①自備杯筷，減少免洗用具垃圾量　②選購當地、當季食材，減少運輸碳足跡　③想吃多少儘量點，剩下可當廚餘回收　④多吃蔬菜，少吃肉。

( ) 25. 檢驗氯化物時，如水樣之顏色或混濁，經前處理仍無法去除時，應採下列何種檢驗法？　①電位滴定法　②硝酸汞滴定法　③無法檢驗　④硝酸銀滴定法。

( ) 26. 臭度以 T.O.N.表示，如 A 表示原水樣容積，B 表示稀釋用無臭水容積，則 T.O.N.等於　①A/B　②A/(A＋B)　③B/A　④(A＋B)/A。

( ) 27. 何種分析物之水樣不適合以塑膠瓶盛裝？　①硫酸鹽　②濁度　③氨氮　④總有機碳。

( ) 28. 分析 BOD 時，若水樣為含有腐蝕性的鹼或酸之水樣，則宜用硫酸或氫氧化鈉將水樣 pH 值調節至　①4.5～5.0　②7.5～8.0　③7.0～7.2　④5.5～6.5　間。

( ) 29. 與空氣中的二氧化碳達到平衡之水溶液，總鹼度／酚酞鹼度　①＜2.0　②≧2.0　③＜0.5　④≧0.5。

( ) 30. 水樣進行化學性分析時，樣品應冷藏保存，通常係指應保存之溫度為　①0　②4　③-20　④10　±2℃。

( ) 31. 下列何者不是溫室效應所產生的現象？　①造成臭氧層產生破洞　②氣溫升高而使海平面上升　③北極熊棲地減少　④造成全球氣候變遷，導致不正常暴雨、乾旱現象。

( ) 32. 配製硫酸鹽標準溶液所用之試藥為　①$BaSO_4$　②Na_2SO_4　③$HgSO_4$　④$ZnSO_4$。

( ) 33. 硫代硫酸鈉溶液應使用下列何種試劑標定濃度？　①碘　②碘酸氫鉀　③高錳酸鉀　④碳酸鈉　之溶液。

( ) 34. 燒杯內上的小火最好使用下列何種設備滅火？　①濕毯　②濕毛巾　③玻璃蓋　④滅火器。

( ) 35. 污水處理廠操作人員欲測定曝氣池中污泥容積指數(SVI)時，正確取樣地點應在　①曝氣池出水處　②沉澱池　③曝氣池內　④曝氣池進水處。

( ) 36. 屋頂隔熱可有效降低空調用電，下列何項措施較不適當？　①屋頂儲水隔熱　②屋頂綠化　③鋪設隔熱磚　④於適當位置設置太陽能板發電同時加以隔熱。

( ) 37. 多管發酵法中以煌綠乳糖膽汁培養液(BrilliantGreenLactoseBilebroth)進行試驗的部分屬於　①不需此項試驗　②推定試驗　③完成試驗　④確定試驗。

( ) 38. 檢測臭度所使用之無臭度水是經 ①活性碳 ②蒸餾 ③離子交換樹脂 ④反滲透膜 之淨化而得。

( ) 39. 一般 pH 計以 ①銀 ②銅 ③白金 ④甘汞 電極做為參考電極。

( ) 40. 檢驗硝酸鹽時，水樣中如有色度或濁度，可用 ①$Al(OH)_3$ ②$HgCl$ ③$ZnSO_4$ ④HCl 除去。

( ) 41. 定容器皿之標示體積為下列何種溫度下之體積？ ①25 ②15 ③30 ④20 ℃。

( ) 42. 檢測臭度用之恆溫水浴器或電熱板應可控制檢驗溫度在 60℃或 40℃，且其允許誤差在 ①±2℃ ②±0.5℃ ③±5℃ ④±1℃。

( ) 43. 受雇人於職務上所完成之著作，如果沒有特別以契約約定，其著作人為下列何者？ ①雇用人 ②受雇人 ③雇用公司或機關法人代表 ④由雇用人指定之自然人或法人。

( ) 44. 測定化學需氧量時，分析 ①每 1 個 ②每 20 個 ③每 10 個 ④每 30 個 樣品，應至少執行一次查核樣品分析。

( ) 45. 檢量線之相關係數 r 值必須大於 ①0.995 ②0.965 ③0.985 ④0.975 才可作為定量之用。

( ) 46. 污水中懸浮性固體物之英文縮寫為 ①TVS ②VS ③SS ④TS。

( ) 47. 導電度計所使用之校正溶液為 ①0.01N HCl 溶液 ②0.01N NaCl 溶液 ③0.1N NaCl 溶液 ④0.01N KCl 溶液。

( ) 48. 職業安全衛生法所稱有母性健康危害之虞之工作，不包括下列何種工作型態？ ①長時間站立姿勢作業 ②駕駛運輸車輛 ③人力提舉、搬運及推拉重物 ④輪班及夜間工作。

( ) 49. 空白樣品檢測係使用 ①自來水 ②品管溶液 ③標準溶液 ④試劑水 經與樣品相同之前處理步驟製備及測定。

( ) 50. 下列何者不會干擾 DO meter 探針讀數之正確性？ ①氯化鈉 ②反應性氣體 ③硫化物 ④水樣中的氣泡。

( ) 51. 下列何項水樣，以採用單一水樣較組合水樣為佳？ ①不穩定之水質及水流 ②不定之水質，穩定之水流 ③穩定之水質，不定之水流 ④穩定之水質及水流。

( ) 52. pH 計不使用時，其電極應浸在　①洗乾不浸水　②稀氯化鉀溶液　③醋酸溶液　④稀鹽酸溶液。

( ) 53. 酸雨對土壤可能造成的影響，下列何者正確？　①土壤更肥沃　②土壤礦化　③土壤液化　④土壤中的重金屬釋出。

( ) 54. 檢測水樣臭度時，應同時記錄　①pH 值　②透視度　③色度　④溫度。

( ) 55. 下列何者是酸雨對環境的影響？　①湖泊水質酸化　②增加森林生長速度　③土壤肥沃　④增加水生動物種類。

( ) 56. 重覆樣品分析的管制上限值為　①$\bar{R}+3S$　②$\bar{R}+S$　③$\bar{R}$　④$\bar{R}+2S$　$\bar{R}$，為重覆樣品相對差異百分比平均值，S 為標準偏差。

( ) 57. 從橡皮塞中抽出玻璃管，下列方法中不正確者為何？　①緩緩扭轉拉出　②鉗子拉出　③以水或甘油濕潤　④用毛巾包纏玻管。

( ) 58. 作生化需氧量測定時，培養 5 天後，水樣中殘存之溶氧量至少應為　①2.0　②0.5　③1.5　④1.0　mg/L。

( ) 59. 有關承攬管理責任，下列敘述何者正確？　①原事業單位交付承攬，不需負連帶補償責任　②勞工投保單位即為職業災害之賠償單位　③承攬廠商應自負職業災害之賠償責任　④原事業單位交付廠商承攬，如不幸發生承攬廠商所僱勞工墜落致死職業災害，原事業單位應與承攬廠商負連帶補償責任。

( ) 60. 下列有關貪腐的敘述何者錯誤？　①貪腐有助降低企業的經營成本　②貪腐會破壞倫理道德與正義　③貪腐會破壞民主體制及價值觀　④貪腐會危害永續發展和法治。

複選題

( ) 61. 水中總溶解固體　①係指水樣經過濾後濾液中的固體　②通常以濃度表示，單位為 mg/L　③水樣檢測時需要用到真空幫浦　④與電導度成正比關係。

( ) 62. 使用萃取裝置測定水中總油脂　①乾燥管內裝有無水硫酸鈉，須先以正己烷潤濕　②應將水樣倒入分液漏斗，無須排氣，直接搖動分液漏斗數分鐘後，靜置分層　③圓底燒瓶使用前，須先放入 50℃之烘箱中 10 分鐘，取出放入乾燥器中冷卻後稱重並記錄之　④靜置分層後，將有機層流經乾燥管，收集於圓底燒瓶中。

( ) 63. 為檢測微生物，採集高溫飲用水時，下列哪些事項正確？　①俟水溫降至適當溫度，再於 4℃冷藏保存　②即刻蓋上瓶蓋　③餘氯須立即檢測　④須避免採樣瓶破裂。

( ) 64. 水中凱氏氮檢測，添加樣品分析使用的凱氏氮儲備溶液　①使用的試劑水是不含氨氮之二次蒸餾水　②100mL 儲備溶液中應加入 10mL 濃 H_2SO_4　③若是取用 2.10g 麩胺酸(分子量 147g/mol)溶解於 100mL 試劑水中，此溶液中氮(N)(原子量 14.0g/mol)濃度為 2mg/mL　④使用的麩胺酸應預先於 103℃ 乾燥。

( ) 65. 檢測水中真色色度 ADMI 值　①使用已清潔並經試劑水清洗過之塑膠瓶或玻璃瓶　②使用分光光度計，直接讀取水樣在 590nm、540nm 及 438nm 之透光率，該透光率即為 ADMI 值　③在測定前，先以試劑水設定 590nm、540nm 及 438nm 三個波長的透光率為 100%　④製備檢量線時，配製一系列濃度之標準溶液，必須先利用 0.45μm 濾紙過濾或以離心方式去除懸浮物。

( ) 66. 下述哪些方法可檢測水中氯離子濃度？　①濁度法　②硝酸汞滴定法　③離子層析法　④硝酸銀滴定法。

( ) 67. 重鉻酸鉀迴流法檢測含高濃度鹵離子水中化學需氧量時，可使用那些方法測定氯離子濃度　①pH 電極法　②氯離子濃度檢測方法　③導電度估算法　④氯離子試紙估算法。

( ) 68. 採樣時，為確保樣品之品質，視需要採取適當之空白樣品，其中包含：　①設備空白　②野外空白　③方法空白　④運送空白。

( ) 69. 以滴定法檢測水中氯鹽時，可能會使用下列哪些試劑？　①鉻酸鉀　②二苯卡巴腙　③硝酸汞　④酚酞指示液。

( ) 70. 製備檢量線　①應包括至少 5 種不同濃度　②最低一點標準品的濃度宜與方法定量極限之濃度相當　③待測物之濃度應於檢量線最高濃度之 10%至 50%間之濃度為適當　④製備檢量線後應立即以另一來源標準品確認。

( ) 71. 檢測水中生化需氧量(BOD_5)時，水樣需　①BOD 瓶需水封　②置於 20℃ 恆溫培養箱　③避光　④培養 7 天。

( ) 72. 水中總菌落數檢測方法－混合稀釋法可使用之培養基包括　①BGLB　②TGEA　③PCA　④LST。

( ) 73. 重鉻酸鉀迴流法檢測海水中化學需氧量時，可用哪些方法測試亞硝酸鹽氮濃度？　①水中亞硝酸鹽氮檢測方法－電解法　②水中亞硝酸鹽氮檢測方法－分光光度計法　③水中陰離子檢測方法－離子層析法　④水中硝酸鹽氮及亞硝酸鹽氮之鎘還原流動注入分析法。

( ) 74. 檢測水中重金屬時，清洗所使用容器　①步驟先後次序無多大關係　②第一步驟先用 10%硝酸清洗　③第二步驟再以自來水清洗　④第三步驟再以試劑水清洗。

（ ）75. 依據環保署公告之檢測方法，測定水樣濁度時 ①濁度計使用鎢絲燈光源 ②無濁度之試劑水是將蒸餾水通過 0.45μm 孔徑之濾膜後，倒掉最初之 200mL 後使用 ③樣品試管應使用乾淨無色透明之玻璃管 ④無須搖動水樣，水樣直接倒入濁度計樣品試管中。

（ ）76. 檢量線配製必須記錄 ①標準品來源 ②檢測項目 ③配製流程 ④製備日期。

（ ）77. 量測液體 pH 值時應 ①電極浸入樣品後，無須等待數值穩定即記錄 pH 值 ②確認使用正確的緩衝溶液 ③執行溫度補償及溫度探棒校正 ④經均勻緩慢攪拌達到平衡後，再記錄 pH 值。

（ ）78. 欲採檢測三鹵甲烷之飲用水樣品時，需注意下列哪些事項？ ①應採重複樣品 ②添加鹽酸至 pH 值小於 2 ③水樣應完全灌滿採樣瓶 ④應先在採樣瓶內加入抗壞血酸。

（ ）79. 檢驗品管分析樣品包含 ①添加分析 ②儀器分析 ③空白分析 ④重複分析。

（ ）80. 以分光光度計法檢測有機物含量低之飲用水中硝酸鹽氮，會使用哪些波長？ ①543nm ②275nm ③220nm ④880nm。

解答

測驗 A

選擇題									
1. 1	2. 1	3. 1	4. 3	5. 4	6. 1	7. 3	8. 4	9. 2	10. 3
11. 3	12. 4	13. 4	14. 3	15. 2	16. 4	17. 1	18. 2	19. 4	20. 4
21. 4	22. 3	23. 2	24. 1	25. 2	26. 1	27. 3	28. 4	29. 3	30. 3
31. 3	32. 4	33. 4	34. 2	35. 1	36. 2	37. 1	38. 3	39. 2	40. 3
41. 3	42. 4	43. 2	44. 1	45. 2	46. 1	47. 2	48. 3	49. 1	50. 1
51. 3	52. 2	53. 3	54. 1	55. 1	56. 2	57. 4	58. 2	59. 1	60. 1
61. 4	62. 1	63. 4	64. 3	65. 2	66. 1	67. 1	68. 4	69. 4	70. 1
71. 2	72. 1	73. 2	74. 2	75. 4	76. 4	77. 3	78. 3	79. 3	80. 1

測驗 B

選擇題									
1. 3	2. 4	3. 2	4. 3	5. 2	6. 3	7. 4	8. 4	9. 2	10. 1
11. 4	12. 3	13. 2	14. 2	15. 4	16. 2	17. 4	18. 3	19. 4	20. 4
21. 2	22. 3	23. 4	24. 2	25. 3	26. 2	27. 1	28. 1	29. 3	30. 1
31. 3	32. 3	33. 3	34. 2	35. 2	36. 2	37. 1	38. 2	39. 4	40. 1
41. 3	42. 1	43. 1	44. 2	45. 3	46. 3	47. 4	48. 1	49. 4	50. 4
51. 3	52. 2	53. 3	54. 4	55. 4	56. 4	57. 4	58. 1	59. 3	60. 2
61. 1	62. 3	63. 2	64. 2	65. 3	66. 4	67. 3	68. 3	69. 4	70. 4
71. 4	72. 2	73. 4	74. 2	75. 2	76. 3	77. 1	78. 3	79. 1	80. 1

測驗 C

選擇題									
1. 2	2. 4	3. 3	4. 2	5. 3	6. 1	7. 1	8. 1	9. 2	10. 4
11. 1	12. 4	13. 1	14. 3	15. 2	16. 1	17. 4	18. 4	19. 3	20. 2
21. 4	22. 1	23. 4	24. 4	25. 3	26. 2	27. 1	28. 2	29. 4	30. 1
31. 3	32. 3	33. 4	34. 3	35. 3	36. 2	37. 4	38. 4	39. 2	40. 2
41. 3	42. 3	43. 4	44. 1	45. 3	46. 2	47. 3	48. 2	49. 1	50. 4
51. 2	52. 3	53. 1	54. 3	55. 1	56. 2	57. 1	58. 1	59. 1	60. 3
61. 2	62. 1	63. 1	64. 2	65. 3	66. 3	67. 3	68. 3	69. 1	70. 4
71. 1	72. 4	73. 1	74. 1	75. 2	76. 1	77. 4	78. 3	79. 3	80. 2

測驗 D

選擇題									
1. 1	2. 1	3. 4	4. 4	5. 4	6. 3	7. 1	8. 3	9. 2	10. 4
11. 3	12. 1	13. 4	14. 2	15. 4	16. 1	17. 2	18. 4	19. 4	20. 4
21. 3	22. 2	23. 3	24. 2	25. 2	26. 1	27. 2	28. 4	29. 2	30. 1
31. 1	32. 1	33. 2	34. 4	35. 4	36. 2	37. 2	38. 2	39. 2	40. 4
41. 2	42. 2	43. 3	44. 1	45. 3	46. 2	47. 4	48. 2	49. 3	50. 2

51. 1	52. 3	53. 1	54. 2	55. 2	56. 3	57. 4	58. 4	59. 4	60. 1
61. 2	62. 3	63. 2	64. 2	65. 2	66. 3	67. 3	68. 4	69. 4	70. 4
71. 4	72. 1	73. 2	74. 3	75. 3	76. 4	77. 1	78. 3	79. 4	80. 1

測驗 E

單選題	1. 4	2. 2	3. 3	4. 1	5. 3	6. 3	7. 2	8. 1	9. 1	10. 4
	11. 3	12. 2	13. 1	14. 2	15. 1	16. 2	17. 1	18. 3	19. 1	20. 4
	21. 1	22. 2	23. 2	24. 1	25. 2	26. 2	27. 1	28. 3	29. 1	30. 3
	31. 3	32. 1	33. 3	34. 1	35. 4	36. 4	37. 1	38. 1	39. 3	40. 3
	41. 4	42. 1	43. 4	44. 2	45. 4	46. 4	47. 4	48. 4	49. 2	50. 2
	51. 1	52. 1	53. 3	54. 4	55. 4	56. 4	57. 2	58. 2	59. 2	60. 1
複選題	61. 14		62. 1234		63. 23		64. 34		65. 1234	
	66. 124		67. 134		68. 1234		69. 134		70. 234	
	71. 23		72. 23		73. 1234		74. 123		75. 134	
	76. 234		77. 1234		78. 234		79. 123		80. 13	

測驗 F

單選題	1. 3	2. 2	3. 4	4. 2	5. 1	6. 2	7. 1	8. 2	9. 3	10. 2
	11. 3	12. 4	13. 1	14. 1	15. 3	16. 3	17. 2	18. 1	19. 1	20. 1
	21. 2	22. 2	23. 2	24. 2	25. 2	26. 4	27. 3	28. 3	29. 2	30. 2
	31. 4	32. 2	33. 4	34. 1	35. 3	36. 4	37. 2	38. 4	39. 1	40. 2
	41. 4	42. 2	43. 1	44. 2	45. 4	46. 1	47. 1	48. 1	49. 1	50. 1
	51. 4	52. 1	53. 4	54. 1	55. 2	56. 4	57. 1	58. 2	59. 3	60. 4
複選題	61. 124		62. 14		63. 134		64. 1234		65. 124	
	66. 123		67. 124		68. 134		69. 13		70. 134	
	71. 123		72. 1234		73. 23		74. 123		75. 124	
	76. 123		77. 23		78. 134		79. 134		80. 1234	

測驗 G

是非題	1. 1	2. 2	3. 4	4. 2	5. 1	6. 4	7. 3	8. 1	9. 4	10. 3
	11. 4	12. 2	13. 2	14. 3	15. 4	16. 4	17. 2	18. 2	19. 3	20. 2
	21. 2	22. 1	23. 1	24. 4	25. 1	26. 2	27. 3	28. 1	29. 1	30. 3
	31. 3	32. 4	33. 3	34. 3	35. 3	36. 2	37. 2	38. 4	39. 1	40. 4
	41. 4	42. 1	43. 1	44. 2	45. 4	46. 1	47. 2	48. 1	49. 3	50. 4
	51. 4	52. 4	53. 1	54. 3	55. 4	56. 2	57. 3	58. 4	59. 3	60. 3
複選題	61. 13		62. 134		63. 134		64. 134		65. 234	
	66. 1234		67. 134		68. 1234		69. 124		70. 134	
	71. 234		72. 234		73. 13		74. 1234		75. 12	
	76. 24		77. 34		78. 34		79. 123		80. 134	

測驗 H

單選題	1. 2	2. 2	3. 3	4. 2	5. 2	6. 3	7. 1	8. 2	9. 2	10. 3
	11. 4	12. 4	13. 1	14. 1	15. 2	16. 2	17. 1	18. 4	19. 4	20. 1
	21. 1	22. 2	23. 4	24. 1	25. 1	26. 2	27. 4	28. 2	29. 1	30. 3
	31. 4	32. 3	33. 3	34. 1	35. 3	36. 2	37. 4	38. 2	39. 1	40. 3
	41. 4	42. 3	43. 1	44. 3	45. 3	46. 4	47. 3	48. 2	49. 1	50. 3
	51. 1	52. 1	53. 1	54. 3	55. 1	56. 4	57. 3	58. 3	59. 3	60. 3
複選題	61. 1234		62. 123		63. 123		64. 34		65. 134	
	66. 124		67. 124		68. 13		69. 134		70. 1234	
	71. 123		72. 134		73. 14		74. 134		75. 12	
	76. 234		77. 124		78. 124		79. 24		80. 123	

測驗 I

單選題	1. 2	2. 2	3. 2	4. 1	5. 1	6. 3	7. 3	8. 2	9. 4	10. 2
	11. 4	12. 3	13. 4	14. 3	15. 1	16. 1	17. 3	18. 3	19. 4	20. 4
	21. 4	22. 1	23. 3	24. 2	25. 2	26. 1	27. 2	28. 4	29. 2	30. 1
	31. 3	32. 1	33. 2	34. 1	35. 1	36. 1	37. 3	38. 3	39. 2	40. 2
	41. 3	42. 2	43. 3	44. 3	45. 1	46. 3	47. 4	48. 4	49. 2	50. 1
	51. 4	52. 2	53. 2	54. 1	55. 2	56. 1	57. 2	58. 2	59. 1	60. 2
複選題	61. 123		62. 234		63. 234		64. 13		65. 24	
	66. 234		67. 234		68. 34		69. 123		70. 34	
	71. 13		72. 1234		73. 123		74. 1234		75. 123	
	76. 234		77. 134		78. 123		79. 1234		80. 134	

測驗 J

單選題	1. 4	2. 1	3. 4	4. 2	5. 2	6. 4	7. 1	8. 1	9. 2	10. 2
	11. 4	12. 1	13. 1	14. 2	15. 3	16. 1	17. 2	18. 2	19. 2	20. 1
	21. 2	22. 3	23. 1	24. 3	25. 1	26. 4	27. 4	28. 3	29. 2	30. 2
	31. 1	32. 2	33. 2	34. 3	35. 3	36. 1	37. 4	38. 1	39. 4	40. 1
	41. 4	42. 4	43. 2	44. 3	45. 1	46. 3	47. 4	48. 2	49. 4	50. 1
	51. 4	52. 2	53. 4	54. 4	55. 1	56. 1	57. 2	58. 4	59. 4	60. 1
複選題	61. 1234		62. 14		63. 124		64. 134		65. 134	
	66. 234		67. 234		68. 124		69. 1234		70. 124	
	71. 123		72. 23		73. 234		74. 234		75. 123	
	76. 1234		77. 234		78. 1234		79. 134		80. 23	

5-6 術科測試試題

 測驗 A 氫氧化鈉標準溶液之配製及標定

一、操作時間：60 分鐘

二、試劑

(一) 去二氧化碳蒸餾水

(二) 鄰苯二甲酸氫鉀標準液：0.05N

(三) 酚酞指示劑

(四) 氫氧化鈉

三、儀器及設備

(一) 滴管

(二) 磁攪拌器（附磁石）

(三) 過濾裝置

(四) 量瓶：100mL、250mL、500mL 各 1 支

(五) 三角燒瓶：250mL，2 支

(六) 球形吸管：25mL、50mL 各 1 支

(七) 濾紙：一盒

(八) 天平

四、操作

(一) 配製約為 0.1N 之氫氧化鈉溶液（NaOH 分子量為 40 公克）。

    1. 配製 1N NaOH 溶液 100mL，再經濾紙過濾。

    2. 取適當量之過濾液，以去二氧化碳蒸餾水稀釋到 500mL。

(二) 取 50mL 0.05N 之鄰苯二甲酸氫鉀標準溶液，加入酚酞指示劑，以濃度約為 0.1N NaOH 溶液滴定，滴定兩次並作空白。

(三) 計算 NaOH 溶液之正確濃度。

測驗 B 水中硫酸鹽之檢測（濁度法）

一、操作時間：60 分鐘

二、試劑

(一) 試劑水－比電阻 $\geq 16M\Omega$-CM 之純水

(二) 緩衝溶液 A

(三) 氯化鋇結晶（細度 20～30 網目）

(四) 硫酸鹽標準溶液（濃度為 100mg SO_4^-/L）

三、儀器及設備

(一) 量匙，容量 0.2～0.3mL

(二) 電磁攪拌器（附磁石）

(三) 計時器

(四) 分光光度計，波長 420nm（附標準操作程序）

(五) 方格紙

(六) 量瓶

(七) 球形吸管

(八) 刻度吸管

(九) 三角燒瓶

四、水樣：60～80mg/L 之 SO_4^{2-}

五、操作

(一) 量取 100mL 水樣或適量水樣稀釋至 100mL（設水中硫酸鹽濃度為 60～80mg/L）。

(二) 加入 20mL 緩衝溶液，以磁石攪拌混合之，若溶液混濁或有顏色時，在 420nm 讀取水樣空白吸光度。

(三) 加入一匙氯化鋇，於定速率下攪拌 1 分鐘。

(四) 攪拌終了，將溶液倒入樣品槽內以分光光度計測定其 5 ± 0.5 分鐘之吸光度，視需要扣除「水樣空白吸光度」由檢量線求得硫酸根含量(mg)。

(五) 檢量線製備：分別量取適量 9 個以上，不同體積量之硫酸鹽標準溶液（含零點校正），稀釋至 100mL（測驗時請以 5 個標準溶液濃度進行），依上法操作，讀取吸光度，繪製硫酸根含量(mg)－吸光度之檢量線。

六、計算

$$硫酸根濃度(mgSO_4^{2-}/L) = \frac{檢量線求得硫酸根含量(mg)}{水樣體積(mL)} \times 1000$$

測驗 C 水中化學需氧量之檢測（重鉻酸鉀迴流法）

一、操作時間：60 分鐘

二、試劑

(一) 蒸餾水：去離子

(二) 硫酸汞：分析級

(三) 硫酸銀試劑（加入硫酸銀之濃硫酸）

(四) 0.0417 M 重鉻酸鉀標準溶液：12.25g 重鉻酸鉀溶於 1L 蒸餾水

(五) 0.25M 硫酸亞鐵銨滴定溶液：溶解 98g 硫酸亞鐵銨於蒸餾水，加入 20mL 濃硫酸，稀釋至 1L。

(六) 菲羅林指示劑(Fenoin Indicator)

三、儀器及設備

(一) 250mL 三角燒瓶，3 個

(二) 迴流裝置（口徑 24/40 之 250mL 圓底瓶，30cm 長冷凝管），2 支

(三) 10、20mL 刻度吸管，各 1 支

(四) 10、20、30mL 球形吸管，各 1 支

(五) 100mL 量筒，1 支

(六) 安全吸球，1 個

(七) 沸石，1 瓶（數粒）

(八) 藥匙，1 支

(九) 加熱裝置，1 式

四、水樣：500～1,000mg/L 之 COD

五、操作

(一) 標定

　　1. 取 10.0mL 0.0417M 重鉻酸鉀標準溶液。

　　2. 稀釋至 100mL，加 30mL 濃硫酸。

3. 冷卻至室溫，加菲羅林指示劑。

4. 以硫酸亞鐵銨溶液滴定至終點。

5. 計算硫酸亞鐵銨溶液之莫耳濃度。

$$M = \frac{10 \times 0.25}{消耗之硫酸亞鐵銨量，mL}$$

(二) 檢測

1. 所提供之水樣 COD 約在 500～1,000mg/L 左右。

2. 分取適量水樣或稀釋之，與空白(blank)水樣置於圓底燒瓶。

3. 加適量硫酸汞，再加 2mL 硫酸銀試劑，使之混合。

4. 加 10.0mL 0.0417M 重鉻酸鉀標準溶液，連接冷凝管，並通入冷卻水。

5. 加入 28mL 硫酸銀試劑，混合均勻加熱迴流。

6. 利用提供迴流完全並稀釋至 140mL 之水樣及空白試體，做以下步驟。

7. 加菲羅林指示劑。

8. 以硫酸亞鐵銨溶液滴定至終點。

(三) COD 計算分別求出水樣及空白水樣之化學需氧量：

$$\frac{(A-B) \times C \times 8000}{水樣量(mL)} = \quad mg/L$$

A：空白消耗之硫酸亞鐵銨滴定量(mL)

B：水樣消耗之硫酸亞鐵銨滴定量(mL)

C：硫酸亞鐵銨滴定液之莫耳濃度(M)

測驗 D　水中懸浮固體之檢測（包括天平之使用）

一、操作時間：40 分鐘

二、試劑：去離子蒸餾水

三、儀器及設備

(一) 過濾裝置

(二) 抽氣裝置

(三) 分析天平（電動天平）：靈敏度 0.1mg

(四) 烘箱：可設定溫度 103～105℃

(五) 乾燥器

(六) 濾片：Whatman grade 934AH（或同等品）

(七) 經試劑水過濾後且在 103℃下烘乾之濾片

(八) 經水樣過濾後且在 103℃下烘乾之濾片

(九) 圓盤 ϕ65mm（鋁或不鏽鋼）

(十) 鑷子

(十一) 吸管

(十二) 燒杯

(十三) 量筒

四、水樣一瓶：水樣懸浮固體濃度約為 200mg/L

五、操作

(一) 檢視、調整電子天平。

(二) 取出乾燥器內備用之濾片，稱重(A_1)。

(三) 將濾片置入過濾器內，連接抽氣裝置。

(四) 過濾：

  1. 先以少量試劑水將濾片定位，保持抽氣狀態。

  2. 取適當水樣過濾。

  3. 再以適量之試劑水洗滌濾片，洗液抽盡。

(五) 過濾完畢，取下濾片移入圓盤中，放入烘箱（103～105℃，1 小時）烘乾。

(六) 利用提供之烘乾後濾片稱重(A_2)。

測驗 E 水中氫離子濃度指數之檢測（電極法）

一、操作時間：20 分鐘

二、試劑：

(一) 試劑水：去離子蒸餾水

(二) 三種參考緩衝（標準）溶液：校正 pH 計用，使用市售品或自辦理單位配製者。

三、儀器及設備：

(一) pH 計附有溫度補償裝置（另附正確操作程序）

(二) 溫度計

(三) 緩衝（或標準）溶液

(四) 電磁攪拌器

(五) 去離子蒸餾水

(六) 洗滌瓶

(七) 拭乾紙

六、水樣

七、操作

(一) 選擇二種參考緩衝（或標準）溶液（兩者之 pH 值差為 3 左右，但範圍能涵蓋水樣之 pH 者）以校正 pH 計。

(二) 分別取適量之緩衝溶液及水樣於潔淨小燒杯中，保持同一溫度。

(三) 取出電極以蒸餾水淋洗、拭乾，置於第一種緩衝溶液，以磁石攪拌，俟穩定後校正儀器，再以同法用第二種緩衝溶液校正儀器。

(四) 將電極沖洗拭乾置入水樣中，以磁石攪拌，俟穩定後讀取該水樣之 pH 值並記錄溫度。

測驗 F 硫酸標準溶液之配製及標定

一、操作時間：60 分鐘

二、試劑

(一) 蒸餾水（或去離子水）

(二) 濃硫酸(36N)

(三) 0.1N 碳酸鈉標準液

三、儀器及設備

(一) 量瓶：50、100、500、1000mL，各 2 個

(二) 量筒：10、50mL，各 1 個

(三) 燒杯：250、1000mL，各 1 個

(四) 安全吸球，2 個

(五) 橡膠手套，1 付

(六) 滴定管及滴定架：50mL，1 個

(七) 三角燒瓶：250、500mL，各 1 個

(八) 加熱磁石攪拌裝置（附磁石），1 台

(九) pH 計，1 台

(十) 表玻璃，1 個

(十一) 洗滌瓶：500mL，1 個

(十二) 天平：精密度 0.1mg，1 台

(十三) 定量球形吸管：1、5、20、50mL，各 1 支

(十四) 刻度吸管：10mL，2 支

四、操作

(一) 配製約 0.1N 硫酸溶液（H_2SO_4 分子量 98 克）：

　　1. 取適量之濃硫酸(36N)，配數約為 1N 之硫酸溶液 100mL。

2. 取適量之 1N 硫酸溶液，以蒸餾水（或去離子水）稀釋到 500mL。配製約 0.1N 硫酸溶液。

(二) 標定：

取 50mL(0.1N)碳酸鈉標準液於 250mL 燒杯中，並將燒杯置於加熱攪拌裝置上。以濃度約為 0.1N 的硫酸溶液及 pH 計滴定至 pH=5，移出電極，以蒸餾水淋洗電極，洗液併入燒杯，以錶玻璃覆蓋燒杯煮沸 3～5 分鐘，冷卻至室溫。以蒸餾水淋洗錶玻璃。洗液併入燒杯。繼續滴定至終點。同時滴定兩瓶求取平均值。

(三) 計算 H_2SO_4 溶液之正確濃度。

測驗 G　水中正磷酸鹽之檢測（分光光度計／維生素丙法）

一、操作時間：60 分鐘

二、試劑

(一) 蒸餾水（或去離子水）

(二) 酚酞指示劑

(三) 硫酸溶液(5N)

(四) 混合試劑

(五) 磷標準儲備溶液：1mL=50.0 μg P

三、儀器及設備

(一) 分光光度計

(二) 三角燒瓶：125mL，8 個

(三) 球形吸管：1、5、10、20、50mL，各 2 支

(四) 量瓶：50mL，7 支

(五) 量筒：50mL，1 支

(六) 方格紙（畫檢量線用）

四、水樣：水樣 1 瓶，濃度為 1.0～5.0mg P/L，1000mL

五、操作

(一) 水樣分析

　　1. 取適量水樣稀釋至 50mL，置於 125mL 之三角燒瓶。加入 1 滴酚酞指示劑。如水樣呈紅色，滴加(5N)硫酸溶液至顏色剛好消失。

　　2. 加入 8mL 混合試劑，混合均勻，在 10～30 分鐘時段內以分光光度計，讀取 880nm 之吸光度，由檢量線求得正磷酸鹽含量(μg)。

(二) 檢量線製備

　　1. 由磷標準儲備溶液配製磷標準溶液至濃度 1mL=0.5 μg P

　　2. 已知檢量線濃度範圍 0.05～0.50mg/L，由磷標準溶液分別配製五種不同濃度之磷標準液（不包含空白），稀釋至 50mL。依水樣相同之檢測步驟操作讀取 880nm 之吸光度。

測驗 H 水中生化需氧量之檢測

一、操作時間：60 分鐘

二、試劑

(一) 磷酸鹽緩衝溶液

(二) 硫酸鎂溶液

(三) 氯化鈣溶液

(四) 氯化鐵溶液

(五) 濃硫酸

(六) 硫酸亞錳溶液

(七) 鹼性碘化物－疊氮化物試劑

(八) 澱粉指示劑

(九) 硫代硫酸鈉滴定液：0.025M

(十) 蒸餾水

三、儀器及設備

(一) 恆溫培養箱

(二) BOD 瓶

(三) 吸管

(四) 量筒

(五) 三角瓶

(六) 燒杯

(七) 滴定架及滴定管

(八) 磁石攪拌器

四、水樣一瓶：水樣 COD 濃度約為 200mg/L

五、操作

(一) 稀釋水之製備：

於蒸餾水加入磷酸鹽緩衝溶液、硫酸鎂溶液、氯化鈣溶液及氯化鐵溶液，以製備稀釋水。通入不含有機物質之空氣，使製備之稀釋水溶氧達飽和。

(二) 水樣 BOD_5 之檢測步驟

1. 將水樣以稀釋水作適當之稀釋，並以直接在 BOD 瓶中之水樣稀釋方法進行檢測。

2. 取適量水樣分別置於兩個 300mL BOD 瓶中，再以稀釋水填滿，其中一瓶測定初始溶氧，另一瓶則於 20℃之恆溫培養箱中培養五天再測其溶氧（培養五天的稀釋水樣溶氧濃度由監試人員提供，不必檢測）。

3. 稀釋水空白：以稀釋水為空白試樣，於培養前後（20℃，5 天）測定溶氧。（只檢測培養前之空白水樣便可）。

4. 稀釋水樣，稀釋水空白之溶氧測定

   (1) 在裝滿水樣之 BOD 瓶中，先加入 1.0mL 硫酸亞錳溶液，再加入 1.0mL 鹼性碘化物－疊氮化物試劑。

   (2) 加蓋，俟氫氧化錳沉澱物下沉後，打開瓶蓋加入 1.0mL 濃硫酸，使沉澱物完全溶解。

   (3) 由 BOD 瓶中取適量水樣，置於三角瓶內以 0.025M 硫代硫酸鈉溶液滴定，以澱粉指示劑作為滴定終點之指示劑。

   (4) 溶氧濃度計算公式如下：

$$溶氧量(mg\,O_2\,/\,L) = \frac{A \times N \times \frac{32}{4}}{\frac{V1}{1000} \times \frac{V-V2}{V}} = \frac{A \times N \times 8000}{V1} \times \frac{V}{V-V2}$$

A＝水樣消耗之硫代硫酸鈉滴定溶液體積(mL)

N＝硫代硫酸鈉滴定溶液當量濃度(N)=莫耳濃度(M)

V1＝滴定用的水樣體積(mL)

V＝BOD 瓶之量(mL)

V2＝在步驟(1)所加入硫酸亞錳和鹼性碘化物試劑的總體積(mL)

測驗 I 水中氯鹽之檢測（硝酸汞滴定法）

一、操作時間：60 分鐘

二、試劑

(一) 蒸餾水

(二) 氯化鈉標準溶液 0.0141N

(三) 硝酸溶液 0.1M

(四) 氫氧化鈉溶液 0.1M

(五) 混合指示劑

(六) 硝酸汞滴定溶液 0.141N（測試單位標定後標示於試劑瓶）

三、儀器及設備

(一) 量瓶：50mL，3 支

(二) 滴管

(三) 三角燒瓶，4 個

(四) 安全吸球，1 個

(五) 滴定管：25mL 刻度 0.05mL

(六) 磁石攪拌器：附磁石

(七) 洗滌瓶

(八) 球形吸管 2、5、10mL，各 1 支

四、水樣一瓶：水樣中氯離子濃度為 100～400mg/L

五、操作

(一) 取適量水樣稀釋至 50mL。

(二) 加入混合指示劑，混合均勻（溶液呈紫色）。

(三) 若溶液呈黃色，則逐滴加入氫氧化鈉溶液至呈藍紫色。

(四) 逐滴加入 0.1M 硝酸溶液，至溶液呈黃色。

(五) 再以硝酸汞滴定溶液(0.141N)滴定至終點。

(六) 重覆執行兩次水樣分析並做空白實驗。

六、計算公式

$$氯鹽濃度\,(mgCl^-/L) = \frac{(A-B) \times N \times 35450}{水樣體積(mL)}$$

A＝水樣消耗之硝酸汞滴定溶液體積(mL)

B＝空白實驗消耗之硝酸汞滴定溶液體積(mL)

N＝硝酸汞滴定溶液之當量濃度

測驗 J 硫代硫酸鈉標準溶液之配製及標定

一、操作時間：60 分鐘

二、試劑

(一) 蒸餾水

(二) 氫氧化鈉溶液，6N

(三) 碘酸氫鉀標準溶液 0.0021M

(四) 硫代硫酸鈉($Na_2S_2O_3.5H_2O$)

(五) 硫酸溶液，6N

(六) 碘化鉀

(七) 澱粉指示劑

三、儀器及設備

(一) 天平，可精秤至 0.1mg

(二) 刻度吸管：100mL，2 支

(三) 量瓶：250mL，2 個

(四) 量筒：100mL，2 個

(五) 三角燒瓶：500mL，6 個

(六) 玻璃漏斗：2 個

(七) 球形吸管：20.0mL，4 支

(八) 滴定管：50.0mL，刻度至 0.1mL，1 支

(九) 安全吸球：2 個

(十) 磁攪拌器：附磁石

(十一) 洗瓶：2 個

(十二) 滴管（可棄式）

(十三) 秤量紙

四、操作

(一) 配製硫代硫酸鈉標準溶液,濃度為 0.025M。

已知硫代硫酸鈉 $Na_2S_2O_3 \cdot 5H_2O$ 分子量為 248.13g,精秤適量之硫代硫酸鈉,溶解於蒸餾水中,加入約 0.5mL 6N 氫氧化鈉,以蒸餾水定容至 250.0mL。

(二) 在瓶內溶解 2g 碘化鉀於約 150mL 蒸餾水中,加入 1mL 6N 硫酸及 20.0mL 之碘酸氫鉀標準溶液,以蒸餾水稀釋至約 200mL。

(三) 以硫代硫酸鈉標準溶液滴定上述之溶液至終點以澱粉為指示劑。同時滴定 2 瓶水樣。

(四) 試算

$$硫代硫酸鈉莫耳濃度(M) = 12 \times M_1 \times V_1 \times V_2$$

$M_1 =$ 碘酸氫鉀標準溶液濃度(M)

$V_1 =$ 碘酸氫鉀標準溶液體積(mL)

$V_2 =$ 消耗硫代硫酸鈉溶液之體積(mL)

測驗 K 水中大腸桿菌群數目之檢測（濾膜法）

一、操作時間：60分鐘

二、試劑

(一) 稀釋水

(二) 培養液(M-Endo)

三、儀器及設備

(一) 過濾設備（附抽氣幫浦）

(二) 菌落計數器

(三) 培養皿及吸收墊

(四) 鑷子

(五) 酒精燈（附打火機）

(六) 濾膜

(七) 刻度吸管：10mL，5支

(八) 安全吸球

(九) 稀釋瓶：100mL，5個

(十) 培養好之大腸桿菌群樣本或彩色圖片

四、 水樣：水樣採自非飲用水，已知大腸桿菌群大約濃度為 4×10^3 CFU/mL

五、操作

(一) 水樣容積之決定：水樣先經稀釋後，取適當量之稀釋水樣過濾（請將稀釋倍數及稀釋後水樣之過濾體積填入結果報告）。

(二) 過濾：

　　1. 組合過濾裝置。

　　2. 過濾

(三) 培養：

　　1. 將吸收墊置入培養皿，並用 M-Endo broth 飽和。

　　2. 將過濾膜直接放在吸收墊上。

　　3. 培養。

(四) 計數：以菌落計數器計數培養基上（已培養好）之大腸桿菌群菌落，再計算水樣之大腸桿菌群濃度（請將結果填入結果報告）。

測驗 L 水中化學需氧量之檢測（重鉻酸鉀迴流法）

一、操作時間：60 分鐘

二、試劑

(一) 蒸餾水：去離子

(二) 硫酸汞：分析級

(三) 硫酸銀試劑（加入硫酸銀之濃硫酸）

(四) 0.0417M 重鉻酸鉀標準溶液：12.25g 重鉻酸鉀溶於 1L 蒸餾水

(五) 0.25M 硫酸亞鐵銨滴定溶液：溶解 98g 硫酸亞鐵銨於蒸餾水，加入 20mL 濃硫酸，稀釋至 1L。

(六) 菲羅林指示劑(Fenoin Indicator)

三、儀器及設備

(一) 250mL 三角燒瓶，3 個

(二) 迴流裝置（口徑 24/40 之 250mL 圓底瓶，30cm 長冷凝管），2 支

(三) 10、20mL 刻度吸管，各 1 支

(四) 10、20、30mL 球形吸管，各 1 支

(五) 100mL 量筒，1 支

(六) 安全吸球，1 個

(七) 沸石，1 瓶（數粒）

(八) 藥匙，1 支

(九) 加熱裝置，1 式

四、水樣：500～1,000mg/L 之 COD

五、操作

(一) 標定：

1. 取 10.0mL 0.0417M 重鉻酸鉀標準溶液。

2. 稀釋至 100mL，加 30mL 濃硫酸。

3. 冷卻至室溫，加菲羅林指示劑。

4. 以硫酸亞鐵銨溶液滴定至終點。

5. 計算硫酸亞鐵銨溶液之莫耳濃度。

$$M = \frac{10 \times 0.25}{消耗之硫酸亞鐵銨量，mL}$$

(二) 檢測：

1. 所提供之水樣 COD 約在 500～1,000mg/L 左右。

2. 分取適量水樣或稀釋之，與空白(blank)水樣置於圓底燒瓶。

3. 加適量硫酸汞，再加 2mL 硫酸銀試劑，使之混合。

4. 加 10.0mL 0.0417M 重鉻酸鉀標準溶液，連接冷凝管，並通入冷卻水。

5. 加入 28mL 硫酸銀試劑，混合均勻加熱迴流。

6. 利用提供迴流完全並稀釋至 140mL 之水樣及空白試體，做以下步驟：

7. 加菲羅林指示劑。

8. 以硫酸亞鐵銨溶液滴定至終點。

(三) COD 計算：分別求出水樣及空白水樣之化學需氧量：

$$\frac{(A - B) \times C \times 8000}{水樣量(mL)} = mg / L$$

A：空白消耗之硫酸亞鐵銨滴定量：(mL)

B：水樣消耗之硫酸亞鐵銨滴定量(mL)

C：硫酸亞鐵銨滴定液之莫耳濃度(M)

測驗 M 水中正磷酸鹽之檢測（分光光度計／維生素丙法）

一、操作時間：60 分鐘

二、試劑

(一) 蒸餾水（或去離子水）

(二) 酚酞指示劑

(三) 硫酸溶液(5N)

(四) 混合試劑

(五) 磷標準儲備溶液：1mL=50.0 μg P

三、儀器及設備

(一) 分光光度計

(二) 三角燒瓶：125mL，8 個

(三) 球形吸管：1、5、10、20、50mL，各 2 支

(四) 量瓶：50mL，7 支

(五) 量筒：50mL，1 支

(六) 方格紙（畫檢量線用）

四、水樣：水樣 1 瓶，濃度為 1.0～5.0mgP/L，1000mL

五、操作

(一) 水樣分析

　　1. 取適量水樣稀釋至 50mL，置於 125mL 之三角燒瓶。加入 1 滴酚酞指示劑。如水樣呈紅色，滴加(5N)硫酸溶液至顏色剛好消失。

　　2. 加入 8mL 混合試劑，混合均勻，在 10～30 分鐘時段內以分光光度計，讀取 880mn 之吸光度，由檢量線求得正磷酸鹽含量(μg)。

(二) 檢量線製備：

　　1. 由磷標準儲備溶液配製磷標準溶液至濃度 1mL=0.5 μg P

　　2. 已知檢量線濃度範圍 0.05～0.50mg/L。由磷標準溶液分別配製五種不同濃度之磷標準液（不包含空白），稀釋至 50mL，依水樣相同之檢測步驟操作讀取 880nm 之吸光度。

測驗 N 水中總酸度及總鹼度之檢測（指示劑滴定法）

一、操作時間：60 分鐘

二、試劑

(一) 甲基橙指示劑

(二) 酚酞指示劑

(三) 混合指示劑(Mixed bromcresol green-methyl red indicator)

(四) 0.02N 氫氧化鈉溶液

(五) 0.02N 硫酸溶液

三、儀器及設備

(一) 滴定架及 50mL 滴定管，2 組

(二) 磁攪拌器及磁石，2 台

(三) 吸管 10mL，2 支

(四) 吸管 2mL，2 支

(五) 燒杯 100mL，2 個

(六) 燒杯 50mL，2 個

(七) 三角燒瓶 100mL，2 個

(八) 三角燒瓶 200mL，2 個

(九) 球形吸管 25mL，1 支

(十) 球形吸管 50mL，1 支

(十一) 洗滌瓶，1 個

(十二) 安全吸球 2 個

(十三) 玻璃棒 1 支

四、水樣：1 瓶，濃度為 100～500mg $CaCO_3$/L。

五、操作

(一) 總酸度

1. 取適量之水樣於三角瓶中。

2. 加入 5 滴適當指示劑。

3. 以 0.02N 硫酸溶液或 0.02N 氫氧化鈉溶液，滴定至顏色改變為止。

4. 計算水樣之總酸度。

(二)總鹼度：

1. 取適量之水樣於三角瓶中。

2. 加入 5 滴適當指示劑。

3. 以 0.02N 硫酸溶液或 0.02N 氫氧化鈉溶液，滴定至顏色改變為止。

4. 計算水樣之總鹼度。

六、計算式

$$總酸度(as\ mg\ CaCO_3\ /\ L) = \frac{A \times N \times 50,000}{水樣體積}$$

$$總鹼度(as\ mg\ CaCO_3\ /\ L) = \frac{B \times N \times 50,000}{水樣體積}$$

A＝總酸度滴定劑之滴定量

B－總鹼度滴定劑之滴定量

N＝滴定劑之當量濃度

測驗 O　水中亞硝酸鹽氮之檢測（分光光度計法）

一、操作時間：60 分鐘

二、試劑

(一) 蒸餾水（或去離子水）

(二) 鹽酸：1N

(三) 氫氧化銨溶液：1N

(四) 呈色劑

(五) 亞硝酸氮儲備溶液：1mL=250 μg 亞磷酸氮（濃度已由術科辦理單位標定）

三、儲備材料

(一) 分光光度計（附標準操作程序）

(二) pH 計（附標準操作程序）

(三) 計時器

(四) 球形吸管：1.00mL、5.00mL、10.0mL、50.0mL，各 2 支

(五) 刻度吸管：10.0mL，1 支

(六) 量瓶：50.0mL，8 支，250mL，1 支，500mL，1 支

(七) 三角燒瓶：100mL，8 個

(八) 量筒：100mL，1 個

(九) 安全吸球：2 個

(十) 方格紙

四、水樣：水樣 I 瓶，濃度為 1.0～5.0mg NO$_2^-$–N/L，1000mL

五、操作

(一) 取適量水樣，調整水樣之 pH 在 5～9 之間，定量至 50.0mL。

(二) 加入 2mL 呈色劑，充份混合之。

(三) 在 10 分鐘至 2 小時間，以分光光度計在波長 543mm 測其吸光度。

(四) 檢量線製備

1. 由亞硝酸氮儲備溶液配製標準溶液至濃度 1.00mL＝0.5 μg 亞硝酸氮溶液。

2. 已知檢量線之適用濃度範圍為 10～500 μg 亞硝酸氮／L，配製多種不同濃度之亞硝酸氮標準溶液 50.0mL（不包含空白），依水樣相同之步驟操作，讀取吸光度，繪製吸光度與亞硝酸鹽氮濃度(μg/L)之檢量線。

(五) 數據處理

$$亞硝酸鹽氮濃度(\mu g/L) = \frac{檢量線測得之濃度值(\mu g/L) \times 50(mL)}{水樣體積(mL)}$$

測驗 P　水中大腸桿菌群數目之檢測（濾膜法）

一、操作時間：60 分鐘

二、試劑

(一) 稀釋水

(二) 培養液(M-Endo)

三、儀器及設備

(一) 過濾設備（附抽氣幫浦）

(二) 菌落計數器

(三) 培養皿及吸收墊

(四) 鑷子

(五) 酒精燈（附打火機）

(六) 濾膜

(七) 刻度吸管：10mL，5 支

(八) 安全吸球

(九) 稀釋瓶：100mL，5 個

(十) 培養好之大腸桿菌群樣本或彩色圖片

四、水樣：水樣採自非飲用水，已知大腸桿菌群大約濃度為 $4 \times 10^3 CFU/mL$

五、操作

(一) 水樣容積之決定：水樣先經稀釋後，取適當量之稀釋水樣過濾（請將稀釋倍數及稀釋後水樣之過濾體積填入結果報告）。

(二) 過濾：

　1. 組合過濾裝置。

　2. 過濾

(三) 培養：

　　1. 將吸收墊置入培養皿，並用 M-Endo broth 飽和。

　　2. 將過濾膜直接放在吸收墊上。

　　3. 培養。

(四) 計數：以菌落計數器計數培養基上（已培養好）之大腸桿菌群菌落，再計算水樣之大腸桿菌群濃度（請將結果填入結果報告）。

測驗 Q　水中生化需氧量之檢測

一、操作時間：60 分鐘

二、試劑

(一) 磷酸鹽緩衝溶液

(二) 硫酸鎂溶液

(三) 氯化鈣溶液

(四) 氯化鐵溶液

(五) 濃硫酸

(六) 硫酸亞錳溶液

(七) 鹼性碘化物－疊氮化物試劑

(八) 澱粉指示劑

(九) 硫代硫酸鈉滴定液：0.025M

(十) 蒸餾水

三、儀器及設備

(一) 恆溫培養箱

(二) BOD 瓶

(三) 球形吸管及刻度吸管

(四) 量筒

(五) 三角瓶

(六) 燒杯

(七) 滴定架及滴定管

(八) 磁石攪拌器

四、水樣一瓶：水樣 COD 濃度約為 200mg/L

五、操作

(一) 稀釋水之製備：

於蒸餾水加入磷酸鹽緩衝溶液、硫酸鎂溶液、氯化鈣溶液及氯化鐵溶液，以製備稀釋水。通入不含有機物質之空氣，使製備之稀釋水溶氧達飽和。

(二) 水樣 BOD_5 之檢測步驟

1. 將水樣以稀釋水作適當之稀釋，並以直接在 BOD 瓶中之水樣稀釋方法進行檢測。

2. 取適量水樣分別置於兩個 300mL BOD 瓶中，再以稀釋水填滿，其中一瓶測定初始溶氧，另一瓶則於 20℃之恆溫培養箱中培養五天再測其溶氧（培養五天的稀釋水樣溶氧濃度由監試人員提供，不必檢測）。

3. 稀釋水空白

   以稀釋水為空白試樣，於培養前後（20℃，5 天）測定溶氧。（只檢測培養前之空白水樣便可）。

4. 稀釋水樣，稀釋水空白之溶氧測定

   (1) 在裝滿水樣之 BOD 瓶中，先加入 1.0mL 硫酸亞錳溶液，再加入 1.0mL 鹼性碘化物－疊氮化物試劑。

   (2) 加蓋，俟氫氧化錳沉澱物下沉後，打開瓶蓋加入 1.0mL 濃硫酸，使沉澱物完全溶解。

   (3) 由 BOD 瓶中取適量水樣，置於三角瓶內以 0.025M 硫代硫酸鈉溶液滴定，以澱粉指示劑作為滴定終點之指示劑。

   (4) 溶氧濃度計算公式如下：

$$溶氧量(mg\,O_2/L) = \frac{A \times N \times \frac{32}{4}}{\frac{V1}{1000} \times \frac{V-V2}{V}} = \frac{A \times N \times 8000}{V1} \times \frac{V}{V-V2}$$

A＝水樣消耗之硫代硫酸鈉滴定溶液體積(mL)

N＝硫代硫酸鈉滴定溶液當量濃度(N)＝莫耳濃度(M)

V1＝滴定用的水樣體積(mL)

V＝BOD 瓶之量(mL)

V2＝在步驟(1)所加入硫酸亞錳和鹼性碘化物試劑的總體積(mL)

5-7　廢水專責人員

專責人員之重要性

　　現行環保法規對於事業改善污染及各項污染防制業務，課以事業場所應設置環保專責單位或人員之責任。即透過環保專業證照的建立，導引具備環保證照之專業人力來協助事業場所做好污染防治與管理、確保防治設施的正常運作外，也使環保機關藉由環保專責人員確實掌握污染改善動態，故環保專業證照制度在落實環保工作上發揮極大之功能。

廢（污）水處理專責人員訓練簡章

（110 年 2 月）
主辦單位：行政院環境保護署環境保護人員訓練所
（320 桃園市中壢區民族路 3 段 260 號 5 樓）承辦單位：各委辦訓練機構
（詳見本簡章）
報名諮詢：請逕向各委辦訓練機構洽詢

一、學員報名重點摘錄

1. 本年度廢（污）水處理專責人員訓練開班訊息，如有需要，請自行至網站 (https://www.epa.gov.tw/training/－（新）環保證照訓練－開班訊息)查詢。

2. 網路線上報名者，報名後仍應將書面報名表正本 1 式 2 份（參訓資格請參考簡章上第三項表列參訓資格）及學、經歷證明文件影本，逕寄至欲參訓之訓練機構（如第六項表列訓練機構），信封上並註明「報名廢（污）水處理專責人員訓練班」，並完成繳費手續者為順序，額滿時直接順延至同一訓練機構下一班期，毋須重新報名。

3. 不符合參訓資格規定者，請勿報名，否則雖經測驗及格，概不核發合格證書。

4. 參訓學員所填寫報名表之各項資料及所附文件均須經其本人詳實核對確認所附證明文件俱確實無訛，並自行簽章。如有偽造或變造情事者，需自負法律責任；並同意作為行政院環境保護署環境保護人員訓練所辦理廢（污）水處理專責人員訓練有關個人資料之蒐集、處理及利用。

5. 廢（污）水處理專責人員訓練學科測驗，為利學員掌握測驗重點及方向，行政院環境保護署環境保護人員訓練所已將全部課程建置練習題附解答，登載於網頁（https://www.epa.gov.tw/training/－（新）環保證照訓練－練習題）供學員參閱練習，如有需要，請自行至網站網站下載。

二、學員常見問題

1. 大學環工相關科系認定以畢業證書或學位證明上登載環工、環科及公害防治科系或有明載「環境」二字者為原則,取得學位始可報名甲級空污、廢水及毒化物類別專責人員訓練。

2. 結業證明書需向當時進修學校洽辦換領資格證明書,始得據以報名各相關訓練。

3. 各級學校肄業生(即未取得畢業證書者)學歷之認定,均以前一級學校畢業認定,如僅修畢大學 3 年學程肄業,以具高中畢業學歷認定;五專 5 年級尚未畢業者,認定為國中畢業。惟若另有取得教育部鑑定具備任何等級學校畢業資格,可以相關證明認定之。

4. 持有國外學歷者,需將國外學歷證(明)書譯成中文,並經我國駐外館處驗證或法院公證、國內公證人認證。

5. "技師證書"係指經考試院專門職業技術人員高考及格,依技師法請領之技師證書,非指依技術士技能檢定所取得之甲、乙、丙級化工或化學技術士。

6. 所謂主管機關列管處所相當類別之環境保護管理或操作實務工作經驗之證明文件,係指依空污法、水污法、毒管法所管制之事業場所,具備工廠登記證或廢水排放許可證或空污操作許可證或毒化物運作文件,或其他足資證明環保機關管制該場所公文,並由該事業場所出具擔任該事業各該類別之污染防制管理或設施操作實務經驗證明。

7. (1) 報名參加環保證照訓練應具備之經歷,在不同之事業場所從事同類別之工作經驗可累計。
   (2) 如經驗累計未滿規定年限,應俟經歷期滿後再報名參加訓練。

8. 報名乙級升甲級訓練,參訓學員如取得乙級專責人員/技術人員合格證書後:
   (1) 學歷如符合第 1 至第 3 款者得附學歷證明影本,免附工作經驗證明。
   (2) 雖非登記設置之專責人員,但具 2 年以上該類別之環境保護管理或操作實務之工作經驗得有證明文件。
   併同專責人員合格證書正、反面影本及報名表送訓練機構報名。

9. 各項證照訓練係採不定期開班,均為額滿 40 人開班。有意願參訓者,可至網路查詢近期開班訊息,並直接洽詢訓練機構,將書面資料送達訓練機構,以利通知開班事宜。

廢（污）水處理專責人員訓練簡章內容

一、訓練宗旨

為建立廢（污）水處理專責人員制度，協助事業培育廢（污）水處理專責人員，提高廢（污）水處理及污染防治管理專業，使廢（污）水獲得妥善處理與管理，進而維護生態及環境。

二、訓練依據

「水污染防治法」及「環境保護專責及技術人員訓練管理辦法」。

三、參訓資格

摘錄自「環境保護專責及技術人員訓練管理辦法」（不符參訓資格者，請勿報名，否則雖經測驗及格後，仍不予核發合格證書）。

級別	參訓學員應於參訓之前具備下列資格之一 （注意：應具備學、經歷後，始得參訓）
甲級	環境保護專責及技術人員訓練管理辦法第 3 條 一、領有本國環境工程、化學工程、土木工程、衛生工程、電機工程、機械工程、水利工程、工業安全、職業衛生（工礦衛生）、應用地質、大地工程技師證書。 二、領有公立或立案之私立大學或獨立學院或經教育部承認之國外大學或獨立學院之理、工、農、醫各學系研究所碩士以上學位證書。 三、領有公立或立案之私立大學或獨立學院或經教育部承認之國外大學或獨立學院之環境工程、環境科學、公害防治或環境保護相關學系學士學位證書。 四、領有公立或立案之私立大學或獨立學院或經教育部承認之國外大學或獨立學院之理、工、農、醫各學系非屬前款之學士學位證書後，並具 1 年以上主管機關列管之公私場所或事業或污水下水道系統從事水污染防治及處理操作實務之工作經驗，且有證明文件。。 五、領有公立或立案之私立專科學校或經教育部承認之國外專科學校之環境工程、環境科學、公害防治或環境保護相關學科副學士學位證書後，並具 1 年以上主管機關列管之事業或污水下水道系統從事水污染防治及處理操作實務之工作經驗，且有證明文件。 六、領有公立或立案之私立專科學校或經教育部承認之國外專科學校非屬前款之理、工、農、醫各學科副學士學位證書後，並具 2 年以上主管機關列管之事業或污水下水道系統從事水污染防治及處理操作實務之工作經驗，且有證明文件。 七、經主管機關列管之事業或污水下水道系統所推薦其從業人員或負責人，並具 3 年以上從事水污染防治及處理操作實務之工作經驗，且有證明文件。

	八、領有乙級廢（污）水處理專責人員合格證書後，並具有 2 年以上主管機關列管之事業或污水下水道系統從事水污染防治及處理操作實務之工作經驗，且有證明文件或符合第 1 款至第 3 款規定。

註：(1) 第 4~8 款之證明文件係指具備該學歷後於主管機關列管處所（具有主管機關核發操作許可證之處所）從事污水下水道系統或事業水污染防治及處理操作實務之工作經驗為限，非列管事業出具之實務經驗不予採認。

    (2) 符合第 1 款之所列之本國環境工程技師、第 3 款或第 5 款規定者，可抵減部分課程（參考四、訓練課程、時數及費用），惟仍需參加所有科目之測驗。

    (3) 依第 7 款取得合格證書者，僅得於推薦之事業或污水下水道系統擔任專責人員。

    (4) 符合第 8 款規定者，可報名參加乙級升甲級訓練課程。

級別	參訓學員應於參訓之前具備下列資格之一 （注意：應具備學、經歷後，始得參訓）
乙級	環境保護專責及技術人員訓練管理辦法第 4 條 一、領有公立或立案之私立專科以上學校或經教育部承認之國外專科以上學校之環境工程、環境科學、公害防治或環境保護相關學科副學士以上學位證書。 二、領有公立或立案之私立專科以上學校或經教育部承認之國外專科以上學校之理、工、農、醫各學科非屬前款之副學士以上學位證書。 三、領有公立或立案之私立高級中等學校之工業、農業、水產類科畢業證書後，並具 1 年以上主管機關列管之事業或污水下水道系統從事水污染防治及處理操作實務之工作經驗，且有證明文件。 四、領有公立或立案之私立高級中等學校畢業證書後，並具 2 年以上主管機關列管之事業或污水下水道系統從事水污染防治及處理操作實務之工作經驗，且有證明文件。 五、經事業或污水下水道系統所推薦其從業人員或負責人，並具 1 年以上從事水污染防治及處理操作實務之工作經驗，且有證明文件。 六、領有公立或立案之私立專科以上學校或經教育部承認之國外專科以上學校之各學科之副學士以上學位證書，經農業社團法人團體推薦其從業人員或負責人，並具 1 年以上實際從事列管事業水污染防治輔導工作經驗，且有證明文件者。

註：(1) 符合第 1 款規定者，可抵減部分課程（參考四、訓練課程、時數及費用），惟仍需參加所有科目之測驗。

    (2) 第 3~5 款之證明文件係指具備該學歷後於主管機關列管處所（具有主管機關核發操作許可證之處所）從事污水下水道系統或事業水污染防治及處理操作實務之工作經驗為限，非列管處所出具實務經驗不予採認。

    (3) 依第 5 款取得合格證書者，僅得於推薦之事業或污水下水道系統擔任專責人員。

    (4) 第 6 款之證明文件係指具備該學歷後於農業社團法人團體（具有立案證書之處所）從事輔導列管事業水污染防治之工作經驗為限，並檢附委託輔導標案等相關證明文件。

四、訓練課程、時數及費用：

級別 課程名稱	甲級	甲級 補正	乙級	乙級 補正	乙級 升甲級	備註
	時數					
01 專責人員工作職掌與倫理	2	2	2	2	2	
02 水污染防治概論＊	2			2		
03 水污染防治法規簡介	6	6	6	6	6	
04 污水下水道系統簡介＊	3			3		
05 廢（污）水量測、檢測及監測方法簡介	4			4		
06 廢（污）水物化處理程序簡介＊	12			12		
07 廢（污）水生物處理程序簡介＊	8			8		
08 廢（污）水處理系統監控系統與設備	6	6	6	6	6	
09 特殊性有機製程廢（污）水處理概論	6			6		
10 特殊性無機製程廢（污）水處理概論	6			6		
11 廢（污）水回收與污泥減量概論	4	4			4	
12 廢（污）水收集與處理系統規劃設計與試車驗收程序	4		4			
13 水污染防治措施操作維護程序（含處理功能檢查）	12		12			
14 水措災害緊急應變程序	3		3			
15 廢（污）水處理系統營運管理概論	4	4			4	
16 水污染防治措施申請與檢測申報作業	8	8	8	8	8	電腦實作 4小時由辦理單位核算成績送環訓所併計

級別 課程名稱		甲級	甲級 補正	乙級	乙級 補正	乙級 升甲級	備註
		時數					
17	廢（污）水處理廠實作	6		6			
	總時數	96	30	76	22	42	
	費用	21,000	6,000	18,000	5,000	9,000	

※ 符合「環境保護專責及技術人員訓練管理辦法」第 3 條第 1 項第 1 款之本國環境工程技師證照；
第 3 條第 1 項第 3 款及第 5 款者；第 4 條第 1 項第 1 款者，可抵減部分課程時數，其費用按學員
實際選讀情形，由訓練機構核實收取，課程雖可抵減，但仍須參加該課程之全部測驗。

※ 可抵減之課程為標註 "＊" 等科目。

五、訓練費用：

(一) 依「環境保護專責及技術人員訓練管理辦法」第 14 條之規定，訓練所需費用由辦理訓練之機構核實收取。

(二) 本訓練費用每人收費如上項所列（不包括膳宿及差旅費），俟訓練機構通知後，逕向該機構繳交。

(三) 再訓練（重修）費用每小時不超過新臺幣 300 元，由訓練機構依訓練總時數按比例核實收取。

六、訓練機構：

機構名稱	地址	電話	傳真
臺灣大學慶齡工業中心	臺北市大安區基隆路三段 130 號	(02)33661363 轉 59145	(02)23684322
淡江大學 （推廣教育處）	臺北市大安區金華街 199 巷 5 號 101 室淡江大學臺北校園	(02)23216320 轉 8868	(02)23214036
國立中央大學 （工學院永續環境科技研究中心）	桃園市中壢區中大路 300 號	(03)4227151 轉 34653 轉 34670	(03)4273594
財團法人台灣產業服務基金會	臺北市大安區四維路 198 巷 41 號 2 樓之 10	(02)27844188 轉 5125	(02)27026533
南亞科技學校財團法人南亞技術學院	桃園市中壢區中山東路三段 414 號	(03)4361070 轉 9631 9662	(03)4372193

機構名稱	地址	電話	傳真
國立陽明交通大學	新竹市大學路 1001 號環工館 108 室	(03)5712121 轉 31918	(03)5731918
東海大學（推廣部）	臺中市西屯區臺灣大道四段 1727 號	(04)23593660	(04)23590876
國立中興大學（環工系所）	臺中市南區國光路 250 號	(04)22856992	(04)22859770
逢甲大學（環科系）	臺中市西屯區文華路 100 號	(04)24517250 轉 5286	(04)24517686
雲林科技大學（環安系）	雲林縣斗六市大學路三段 123 號	(05)5342601 轉 4479	(05)5312069
國立成功大學（環工系）	臺南市東區大學路 1 號	(06)2757575 轉 65800	(06)2752790
國立中山大學（環工所）	高雄市西子灣鼓山區蓮海路 70 號	(07)5254402、5254403	(07)5254449
嘉藥學校財團法人嘉南藥理大學（環工系）	臺南市仁德區二仁路一段 60 號	(06)2664911 轉 1617 (06)2660399	(06)2667306

※ 臺灣大學慶齡工業中心、淡江大學、財團法人台灣產業服務基金會、逢甲大學、嘉南藥理大學等 5 個訓練機構有開辦夜間班。

七、報名手續：

(一) 請將報名表 1 式 2 份，並檢附學、經歷證明文件寄至所選填之訓練機構；信封上並註明「報名廢（污）水處理專責人員訓練班」。其中：

1. 學歷證明文件

　　(1) 學位證書、畢業證書、資格證明書或經自學進修學力鑑定考試及格持有證明書等之任一學歷（力）證明文件影本，文件影本應載明「與正本相符」等字樣，經核發單位核驗或由申請人親自簽名確認無訛。

　　(2) 若為外國學歷證明文件，應先經駐外館處驗證，並附經國內公證人認證之中文譯本。

2. 工作經驗證明及相關佐證文件：（適用管理辦法第 3 條第 1 項第 1 款、第 2 款、第 3 款及第 4 條第 1 項第 1 款、第 2 款其中之一者得免附）

　　(1) 工作經驗證明（應檢附正本）限使用本署環境保護人員訓練所制式格式（可以 A4 紙影印使用），不同服務機構，應分別開具證明，工作內容應具體說明執行水污染防治工作之事實及起迄年月，並加蓋事業公司章戳及負責人或事業代表人之印章。

(2) 足以佐證工作經驗證明之勞保（符合基本工資）等相關文件。

(3) 出具經驗證明之事業污水下水道系統水污染防治許可證（文件）影本。

(4) 無水污染防治許可證（文件）者，應出具工廠登記證影本（如所從事之事業為醫院，應檢附醫院之開業證明；觀光旅館業，應檢附觀光旅館執照；養豬業，應檢附畜牧業登記證）及廢水納管證明文件影本。

(5) 未經合法登記之事業出具之工作經驗證明文件，概不予採認。

(二) 報名乙級升甲級訓練

1. 除依參訓資格檢附前項所列之學歷或經歷證明文件外，必須檢附乙級合格證書正、反面影本及報名表 1 式 2 份。

2. 符合參訓資格者，得以「隨班附讀」方式，併入所選擇訓練機構之甲級廢（污）水處理專責人員訓練正期班參訓，須於參訓前 **15** 日將報名表件寄交選填之訓練機構，由訓練機構彙送本署環境保護人員訓練所。如其乙級合格證書遭廢止或撤銷者，不得報名。

(三) 以推薦方式報名參訓者，應檢具下列資料：

1. 報名表 1 式 2 份。

2. 工作經驗證明及相關佐證文件（參閱本項（一）2.所列之經歷證明文件）。

3. 事業單位推薦函正本（可至本署環境保護人員訓練所網站下載）。

(四) 任職於代操作廠商者，如以學、經歷報名參訓，應檢具下列文件（未齊備者，視同不符合參訓資格）：

1. 報名表 1 式 2 份。

2. 本項（一）、1.所列學歷證明文件。

3. 可證明屬合法廢水處理代操作廠商之證明文件影本（如公司登記執照或營利事業登記證…等）。

4. 應出具委任業者（本署列管事業）之水污染防治許可證文件影本（整份文件含代操作廠商名稱）；如無水污染防治許可證文件，則應出具廢水納管證明文件影本，且應出具具有廢水處理設備（施）之相關證明文件影本。許可證（文件）內容，若未明載代操作廠商名稱，則應附經地方主管機關核定代操作之相關證明。

5. 出具委任業者（本署列管事業）與代操作廠商簽訂之委任操作或全廠營運契（合）約書影本，契約之履約期限應涵蓋學員之參訓資格所需工作資歷，另工作內容需有廢水處理設（備）施操作與維護之相關工作項目，非屬前揭工作項目內容（例如廢水處理廠／設（備）施之興建），其工作資歷不予採認。

6. 派駐於委任業者（本署列管事業）與代操作廠商所開立之工作經驗證明，可同時用印或分別開立工作經驗證明後用印。

7. 足以佐證工作經驗證明之勞保等相關文件。

(五) 報名請依「環境保護專責及技術人員訓練管理辦法」第 3、4 條規定之資格（參考第三項表列參訓資格），自行填寫參訓班別並向所選填之訓練機構報名及繳費。學、經歷條件不符合本辦法規定者，請勿報名，即使測驗及格，概不核發合格證書。

(六) 當選填之訓練機構滿 40 人時，訓練機構即通知學員報到參訓，報到參訓後，中途不得要求更換班、期別，如經訓練機構安排參訓後，學員因故未報到者，原報名資料不退回，如欲再重新參訓者，應重新報名並檢附各項證明文件。

(七) 為避免報名人數不足，久不能開班，本署環境保護人員訓練所得協調北、中、南三區機動調整彙集「同區域」學員參訓成班。

(八) 密集班受訓期間約 2 週，採週一至週五，白天上課；夜間班受訓採週一至週五夜間上課；週末班利用週休及週日日間上課（約 7 週）。實習（實作）等相關課程必須安排於日間上班時間上課。

(九) 查詢報名情形請逕向所報名之訓練機構洽詢；如有學、經歷認定之疑義，亦可洽本署環境保護人員訓練所，電話：(03)4020789 轉 602~607。

八、訓練及格之認定

(一) 參訓學員結訓後應即參加當期由本署環境保護人員訓練所統一辦理之測驗，測驗地點採分區集中測驗，除事先經同意外，不得無故缺席或延後測驗。測驗類型共分筆試測驗及實作測驗 2 類，試題型態包括選擇題、簡答題（填充題）、計算題等，試題涉及法令者，一律以最新法令規定應試作答，請學員利用本署網站 (https://oaout.epa.gov.tw/law/)查閱最新公告法規。

(二) 訓練測驗期程請逕上本署環境保護人員訓練所網站（網址：https://www.epa.gov.tw/training/）公布之「年度集中測驗日程表」查詢（新）環保證照訓練→測驗訊息→年度集中測驗日程表）。

(三) 各測驗科目之練習題亦可至上列網址查詢下載參閱。應試作答一律以書面教材為準，所提供之練習題，屬輔助參考性質。

(四) 各科目之測驗成績以 100 分為滿分，60 分為及格，各科目成績均達 60 分以上者，方認定為訓練及格。

(五) 成績不及格者得申請補考，但以 2 次為限，惟不得分次、分科目（含學科及實作）。需補考者，得於結訓日起 1 年內至原訓練機構（亦可請原訓練機構協助安排至其他訓練機構）參加測驗，並應於測驗日 45 日前主動向原訓練機構報名（逾期不予受理），屆時無故缺考之科目，一律以 0 分計算。

(六) 請假（包括公假及曠、缺課）時數達總訓練時數 4 分之 1 以上者，即予退訓，應重新報名參訓，其已繳訓練費用不予退還。

(七) 當次測驗之成績由本署環境保護人員訓練所函知訓練機構寄發成績單，學員可至本署環境保護人員訓練所網頁（網址：https://www.epa.gov.tw/training/－（新）環保證照訓練－測驗訊息－測驗成績查詢）查詢成績；學員對測驗成績有異議者，得於成績通知單送達之次日起 30 日內，自本署環境保護人員訓練所網站下載或向訓練機構索取成績複查申請表格，填妥後併回郵信封（貼足郵資）郵寄至環境保護人員訓練所複查，成績複查以 1 次為限。

(八) 自結訓日起算超過 1 年未完成測驗（包括 2 次補考），視為放棄補考機會，不得再參加測驗；惟入伍服役或重大傷殘疾病住院達 2 個月以上等不可抗力之情形，且經申請核准在案者，始可展延補考期限。

(九) 測驗科目、涵蓋課程名稱、題型及測驗時間如下表：

1. 109 年 12 月 31 日止舊制課程參訓學員之測驗科目

訓練級別	測驗科目名稱	涵蓋訓練課程名稱	題型	測驗時間
甲級	1. 水污染防治法規	(1) 水污染防治法規 (2) 專責人員職掌與工作倫理	選擇題	50 分鐘
	2. 特性概論與水質分析	(1) 廢水特性概論 (2) 水質分析與實習	選擇題	40 分鐘
	3. 有機性廢水處理	有機性廢水處理	選擇題	40 分鐘
	4. 無機性廢水處理	無機性廢水處理	選擇題	40 分鐘
	5. 廢水處理單元操作維護	廢水處理單元操作維護	選擇題	50 分鐘
	6. 收集處理系統規劃與毒性處理	(1) 廢水收集處理系統規劃 (2) 毒性污染物質處理	選擇題	40 分鐘
	7. 處理廠營運管理	廢水處理廠營運管理	選擇題	40 分鐘
	8. 許可申報實務	水污染防治許可申報及實務	選擇題	40 分鐘
	9. 水質分析實作	水質分析與實習	圖片判讀填充題 ※書面試題資料收回	40 分鐘

訓練級別	測驗科目名稱	涵蓋訓練課程名稱	題型	測驗時間
甲級（續）	10.實務規劃與評析	(1) 廢水收集處理系統規劃 (2) 廢水特性概論 (3) 有機性廢水處理 (4) 無機性廢水處理 (5) 毒性污染物質處理	計算題 填充題	90分鐘
乙級	1. 水污染防治法規	(1) 水污染防治法規 (2) 專責人員職掌與工作倫理	選擇題	50分鐘
	2. 特性概論與水質分析	(1) 廢水特性概論 (2) 水質分析與實習	選擇題	40分鐘
	3. 理化處理單元	(1) 廢水處理物理單元 (2) 廢水處理化學單元	選擇題	40分鐘
	4. 生物及污泥處理單元	(1) 廢水處理生物單元 (2) 污泥處理	選擇題	40分鐘
	5. 廢水處理單元操作維護	廢水處理單元操作維護	選擇題	50分鐘
	6. 許可申報實務	水污染防治許可申報及實務	選擇題	40分鐘
	7. 水質分析實作	水質分析與實習	圖片判讀 填充題 ※書面試題資料收回	40
	8. 功能查核與評析	廢水處理設施功能查核與應變	選擇題 填充題 ※書面試題資料收回	90分鐘

※訓練測驗科目應涵蓋學員所參訓課程。

2. 110年1月1日起新制課程參訓學員之測驗科目

訓練級別	測驗科目名稱	涵蓋訓練課程名稱	題型	測驗時間
甲級	1. 廢（污）水防治法規	(1) 專責人員工作職掌與倫理 (2) 水污染防治法規簡介 （不含水污染防治措施與檢測申報辦法）	選擇題	50分鐘
	2. 廢（污）水防治及檢測簡介	(1) 水污染防治概論 (2) 污水下水道系統簡介 (3) 廢（污）水量測、檢測及監測方法簡介	選擇題	40分鐘

訓練級別	測驗科目名稱	涵蓋訓練課程名稱	題型	測驗時間
甲級（續）	3. 水措許可申請與檢測申報	水污染防治措施申請與檢測申報作業（含水污染防治措施與檢測申報辦法）	選擇題	40分鐘
	4. 廢（污）水處理系統監控系統與設備	廢（污）水處理系統監控系統與設備	選擇題	40分鐘
	5. 特殊性製程廢（污）水處理	(1) 特殊性有機製程廢（污）水處理概論 (2) 特殊性無機製程廢（污）水處理概論	選擇題	40分鐘
	6. 廢（污）水處理系統管理	(1) 廢（污）水回收與污泥減量概論 (2) 廢（污）水處理系統營運管理概論	選擇題	40分鐘
	7. 廢（污）水物化處理程序簡介	廢（污）水物化處理程序簡介	選擇題	50分鐘
	8. 廢（污）水生物處理程序簡介	廢（污）水生物處理程序簡介	選擇題	40分鐘
	9. 水污染防治措施操作維護、緊急應變與系統規劃設計	(1) 廢（污）水收集與處理系統規劃設計與試車驗收程序 (2) 水污染防治措施操作維護程序（含處理功能檢查） (3) 水措災害緊急應變程序	選擇題	40分鐘
乙級	1. 廢（污）水防治法規	(1) 專責人員工作職掌與倫理 (2) 水污染防治法規簡介（不含水污染防治措施與檢測申報辦法）	選擇題	50分鐘
	2. 廢（污）水防治及檢測簡介	(1) 水污染防治概論 (2) 污水下水道系統簡介 (3) 廢（污）水量測、檢測及監測方法簡介	選擇題	40分鐘
	3. 水措許可申請與檢測申報	水污染防治措施申請與檢測申報作業（含水污染防治措施與檢測申報辦法）	選擇題	40分鐘
	4. 廢（污）水處理系統監控系統與設備	廢（污）水處理系統監控系統與設備	選擇題	40分鐘
	5. 廢（污）水物化處理程序簡介	廢（污）水物化處理程序簡介	選擇題	50分鐘

訓練級別	測驗科目名稱	涵蓋訓練課程名稱	題型	測驗時間
乙級（續）	6. 廢（污）水生物處理程序簡介	廢（污）水生物處理程序簡介	選擇題	40 分鐘
	7. 水污染防治措施操作維護、緊急應變與系統規劃設計	(1) 廢（污）水收集與處理系統規劃設計與試車驗收程序 (2) 水污染防治措施操作維護程序(含處理功能檢查) (3) 水措災害緊急應變程序	選擇題	40 分鐘

※訓練測驗科目應涵蓋學員所參訓課程。

九、測驗規定

(一) 應考人員應遵守下列試場規定：

1. 應考人應於每節測驗開始後依座號就座，除應試當天表訂該項測驗第一節得於測驗時間開始後 10 分鐘內入場外，其餘各節均應準時入場，並於各節測驗開始 15 分鐘後方能出場。

2. 應考人就座後，應將准考證（學員證）及國民身分證置於桌面左前角，以備核對，並自行檢查測驗卷及答案卡之類別、級別及科目等有無錯誤，如發現不符，應即告知監考人員處理。

3. 應考人作答時答案卡應使用 2B 鉛筆應試，其他一律使用原子筆及鋼珠筆。

4. 應考人進入試場後不得交談或高聲喧嘩，且應試時不得攜帶手機或其他具有掃描、照相或錄製功能之物品或電子產品。

5. 應考人有下列各款情形之一者，予以扣考，不得繼續測驗，其已考之各科成績以零分計算，並須重新報名參訓：

(1) 冒名頂替者。

(2) 互換座位或測驗卷、答案卡者。

(3) 傳遞文稿、參考資料、書寫測驗有關文字之物件或信號者。

(4) 利用物品或電子產品拍攝、掃描試卷或題本等有關測驗文字。

(5) 將書籍文件置於抽屜中、桌椅下、座位旁或隨身攜帶並翻閱者。

(6) 不繳交測驗卷或試題者。

(7) 在桌椅、文具、肢體上或其他物件、場所刻畫、書寫、錄製或紀錄有關測驗資料者。

(8) 未遵守試場規定，不接受監場人員勸導或繳卷後仍逗留試場窗口，擾亂試場秩序者。

6. 未書寫或寫錯學號者，該科以零分計。

7. 應考人有下列各款情事之一者，扣除該科目成績 20 分：

(1)窺視他人測驗卷或試題發放後仍互相交談者，或使用其他紙張、物件抄寫試題者。

(2)測驗時間終止，仍繼續作答不繳卷者。

8. 應考人有下列各款情事之一者，扣除該科目成績 10 分：

(1) 應考期間未經監考人員許可擅離試場或移動座位者。

(2) 作答時出聲朗誦者或將測驗卷直立，不聽勸導者。

(3) 應試時攜帶手機或其他具有掃描、照相或錄製功能之物品或電子產品。

(4) 手機未設定為靜音或關機者。

9. 應考人有下列各款情事之一者，扣除該科目成績 5 分：

(1) 污損測驗卷者。

(2) 進場後交談或喧嘩者。

(3) 交卷後未即離場或未經監考人員許可走回座位或試場後方者。

（二）　測驗當日若遇颱風來襲，應變處理情形如下：

1. 測驗考場所在地區停止上班者，該地區該日測驗停止，若已進行測驗中，原則上測驗至當科測驗完畢。停止或未完成之測驗，另行擇期辦理。

2. 未停止上班之其他地區照常舉行測驗。學員若有個案需求，個案以請假處理。

十、合格證書之申請：測驗及格後可採郵寄、現場或線上等方式領證

(一) 採郵寄方式或親自至本署環境保護人員訓練所申領，應檢具資料如下：

1. 合格證書申請表（可至本署環境保護人員訓練所網頁下載）。

2. 證書費：新臺幣 1,000 元整。如親自領證者，得現場繳納；以郵寄領證者，請擇下列一種方式繳交證書費，並於收據存根（影本亦可）上註記申領人（參訓學員）姓名：

(1) 逕至郵局劃撥合格證書費（劃撥帳號：19318689、戶名：行政院環境保護署環境保護人員訓練所）。

(2) 逕至 ATM 以申領人晶片金融卡轉帳或金融機構匯款合格證書費（第一銀行中壢分行：代碼 007、戶名：行政院環境保護署環境保護人員訓練所、帳號：28110090001），轉帳或匯款手續費由申領人自行負擔。

3. 含掛號回郵之 A4 信封 1 份(親自領證者不需檢附)。

(二) 線上領證：不需填寫紙本申請表，採信用卡或金融卡付費，費用為新臺幣 1,044 元整（含郵資 44 元），請至下列網址並點選線上領證繳款：
https://record.epa.gov.tw/eptiweb/Voucher/wFrmLicPay.aspx。

(三) 報名時所繳各項證件如有偽造或不實情事者，除不予核發所請領廢水處理專責人員合格證書或撤銷合格證書外，並依法究辦。

(四) 未於接獲訓練及格通知之次日起 3 個月內申請核發合格證書者，其原參加訓練之課程、內容若有變更時，應依「環境保護專責及技術人員訓練管理辦法」第 21 條第 2 項規定，就其變更部分補正參加訓練成績及格後始得申請，並以 1 次為限。

十一、再訓練（重修）規定

(一) 不及格測驗科目不超過下列規定者，得申請該測驗科目所涵蓋訓練課程之再訓練（重修）：

訓練類別	得再訓練（重修）科目數
甲級廢（污）水處理專責人員訓練（不含乙升甲級）	2
乙級廢（污）水處理專責人員訓練	2

(二) 參訓學員完成第 2 次補考日（以參與測驗當月第 2 週之測驗日期為計算基準）起 3 個月內（含申請成績複查時間），得填具表格向原訓練機構申請再訓練（重修），再訓練（重修）及測驗各以 1 次為限，並應於 1 年內（以完成第 2 次補考結束日起算）完成再訓練（重修）及測驗。各訓練機構受理學員申請並完成查核後於適當班期開課時，通知申請人繳費上課。無故未於期限內辦理申請登記者，或登記後經安排而未於期限報到參加訓練者，視同放棄，不得再行提出申請。

(三) 申請參加再訓練（重修）之科目，學員上課期間不得請假，並應參加當期測驗，不得分科、分次辦理。測驗作業依本署環境保護人員訓練所訓練及格認定及測驗規定辦理。測驗不及格者，不得再申請補考；無故未參加當期測驗者，視為自動放棄，不得再參加測驗。

(四) 乙級升甲級參訓學員、甲級補正或乙級補正參訓學員經 2 次補考後，成績仍不及格者，不得申請再訓練（重修）。

法　規

Water Quality Analysis &
Experiment

6-1　放流水標準

中華民國 108 年 04 月 29 日行政院環境保護署環署水字第 1080028628 號令修正發布

放流水標準

第一條　本標準依水污染防治法（以下簡稱本法）第七條第二項規定訂定之。

第二條　事業、污水下水道系統及建築物污水處理設施之放流水標準，其水質項目及限值之規定如下：

一、事業

（一）晶圓製造及半導體製造業適用附表一。

（二）光電材料及元件製造業適用附表二。

（三）石油化學業適用附表三。

（四）化工業適用附表四。

（五）金屬基本工業、金屬表面處理業、電鍍業和印刷電路板製造業適用附表五。

（六）發電廠適用附表六。

（七）海水淡化廠適用附表七。

（八）前七款以外之事業適用附表八

二、污水下水道系統

（一）科學工業園區專用污水下水道系統適用附表九。

（二）石油化學專業區專用污水下水道系統適用附表十。

（三）其他工業區專用污水下水道系統適用附表十一。

（四）社區專用污水下水道系統適用附表十二。

（五）其他指定地區或場所專用污水下水道系統適用附表十三。

（六）公共污水下水道系統適用附表十四。

三、建築物污水處理設施適用附表十五。

事業、污水下水道系統排放廢（污）水於經直轄市、縣（市）主管機關公告應特予保護農地水體之排放總量管制區（以下稱總量管制區）內之特定承受水體者，其銅、鋅、總鉻、鎳、鎘、六價鉻之限值適用附表十六。但總量管制區內

之事業或污水下水道系統，未排放廢（污）水於總量管制區內特定承受水體者，不適用附表十六規定。

特定業別、區域之事業、污水下水道系統及建築物污水處理設施，另定有排放標準者，或直轄市、縣（市）主管機關依據本法第七條第二項增訂或加嚴轄內之放流水標準者，依其規定。

第二條之一　工業區污水下水道系統，其石油化學業和化工業許可核准納管水量達許可核准排放水量百分之五十以上者，適用附表十之規定；其石油化學業和化工業許可核准納管水量未達許可核准排放水量百分之五十者，適用附表十一之規定。

海水淡化廠排放之廢（污）水適用之放流水標準依下列規定：

一、以海水為原水，排放鹵水及過濾反洗廢水、薄膜清洗廢水或其他與海水淡化有關作業廢水混合排放者，適用附表七。

二、產生之廢（污）水採海洋放流管線排放於海洋者，適用海洋放流管線放流水標準。

第三條　　事業及其所屬公會或環境保護相關團體得隨時提出具體科學性數據、資料，供檢討修正之參考。

第四條　　本標準所定之化學需氧量限值，係以重鉻酸鉀氧化方式檢測之；真色色度，係以真色色度法檢測之。

第五條　　本標準用詞，定義如下：

一、總毒性有機物：指 1,2-二氯苯、1,3-二氯苯、1,4-二氯苯、1,2,4-三氯苯、甲苯、乙苯、三氯甲烷、1,2-二氯乙烷、二氯甲烷、1,1,1-三氯乙烷、1,1,2-三氯乙烷、二氯溴甲烷、四氯乙烯、三氯乙烯、1,1-二氯乙烯、2-氯酚、2,4-二氯酚、4-硝基酚、五氯酚、2-硝基酚、酚、2,4,6-三氯酚、鄰苯二甲酸乙己酯、鄰苯二甲酸二丁酯、鄰苯二甲酸丁苯酯、蒽、1,2-二苯基聯胺、異佛爾酮、四氯化碳及萘，計三十種化合物之濃度總和。

二、石油化學業高含氮製程：指下列含氮製程，且作業廢水水量達放流口許可核准之排放水量百分之四十以上者：

（一）三氟化氮與電子級液氨製造程序。

（二）甲基丙烯酸酯類(MMA)化學製造程序。

（三）丙烯腈製造程序。

（四）丙烯腈－丁二烯共聚合物(AB)化學製造程序。

（五）丙烯腈－丁二烯苯乙烯共聚合物(ABS)化學製造程序。

（六）丙烯腈－苯乙烯共聚合物(AS)化學製造程序。

（七）己內醯胺製造程序。

（八）硫酸銨化學製造程序。

（九）聚醯胺塑膠（尼龍）製造程序。

三、化工業高含氮製程：指下列含氮製程，且作業廢水水量達放流口許可核准之排放水量百分之四十以上之化工業者：

（一）氨化學製造程序。

（二）氮肥製造程序。

（三）銨肥化學製造程序。

（四）磷酸銨鹽肥料製造程序。

（五）含氮複肥製造程序。

（六）三氟化氮製造程序。

（七）硫酸銨化學製造程序。

（八）乙二胺四醋酸鹽(EDTA)化學製造程序。

（九）其他銨鹽製造程序。

（十）丙烯腈製造程序。

（十一）尿素化學製造程序。

（十二）苯胺製造程序。

（十三）己內醯胺製造程序。

（十四）乙醇胺化學製造程序。

（十五）酸胺化學製造程序。

（十六）其他合成胺及腈合物製造程序。

（十七）甲基丙烯酸酯類(MMA)化學製造程序。

（十八）氨基甲酸酯製造程序。

（十九）尿素甲醛樹脂製造程序。

（二十）三聚氰胺樹脂製造程序。

（二十一）聚丙烯腈纖維製造程序。

（二十二）聚醯胺塑膠（尼龍）製造程序。

（二十三）丙烯腈－丁二烯共聚合物(AB)化學製造程序。

（二十四）丙烯腈－丁二烯－苯乙烯共聚合物(ABS)化學製造程序。

（二十五）丙烯腈－苯乙烯共聚合物(AS)化學製造程序。

（二十六）染料製造程序（偶氮染料）。

（二十七）　煉焦相關程序，含焦碳製造之副產品程序、焦碳製造之蜂巢程序、流體焦碳製造程序、石油焦煉製程序等。

四、戴奧辛：指以檢測 2,3,7,8-四氯戴奧辛(2,3,7,8-Tetrachlorinateddibenzo-p-dioxin,2,3,7,8-TeCDD)，2,3,7,8-四氯呋喃(2,3,7,8-Tetrachlorinateddibenzofuran,2,3,7,8-TeCDF)及 2,3,7,8-氯化之五氯(Penta-)，六氯(Hexa-)，七氯(Hepta-)與八氯(Octa-)戴奧辛及呋喃等共十七項化合物所得濃度，乘以國際毒性當量因子(International Toxicity Equivalency Factor, I-TEF)之總和計算之，以總毒性當量(Toxicity Equivalency Quantity of 2,3,7,8-tetrachlorinated dibenzo-p-dioxin, TEQ)表示。

五、總有機磷劑：指達馬松、美文松、滅賜松、普伏松、亞素靈、福瑞松、大滅松、托福松、大利松、大福松、二硫松、甲基巴拉松、亞特松、撲滅松、馬拉松、陶斯松、芬殺松、巴拉松、甲基溴磷松、賽達松、乙基溴磷松、滅大松、普硫松、愛殺松、三落松、加芬松、一品松、裕必松、谷速松計二十九種化合物之濃度總和。

六、總氨基甲酸鹽：指滅必蝨、加保扶、納乃得、安丹、丁基滅必蝨、歐殺滅、得滅克、加保利、滅賜克計九種化合物之濃度總和。

七、除草劑：指丁基拉草、巴拉刈、二、四－地、拉草、全滅草、嘉磷塞、二刈計七種化合物之濃度總和。

八、七日平均值：指間隔每四至八小時採樣一次，每日共四個水樣，混合成一個水樣檢測分析，連續七日測值之算術平均。

第六條　本標準各項目限值，除氫離子濃度指數為一範圍外，均為最大限值，其單位如下：

一、氫離子濃度指數：無單位。

二、真色色度：無單位。

三、大腸桿菌群：每一百毫升水樣在濾膜上所產生之菌落數(CFU/100 mL)。

四、戴奧辛：皮克－國際－總毒性當量／公升(pg I-TEQ/L)。

五、其餘各項目：毫克／公升。

第七條　本標準各項目限值，除水溫及氫離子濃度指數外，事業或污水下水道系統自水體取水作為冷卻或循環用途之未接觸冷卻水，如排放於原取水區位之地面水體，不適用本標準。

第八條　事業、污水下水道系統及建築物污水處理設施，同時依本標準適用範圍，有二種以上不同業別或同一業別有不同製程，其廢水混合處理及排放者，應符合各該業別之放流水標準。相同之管制項目有不同管制限值者，應符合較嚴之限值

標準。各業別中之一種業別廢水水量達總廢水量百分之七十五以上，並裝設有獨立專用累計型水量計測設施者，得向主管機關申請對共同管制項目以該業別放流水標準管制。

前項廢水量所佔比例，以申請日前半年之記錄計算之。

第九條　本標準除另定施行日期者外，自發布日施行。

6-2　飲用水水源水質標準

中華民國 86 年 9 月 24 日行政院環境保護署環署毒字第 56075 號令訂定發布

第一條　本標準依飲用水管理條例（以下簡稱本條例）第六條第二項規定訂定之。

第二條　本標準專有名詞定義如下：

一、原水：指未經淨化處理之水。

二、淨水處理設備：指為淨化處理原水使其適於飲用所設置具備加藥、混凝、沉澱、過濾、消毒功能或其他高級處理之設備。

三、原水前處理設備：指為減輕淨水處理設備處理負擔，於原水進入淨水處理設備前先行處理所設置之設備。

第三條　水源水質檢驗之採樣地點如下：

一、自來水水源：於供水單位取水後進入淨水場內之淨水處理設備前之足以代表該水源水質之適當地點採樣；取水後先經原水前處理設備處理後再進入淨水處理設備者，亦同；無原水前處理設備或淨水處理設備者，應於供水單位取水後足以代表該水源水質之適當地點採樣。

二、簡易自來水或社區自設公共給水水源：於管理單位取水後進入淨水處理設備前之足以代表該水源水質之適當地點採樣；取水後先經原水前處理設備處理後再進入淨水處理設備者，亦同；無原水前處理設備或淨水處理設備者，應於管理單位取水後足以代表該水源水質之適當地點採樣。

三、包裝水水源：於包裝水業者取水後未經以任何設備或方式輸送或裝載進入工廠生產前之足以代表該水源水質之適當地點採樣。

四、盛裝水水源：於盛裝水業者取水後未進入淨水處理設備或貯水設備前，或尚未以管線、載水車或其他容器、設備輸送、盛裝或裝載之前採樣。

五、供公眾飲用之連續供水固定設備水源：於水源進入該設備前之適當地點採樣，無適當地點採樣時，應於足以代表該水源水質之其他出水口處採樣。

前項採樣地點由供水單位、管理單位或包裝水、盛裝水業者報請當地主管機關核定。

第四條　因暴雨或其他天然災害，造成自來水、簡易自來水及社區自設公共給水水源水質惡化時，供水單位或管理單位應於事實發生後，立即採取應變措施，並於四十八小時內報請中央主管機關核准，於核准期間內得不適用本標準之規定。

第五條　地面水體或地下水體作為自來水及簡易自來水之飲用水水源者，其水質應符合下列規定：

項　　目	最　大　限　值	單　　位
大腸桿菌群密度	二〇、〇〇〇（具備消毒單元者） 五〇（未具備消毒單元者）	MPN/一〇〇毫升或 CFU/一〇〇毫升
氨氮（以 NH_3-N 表示）	一	毫克／公升
化學需氧量（以 COD 表示）	二五	毫克／公升
總有機碳（以 TOC 表示）	四	毫克／公升
砷（以 As 表示）	〇・〇五	毫克／公升
鉛（以 Pb 表示）	〇・〇五	毫克／公升
鎘（以 Cd 表示）	〇・〇一	毫克／公升
鉻（以 Cr 表示）	〇・〇五	毫克／公升
汞（以 Hg 表示）	〇・〇〇二	毫克／公升
硒（以 Se 表示）	〇・〇五	毫克／公升

第六條　地面水體或地下水體作為社區自設公共給水、包裝水、盛裝水及公私場所供公眾飲用之連續供水固定設備之飲用水水源者，其單一水樣水質應符合下列規定：

項　　目	最　大　限　值	單　　位
大腸桿菌群密度	六（作為盛裝水水源及公私場所供公眾飲用之連續供水固定設備水源者） 五〇（作為社區自設公共給水、包裝水之水源者）	MPN/一〇〇毫升或 CFU/一〇〇毫升
濁度	四	NTU 單位
色度	十五	鉑鈷單位
臭度	三	初嗅數
鉛（以 Pb 表示）	〇・〇五	毫克／公升
鉻（以 Cr 表示）	〇・〇五	毫克／公升
鎘（以 Cd 表示）	〇・〇〇五	毫克／公升
鋇（以 Ba 表示）	二・〇	毫克／公升

項　　　　目	最　大　限　值	單　　　　位
銻（以 Sb 表示）	〇・〇一	毫克／公升
鎳（以 Ni 表示）	〇・一	毫克／公升
銀（以 Ag 表示）	〇・〇五	毫克／公升
鐵（以 Fe 表示）	〇・三	毫克／公升
錳（以 Mn 表示）	〇・〇五	毫克／公升
銅（以 Cu 表示）	一・〇	毫克／公升
鋅（以 Zn 表示）	五・〇	毫克／公升
硒（以 Se 表示）	〇・〇一	毫克／公升
砷（以 As 表示）	〇・〇五	毫克／公升
汞（以 Hg 表示）	〇・〇〇二	毫克／公升
氰鹽（以 CN^- 表示）	〇・〇五	毫克／公升
氟鹽（以 F^- 表示）	〇・八	毫克／公升
硝酸鹽氮（以 NO_3^--N 表示）	一〇・〇	毫克／公升
亞硝酸鹽氮（以 NO_2^--N 表示）	〇・一	毫克／公升
氨氮（以 NH_3-N 表示）	〇・一	毫克／公升
氯鹽（以 Cl^- 表示）	二五〇	毫克／公升
硫酸鹽（以 SO_4^{2-} 表示）	二五〇	毫克／公升
酚類（以酚表示）	〇・〇〇一	毫克／公升
總溶解固體量	五〇〇	毫克／公升
陰離子界面活性劑（以 MBAS 表示）	〇・五	毫克／公升
總三鹵甲烷	〇・一	毫克／公升
三氯乙烯	〇・〇〇五	毫克／公升
四氯化碳	〇・〇〇五	毫克／公升
1,1,1-三氯乙烷	〇・二	毫克／公升
1,2-二氯乙烷	〇・〇〇五	毫克／公升
氯乙烯	〇・〇〇二	毫克／公升
苯	〇・〇〇五	毫克／公升
對-二氯苯	〇・〇七五	毫克／公升
1,1-二氯乙烯	〇・〇〇七	毫克／公升
安殺番	〇・〇〇三	毫克／公升
靈丹	〇・〇〇四	毫克／公升
丁基拉草	〇・〇二	毫克／公升
2,4-地	〇・一	毫克／公升
巴拉刈	〇・〇一	毫克／公升
納乃得	〇・〇一	毫克／公升

項　　　目	最　大　限　值	單　　　位
加保扶	〇‧〇二	毫克／公升
滅必蝨	〇‧〇二	毫克／公升
達馬松	〇‧〇二	毫克／公升
大利松	〇‧〇二	毫克／公升
巴拉松	〇‧〇二	毫克／公升
一品松	〇‧〇〇五	毫克／公升
亞素靈	〇‧〇一	毫克／公升

第七條　　地面水體或地下水體作為自來水及簡易自來水之飲用水水源者，經檢驗其水質任一項目超過第五條最大限值時，主管機關應針對該項目每十五日至二十五日檢驗一次，並持續檢驗五次。

　　　　　依前項檢驗之六次算術平均值超過第五條所定最大限值時，即認定該水源水質不符合本標準之規定。

第八條　　本標準各水質項目之檢驗方法，由中央主管機關訂定公告之。

第九條　　主管機關辦理水源水質之檢驗，得委託合格之檢驗測定機構協助辦理。

第十條　　本標準自中華民國八十七年五月二十一日施行。

6-3 飲用水水質標準 ❯

 中華民國 106 年 1 月 10 日行政院環境保護署環署毒字第 1060000881 號令修正發布
第三條、第四條、第五條

第一條　本標準依飲用水管理條例（以下簡稱本條例）第十一條第二項規定訂定之。

第二條　本標準適用於本條例第四條所定飲用水設備供應之飲用水及其他經中央主管機關指定之飲用水。

第三條　本標準規定如下：

一、細菌性標準：（總菌落數採樣地點限於有消毒系統之水廠配水管網）

項目	最大限值	單位
1. 大腸桿菌群 (Coliform Group)	6（多管發酵酵法）	MPN/100 毫升
	6（濾膜法）	CFU/100 毫升
2. 總菌落數 (Total Bacterial Count)	100	CFU/毫升

二、物理性標準：

項目	最大限值	單位
1. 臭度(Odour)	3	初嗅數
2. 濁度(Turbidity)	2	NTU
3. 色度(Colour)	5	鉑鈷單位

三、化學性標準：

（一）影響健康物質：

項目	最大限值	單位
1. 砷(Arsenic)	0.01	毫克／公升
2. 鉛(Lead)	0.01	毫克／公升
3. 硒(Selenium)	0.01	毫克／公升
4. 鉻（總鉻）(Total Chromium)	0.05	毫克／公升
5. 鎘(Cadmium)	0.005	毫克／公升
6. 鋇(Barium)	2.0	毫克／公升

	項目	最大限值	單位
7.	銻(Antimony)	0.01	毫克／公升
8.	鎳(Nickel)	0.01	毫克／公升
		0.07 自中華民國 107 年 7 月 1 日施行。	
		0.02 自中華民國 109 年 7 月 1 日施行。	
9.	汞(Mercury)	0.002	毫克／公升
		0.001 自中華民國 109 年 7 月 1 日施行。	
10.	氰鹽（以 CN-計）(Cyanide)	0.05	毫克／公升
11.	亞硝酸鹽氮（以氮計）(Nitrite-Nitrogen)	0.1	毫克／公升
消毒副產物	12. 總三鹵甲烷(Total Trihalomethanes)	0.08	毫克／公升
	13. 鹵乙酸類(Haloacetic acids)（本管制項目濃度係以檢測一氯乙酸(Monochloroacetic acid, MCAA)、二氯乙酸(Dichloroacetic acid, DCAA)、三氯乙酸(Trichloroacetic acid, TCAA)、一溴乙酸(Monobromoacetic acid, MBAA)、二溴乙酸(Dibromoacetic acid, DBAA)等共 5 項化合物(HAA5)所得濃度之總和計算之。）	0.060	毫克／公升
	14. 溴酸鹽(Bromate)	0.01	毫克／公升
	15. 亞氯酸鹽(Chlorite)（僅限添加氣態二氧化氯消毒之供水系統）	0.7	毫克／公升

項目	最大限值	單位
16. 三氯乙烯(Trichloroethene)	0.005	毫克／公升
17. 四氯化碳(Carbon tetrachloride)	0.005	毫克／公升
18. 1,1,1-三氯乙烷(1,1,1-Trichloro-ethane)	0.20	毫克／公升
19. 1,2-二氯乙烷(1,2-Dichloroethane)	0.005	毫克／公升
20. 氯乙烯(Vinyl chloride)	0.002 0.000.3 自中華民國 107 年 7 月 1 日施行。	毫克／公升
21. 苯(Benzene)	0.005	毫克／公升
22. 對－二氯苯(1,4-Dichlorobenzene)	0.075	毫克／公升
23. 1,1-二氯乙烯(1,1-Dichloroethene)	0.007	毫克／公升
24. 二氯甲烷(Dichloromethane)	0.02	毫克／公升
25. 鄰－二氯苯(1,2-Dichlorobenzene)	0.6	毫克／公升
26. 甲苯(Toluene)	0.7	毫克／公升
27. 二甲苯(Xylenes) （本管制項目濃度係以檢測鄰-二甲苯(1,2-Xylene)、間-二甲苯(1,3-Xylene)、對-二甲苯(1,4-Xylene)等共 3 項同分異構物所得濃度之總和計算之。）	0.5	毫克／公升
28. 順-1,2-二氯乙烯(cis-1,2-Dichloroethene)	0.07	毫克／公升
29. 反-1,2-二氯乙烯(trans-1,2-Dichloroethene)	0.1	毫克／公升
30. 四氯乙烯(Tetrachloroethene)	0.005	毫克／公升
31. 安殺番(Endosulfan)	0.00.3	毫克／公升
32. 靈丹(Lindane)	0.0002	毫克／公升
33. 丁基拉草(Butachlor)	0.02	毫克／公升
34. 2,4-地(2,4-D)	0.07	毫克／公升
35. 巴拉刈(Paraquat)	0.01	毫克／公升
36. 納乃得(Methomyl)	0.01	毫克／公升
37. 加保扶(Carbofuran)	0.02	毫克／公升
38. 滅必蝨(Isoprocarb)	0.02	毫克／公升
39. 達馬松(Diazinon)	0.02	毫克／公升
40. 大利松(Diazinon)	0.005	毫克／公升
41. 巴拉松(Parathion)	0.02	毫克／公升
42. 一品松(EPN)	0.005	毫克／公升
43. 亞素靈(Monocrotophos)	0.003	毫克／公升

揮發性有機物

農藥

項目	最大限值	單位
44. 戴奧辛(Dioxin) 本管制項目濃度係以檢測 2,3,7,8-四氯戴奧辛(2,3,7,8-Tetrachlorinated dibenzo-p-dioxin-2,3,7,8-TeCDD)，2,3,7,8-四氯呋喃 (2,3,7,8-Tetra chlorinated dibenzofuran, 2,3,7,8-TeCDF)及 2,3,7,8-氯化之五氯(Penta-)，六氯(Hexa-)，七氯(Hepta-)與八氯(Octa-)戴奧辛及喃呋等共十七項化合物所得濃度，乘以世界衛生組織所訂戴奧辛毒性當量因子(WHO-TEFs)之總和計算之，並以總毒性當量(TEQ)表示。（淨水場周邊五公里範圍內有大型污染源者，應每年檢驗一次，如連續兩年檢測值未超過最大限值，自次年起檢驗頻率得改為兩年一次。）	3	皮克－世界衛生組織－總毒性當量／公升 (pg-WHO-TEQ/L)

（左側直排：持久性有機污染物）

（二）可能影響健康物質：

項目	最大限值	單位
1. 氟鹽（以 F-計）(Fluoride)	0.8	毫克／公升
2. 硝酸鹽氮（以氮計）(Nitrate-Nitrogen)	10.0	毫克／公升
3. 銀(Silver)	0.05	毫克／公升
4. 鉬(Molybdenum) （淨水場取水口上游周邊五公里範圍內有半導體製造業、光電材料及元件製造業等污染源者，應每季檢驗一次，如連續兩年檢測值未超過最大限值，自次年起檢驗頻率得改為每年檢驗一次。）	0.07	毫克／公升
5. 銦(Indium) （淨水場取水口上游周邊五公里範圍內有半導體製造業、光電材料及元件製造業等污染源者，應每季檢驗一次，如連續兩年檢測值未超過最大限值，自次年起檢驗頻率得改為每年檢驗一次。）	0.07	毫克／公升

（三）影響適飲性、感觀物質：

項目	最大限值	單位
1. 鐵(Iron)	0.3	毫克／公升
2. 錳(Manganese)	0.05	毫克／公升
3. 銅(Copper)	1.0	毫克／公升
4. 鋅(Zinc)	5.0	毫克／公升
5. 硫酸鹽（以 SO_4^{2-} 計）(Sulfate)	250	毫克／公升
6. 酚類（以酚計）(Phenols)	0.001	毫克／公升
7. 陰離子界面活性劑(MBAS)	0.5	毫克／公升
8. 氯鹽（以 Cl^- 計）(Chloride)	250	毫克／公升
9. 氨氮（以氮計）(Ammonia-Nitrogen)	0.1	毫克／公升
10. 總硬度（以 $CaCO_3$ 計）(Total Hardness as $CaCO_3$)	300	毫克／公升
11. 總溶解固體量(Total Dissolved Solids)	500	毫克／公升
12. 鋁(Aluminium)（本管制項目濃度係以檢測總鋁形式之濃度）	0.3 0.2 自中華民國 108 年 7 月 1 日施行。陸上颱風警報期間水源濁度超過 500NTU 時，及警報解除後三日內水源濁度超過 1000NTU 時，鋁標準不適用。	毫克／公升

（四）有效餘氯限值範圍（僅限加氯消毒之供水系統）：

項目	限值範圍	單位
自由有效餘氯(Free Residual Chlorine)	0.2~1.0	毫克／公升

（五）氫離子濃度指數（公私場所供公眾飲用之連續供水固定設備處理後之水，不在此限）限值範圍：

項目	限值範圍	單位
氫離子濃度指數（pH 值）	6.0~8.5	無單位

第四條　自來水、簡易自來水、社區自設公共給水因暴雨或其他天然災害致飲用水水源濁度超過 1500 NTU 時，其飲用水水質濁度最大限值為 4 NTU。

　　　　前項飲用水水源濁度檢測數據，由自來水事業、簡易自來水管理單位或社區自設公共給水管理單位提供。

第五條　自來水、簡易自來水、社區自設公共給水因暴雨或其他天然災害致飲用水水源濁度超過 1500 NTU 時，其飲用水水質自由有效餘氯（僅限加氯消毒之供水系統）得適用下列水質標準：

項目	限值範圍	單位
自由有效餘氯(Free Residual Chlorine)	0.2~2.0	毫克／公升

第六條　（刪除）

第七條　本標準所定各水質項目之檢驗方法，由中央主管機關訂定公告之。

第八條　主管機關辦理本標準水質之檢驗，得委託合格之檢驗測定機構協助辦理。

第九條　本標準規定事項，除另定施行日期者外，自發布日施行。

6-4　下水道法

中華民國 107 年 5 月 23 日華總一義字第 10700055471 號令公布修正

第一章　總　則

第一條　為促進都市計畫地區及指定地區下水道之建設與管理，以保護水域水質，特制定本法；本法未規定者適用其他法律。

第二條　本法用辭定義如左：
一、下水：指排水區域內之雨水、家庭污水及事業廢水。
二、下水道：指為處理下水而設之公共及專用下水道。
三、公共下水道：指供公共使用之下水道。
四、專用下水道：指供特定地區或場所使用而設置尚未納入公共下水道之下水道。
五、下水道用戶：指依本法及下水道管理規章接用下水道者。
六、用戶排水設備：指下水道用戶因接用下水道以排洩下水所設之管渠及有關設備。
七、排水區域：指下水道依其計畫排除下水之地區。

第三條　本法所稱主管機關：在中央為內政部；在直轄市為直轄市政府；在縣（市）為縣（市）政府。

第四條　中央主管機關辦理左列事項：
一、下水道發展政策、方案之訂定。
二、下水道法規之訂定及審核。
三、直轄市、縣（市）下水道系統發展計畫之核定。
四、直轄市、縣（市）下水道建設、管理與研究發展之監督及輔導。
五、下水道操作、維護人員之技能檢定及訓練。
六、下水道技術之研究發展。
七、跨越直轄市與縣（市）或二縣（市）以上下水道規劃、建設及管理之協調。
八、其他有關全國性下水道事宜。

前項各款事項涉及環保及水利者，應會同中央環保及水利主管機關辦理之。

第五條　直轄市主管機關辦理左列事項：

一、直轄市下水道建設之規劃及實施。

二、直轄市下水道法規之訂定。

三、直轄市下水道技術之研究發展。

四、直轄市屬下水道之管理。

五、直轄市下水道操作、維護人員之訓練。

六、其他有關直轄市下水道事宜。

第六條　縣主管機關辦理左列事項：

一、縣下水道建設之規劃及實施。

二、縣下水道單行規章之訂定。

三、縣屬下水道之管理。

四、鄉（鎮、市）下水道建設與管理之監督及輔導。

五、其他有關縣下水道事宜。

省轄市下水道，由省轄市主管機關準用前項第一款至第三款及第五款之規定辦理。

第七條　公共下水道，由地方政府或鄉（鎮、市）公所建設及管理。但必要時主管機關得指定有關之公營事業機構建設、管理之。

第八條　政府機關或公營事業機構新開發社區、工業區或經直轄市、縣（市）主管機關指定之地區或場所，應設置專用下水道，由各該開發之機關或機構建設、管理之。

私人新開發社區、工業區或經直轄市、縣（市）主管機關指定之地區或場所，應設置專用下水道。但必要時，得由當地政府、鄉（鎮、市）公所或指定有關之公營事業機構建設、管理之。其建設費依建築基地及樓地板面積計算分擔之。

前項應分擔之建設費於申請核發建造執照時，向各該建築物起造人徵收之。建設費徵收辦法，由中央主管機關定之。

第九條　中央、直轄市及縣（市）主管機關，為建設及管理下水道，應指定或設置下水道機構，負責辦理下水道之建設及管理事項。

第二章　工程及建設

第十條　下水道工程設施標準，由中央主管機關定之。

第十一條　直轄市、縣（市）主管機關，應視實際需要，配合區域排水系統，訂定區域性下水道計畫，報請中央主管機關核定後，循法定程序納入都市計畫或區域計畫實施。

第十二條　下水道工程之施工，應與其他有關公共設施同時規劃並配合進行。

第十三條　下水道機構因工程上之必要，得洽商有關主管機關使用河川、溝渠、橋樑、涵洞、堤防、道路、公園、綠地等。但以不妨礙原有效用為限。

第十四條　下水道機構因工程上之必要，得在公、私有土地下埋設管渠或其他設備，其土地所有人、占有人或使用人不得拒絕。但應擇其損害最少之處所及方法為之，並應支付償金。如對處所及方法之選擇或支付償金有異議時，應報請中央主管機關核定後為之。

　　　　　因埋設前項管渠或其他設備，致其土地所有權人無法附建防空避難設備或法定停車場時，經當地主管建築機關勘查屬實者，得就該埋設管渠或其他設備直接影響部分，免予附建防空避難設備或法定停車場。

第十五條　下水道機構因管渠或有關設之規劃、設計與施工而須將其他地下設施為必要之處置時，應事先與有關機關取得協議。協議不成，應報請主管機關會商有關機關決定之。

第十六條　下水道機構因勘查、測量、施工或維護下水道，臨時使用公、私土地時，土地所有人、占有人或使用人不得拒絕。但提供使用之土地因而遭受損害時，應予補償。如對補償有異議時，應報請中央主管機關核定後為之。

第十七條　下水道之規劃、設計及監造，得委託登記開業之有關專業技師辦理。其由政府機關自行規劃、設計及監造者，應由符合中央主管機關規定之技術人員擔任之。

第十八條　下水道設施之操作、維護，應由技能檢定合格人員擔任之。其技能檢定辦法，由中央主管機關定之。

第三章　使用、管理

第十九條　下水道機構，應於下水道開始使用前。將排水區域、開始使用日期、接用程序及下水道管理規章公告週知。

　　　　　下水道排水區域內之下水，除經當地主管機關核准者外，應依公告規定排洩於下水道之內。

第二十條　用戶排水設備之管理、維護，由下水道用戶自行負責。

第二十一條　用戶排水設備，應由登記合格之下水道用戶排水設備承裝商或自來水管承裝商承裝。承裝商僱用之技工，應經技能檢定合格，並經中央主管機關訓練合格。

　　　　　前項下水道用戶排水設備承裝商管理規則，由中央主管機關定之。

第二十二條　用戶排水設備須經下水道機構檢驗合格，始得連接於下水道。其檢驗不合格者，下水道機構應限期責令改善。

　　　　　　用戶排水設備之標準，由中央主管機關定之。

第二十三條　卜水道用戶非使用他人之排水設備不能排洩下水者，應申請下水道機構核准，始得連接使用，並應按受益程度分擔其設置、使用及維護費用。

　　　　　　前項用戶排水設備如需擴充、改良始得連接使用者，其擴充、改良費用，由申請連接之用戶負擔。

第二十四條　下水道機構，得派員攜帶證明文件檢查用戶排水設備、測定流量、檢驗水質。

第二十五條　下水道可容納排入之下水水質標準，由下水道機構擬訂，報請直轄市、縣（市）主管機關核定後公告之。

　　　　　　下水道用戶排洩下水，超過前項規定標準者，下水道機構應限期責令改善；其情節重大者，得通知停止使用。

第四章　使用費

第二十六條　用戶使用下水道，應繳納使用費；其計收方式如左：
一、按下水道用戶使用自來水及其他用水之用量比例計收。
二、按下水道用戶排放之下水水質及水量計收。
三、其他經主管機關核定之方式。

　　　　　　前項使用費計算公式及徵收辦法，由直轄市、縣（市）主管機關擬定，報請中央主管機關核定之。

第二十七條　下水道用戶不依規定繳納下水道使用費者，得自繳納期限屆滿之次日起，每逾三日加徵應納使用費額百分之一滯納金；逾期一個月經催告而仍不繳納者，得移送法院裁定後強制執行。

第五章　監督與輔導

第二十八條　下水道排放之放流水，超過水污染防治主管機關規定之放流水標準者，下水道機構應即改善。

第二十九條　主管機關對於未依規定期限，設置用戶排水設備並完成與下水道連接使用者，除依第三十二條規定處罰外，並得命下水道機構代為辦理，所需費用由下水道用戶負擔。

前項下水道用戶，應負擔之費用，經催告逾期不繳納者，得移送裁定後強制執行。

第三十條　　直轄市、縣（市）主管機關，應定期檢查下水道機構各項設施、放流水水質、器材、財務與有關資料及記錄。

第六章　罰則

第三十一條　毀損下水道主要設備或以其他行為使下水道不堪使用或發生危險者，處六個月以上五年以下有期徒刑，得併科五千元以上五萬元以下罰金。

第三十二條　下水道用戶有下列情事之一者，處新臺幣一萬元以上十萬元以下罰鍰：

一、　不依規定期限將下水排洩於下水道者。

二、　違反第二十二條規定，未經檢驗合格而連接使用，或經檢驗不合格而不依限期改善者。

三、　拒絕下水道機構依第二十四條規定之檢查或檢驗者。

四、　違反第二十五條第二項規定，未能於限期內改善者。

工廠、礦場或經水污染防治法之中央主管機關指定之事業，經依前項第四款規定處罰三次而仍未能改善者，直轄市、縣（市）主管機關得通知停止使用或報請其目的事業主管機關予以停業處分。

第三十三條　本法所定之罰鍰，由主管機關處罰；經通知而逾期不繳納者，得移送法院強制執行。

第七章　附則

第三十四條　本法施行細則，由中央主管機關定之。

第三十五條　本法自公布日施行。

6-5　下水道法施行細則

中華民國 75 年 7 月 14 日內政部台內營字第 421849 號令發布施行
中華民國 76 年 4 月 13 日內政部台內營字第 488652 號令修正
中華民國 86 年 7 月 16 日內政部台內營字第 8673235 號令修正
中華民國 88 年 12 月 23 日內政部台內營字第 8878333 號令修正第四條、第十條條文
中華民國 96 年 6 月 5 日內政部台內營字第 0960080368 號令修正第十七條之一條文

第一條　本細則依下水道法（以下簡稱本法）第三十四條規定訂定之。

第二條　本法第一條所稱指定地區，指都市計畫地區以外之左列地區：

一、水污染管制區。

二、自來水水源之水質水量保護區域。

三、工業區。

四、其他經主管機關指定之地區。

第三條　本法所稱下水道分為左列三種：

一、雨水下水道：專供處理雨水之下水道。

二、污水下水道：專供處理家庭污水及事業廢水之下水道。

三、合流下水道：供處理雨水、家庭污水及事業廢水之下水道。

第四條　本法第八條所稱新開發社區、工業區，係指符合下列條件之地區，其申請開發時經主管機關認定其開發完成時公共下水道尚無法容納其廢污水者：

一、新開發社區：可容納五百人以上居住或總計興建一百住戶以上之社區。

二、新開發工業區：

（一）　政府機關、公民營事業機構開發供事業設廠之地區。

（二）　事業於政府依法劃設供工業使用之土地設廠，其基地面積達二公頃以上者。

前項第一款之新開發社區其人口計算基準如左：

一、實施都市計畫地區：以建築物污水處理設施設計技術規範所定使用人數方式計算。

二、實施都市計畫以外地區：以每人使用三十平方公尺之樓地板面積計算。

第五條　依本法第八條規定應設置專用下水道之地區或場所，於設置專用下水道前，應檢附專用下水道規劃及設計圖說等資料，申請該管主管機關核准，始得施工；完工後，須經下水道主管機關查驗合格，始得使用。

在前項地區或場所內興建建築物，應於專用下水道完工經查驗合格後，始得核發使用執照。

第六條　下水道設施用地在都市計畫範圍內者，下水道機構得洽請都市計畫主管機關依都市計畫法之規定設置下水道設施用地。

第七條　依本法第十四條規定使用公、私有土地時，下水道機構應於工程計畫訂定後，以書面通知土地所有人、占有人或使用人。

前項通知書應記載左列事項：
一、預定開工日期。
二、施工範圍。
三、埋設物之尺寸及構造。
四、施工方法。
五、施工期間。
六、償金。
七、償金支付日期及領取償金時所應提示之證件。

第八條　依本法第十六條規定臨時使用公、私有土地時，下水道機構應以書面通知土地所有人、占有人或使用人，如情況急迫，得先行施工，補行通知。

第九條　土地所有人、占有人或使用人依本法第十四條第一項但書或第十六條但書提出異議者，應於前二條之通知到達後三十日內，以書面向下水道機構為之，逾期不予受理。

第十條　本法第十四條、第十六條規定支付之償金或補償，其標準由直轄市、縣（市）主管機關訂定之。

第十一條　在公、私有土地內既有之下水道管渠或其他設施，非經主管機關核准，土地所有人、占有人或使用人不得變更。

第十二條　（刪除）

第十三條　本法第十七條所稱專業技師，指依技師法規定取得環境（衛生）工程、土木或水利科之工業技師。

第十四條　下水道系統設施完成後，下水道機構應將左列資料登錄建檔保管：
一、下水道排水區域圖。
二、管線系統分布平面圖。
三、管線縱橫斷面圖（包括管材、管徑、埋設位置、高度、坡度、長度流量等）。

四、 處理設施及抽水設施平面圖、水位關係圖、構造圖等。

五、 放流口位置及設計圖。

六、 放流水之水量及水質分析資料。

七、 開工、竣工日期。

八、 其他有關操作、維護、管理應行登錄記載事項。

第十五條　下水道完成地區申請建築時，應先檢附用戶排水設備圖說、配置圖、排水口地點等資料申請下水道機構核准；用戶排水設備完工後，須經下水道機構檢驗合格，始得連接於下水道。

第十六條　雨水及污水下水道分流地區，雨水不得排洩於污水下水道，家庭污水及事業廢水不得排洩於雨水下水道。

第十七條　下水道可使用之地區，其用戶應於依本法第十九條第一項所定公告開始使用之日起六個月內與下水道完成連接使用。

第十七條之一（刪除）

第十八條　五層以下非供公眾使用之新建建築物，其下水道設備得由該建築物之建築師併同設計之。

第十九條　本法第三十一條所稱下水道主要設備如左：

一、下水道系統管渠、放流口及其附屬設施。

二、下水道抽水站設施及其相關設備。

三、下水道處理廠設施及其相關設備。

四、其他有關下水道重要設施。

第二十條　本細則自發布日施行。

6-6 水污染防治法

中華民國 107 年 6 月 13 日總統華總一義字第 10700062361 號令公布修正

第一章 總則

第一條 為防治水污染，確保水資源之清潔，以維護生態體系，改善生活環境，增進國民健康，特制定本法。本法未規定者，適用其他法令之規定。

第二條 本法專用名詞定義如下：

一、水：指以任何形式存在之地面水及地下水。

二、地面水體：指存在於河川、海洋、湖潭、水庫、池塘、灌溉渠道、各級排水路或其他體系內全部或部分之水。

三、地下水體：指存在於地下水層之水。

四、污染物：指任何能導致水污染之物質、生物或能量。

五、水污染：指水因物質、生物或能量之介入，而變更品質，致影響其正常用途或危害國民健康及生活環境。

六、生活環境：指與人之生活有密切關係之財產、動、植物及其生育環境。

七、事業：指公司、工廠、礦場、廢水代處理業、畜牧業或其他經中央主管機關指定之事業。

八、廢水：指事業於製造、操作、自然資源開發過程中或作業環境所產生含有污染物之水。

九、污水：指事業以外所產生含有污染物之水。

十、廢（污）水處理設施：指廢（污）水為符合本法管制標準，而以物理、化學或生物方法處理之設施。

十一、水污染防治措施：指設置廢（污）水處理設施、納入污水下水道系統、土壤處理、委託廢水代處理業處理、設置管線排放於海洋、海洋投棄或其他經中央主管機關許可之防治水污染之方法。

十二、污水下水道系統：指公共下水道及專用下水道之廢（污）水收集、抽送、傳運、處理及最後處置之各種設施。

十三、放流口：指廢（污）水進入承受水體前，依法設置之固定放流設施。

十四、放流水：指進入承受水體前之廢（污）水。

十五、涵容能力：指在不妨害水體正常用途情況下，水體所能涵容污染物之量。

十六、水區：指經主管機關劃定範圍內之全部或部分水體。

十七、水質標準：指由主管機關對水體之品質，依其最佳用途而規定之量度。

十八、放流水標準：指對放流水品質或其成分之規定限度。

第三條　本法所稱主管機關：在中央為行政院環境保護署；在直轄市為直轄市政府；在縣（市）為縣（市）政府。

第四條　中央、直轄市、縣（市）主管機關得指定或委託專責機構，辦理水污染研究、訓練及防治之有關事宜。

第二章基本措施

第五條　為避免妨害水體之用途，利用水體以承受或傳運放流水者，不得超過水體之涵容能力。

第六條　中央主管機關應依水體特質及其所在地之情況，劃定水區，訂定水體分類及水質標準。

前項之水區劃定、水體分類及水質標準，中央主管機關得交直轄市、縣（市）主管機關為之。劃定水區應由主管機關會商水體用途相關單位訂定之。

第七條　事業、污水下水道系統或建築物污水處理設施，排放廢（污）水於地面水體者，應符合放流水標準。

前項放流水標準，由中央主管機關會商相關目的事業主管機關定之，其內容應包括適用範圍、管制方式、項目、濃度或總量限值、研訂基準及其他應遵行之事項。直轄市、縣（市）主管機關得視轄區內環境特殊或需特予保護之水體，就排放總量或濃度、管制項目或方式，增訂或加嚴轄內之放流水標準，報請中央主管機關會商相關目的事業主管機關後核定之。

第八條　事業、污水下水道系統及建築物污水處理設施之廢（污）水處理，其產生之污泥，應妥善處理，不得任意放置或棄置。

第九條　水體之全部或部分，有下列情形之一，直轄市、縣（市）主管機關應依該水體之涵容能力，以廢（污）水排放之總量管制方式管制之：

一、因事業、污水下水道系統密集，以放流水標準管制，仍未能達到該水體之水質標準者。

二、經主管機關認定需特予保護者。

前項總量管制方式，由直轄市、縣（市）主管機關擬訂，報請中央主管機關會商相關目的事業主管機關後核定之；水體之部分或全部涉及二直轄市、縣（市）者，或涉及中央各目的事業主管機關主管之特定區域，由中央主管機關會商相關目的事業主管機關定之。

第十條　各級主管機關應設水質監測站，定期監測及公告檢驗結果，並採取適當之措施。

前項水質監測站採樣頻率，應視污染物項目特性每月或每季一次為原則，必要時，應增加頻率。

水質監測採樣之地點、項目及頻率，應考量水域環境地理特性、水體水質特性及現況，並由各級主管機關依歷年水質監測結果及水污染整治需要定期檢討。

第一項監測站之設置及監測準則，由中央主管機關定之。

各級主管機關得委託有關機關（構）及中央主管機關許可之檢驗測定機構辦理第一項水質監測。

第一項公告之檢驗結果未符合水體分類水質標準時，各目的事業主管機關應定期監測水體中食用植物、魚、蝦、貝類及底泥中重金屬、毒性化學物質及農藥含量，如有致危害人體健康、農漁業生產之虞時，並應採取禁止採捕食用水產動、植物之措施。

第十一條　中央主管機關對於排放廢（污）水於地面水體之事業、污水下水道系統（不含公共污水下水道系統及社區專用污水下水道系統），應依其排放之水質水量或依中央主管機關規定之計算方式核定其排放之水質水量，徵收水污染防治費。

地方政府應對依下水道法公告之下水道使用區域內，未將污水排洩於下水道之家戶，徵收水污染防治費。

前二項水污染防治費應專供全國水污染防治之用，其支用類別及項目如下：
一、第一項徵收之水污染防治費：
　　（一）地面水體污染整治與水質監測。
　　（二）飲用水水源水質保護區水質改善。
　　（三）水污染總量管制區水質改善。
　　（四）水污染防治技術之研究發展、引進及策略之研發。
　　（五）執行收費工作所需人員之聘僱。
　　（六）其他有關水污染防治工作。

二、 第二項徵收之水污染防治費：

    （一） 公共污水下水道系統主、次要幹管之建設。

    （二） 污水處理廠及廢（污）水截流設施之建設。

    （三） 水肥投入站及水肥處理廠之建設。

    （四） 廢（污）水處理設施產生之污泥集中處理設施之建設。

    （五） 公共污水下水道系統之操作維護費用。

    （六） 執行收費及公共污水下水道系統建設管理相關之必要支出及工作所需人員之聘僱。

    （七） 其他有關家戶污水處理工作之費用。

前項第一款第五目及第二款第六目之支用比例不得高於各類別之百分之十。

第一項水污染防治費，其中央與地方分配原則，由中央主管機關考量各直轄市、縣（市）主管機關水污染防治工作需求定之。

第一項水污染防治費，各級主管機關應設置特種基金；其收支、保管及運用辦法，由行政院、直轄市及縣（市）政府分別定之。

第二項水污染防治費，地方政府得設置特種基金；其收支、保管及運用辦法，由地方政府定之。

第一項水污染防治費得分階段徵收，各階段之徵收時間、徵收對象、徵收方式、計算方式、繳費流程、繳費期限、階段用途及其他應遵行事項之收費辦法，由中央主管機關定之。水污染防治執行績效應逐年重新檢討並向立法院報告及備查。

第二項水污染防治費之徵收時間、徵收對象、徵收方式、計算方式、繳費流程、繳費期限及其他應遵行事項之自治法規，由地方政府定之；其中水污染防治費費率應與下水道使用費費率一致。

第一項水污染防治費，中央主管機關應成立水污染防治費費率審議委員會，其設置辦法由中央主管機關定之。

第十二條　污水下水道建設與污水處理設施，應符合水污染防治政策之需要。

中央主管機關應會商直轄市、縣（市）主管機關訂定水污染防治方案，每年向立法院報告執行進度。

第三章　防治措施

第十三條　事業於設立或變更前，應先檢具水污染防治措施計畫及相關文件，送直轄市、縣（市）主管機關或中央主管機關委託之機關審查核准。

前項事業之種類、範圍及規模，由中央主管機關會商目的事業主管機關指定公告之。

第一項水污染防治措施計畫之內容、應具備之文件、申請時機、審核依據及其他應遵行事項，由中央主管機關定之。

第一項水污染防治措施計畫，屬以管線排放海洋者，其管線之設置、變更、撤銷、廢止、停用、申請文件、程序及其他應遵行事項，由中央主管機關定之。

第十四條　事業排放廢（污）水於地面水體者，應向直轄市、縣（市）主管機關申請核發排放許可證或簡易排放許可文件後，並依登記事項運作，始得排放廢（污）水。登記事項有變更者，應於變更前向直轄市、縣（市）主管機關提出申請，經審查核准始可變更。

前項登記事項未涉及廢（污）水、污泥之產生、收集、處理或排放之變更，並經中央主管機關指定者，得於規定期限辦理變更。

排放許可證與簡易排放許可文件之適用對象、申請、審查程序、核發、廢止及其他應遵行事項之管理辦法，由中央主管機關定之。

第十四條之一　經中央主管機關指定公告之事業，於申請、變更水污染防治措施計畫、排放許可證或簡易排放許可文件時，應揭露其排放之廢（污）水可能含有之污染物及其濃度與排放量。

事業排放之廢（污）水含有放流水標準管制以外之污染物項目，並經直轄市、縣（市）主管機關認定有危害生態或人體健康之虞者，應依中央主管機關之規定提出風險評估與管理報告，說明其廢（污）水對生態與健康之風險，以及可採取之風險管理措施。

前項報告經審查同意者，直轄市、縣（市）主管機關應依審查結果核定其水污染防治措施計畫、排放許可證、簡易排放許可文件之污染物項目排放濃度或總量限值。

第二項污染物項目經各級主管機關評估有必要者，應於放流水標準新增管制項目。

第十五條　排放許可證及簡易排放許可文件之有效期間為五年。期滿仍繼續使用者，應自期滿六個月前起算五個月之期間內，向直轄市、縣（市）主管機關申請核准展延。每次展延，不得超過五年。

前項許可證及簡易排放許可文件有效期間內，因水質惡化有危害生態或人體健康之虞時，直轄市、縣（市）主管機關認為登記事項不足以維護水體，或不廢止對公益將有危害者，應變更許可事項或廢止之。

第十六條　事業廢（污）水利用不明排放管排放者，由主管機關公告廢止，經公告一週尚無人認領者，得予以封閉或排除該排放管線。

第十七條　除納入污水下水道系統者外，事業依第十三條規定檢具水污染防治措施計畫及依第十四條規定申請發給排放許可證或辦理變更登記時，其應具備之必要文件，應經依法登記執業之環境工程技師或其他相關專業技師簽證。

符合下列情形之一者，得免再依前項規定經技師簽證：

一、依第十四條規定申請排放許可證時，應檢具之水污染防治措施計畫，與已依第十三條規定經審查核准之水污染防治措施計畫中，其應經技師簽證事項未變更者。

二、依第十五條規定申請展延排放許可證時，其應經技師簽證之事項未變更者。

政府機關、公營事業機構或公法人於第一項情形，得由其內依法取得第一項技師證書者辦理簽證。

第一項技師執行簽證業務時，其查核事項，由中央主管機關定之。

第十八條　事業應採行水污染防治措施；其水污染防治措施之適用對象、範圍、條件、必備設施、規格、設置、操作、監測、記錄、監測記錄資料保存年限、預防管理、緊急應變，與廢（污）水之收集、處理、排放及其他應遵行事項之管理辦法，由中央主管機關會商相關目的事業主管機關定之。

第十八條之一　事業或污水下水道系統產生之廢（污）水，應經核准登記之收集、處理單元、流程，並由核准登記之放流口排放，或依下水道管理機關（構）核准之排放口排入污水下水道，不得繞流排放。

前項廢（污）水須經處理始能符合本法所定管制標準者，不得於排放（入）前，與無需處理即能符合標準之水混合稀釋。

前二項繞流排放、稀釋行為，因情況急迫，為搶救人員或經主管機關認定之重大處理設施，並於三小時內通知直轄市、縣（市）主管機關者，不在此限。

事業或污水下水道系統設置之廢（污）水（前）處理設施應具備足夠之功能與設備，並維持正常操作。

第十九條　污水下水道系統排放廢（污）水，準用第十四條、第十五條及第十八條之規定。

第二十條　事業或污水下水道系統貯留或稀釋廢水，應申請直轄市或縣（市）主管機關許可後，始得為之，並依登記事項運作。但申請稀釋廢水許可，以無其他可行之替代方法者為限。

　　前項申請貯留或稀釋廢水許可之適用條件、申請、審查程序、核發、廢止及其他應遵行事項之管理辦法，由中央主管機關定之。

　　依第一項許可貯留或稀釋廢水者，應依主管機關規定之格式、內容、頻率、方式，向直轄市、縣（市）主管機關申報廢水處理情形。

第二十一條　事業或污水下水道系統應設置廢（污）水處理專責單位或人員。

　　專責單位或人員之設置及專責人員之資格、訓練、合格證書之取得、撤銷、廢止及其他應遵行事項之管理辦法，由中央主管機關定之。

第二十二條　事業或污水下水道系統應依主管機關規定之格式、內容、頻率、方式，向直轄市、縣（市）主管機關申報廢（污）水處理設施之操作、放流水水質水量之檢驗測定、用電記錄及其他有關廢（污）水處理之文件。

　　中央主管機關應依各業別之廢（污）水特性，訂定應檢測申報項目，直轄市、縣（市）主管機關得依實際排放情形，增加檢測申報項目。

第二十三條　水污染物及水質水量之檢驗測定，除經中央主管機關核准外，應委託中央主管機關核發許可證之檢驗測定機構辦理。

　　檢驗測定機構之條件、設施、檢驗測定人員之資格限制、許可證之申請、審查、核發、換發、撤銷、廢止、停業、復業、查核、評鑑等程序及其他應遵行事項之管理辦法及收費標準，由中央主管機關定之。

第二十四條　事業或污水下水道系統，其廢（污）水處理及排放之改善，由各目的事業主管機關輔導之；其輔導辦法，由各目的事業主管機關定之。

第二十五條　建築物污水處理設施之所有人、使用人或管理人，應自行或委託清除機構清理之。

　　前項建築物污水處理設施之建造、管理及清理，應符合中央主管機關及目的事業主管機關之規定。

　　建築物污水處理設施屬預鑄式者，其製造、審定、登記及查驗管理辦法，由中央主管機關會同相關目的事業主管機關定之。

第二十六條　各級主管機關得派員攜帶證明文件，進入事業、污水下水道系統或建築物污水處理設施之場所，為下列各項查證工作：

一、檢查污染物來源及廢（污）水處理、排放情形。

二、索取有關資料。

三、採樣、流量測定及有關廢（污）水處理、排放情形之攝影。

各級主管機關依前項規定為查證工作時，其涉及軍事秘密者，應會同軍事機關為之。

對於前二項查證，不得規避、妨礙或拒絕。

檢查機關與人員，對於受檢之工商、軍事秘密，應予保密。

第二十七條　事業或污水下水道系統排放廢（污）水，有嚴重危害人體健康、農漁業生產或飲用水水源之虞時，負責人應立即採取緊急應變措施，並於三小時內通知當地主管機關。

前項所稱嚴重危害人體健康、農漁業生產或飲用水之虞之情形，由中央主管機關定之。

第一項之緊急應變措施，其措施內容與執行方法，由中央主管機關定之。

第一項情形，主管機關應命其採取必要防治措施，情節嚴重者，並令其停業或部分或全部停工。

第二十八條　事業或污水下水道系統設置之輸送或貯存設備，有疏漏污染物或廢（污）水至水體之虞者，應採取維護及防範措施；其有疏漏致污染水體者，應立即採取緊急應變措施，並於事故發生後三小時內，通知當地主管機關。主管機關應命其採取必要之防治措施，情節嚴重者，並令其停業或部分或全部停工。

前項之緊急應變措施，其措施內容與執行方法，由中央主管機關定之。

第二十九條　直轄市、縣（市）主管機關，得視轄境內水污染狀況，劃定水污染管制區公告之，並報中央主管機關。

前項管制區涉及二直轄市、縣（市）以上者，由中央主管機關劃定並公告之。

第三十條　在水污染管制區內，不得有下列行為：

一、使用農藥或化學肥料，致有污染主管機關指定之水體之虞。

二、在水體或其沿岸規定距離內棄置垃圾、水肥、污泥、酸鹼廢液、建築廢料或其他污染物。

三、使用毒品、藥品或電流捕殺水生物。

四、 在主管機關指定之水體或其沿岸規定距離內飼養家禽、家畜。

五、 其他經主管機關公告禁止足使水污染之行為。

前項第一款、第二款及第四款所稱指定水體及規定距離,由主管機關視實際需要公告之。但中央主管機關另有規定者,從其規定。

第三十一條 事業或污水下水道系統,排放廢(污)水於劃定為總量管制之水體,有下列情形之一,應自行設置放流水水質水量自動監測系統,予以監測:

一、排放廢(污)水量每日超過一千立方公尺者。

二、經直轄市、縣(市)主管機關認定係重大水污染源者。

前項監測結果、監測儀器校正,應作成記錄,並依規定向直轄市、縣(市)主管機關或中央主管機關申報。

第三十二條 廢(污)水不得注入於地下水體或排放於土壤。但廢(污)水經處理至合於土壤處理標準及依第十八條所定之辦法,經直轄市、縣(市)主管機關審查核准,發給許可證並報經中央主管機關核備者,得排放於土壤。

前項許可證有效期間內,因水質惡化有危害生態或人體健康之虞時,直轄市、縣(市)主管機關認為登記事項不足以維護水體或土壤,或不廢止對公益將有危害者,應變更許可事項或廢止之。

第一項可排放於土壤之對象、適用範圍、項目、濃度或總量限值、管制方式及其他應遵行事項之土壤處理標準,由中央主管機關會商相關目的事業主管機關定之。

依主管機關核定之土壤處理與作物吸收試驗及地下水水質監測計畫,排放廢(污)水於土壤者,應依主管機關規定之格式、內容、頻率、方式,執行試驗、監測、記錄及申報。

依第一項核發之許可證有效期間為三年,期滿仍繼續使用者,應自期滿六個月前起算五個月之期間內,向直轄市、縣(市)主管機關申請核准展延。每次展延,不得超過三年。

第三十三條 事業貯存經中央主管機關公告指定之物質時,應設置防止污染地下水體之設施及監測設備,並經直轄市、縣(市)主管機關備查後,始得申辦有關使用事宜。

前項監測設備應依主管機關規定之格式、內容、頻率、方式,監測、記錄及申報。

第一項防止污染地下水體之設施、監測設備之種類及設置之管理辦法,由中央主管機關定之。

第四章　罰則

第三十四條　違反第二十七條第一項、第二十八條第一項未立即採取緊急應變措施、不遵行主管機關依第二十七條第四項、第二十八條第一項所為之命令或不遵行主管機關依本法所為停工或停業之命令者，處三年以下有期徒刑、拘役或科或併科新臺幣二十萬元以上五百萬元以下罰金。不遵行主管機關依本法所為停止作為之命令者，處一年以下有期徒刑、拘役或科或併科新臺幣十萬元以上五十萬元以下罰金。

第三十五條　依本法規定有申報義務，明知為不實之事項而申報不實或於業務上作成之文書為虛偽記載者，處三年以下有期徒刑、拘役或科或併科新臺幣二十萬元以上三百萬元以下罰金。

第三十六條　事業排放於土壤或地面水體之廢（污）水所含之有害健康物質超過本法所定各該管制標準者，處三年以下有期徒刑、拘役或科或併科新臺幣二十萬元以上五百萬元以下罰金。

事業注入地下水體之廢（污）水含有害健康物質者，處一年以上七年以下有期徒刑、拘役或科或併科新臺幣二十萬元以上二千萬元以下罰金。

犯第一項之罪而有下列情形之一者，處五年以下有期徒刑，得併科新臺幣二十萬元以上一千五百萬元以下罰金：

一、無排放許可證或簡易排放許可文件。

二、違反第十八條之一第一項規定。

三、違反第三十二條第一項規定。

第一項有害健康物質之種類、限值，由中央主管機關公告之。

負責人或監督策劃人員犯第三十四條至本條第三項之罪者，加重其刑至二分之一。

第三十七條　犯第三十四條、前條之罪或排放廢（污）水超過放流水標準，因而致人於死者，處無期徒刑或七年以上有期徒刑，得併科新臺幣三千萬元以下罰金；致重傷者，處三年以上十年以下有期徒刑，得併科新臺幣二千五百萬元以下罰金；致危害人體健康導致疾病或嚴重污染環境者，處一年以上七年以下有期徒刑，得併科新臺幣二千萬元以下罰金。

第三十八條　（刪除）

第三十九條　法人之負責人、法人或自然人之代理人、受僱人或其他從業人員，因執行業務犯第三十四條至第三十七條之罪者，除依各該條規定處罰其行為人外，對該法人或自然人亦科以各該條十倍以下之罰金。

第三十九條之一　事業或污水下水道系統不得因廢（污）水處理專責人員或其他受僱人，向主管機關或司法機關揭露違反本法之行為、擔任訴訟程序之證人或拒絕參與違反本法之行為，而予解僱、降調、減薪或其他不利之處分。

　　　　　　　事業或污水下水道系統或其行使管理權之人，為前項規定所為之解僱、降調、減薪或其他不利之處分者，無效。

　　　　　　　事業或污水下水道系統之廢（污）水處理專責人員或其他受僱人，因第一項規定之行為受有不利處分者，事業或污水下水道系統對於該不利處分與第一項規定行為無關之事實，負舉證責任。

　　　　　　　廢（污）水處理專責人員或其他受僱人曾參與依本法應負刑事責任之行為，而向主管機關揭露或司法機關自白或自首，因而查獲其他正犯或共犯者，減輕或免除其刑。

第四十條　　事業或污水下水道系統排放廢（污）水，違反第七條第一項或第八條規定者，處新臺幣六萬元以上二千萬元以下罰鍰，並通知限期改善，屆期仍未完成改善者，按次處罰；情節重大者，得令其停工或停業；必要時，並得廢止其水污染防治許可證（文件）或勒令歇業。

　　　　　　畜牧業違反第七條第一項或第八條之規定者，處新臺幣六千元以上六十萬元以下罰鍰，並通知限期改善，屆期仍未完成改善者，按次處罰；情節重大者，得令其停工或停業；必要時，並得廢止其水污染防治許可證（文件）或勒令歇業。

第四十一條　建築物污水處理設施違反第七條第一項或第八條規定者，處新臺幣三千元以上三十萬元以下罰鍰。

第四十二條　污水下水道系統或建築物污水處理設施違反第七條第一項或第八條規定者，處罰其所有人、使用人或管理人；污水下水道系統或建築物污水處理設施為共同所有或共同使用且無管理人者，應對共同所有人或共同使用人處罰。

第四十三條　事業或污水下水道系統違反依第九條第二項所定之總量管制方式者，處新臺幣三萬元以上三百萬元以下罰鍰，並通知限期改善，屆期仍未完成改善者，按次處罰；情節重大者，得令其停工或停業，必要時，並得廢止其水污染防治許可證（文件）或勒令歇業。

第四十四條　事業或污水下水道系統（不含公共污水下水道系統及社區專用污水下水道系統）違反第十一條第八項所定辦法，未於期限內繳納費用者，應依繳納期限當日郵政儲金一年期定期存款固定利率按日加計利息一併繳納；逾期

九十日仍未繳納者，另處新臺幣六千元以上三十萬元以下罰鍰。家戶違反第十一條第九項所定自治法規，未於期限內繳納費用且逾九十日仍未繳納者，地方政府應對該家戶處新臺幣一千五百元以上三萬元以下罰鍰。

前項處罰鍰額度應依違規情節裁處；其裁罰準則由地方政府定之，不適用第六十六條之一規定。

第四十五條　違反第十四條第一項未取得排放許可證或簡易排放許可文件而排放廢（污）水者，處新臺幣六萬元以上六百萬元以下罰鍰，主管機關並應令事業全部停工或停業；必要時，應勒令歇業。

違反第十四條第一項未依排放許可證或簡易排放許可文件之登記事項運作者，處新臺幣六萬元以上六百萬元以下罰鍰，並通知限期補正，屆期仍未補正者，按次處罰；情節重大者，得令其停工或停業；必要時，並得廢止其水污染防治許可證（文件）或勒令歇業。

違反第十四條第二項，處新臺幣一萬元以上六十萬元以下罰鍰，並通知限期補正，屆期仍未補正者，按次處罰。

第四十六條　違反依第十三條第四項或第十八條所定辦法規定者，處新臺幣一萬元以上六百萬元以下罰鍰，並通知限期補正或改善，屆期仍未補正或完成改善者，按次處罰；情節重大者，得令其停工或停業；必要時，並得廢止其水污染防治許可證（文件）或勒令歇業。

第四十六條之一　排放廢（污）水違反第十八條之一第一項、第二項或第四項規定者，處新臺幣六萬元以上二千萬元以下罰鍰，並通知限期改善，屆期仍未完成改善者，按次處罰；情節重大者，得令其停工或停業；必要時，並得廢止其水污染防治許可證（文件）或勒令歇業。

第四十七條　污水下水道系統違反第十九條規定者，處新臺幣六萬元以上六百萬元以下罰鍰，並通知限期補正或改善，屆期仍未補正或完成改善者，按次處罰。

第四十八條　事業或污水下水道系統違反第二十條第一項未取得貯留或稀釋許可文件而貯留或稀釋廢（污）水者，處新臺幣三萬元以上三百萬元以下罰鍰，主管機關並應令事業全部停工或停業；必要時，應勒令歇業。

事業或污水下水道系統違反第二十條第一項未依貯留或稀釋許可文件之登記事項運作者，處新臺幣三萬元以上三百萬元以下罰鍰，並通知限期補正，屆期仍未補正者，按次處罰；情節重大者，得令其停工或停業；必要時，並得廢止其水污染防治許可證（文件）或勒令歇業。

事業或污水下水道系統違反第二十一條第一項或依第二十一條第二項所定辦法者，處新臺幣一萬元以上十萬元以下罰鍰，並通知限期補正或改善，屆期仍未補正或完成改善者，按次處罰。

廢（污）水處理專責人員違反依第二十一條第二項所定辦法者，處新臺幣一萬元以上十萬元以下罰鍰；必要時，得廢止其廢水處理專責人員合格證書。

第四十九條　違反第二十三條第一項或依第二十三條第二項所定管理辦法者，處新臺幣三萬元以上三百萬元以下罰鍰，並通知限期補正或改善，屆期仍未補正或完成改善者，按次處罰；情節重大者，得令其停業，必要時，並得廢止其許可證或勒令歇業。

第五十條　規避、妨礙或拒絕第二十六條第一項之查證者，處新臺幣三萬元以上三百萬元以下罰鍰，並得按次處罰及強制執行查證工作。

第五十一條　違反第二十七條第一項、第四項規定者，處新臺幣六萬元以上六百萬元以下罰鍰；必要時，並得廢止其水污染防治許可證（文件）或勒令歇業。

違反第二十八條第一項規定者，處新臺幣一萬元以上六百萬元以下罰鍰，並通知限期補正或改善，屆期仍未補正或完成改善者，按次處罰；必要時，並得廢止其水污染防治許可證（文件）或勒令歇業。

第五十二條　違反第三十條第一項各款情形之一或第三十一條第一項規定者，處新臺幣三萬元以上三百萬元以下罰鍰，並通知限期改善，屆期仍未完成改善者，按次處罰；情節重大者，得令其停止作為或停工、停業，必要時，並得廢止其水污染防治許可證（文件）或勒令歇業。

第五十三條　違反第三十二條第一項規定，將廢（污）水注入地下水體或未取得排放土壤處理許可證而排放廢（污）水於土壤者，處新臺幣六萬元以上六百萬元以下罰鍰；主管機關並應令事業全部停工或停業；必要時，應勒令歇業。

違反第三十二條第一項未依排放土壤處理許可證之登記事項運作者，處新臺幣六萬元以上六百萬元以下罰鍰，並通知限期補正，屆期仍未補正者，按次處罰；情節重大者，得令其停工或停業；必要時，並得廢止其水污染防治許可證（文件）或勒令歇業。

第五十四條　違反第三十三條第一項、第二項規定者，處新臺幣六萬元以上六百萬元以下罰鍰，並通知限期改善，屆期仍未完成改善者，按次處罰；情節重大者，得令其停止貯存或停工、停業，必要時，並得勒令歇業。

第五十五條　違反本法規定，經認定情節重大者，主管機關得依本法規定逐命停止作為、停止貯存、停工或停業；必要時，並勒令歇業。

第五十六條　依第二十條第三項、第二十二條、第三十一條第二項、第三十二條第四項或第三十二條第二項有申報義務，不為申報者，處新臺幣六千元以上三百萬元以下罰鍰，並通知限期申報，屆期未申報或申報不完全者，按次處罰。

第五十七條　本法所定屆期仍未補正或完成改善之按次處罰，其限期改善或補正之期限、改善完成認定查驗方式、法令執行方式及其他應遵行事項之準則，由中央主管機關定之。

第五十七條之一　事業及污水下水道系統於改善期間，排放之廢（污）水污染物項目超過原據以處罰之排放濃度或氫離子濃度指數更形惡化者，應按次處罰。

第五十八條　同一事業設置數放流口，或數事業共同設置廢水處理設施或使用同一放流口，其排放廢水未符合放流水標準或本法其他規定者，應分別處罰。

第五十九條　廢（污）水處理設施發生故障時，符合下列規定者，於故障發生二十四小時內，得不適用主管機關所定標準：
一、立即修復或啟用備份裝置，並採行包括減少、停止生產或服務作業量或其他措施之應變措施。
二、立即於故障紀錄簿中記錄故障設施名稱及故障時間，並向當地主管機關以電話或電傳報備，並記錄報備發話人、受話人姓名、職稱。
三、於故障發生二十四小時內恢復正常操作或於恢復正常操作前減少、停止生產及服務作業。
四、於五日內向當地主管機關提出書面報告。
五、故障與所違反之該項放流水標準有直接關係者。
六、不屬六個月內相同之故障。

前項第四款書面報告內容，應包括下列事項：
一、設施名稱及故障時間。
二、發生原因及修復方法。
三、故障期間所採取之污染防治措施。
四、防止未來同類故障再發生之方法。
五、前項第一款及第二款有關之證據資料。
六、其他經主管機關規定之事項。

第六十條　　　事業未於依第四十條、第四十三條、第四十六條或第五十三條所為通知改善之期限屆滿前，檢具符合主管機關所定標準或其他規定之證明文件，送交主管機關收受者，視為未完成改善。

第六十一條　　依本法通知限期補正、改善或申報者，其補正、改善或申報期間，不得超過九十日。

第六十二條　　事業、污水下水道系統或建築物污水處理設施，因天災或其他不可抗力事由，致不能於改善期限內完成改善者，應於其原因消滅後繼續進行改善，並於十五日內以書面敘明理由，檢具有關證明文件，向當地主管機關申請核定賸餘期間之起算日。

第六十三條　　事業經停業、部分或全部停工者，應於復工（業）前，檢具水污染防治措施及污泥處理改善計畫申請試車，經審查通過，始得依計畫試車。其經主管機關命限期改善而自報停工（業）者，亦同。

前項試車之期限不得超過三個月，且應於試車期限屆滿前，申請復工（業）。主管機關於審查試車、復工（業）申請案期間，事業經主管機關同意，在其申報可處理至符合管制標準之廢（污）水產生量下，得繼續操作。

前項復工（業）之申請，主管機關應於一個月期間內，經十五日以上之查驗及評鑑，始得按其查驗及評鑑結果均符合管制標準時之廢（污）水產生量，作為核准其復工（業）之製程操作條件。事業並應據以辦理排放許可登記事項之變更登記。

經查驗及評鑑不合格，未經核准復工（業）者，應停止操作，並進行改善，且一個月內不得再申請試車。事業於申請試車或復工（業）期間，如有違反本法規定者，主管機關應依本法規定按次處罰或命停止操作。

第六十三條之一　事業應將依前條第一項所提出之水污染防治措施及污泥處理改善計畫，登載於中央主管機關所指定之公開網頁供民眾查詢。

主管機關為前條第一項審查時，應給予利害關係人及公益團體於主管機關完成審查前表示意見，作為主管機關審查時之參考；於會議後應作成會議紀錄並公開登載於前項中央主管機關指定之網頁。

第六十四條　　本法所定之處罰，除另有規定外，在中央由行政院環境保護署為之，在直轄市由直轄市政府為之，在縣（市）由縣（市）政府為之。

第六十五條　　（刪除）

第六十六條　本法之停工或停業、撤銷、廢止許可證之執行，由主管機關為之；勒令歇業，由主管機關轉請目的事業主管機關為之。

第六十六條之一　依本法處罰鍰者，其額度應依污染特性及違規情節裁處。前項裁罰準則由中央主管機關定之。

第六十六條之二　違反本法義務行為而有所得利益者，除應依本法規定裁處一定金額之罰鍰外，並得於所得利益之範圍內，予以追繳。

為他人利益而實施行為，致使他人違反本法上義務應受處罰者，該行為人因其行為受有財產上利益而未受處罰時，得於其所受財產上利益價值範圍內，予以追繳。

行為人違反本法上義務應受處罰，他人因該行為受有財產上利益而未受處罰時，得於其所受財產上利益價值範圍內，予以追繳。

前三項追繳，由為裁處之主管機關以行政處分為之；所稱利益得包括積極利益及應支出而未支出或減少支出之消極利益，其核算及推估辦法，由中央主管機關定之。

第六十六條之三　各級主管機關依第十一條第六項設置之特種基金，其來源除該條第一項水污染防治費徵收之費用外，應包括各級主管機關依前條追繳之所得利益及依本法裁處之部分罰鍰。

前項基金來源屬追繳之所得利益及依本法裁處之罰鍰者，應優先支用於該違反本法義務者所污染水體之整治。

第六十六條之四　民眾得敘明事實或檢具證據資料，向直轄市、縣（市）主管機關檢舉違反本法之行為。

直轄市、縣（市）主管機關對於檢舉人之身分應予保密；前項檢舉經查證屬實並處以罰鍰者，其罰鍰金額達一定數額時，得以實收罰鍰總金額收入之一定比例，提充獎金獎勵檢舉人。

前項檢舉及獎勵之檢舉人資格、獎金提充比例、分配方式及其他相關事項之辦法，由直轄市、縣（市）主管機關定之。

第五章　附則

第六十七條　各級主管機關依本法核發許可證、受理變更登記或各項申請之審查、許可，應收取審查費、檢驗費或證書費等規費。

前項收費標準，由中央主管機關會商有關機關定之。

第六十八條　本法所定各項檢測之方法及品質管制事項，由中央主管機關指定公告之。

第六十九條　事業、污水下水道系統應將主管機關核准之水污染防治許可證（文件）、依本法申報之資料，與環境工程技師、廢水處理專責人員及環境檢驗測定機構之證號資料，公開於中央主管機關指定之網站。

　　　　　　各級主管機關基於水污染防治研究需要，得提供與研究有關之事業、污水下水道系統或建築物污水處理設施之個別或統計性資料予學術研究機關（構）、環境保護事業單位、技術顧問機構、財團法人；其提供原則，由中央主管機關公告之。

　　　　　　各級主管機關得於中央主管機關指定之網站，公開對事業、污水下水道系統、建築物污水處理設施、環境工程技師、廢水處理專責人員、環境檢驗測定機構查核、處分之個別及統計資訊。

第七十條　　水污染受害人，得向主管機關申請鑑定其受害原因；主管機關得會同有關機關查明後，命排放水污染物者立即改善，受害人並得請求適當賠償。

第七十一條　地面水體發生污染事件，主管機關應令污染行為人限期清除處理，屆期不為清除處理時，主管機關得代為清除處理，並向其求償清理、改善及衍生之必要費用。

　　　　　　前項必要費用之求償權，優於一切債權及抵押權。

第七十一條之一　為保全前條主管機關代為清理之債權、違反本法規定所裁處之罰鍰及第六十六條之二追繳所得利益之履行，主管機關得免提供擔保向行政法院聲請假扣押、假處分。

第七十二條　事業、污水下水道系統違反本法或依本法授權訂定之相關命令而主管機關疏於執行時，受害人民或公益團體得敘明疏於執行之具體內容，以書面告知主管機關。主管機關於書面告知送達之日起六十日內仍未依法執行者，受害人民或公益團體得以該主管機關為被告，對其怠忽執行職務之行為，直接向高等行政法院提起訴訟，請求判令其執行。

　　　　　　高等行政法院為前項判決時，得依職權判命被告機關支付適當律師費用、監測鑑定費用或其他訴訟費用予對維護水體品質有具體貢獻之原告。

　　　　　　第一項之書面告知格式，由中央主管機關會商有關機關定之。

第七十三條　本法第四十條、第四十三條、第四十六條、第四十六條之一、第四十九條、第五十二條、第五十三條及第五十四條所稱之情節重大，係指下列情形之一者：

一、 未經合法登記或許可之污染源，違反本法之規定。

二、 經處分後，自報停工改善，經查證非屬實。

三、 一年內經二次限期改善，仍繼續違反本法規定。

四、 工業區內事業單位，將廢（污）水納入工業區污水下水道系統處理，而違反下水道相關法令規定，經下水道機構依下水道法規定以情節重大通知停止使用，仍繼續排放廢（污）水。

五、 大量排放污染物，經主管機關認定嚴重影響附近水體品質。

六、 排放之廢（污）水中含有有害健康物質，經主管機關認定有危害公眾健康之虞。

七、 其他經主管機關認定嚴重影響附近地區水體品質之行為。

主管機關應公開依前項規定認定情節重大之事業，由提供優惠待遇之目的事業主管機關或各該法律之主管機關停止並追回其違規行為所屬年度之優惠待遇，並於其後三年內不得享受政府之優惠待遇。

前項所稱優惠待遇，包含中央或地方政府依法律或行政行為所給予該事業獎勵、補助、捐助或減免之租稅、租金、費用或其他一切優惠措施。

第七十四條　本法施行細則，由中央主管機關定之。

第七十五條　本法自公布日施行。

6-7　水污染防治法施行細則

中華民國 107 年 12 月 21 日行政院環境保護署環署水字第 107103726 號令修正

第一條　本細則依水污染防治法（以下簡稱本法）第七十四條規定訂定之。

第二條　本法第二條第八款所稱作業環境，指事業使用之範圍。

第三條　本法所定中央主管機關之主管事項如下：

一、全國性水污染防治政策、方案與計畫之訂定及督導。

二、全國性水污染防治法規之訂定、審核及釋示。

三、本法第十一條第一項水污染防治費之徵收、審核、使用規劃及管理。

四、全國性水污染防治之研究發展。

五、全國性水污染防治人員之訓練及管理。

六、直轄市、縣（市）水污染防治業務之督導。

七、全國性水污染防治之監測及檢驗。

八、全國性水污染防治之調查及統計資料之製作。

九、全國性水污染防治之宣導。

十、水污染防治之國際合作及科技交流。

十一、全國性或直轄市、縣（市）間水污染防治之協調。

十二、水污染物及水質水量之檢驗測定機構許可及管理。

十三、其他有關全國性水污染防治事項。

第四條　本法所定直轄市、縣（市）主管機關之主管事項如下：

一、轄內水污染防治計畫之規劃及執行。

二、水污染防治法規之執行與轄內自治法規之制（訂）定、審核、釋示及執行。

三、本法第十一條第一項水污染防治費之使用規劃、管理及執行。

四、轄內水污染防治之研究發展。

五、轄內水污染防治人員之訓練及管理。

六、轄內水污染防治之監測及檢驗。

七、轄內水污染防治調查及統計資料之製作。

八、轄內水污染防治之宣導。

九、其他有關轄內水污染防治事項。

第四條之一　本法第十一條第二項、第七項、第九項及第四十四條第二項、第三項所定地方政府之主管事項如下：

一、　本法第十一條第二項水污染防治費（以下簡稱轄內家戶水污染防治費）自治法規之制（訂）定、審核、釋示及執行。

二、　轄內家戶水污染防治費之徵收、審核、清查收費對象、使用規劃、管理、執行、催繳及處分。

三、　其他有關轄內家戶水污染防治費事項。

第四條之二　本法第十一條第二項、第三項第二款第七目及第四十四條第二項所稱家戶，指本法第十一條第一項收費對象以外之污水排放者。

第五條　本法第五條所稱利用水體以承受或傳運放流水者，不得超過水體之涵容能力，指利用水體以承受或傳運放流水之所有污染源，其排放之總量造成該水體水質之變動，不得超過依本法第六條所訂之水體分類及水質標準。

第六條　本法第七條第一項、第八條、第二十五條、第二十六條第一項、第六十二條、第六十九條第二項、第三項所稱建築物污水處理設施，指處理建築物內人類活動所產生之人體排泄物或其他生活污水之設施。

第七條　技師依本法第十七條第四項規定執行簽證業務時，應查核下列事項：

一、廢（污）水及污泥處理系統設計階段：

（一）廢（污）水水質水量調查、推估之確實性及合理性。

（二）廢（污）水處理設計是否需經小型實驗，是否已取得必需之可靠設計參數。

（三）廢（污）水及污泥處理系統設計之功能及計算，是否具備足夠之功能及設備；其他法定必要設施設計是否符合本法相關法規之規定。

（四）其他主管機關規定應查核之事項。

二、現場查核及業者執行功能測試階段：

（一）廢（污）水及污泥處理設施完工時，查核其規格是否與原設計圖相符，不符之處是否已於計畫變更說明書中指陳說明。

（二）廢（污）水處理及污泥設施完成試車，進行功能測試時，前往現場查核事業之廢（污）水與污泥產生量、製程操作條件、廢（污）水與污泥處理操作狀態與操作參數、取樣位置、數量、頻率是否符合法規規定及相關紀錄是否確實。

（三）功能測試報告之水質檢測結果是否符合廢（污）水處理系統設計功能；功能測試報告內容是否與進行功能測試時之查核結果、紀錄一致並符合規定。

（四）申請（報）文件與現場查核是否一致。

（五）確認廢（污）水、污泥處理設施操作維護保養之標準作業程序及緊急應變措施，是否具備維持足夠之功能與應變能力。

（六）其他主管機關規定應查核之事項。

第八條　本法第十八條之一第一項所定繞流排放，係指下列情形之一：

一、以專管、渠道、閥門調整或泵浦抽取方式使廢（污）水由未經核准登記之放流口排放，或未依下水道管理機關（構）核准之排放口排入污水下水道。但僅排放未接觸冷卻水者，不在此限。

二、廢（污）水未經核准登記之收集、處理單元、流程，而由核准登記之放流口排放，有下列情形之一：

（一）排放廢（污）水中污染物濃度為放流水標準限值五倍以上。但氫離子濃度指數、大腸桿菌群及水溫，不在此限。

（二）排放廢（污）水中氫離子濃度指數小於二或大於十一。

三、以共同排放管線排放廢（污）水設有採樣口者，自採樣口排放廢（污）水。

四、取得貯留許可之事業或污水下水道系統排放廢（污）水，其排放水質有第二款第一目或第二目情形之一。

五、其他經主管機關認定有繞開核准登記之收集、處理單元、流程，或未依核准登記之放流口排放，意圖逃避主管機關從事檢測等稽查之情形。

第九條　本法第十八條之一第四項所定廢（污）水（前）處理設施應具備足夠之功能與設備，其規定如下：

一、在最大產能、服務規模、可預見之異常作業或暴雨突增之水量負荷及依規定應收集之逕流廢水，均能使處理後之廢（污）水符合本法及其相關規定。但排入污水下水道系統者，其排入之下水水質應符合下水道法之規定。

二、設施中易損壞且不易換裝部分應有備份裝置；易損壞零件應有備品庫存。

三、設置獨立專用電度表；有水污染防治措施及檢測申報管理辦法第五十六條規定情形者，應設置電子式電度表。

前項第一款規定可預見之異常作業或暴雨突增之水量負荷及依規定應收集之逕流廢水，其廢（污）水產生量每日達五百立方公尺以上者，處理容量不得低於廢（污）水（前）處理設施最大容量百分之五；其廢（污）水產生量每日未達五百立方公尺者，處理容量不得低於廢（污）水（前）處理設施最大容量百分之十。

第十條　本法第十八條之一第四項所定廢（污）水（前）處理設施，應維持正常操作，其規定如下：

一、依水污染防治措施計畫核准文件、廢（污）水排放地面水體許可證、簡易排放許可文件、廢（污）水貯留許可文件、廢（污）水稀釋許可文件及廢（污）水排放土壤處理許可證等登記之操作參數範圍內執行。但操作參數超過核准範圍，提出書面文件，證明仍屬正常操作者，不在此限。

二、沉澱設施之進流端與出流端中心距離處，所累積污泥高度，應低於水深之二分之一。

三、放流水導電度不得低於前一處理設施處理後廢（污）水導電度之百分之八十。

前項第三款，有高導電度及低導電度二股以上廢（污）水分別處理後共同排放，且於各股廢（污）水進入共同排放管線、溝渠或放流口前，有設置各自採樣口者，得以各採樣口之放流水導電度與各股之前一處理設施處理後廢（污）水導電度分別認定。

第十條之一　本法所稱稀釋，不包括燃煤發電廠採海水排煙脫硫去除硫氧化物之方法。

第十一條　各級主管機關，依本法第二十六條第一項第一款規定檢查時，為查證事業廢（污）水或污泥處理設施之操作功能，應於檢查十四日前，通知事業於檢查當日，將其生產提高至申報或實際已達之經常最大水污染產生量之狀態下，操作廢（污）水或污泥處理設施，以供檢查。

事業因故無法配合前項檢查者，應於原訂檢查之三日前，敘明具體理由、可達前項所定檢查狀態之日期，並檢附相關證明文件，送經主管機關同意後，另訂檢查日期。

第十二條　各級主管機關依本法第二十六條第一項規定所為查證工作，於特定區域內得委任、委託或委辦機關（構）或法人、團體辦理。

第十三條　各級主管機關依本法第二十六條第二項規定，派員攜帶證明文件，進入軍事機關進行查證工作時，應會同當地憲兵或軍事機關環保人員前往相關場所或設施。

為前項檢查或鑑定時，受檢之軍事機關應提供必要之協助。

第十三條之一　本法第二十八條第一項所稱輸送或貯存設備，指下列設備：

一、廢（污）水收集、貯存、處理或排放之單元、桶槽、泵浦、閥門、管線及溝渠。

二、 輸送或貯存原料、中間產物、產品、副產品、油品、藥劑、廢棄物之設備。

本法第二十八條第一項所稱之疏漏，包含溢流、滲漏或洩漏。

第十三條之二　本法第三十條第一項第二款所稱其他污染物之種類如下：

一、 事業運作過程所需原物料，及製程產出之中間產物、產品、副產品、下腳料、廢棄物。

二、 油品、藥（品）劑、農藥、化學肥料、調味劑、清潔劑。

三、 淤泥。

四、 廚餘、動物屍體、排泄物。

五、 其他經主管機關公告之物質。

第十四條　（刪除）

第十五條　各級主管機關依本法第三十六條之規定，對於事業故意將含有有害健康物質之廢（污）水排放於土壤或地面水體且超出各該管制標準，或故意將含有有害物質之廢（污）水注入地下水體，而有犯罪嫌疑者，應向檢察官告發。

前項故意，指下列情形之一：

一、 負責人、監督策劃人或行為人對於構成犯罪之事實，明知並有意使其發生者。

二、 負責人、監督策劃人或行為人對於構成犯罪之事實，預見其發生而其發生並不違背其本意者。

第十六條　本法第三十六條第二項所稱注入地下水體，指利用鑿井、注入管線或加壓設施等設備，將事業廢（污）水灌注至地下水體者。

事業或污水下水道系統，經直轄市、縣（市）主管機關依土壤及地下水污染整治法之規定審查同意，將土壤、地下水污染整治所產生之水，注入地下水體之行為，非屬本法第三十二條第一項及第三十六條第二項所稱之注入地下水體。

第十七條　本法第三十六條第一項所稱排放於土壤，指以管線、溝渠或桶裝、槽車等其他非管線方式，將事業廢（污）水排入、逸散、流布於土壤者。但不含下列情形之一：

一、 經農業主管機關依據農業事業廢棄物再利用管理辦法規定，核准農業廢棄物之再利用運作管理。

二、 經農業主管機關核准之畜牧業沼液、沼渣作為農地肥分使用計畫。

三、 經直轄市、縣（市）主管機關依據本法審查核准之土壤處理許可。

四、 廢（污）水排放至設有不透水布等隔離設施之非直接接觸土壤。

五、 因管線、設備破損或故障導致廢（污）水非常態性短時間疏漏排放至土壤。

第十八條　本法第三十六條第一項所稱排放於地面水體，指有下列情形之一：

一、 大量排放污染物，經主管機關認定嚴重影響附近水體水質。

二、 廢（污）水（前）處理設施未依下列規定具備足夠之功能與設備：

（一） 在最大產能或服務規模下處理廢（污）水，均能使處理後之廢（污）水符合本法及其相關規定。

（二） 能處理生產或服務設施可預見之異常作業之水量負荷。

三、 事業廢（污）水處理設施發生故障，未依本法第五十九條規定通報主管機關者。

四、 事業未遵行主管機關依本法規定命停止作為、停止貯存、停工、停業或歇業，繼續排放廢（污）水者。

第十九條　本法第三十六條第一項所稱本法所定各該管制標準，針對排放於地面水體管制標準，指事業之放流水標準、海洋放流管線放流水標準及特定業別適用之放流水標準。不包含針對自來水水質水量保護區、飲用水水源水質保護區、總量管制區等環境特殊或需特予保護區域之水體增訂或加嚴之放流水標準。

第二十條　各級主管機關依本法所為限期改善、補正之通知書，應與裁處書分別作成。

第二十一條　主管機關執行本法第六十三條規定之復工查驗及評鑑，應依下列方式辦理：

一、 以事業復工時所申報之實際經常最大廢（污）水產生量，測試其水污染防治措施或污泥處理設施。

二、 以事業實際經常最大廢（污）水產生量，測試其水污染防治措施及污泥處理設施之功能。

三、 評估事業定期申報之水質水量資料與主管機關檢驗之水質水量資料及其日平均限值、週平均限值或月平均限值，並比較現有設施功能。

四、 其他經主管機關認定之方式。

第二十二條　本法第七十三條第一項第三款所稱一年內，指自違反之日起，往前回溯至第三百六十五日止。

第二十三條　本法第六十六條之三第一項所稱之依本法裁處之部分罰鍰，指經主管機關依本法裁處後實收罰鍰金額之百分之二十。

第二十四條　本細則自發布日施行。

6-8　環境檢驗測定機構管理辦法

中華民國 110 年 01 月 27 日行政院環境保護署環署檢字第 1108000006 號號令修正發
布部分條文

第一章　總則

第一條　本辦法依空氣污染防制法第四十九條第二項、室內空氣品質管理法第十一條第
　　　　二項、噪音管制法第二十條第二項、水污染防治法第二十三條第二項、土壤及
　　　　地下水污染整治法第十條第二項、廢棄物清理法第四十三條第二項、毒性及關
　　　　注化學物質管理法第四十四條第三項、環境用藥管理法第三十六條第二項及飲
　　　　用水管理條例第十二條之一第二項規定訂定之。

第二條　本辦法專用名詞定義如下：
　　　　一、環境檢驗測定業務：指應用各種物理性、化學性或生物性檢測方法以執
　　　　　　行環境標的物採樣、檢驗、測定之工作。
　　　　二、環境檢驗測定機構（以下簡稱檢測機構）：指依本辦法規定申請核發許可
　　　　　　證，執行環境檢驗測定業務之機構。
　　　　三、環境檢驗測定人員（以下簡稱檢測人員）：指檢驗室主管、品保品管人員
　　　　　　及其他從事環境檢驗測定業務之專業技術人員。

第二章　許可

第三條　申請檢測機構許可證者，應向中央主管機關為之。

　　　　檢測機構應取得中央主管機關核發之許可證，始得辦理第一條所定環保法律授
　　　　權之檢驗測定。但執行水污染防治法、土壤及地下水污染整治法、毒性及關注
　　　　化學物質管理法規定之檢驗測定，經中央主管機關核准者，不在此限。

第四條　申請檢測機構許可證者，應具備下列條件之一：
　　　　一、非公營事業之公司實收資本額或財團法人登記財產總額在新臺幣五百萬
　　　　　　元以上者。
　　　　二、公營事業或非環境保護主管機關之政府機關（構）。
　　　　三、公立大專以上院校。

第五條　申請檢測機構許可證者，應有專屬之檢驗室，每一檢驗室應有專屬之儀器設備
　　　　及專任之檢測人員六人以上，其中應有檢驗室主管一人及品保品管人員。但以

非環境保護主管機關之政府機關（構）申請者，其專任檢測人員應為與其主管業務有關之人員，且應置檢測人員二人以上，其中一人為檢驗室主管。

依前項但書取得檢測機構許可證者，僅得執行與其主管業務有關業別之環境檢驗測定業務。

第六條　前條檢驗室主管之資格應符合下列條件：

一、公立或立案之私立專科以上學校或經教育部承認之國外專科以上學校之化學或環境相關科系畢業者。但以非環境保護主管機關之政府機關（構）申請者，其檢驗室主管具與其主管業務相關科系專科以上畢業者，亦得充任之。

二、具有與申請許可檢測類別相關之檢測經驗五年以上而有證明文件者。但持有相關大學學士學位者，得減少二年檢測經驗；持有相關碩士學位者，得減少三年檢測經驗；持有相關博士學位者，得減少四年檢測經驗。

僅從事噪音、振動、物理性公害檢測類或其他經中央主管機關公告檢測類別項目之檢驗室，其主管得以物理或工科專科以上畢業者充任之。

第七條　第五條檢驗室品保品管人員之資格應符合下列條件：

一、公立或立案之私立專科以上學校或經教育部承認之國外專科以上學校之化學或環境相關科系畢業者。但以非環境保護主管機關之政府機關（構）申請者，其檢驗室品保品管人員具與其主管業務相關科系專科以上畢業者，亦得充任之。

二、具有與申請許可檢測類別相關之檢測經驗三年以上而有證明文件者。但持有相關碩士學位者，得減少一年檢測經驗；持有相關博士學位者，得減少二年檢測經驗。

僅從事噪音、振動、物理性公害檢測類或其他經中央主管機關公告檢測類別項目之檢驗室，其品保品管人員得以物理或工科專科以上畢業者充任之。

第八條　檢測人員除檢驗室主管及品保品管人員外，其資格應符合下列條件之一：

一、公立或立案之私立專科以上學校或經教育部承認之國外專科以上學校之理工醫農或環境相關科系畢業者。檢測機構變更代表人，應於變更後九十日內辦理變更登記。

二、公立或立案之私立高中（職）畢業，具有相關檢測經驗三年以上而有證明文件者。但化驗科、化工科、農化科、食品科或環境相關科畢業者，得減少一年檢測經驗。

第九條　檢測機構從事不明事業廢棄物採樣項目，其現場品保品管負責人、採樣員及安全衛生負責人，應接受四十小時以上之安全與應變知能訓練及三日以上之實務訓練。

前項以外之事業廢棄物採樣項目，其現場品保品管負責人、採樣員及安全衛生負責人，應接受十六小時以上之安全與應變知能訓練及八小時以上之實務訓練。

經第一項訓練者，得從事前項之事業廢棄物採樣項目。

第十條　申請檢測機構許可證者，應檢具下列文件：

一、申請表。

二、機關（構）組織證明文件。

三、負責人證明文件影本。

四、檢驗室地理位置簡圖。

五、檢驗設施配置圖及平面圖。

六、檢測人員任職、學經歷及必要之訓練證明文件影本。

七、敘明申請之項目、使用方法名稱及其標準作業程序等文件。

八、具有申請項目十五組以上實際檢測數據及相關品管圖表或具有申請項目檢測經驗能力之證明文件與相關品管資料。但中央主管機關另有規定者，不在此限。

九、依中央主管機關公告之環境檢驗測定機構檢驗室品質系統基本規範編制之檢驗室管理手冊，其內容至少應包括：公正性、保密、架構、人員、設施與環境條件、設備、計量追溯性、外部供應的產品與服務、要求事項、標單與合約之審查、方法的選用及驗證、採樣、檢測樣品之處理、技術紀錄、確保結果的有效性、檢測報告、抱怨處理、不符合工作、數據管制與資訊管理、管理系統文件、管理系統的文件管制、紀錄的管制、處理風險與機會之措施、改進、矯正措施、內部稽核及管理審查。

十、其他經中央主管機關指定之文件。

前項申請文件不符規定或內容有欠缺者，中央主管機關應通知其限期補正，屆期未補正者，應予駁回，所收文件不予退還。

第十一條　檢測機構分設一個以上之檢驗室，應分別申請許可證。

檢測機構申請展延、復業、檢驗室搬遷或增加檢驗室、檢測類別、檢測項目，應檢附前條第一項第一款、第四款至第十款規定之文件。

前項申請許可證展延，檢測機構並應檢附檢測人員依第二十二條接受訓練之證明文件。

檢測機構之檢驗室搬遷，應於十五日前向中央主管機關申請檢驗室搬遷，並提送搬遷計畫書備查；檢測機構應依搬遷計畫執行搬遷，自搬遷完成日起三十日內，依第二項規定提送文件。

第十二條　許可證之檢測類別如下：

一、空氣檢測類。

二、水質水量檢測類。

三、飲用水檢測類。

四、廢棄物檢測類。

五、土壤檢測類。

六、環境用藥檢測類。

七、毒性化學物質檢測類。

八、噪音檢測類。

九、地下水檢測類。

十、底泥檢測類

十一、其他經中央主管機關公告之檢測類。

前項各款檢測類別之項目，以環境法規規定之管制項目及中央主管機關已公告檢測方法之項目或其他經中央主管機關公告之項目為限。

第十三條　中央主管機關審查檢測機構許可證申請、展延、復業、檢驗室搬遷、增加檢驗室、增加檢測類別或檢測項目，應辦理下列事項，經審查合格始得核發許可證。但增加檢測項目之審查，得免系統評鑑。

一、書面審核：對檢測機構所提申請文件進行審核。

二、績效評鑑：對檢測機構所申請之檢測項目，進行盲樣測試、實地比測或術科考試。

三、系統評鑑：對檢測機構所申請之個別檢驗室品質管理系統，進行現場實地查核與評鑑。

四、其他經中央主管機關指定之審核或評鑑。

第十四條　中央主管機關為辦理檢測機構許可證之審查、評鑑及諮詢得設評鑑技術審議會（以下簡稱審議會）。

前項評委會置委員二十一人至二十五人，任期均為二年，期滿得續聘之。

第十五條　許可證應記載下列事項：

一、機構名稱。

二、檢驗室名稱及地址。

三、 檢驗室主管姓名。

四、 檢測類別、項目及方法。

五、 有效期限。

六、 其他經中央主管機關指定事項。

第十六條 許可證有效期限最長為五年，檢測機構應於有效期限屆滿前五至六個月內申請展延；每次展延之有效期限最長為五年。但於許可證有效期間，檢測機構申請許可文件、檢測人員之設置、檢測或數據處理過程、檢測報告或其他申報資料有虛偽不實之情形，經中央主管機關處罰二次以上，未經撤銷或廢止檢測項目之許可證屆期辦理展延之有效期限為三年。

檢測機構申請展延文件不符規定或內容有欠缺者，中央主管機關應即通知限期補正；屆期未補正者，駁回其申請。

檢測機構依第一項規定期間申請展延者，因中央主管機關之審查致許可證期限屆滿前無法完成展延准駁者，檢測機構於許可證期限屆滿後至完成審查期間內，得依原許可證內容執行檢測業務。

檢測機構未依第一項規定期間申請展延者，中央主管機關尚未作成准駁之決定時，應於許可證有效期限屆滿日起，停止執行該項目之檢測業務。未於許可證有效期限屆滿前申請展延者，於許可證有效期限屆滿日起，其許可證失其效力。如需繼續執行該項目之檢測業務者，應重新提出申請。

第三章 管理

第十七條 檢測機構執行環境檢驗測定業務時，應遵行下列規定：

一、 以檢驗室所屬檢測人員使用其專屬之儀器設備。

二、 依中央主管機關公告之檢測方法、品質管制事項及檢驗室之標準作業程序執行檢測。

三、 依檢驗室管理手冊執行其業務。

四、 每年一月三十一日前提報該年之品質管制數據資料。

五、 每年一月、四月、七月及十月等各該月份十五日前向中央主管機關提報前三個月檢測統計表，申報項目為檢測類別、檢測項目數、檢測樣品數及金額。

六、 依中央主管機關規定之項目、格式、內容，以網路傳輸方式申報檢測作業相關資料。

七、 其他經中央主管機關規定事項。

放流水採樣人員申報之項目，同時應填報確實進廠起訖日期及時間、採樣起訖日期及時間、採樣會同事業人員照片等。

第十八條　檢測機構出具檢測報告應經各該檢驗室主管簽署之。但其因專業領域或業務需要者，得由報經中央主管機關評鑑核可之檢測報告簽署人簽署之。

前項檢測報告簽署人之資格準用檢驗室主管之規定。

中央主管機關核可檢測報告簽署人簽署報告之期限與許可證有效期限相同。檢測機構申請許可證展延時，得同時申請檢測報告簽署人之核可。

第十九條　檢測機構檢驗室之檢測人員變更者，應於變更後三十日內辦理變更登記。檢驗室主管或品保品管人員出缺者，應於三十日內遞補之；其餘檢測人員因變更致不符合第五條規定員額時，應於變更後九十日內遞補之。

檢測機構變更代表人，應於變更後九十日內辦理變更登記。許可證應記載事項有變更者，檢測機構應於變更後三十日內向中央主管機關辦理變更登記。

第二十條　中央主管機關得派員攜帶證明文件，進入檢測機構或採樣現場進行查核工作，並命其提供有關資料，檢測機構不得規避、妨礙或拒絕。

中央主管機關依前項規定所為查核或為辦理檢測機構許可證之申請、審查、核（換）發、撤銷及廢止事項之業務，所取得之資料，涉及受檢者之個人隱私、工商秘密、軍事秘密應予保密。

第二十一條　檢測機構或其檢測人員應依規定接受中央主管機關之採樣技術評鑑或盲樣測試，並於規定期限內將盲樣測試結果送交中央主管機關。

前項盲樣測試，中央主管機關亦得以指定檢測機構或其檢測人員參加國內或國際盲樣測試方式進行，檢測機構應自行支付相關費用；不支付費用致無法參加盲樣測試者，視為拒絕參加。

第二十二條　中央主管機關得命檢測機構指派適當或被指定之檢測人員接受在職訓練，檢測機構不得拒絕。

第二十三條　檢測機構自行停業時，應檢具許可證向中央主管機關辦理廢止。

檢測機構有歇業、解散或喪失執行業務能力者，中央主管機關得逕行廢止其許可證。

前二項經中央主管機關廢止許可證者，免除本辦法規定之限制。

第二十四條　檢測機構有下列情形之一者，依空氣污染防制法第七十條、室內空氣品質管理法第十六條、噪音管制法第三十二條第二項、水污染防治法第四十九

條、土壤及地下水污染整治法第四十二條第一項第一款及第二項、廢棄物清理法第五十八條、毒性及關注化學物質管理法第五十八條第七款、環境用藥管理法第四十八條第五款或飲用水管理條例第二十四條之一各該罰則規定辦理：

一、 違反第三條第二項、第十一條第四項、第十七條第一項第一款、第二款、第四款、第五款及第七款、第十八條第一項、第十九條第三項、第二十條第一項或第二十二條之規定者。

二、 違反第十七條第一項第三款規定，未依檢驗室管理手冊之人員、設備、要求事項、標單與合約之審查、方法的選用及驗證、採樣、檢測樣品之處理、技術紀錄、檢測報告、管理系統的文件管制或紀錄的管制之規定執行業務。

三、 違反第十七條第一項第六款之規定，依各環境保護法規分別累計達三次者。

四、 違反第十九條第一項規定者。但屬檢測機構非檢驗室主管或品保品管人員之檢測人員未依第十九條第一項規定期限內辦理變更登記之情形者，以一年內累計達三人次者。

五、 違反第二十一條規定，未依期限送交盲樣測試結果，或拒絕參加中央主管機關指定之採樣技術評鑑或盲樣測試者。

六、 接受中央主管機關依第二十一條規定進行採樣技術評鑑或盲樣測試結果，連續二次不合格者。

七、 檢測機構未依規定期間申請展延，於許可證有效期限屆滿日後，仍繼續執行該項目之檢測業務；或經中央主管機關撤銷、廢止許可證或經命停止其檢測類別或項目者，自處分書送達之日起，仍繼續執行該檢測業務者。

八、 申請許可文件、檢測人員之設置、檢測或數據處理過程、檢測報告或其他申報資料虛偽不實者。

檢測機構於執行環境檢驗測定業務有下列情形之一者，屬情節重大，除處罰鍰外，得依前項各該法律規定命其停業，必要時，並得廢止其許可證或勒令歇業：

一、 申請許可文件、檢測人員之設置、檢測或數據處理過程、檢測報告或其他申報資料虛偽不實。

二、 相同檢測項目於一年內違反第十七條第一項第二款、第三款規定，經主管機關處分三次者。

三、 檢測機構進行採樣技術評鑑或盲樣測試結果連續二次不合格,經限期改善而仍未完成改善者。

四、 未經核准或取得中央主管機關核發許可證即辦理第一條所定環保法律授權之檢驗測定。

第二十四條之一 檢測機構出具之檢測報告涉及違反第十七條第一項第二款或第三款規定,簽署該報告之檢驗室主管或簽署人應報經中央主管機關評鑑核可後,始得再簽署涉及違反規定檢測項目之檢測報告。

檢測機構出具之檢測報告有第二十四條第二項所定情節重大之情形,經中央主管機關廢止其許可證並限制於一定期間內不得提出同一檢測項目之許可申請者,簽署該報告之檢驗室主管或簽署人應於該限制期間屆滿後,始得報請中央主管機關評鑑,並經評鑑核可後,始得再簽署涉及違反規定檢測項目之檢測報告。

第二十五條 檢測機構經中央主管機關撤銷、廢止許可證或停止其檢測類別或項目者,自處分書送達之日起,不得再執行該檢測業務。

前項許可證經中央主管機關撤銷或廢止後,自撤銷或廢止之日起,該檢測機構於二年內不得向中央主管機關提出同一檢測項目之許可證申請。

第四章 附則

第二十六條 中央主管機關得委託相關機關或機構辦理檢測機構之輔導、審查、評鑑及查核事項。

第二十七條 (刪除)

第二十八條 本辦法所定之相關文件為外文者,應檢附駐外單位或外交部授權機構驗證之中譯本。

第二十九條 本辦法修正施行前已取得中央主管機關核發許可證之檢測機構,其檢驗室主管具專科學歷並具有與申請許可檢測項目相關之檢測經驗三年以上而有證明文件者,得不受檢測經驗五年以上規定之限制。

第三十條 本辦法除中華民國一百十年一月二十七日修正發布之第十條第一項第九款及第二十四條第一項第二款,自一百十年四月一日施行外,自發布日施行。

水質分析實驗

Chapter 07

Water Quality Analysis & Experiment

7-1　標準溶液的製備

實驗日期：＿＿＿＿＿＿＿＿

任課教師：＿＿＿＿＿＿＿＿

班級：＿＿＿＿＿＿＿＿　　組別：＿＿＿＿＿＿＿＿

學號：＿＿＿＿＿＿＿＿　　姓名：＿＿＿＿＿＿＿＿

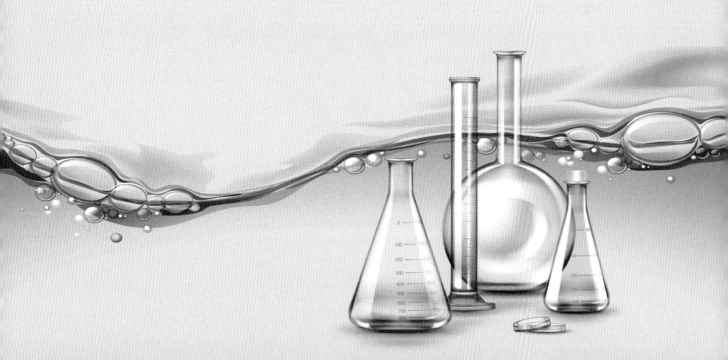

一、實驗原理

標準溶液(Standard Solution)係指各種水質實驗中,用來測定或當做標定溶液所使用之已知濃度溶液。利用已知濃度之標準溶液,來率定或檢定出未知樣品之濃度,尤其以標準酸在各項實驗中運用最多,以求得各不同樣本之濃度。在檢測中所使用的標準溶液有兩種來源,一是由國際公信單位所出具的標準品,濃度固定;二是由使用者自行配製,用來標定未知樣品濃度之用。

水質檢測所使用的濃度單位為單位體積之當量數,一般用當量濃度(N)表示;而另一種在水質檢測常用的濃度單位則為 mg/L,所指為單位體積的溶液中所含有溶質量。

● 標準溶液的配製方法如下:

1. 標準酸:

因強酸具吸濕性,因此採用市售之標準酸半成品,使用時僅需將藥包剪開稀釋至適量之體積即可。

2. 其他標準液:

按 APHA Standard Methods 中之規定,或按環保署公告之水質檢驗法中之規定製備純藥,以供配製標準液用。

3. 注意事項:

通常配製時以配製高濃度貯備液(或稱為母液)為原則,因此使用時需稀釋至所需要之濃度,稀釋可利用 $V_1(mL) \times N_1 = V_2(mL) \times N_2$ 之公式計算出所需要之溶液用量。

4. 配製時須依實驗室之狀況及實驗所需劑量,採用不同體積之定量瓶配製。

● 配製公式如下:

$$C = W/V$$

C :欲配製之濃度值 (mg/L)

W :溶質量(mg)

V :溶液體積(L)

在配製標準溶液時,大多已知所需配製的濃度值,因此要考慮所需配製之溶液體積(量),或以實驗室現有的定量瓶大小限制來配製所需量,尤其部分藥劑有存放時效,以免過多之溶液造成浪費及衍生處理負擔。

二、實驗步驟

1. 配置標準溶液：量取 1 g 之染料溶入 1 L 之定量瓶中，以去離子水稀釋至定量瓶刻度，濃度即為 1000 mg/L。

$$1\ g = 1000\ mg$$
$$C = \frac{1000(mg)}{1(L)} = 1000(mg/L)$$

2. **每組按照配製公式：**

$$C = W/V$$

取用染料，先行計算出所需配製之儲備液體積後，再行配製。

3. 每組依 1 L、500 mL 或 100 mL 定量瓶配製 50、30、20、10、0.1 mg/L 之標準溶液。

4. 配製時，目光須直視定量瓶刻度標線，如圖 7-1 所示，同時也須注意溶液的性質。

5. 繳交不同濃度之配製計算。

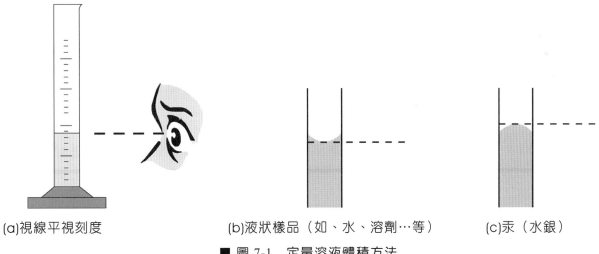

(a)視線平視刻度   (b)液狀樣品（如、水、溶劑…等）   (c)汞（水銀）

■ 圖 7-1　定量溶液體積方法

三、實驗結果

配製計算：

配 製 濃 度 (mg/L)						
定 量 瓶 體 積 (mL)						
所 需 溶 質 量 (g)						

請寫出上數配製濃度之計算式及配製方法：

四、問題

請說明並計算下列題目：

1. 中和 0.5 g 之 HCl 時，需要 1.0 N 之 NaOH 溶液若干？

2. 製備 5.0 L，0.0227 N 的 NaOH 溶液，需 1.0 N 的 NaOH 溶液多少體積？

3. 硝酸鈉標準液為 100.00 μg/mL，若要配置 0.5、5、20、50 mg/L 的濃度，試問如何製作？（請詳細寫出配製過程）

4. 請寫出配製硫酸鎂標準溶液 200 mg/L 的程序，並請列出所需的設備。（實驗桌現有硫酸鎂藥劑，去離子水及 50 mL 的定量瓶，其餘設備請自行列出）

五、實驗心得與討論

7-2 檢量線的製備

實驗日期：_____

任課教師：_____

班級：_____ 組別：_____

學號：_____ 姓名：_____

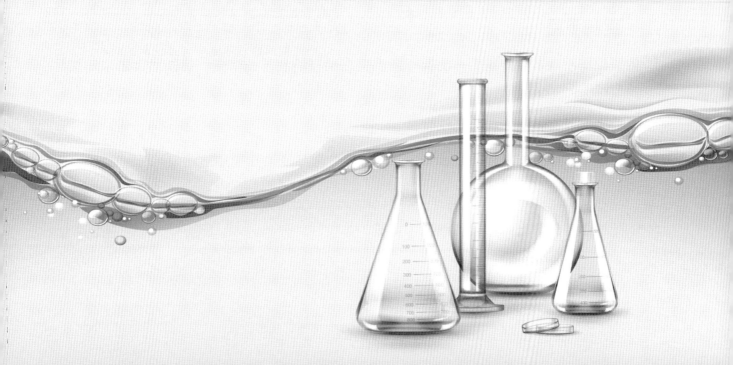

一、實驗原理

水質分析實驗中，會利用空白樣本(Blank)及標準液(Standard Solution)來校正儀器，如濁度計、酸鹼度計(pH meter)、比電導度計(EC)等儀器，而有些儀器，並非採用直讀式來顯示數據的形態，而僅是顯示目前所測樣品之某項特性，如紫外光光譜儀(UV)，便是顯示樣品在某個波長下之吸收光能強度或目前之穿透度，在此狀況下，配製標準溶液(Standard Solution)來製作檢量線（Calibration Curve，或稱為校正曲線）以求得溶液濃度與儀器偵測值的對應曲線。

製作檢量線時是利用已知濃度的標準溶液（不同濃度值的標準品 5 個或更多，但至少需 4 個標準品），在儀器特定狀況下所測得之相對關係曲線，如吸收度與濃度關係，或穿透度與濃度之關係曲線，利用線性迴歸以求出一條直線，此曲線便稱為檢量線，而後在測定未知樣品之濃度時，便利用先前檢量線所定義之相對關係，利用其吸收度（或穿透度等）於儀器上所測得之數據在先前求出之檢量線迴歸線上找出濃度值。此法於化學分析上應用甚廣，但仍應注意樣品濃度不得超過先前檢量線最大濃度之標準液，因為檢量線之製作應符合皮爾定律（見紫外／可見光譜學），但超過最大濃度之標準液時，亦即已超出檢量線之範圍，無法確認是否仍依循皮爾定律，因此檢測時需使樣本之濃度落於標準液之濃度範圍內，若超出範圍，則需將樣品稀釋後再行測定。

檢量線方程式：$Y=a+bX$，該迴歸方法可利用一般工程計算機之統計功能，或是統計軟體完成（如 Excel），雖然皮爾定律亦接受非直線型之檢量線，但目前於水質分析實驗中常見之檢驗項目，甚少出現非線性之檢量線，因此檢量線仍以直線為優先考慮。

利用 Excel 繪製檢量線之直線迴歸方法如下，利用最小二乘法，得出 $Y=a+bX$，以及該線之直線迴歸相關係數 R^2(R Squared)，若 R^2 很趨近於 1，表示迴歸資料非常接近線性，若 r 愈小，表示原始資料各點與迴歸直線相距愈遠。線性迴歸中各參數，斜率為 b，截距為 a 及相關係數 R^2。

二、實驗步驟

1. 依照標準溶液實驗中說明，配製不同濃度之染料溶液，並準備一已知濃度之未知樣品（盲樣）。

2. 以分光度計尋找該染料之最佳波長。

3. 以去離子水做為空白樣品(blank)，依序讀出各樣品及未知樣品之測值。

4. 以統計方式繪製出檢量線及其方程式。

5. 依此檢量線計算出未知樣品濃度（盲樣）。

三、實驗結果

※檢測結果

濃度值 (mg/L)								未知 樣品
儀器呈現 數據								

請繪製檢量線圖及計算迴歸方程式（貼圖並列出相關係數 R^2），並請計算未知樣品濃度值

四、問題

1. 請處理下列資料：

NO$_3^-$(mg/L)	吸光值
5	3512
10	18855
20	74119
30	147963
50	317418
70	497460
100	830930
200	1856799
300	2723928
500	4761354

(1) 請畫出迴歸曲線圖。

(2) 求出迴歸方程式。（ X = NO$_3^-$濃度，Y＝吸光值）

(3) 若吸光值為 250000，試問 NO_3^- 濃度若干？

2. 請依下列條件作圖：

時　間	實驗組	對照組	空白組
0	1	1	1
8	0.9	0.97	1
16	0.9	0.99	1
32	0.9	1.03	1.04
44	0.9	1.03	1.04
56	0.84	0.99	1.04
66	0.75	0.89	0.94

(1) 作 X-Y 散布圖（X＝時間，Y1＝實驗組，Y2＝對照組，Y3＝空白組）。

(2) 若時間欄位改為樣品品名，做出條狀圖。

五、實驗心得與討論

7-3 水中 pH 值測定

實驗日期：_____

任課教師：_____

班級：_____　組別：_____

學號：_____　姓名：_____

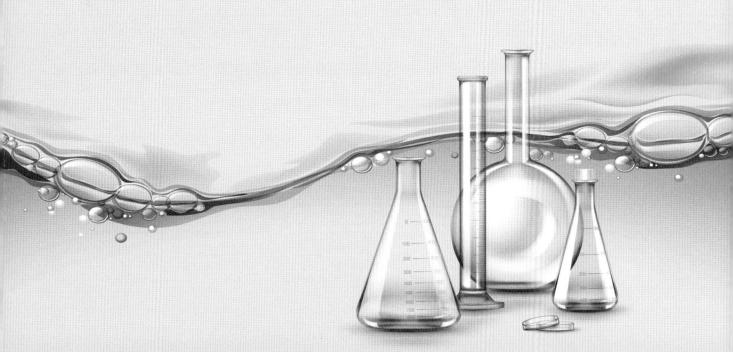

一、實驗原理

溶液之 pH 值表示其氫離子之活性(activity)，以氫離子活性（以每升摩爾為單位）倒數之對數值來表示。

檢驗 pH 值所利用的幾種電極，以氫氣電極(hydrogen electrode)是最先被採用之標準，但現在大都採用玻璃電極(glass electrode)與甘汞參考電極(calomel reference electrode)合併使用之方式。玻璃電極組是基於每改變一個 pH 單位，在 25℃時產生 59.1 mV 之電流變化。

● 在使用 pH 計前須先做校正步驟，方法如下：

1. 選擇二種參考緩衝溶液（兩者之 pH 值差為 3 左右，且範圍能涵蓋水樣之 pH 者）以校正 pH 計。目前市售的參考緩衝溶液分別為 pH ＝ 4、7、10 三種，一般使用的組合為 pH 4、7 或 pH 7、10 兩種。

2. 各取適量之緩衝溶液及水樣於乾淨小燒杯中，保存於同一溫度。

3. 將電極移出以蒸餾水淋洗，以柔軟面紙輕輕拭乾，置於第一種緩衝溶液，以磁石攪拌，待穩定後校正；儀器再以同法利用第二種緩衝溶液校正儀器，將電極沖洗拭乾後置入水樣中（每更換水樣均應先將電極淋洗乾淨並拭乾），以磁石攪拌，待穩定後讀取 pH 值並記錄溫度。

二、實驗方法

1. 準備物品：

a. 請準備 3 種清潔劑，如洗碗精、洗髮乳、沐浴乳或洗面乳，建議勿使用潤髮乳或柔軟劑。

b. 準備 3 種飲料，但類型不要相同，如果汁類、汽水類、茶類等。

c. 準備市售礦泉水及飲水機水樣。

2. 水樣置備方法：

a. 將清潔劑樣品分別倒入乾燥並已秤重之燒杯後，再行秤重並加水稀釋，計算出稀釋倍數（稀釋倍數 ＝ $\dfrac{清潔劑重＋水重}{清潔劑重}$），以 pH meter 偵測。

b. 將飲料樣品分別倒入乾燥並已秤重之燒杯後，以 pH meter 偵測未稀釋樣品之酸鹼值，再行取樣並加水稀釋，計算出稀釋倍數（稀釋倍數 ＝ $\dfrac{飲料體積＋水體積}{飲料體積}$），以 pH meter 偵測稀釋後酸鹼值。

三、實驗結果

1. 請於表格中進行結果記錄。（表格設計時請著重稀釋前、後之比較）

樣品名稱	稀釋倍數	稀釋前 pH	稀釋後 pH

四、問題

1. 水質檢測將 pH 測定當做必要項目，原因為何？

2. 稀釋的多寡如何影響 pH？對 pH 值變化情況為何？請就實驗結果觀察回答。

3. 請舉例說明生活中物質（或食物）與 pH 導致變化的相關現象（至少舉出 2 項）。

五、實驗心得與討論

MEMO

六、環檢所公告方法

◎水之氫離子濃度指數（pH 值）測定方法－電極法

中華民國 108 年 1 月 22 日環署授檢字第 1080000393 號公告

自中華民國 108 年 5 月 15 日生效

NIEA W424.53A

（一）方法概要

利用玻璃電極及參考電極測定樣品之電位，可得知氫離子活性，而以氫離子濃度指數（pH 值）表示。

（二）適用範圍

本方法適用於飲用水、地面水體、地下水體、放流水、廢（污）水及其他水性液體之 pH 值測定。

（三）干擾

1. 樣品之 pH 值太高或太低均容易造成測定值的誤差，當樣品的 pH 值大於 10 時，測定值容易偏低，可用低鈉誤差(Low-sodium error)電極來降低誤差。樣品之 pH 值小於 1 時，測定值容易偏高。

2. 溫度對 pH 測定之影響：pH 計之電極電位輸出隨溫度而改變，可由溫度補償裝置校正；水解離常數及電解質之離子平衡隨溫度而異，樣品 pH 值因而改變，故測定時應同時記錄水溫。

3. 當電極被雜質披覆時，將造成測定誤差。如電極被油脂類物質披覆而不易沖洗掉，可以使用：

   (1) 超音波洗淨機洗淨。

   (2) 用清潔劑洗淨後以試劑水沖洗數次，再將電極底部三分之一部分浸泡於 1：10 鹽酸溶液中，最後用試劑水完全潤溼。

   (3) 依製造廠商之說明清洗。

（四）設備與材料

1. pH 測定儀：具有自動溫度或手動溫度補償功能，可讀至 0.01pH 單位。

2. pH 測定儀之電極可使用下列任一種（電極應依照儀器操作手冊之說明進行保存及維護）：

(1) 分離式電極：
    A. 玻璃電極：指示用電極。
    B. 參考電極：銀－氯化銀或其他具有固定電位差之參考電極。
    C. 溫度補償探棒：熱電阻、熱電偶或其它電子式溫度探棒，用以測量溶液溫度以補償因溫度不同而產生的電位差變化。
(2) 組合式電極(Combination electrodes)：由玻璃電極、參考電極及（或）溫度補償探棒組合而成，使用較為方便。

3. 標準溫度計：刻度 0.1℃，校正溫度探棒，使用於自動溫度補償 pH 測定儀。

4. 一般溫度計：刻度不可大於 0.5℃，測定樣品溫度，使用於手動溫度補償 pH 測定儀。

5. 分析天平，可精稱至 0.1mg。

6. 攪拌器：使用具鐵氟龍被覆磁石之電磁攪拌器或具塑膠被覆葉片之機械攪拌器。

（五）試劑

1. 試劑水：比電阻值≧1 MΩ-cm。

2. 標準緩衝溶液：使用市售之商品溶液或以標準級（由美國國家標準與技術局(NIST)或對等單位取得）之緩衝鹽類依表一自行配製。市售之標準緩衝溶液須有追溯至國家標準或同等級以上之證明文件（如 Certificate of Analysis），容器上標示之保存期限為未開封下之最長期限，開封後應標示開封日期並另訂定適當之使用期限；自行配製之標準緩衝溶液，須與具有能追溯至國家標準或同等級以上之標準溶液比較並確認其效能。

3. 工作緩衝溶液：由標準緩衝溶液分裝之緩衝溶液，應標示分裝日期及使用期限（不得超過 7 天）。

（六）採樣與保存

1. 採樣時水樣可使用玻璃瓶或塑膠瓶盛裝，或直接將電極浸入水體中，於現場立刻分析。

2. 於實驗室內檢測時，樣品依個別方法之規定儘速分析。

（七）步驟

1. pH 測定儀校正

   (1) 依使用之 pH 測定儀型式及所設定之校正模式選用正確緩衝溶液。

   (2) 檢查電極狀況是否良好，必要時打開鹽橋封口，再依 pH 測定儀和附屬設備使用手冊規定進行校正。

   (3) 調整電極在架上的位置，使玻璃電極和參考電極皆浸在樣品中；使用組合式電極時，將玻璃圓頭部分及參考電極之液接介面浸入樣品中，以建立良好的電導接觸。

   (4) pH 測定儀至少進行二點校正，通常先以 7.0±0.5 之中性緩衝溶液進行零點校正，再以相差 2 至 4 個 pH 單位之酸性或鹼性緩衝溶液進行斜率校正，此二校正點宜涵蓋欲測樣品之 pH 值，若樣品 pH 值無法在校正範圍時，可採以下方式處理：

   A. 如 pH 測定儀可進行第三點校正且能涵蓋樣品 pH 值時，則進行三點校正。

   B. 如 pH 測定儀只能進行二點校正或可進行三點校正，但無法涵蓋樣品 pH 值時，應使用另一能涵蓋欲測範圍之標準緩衝溶液查核，其測定值與參考值之差應在 0.05pH 單位以內。

   (5) 依 pH 測定儀使用之校正參數（註 1），記錄：

   A. 零點電位(mV)或零電位 pH 值。

   B. 斜率(-mV/pH)或%靈敏度。

   (6) 市售 pH 測定儀，依其功能可分為自動溫度補償及手動溫度補償，其進行步驟如下：

   A. 溫度補償：pH 測定儀具自動溫度補償功能時，可直接測定溫度後，自動補償至該溫度下緩衝溶液之 pH 值；溫度探棒須每 3 個月進行校正（同工作溫度計之校正方式），誤差不得大於±0.5℃，並記錄之。採用手動溫度補償時，則以經校正之溫度計先測定溫度，於設定 pH 測定儀之溫度補償鈕至該溫度後，分別調整零點電位及斜率調整鈕至該溫度下緩衝溶液之 pH 值。

   B. 確認：選擇 pH 值在校正範圍內之緩衝溶液進行確認，測值與緩衝溶液在該溫度下之 pH 差值不得大於±0.05pH 單位。

2. pH 值測定

   (1) 檢測每個樣品前，電極必須完全沖洗乾淨。

   (2) 將電極拭乾後置入樣品中，以攪拌器均勻緩慢攪拌，注意不應產生氣泡，俟穩定後讀取 pH 值並記錄溫度（註 2）。

（八）結果處理

檢測結果以＿＿＿＿℃ 溫度下 pH 值表示。

（九）品質管制

1. 每一樣品均須執行重複分析，兩次測值差異應小於 0.1pH 單位，並以平均溫度及平均 pH 值出具報告。

2. 校正參數須符合下列管制範圍：

   (1) 零點電位應介於-25mV 至 25mV 之間或零電位 pH 值應介於 6.55 至 7.45 之間。

   (2) 斜率應介於-56mV/pH 至-61mV/pH 之間或%靈敏度應介於 95%至 103%之間。

（十）精密度與準確度

略

（十一）參考資料

1. American Public Health Association, American Water Works Association & Water Pollution Control Federation. Standard Methods for the Examination of Water and Wastewater, 23rd ed. Method 4500 - H$^+$ p.4 - 95 ~ 99, Washington, D.C, USA, 2017.

2. U.S. EPA. pH Electrometric Measurement. SW 846 Method 9040C, 2004.

3. U.S. EPA. Determination of pH in Drinking Water. Method 150.3, 2017.

◎註 1：校正參數定義及計算：

(1) 零點電位或零電位 pH 值：溶液 pH 值等於 7.00 時，以 pH 計所測得之電位(mV) 稱為零點電位，而測得電位(mV)為 0 時溶液之 pH 值稱為零電位 pH 值。理論上 pH 值等於 7.00 時電位值為 0mV，實際上則因電極狀況及溫度而異，故 pH 計須以 pH 值接近 7.00 之緩衝液校正零點。一般 pH 計校正後會顯示零點電位或零電位 pH 值，如無此功能時，可採用緩衝液在校正溫度下之 pH 值、測定電位及求得之斜率值計算。

$$E_0 = mV_T - （pH_T - 7.00）\times S_T$$

$$pH_0 = pH_T - \frac{(mV_T - 0)}{S_T}$$

E_0：零點電位(mV)，記錄至個位數

pH_0：零電位 pH 值，記錄至小數點第二位

pH_T：緩衝液在校正溫度 T℃ 下之 pH 值

mV_T：緩衝液在校正溫度 T℃ 下之測定電位

S_T：校正溫度 T℃下之斜率(mV/pH)

(2) 斜率或%靈敏度：斜率為 pH 值改變 1.00 時電位之改變量，此為溫度之函數，25℃時理論值為-59.2mV/pH，實際上則因電極狀況及溫度而異，故 pH 計須以第二種緩衝液校正斜率並由此補償校正與樣品測定溫度不同所造成之電位差異；%靈敏度則為電極實際斜率與理論值之%比值。一般 pH 計校正後會顯示斜率或%靈敏度，如無此功能時，可由

已知 pH 值的兩種緩衝液和其測得之電位計算求得校正溫度下之斜率，再轉換為 25℃ 值，25℃斜率除以理論值-59.2×100%即得%靈敏度。

$$S_T = \frac{mV_2 - mV_1}{pH_2 - pH_1}$$

$$S_{25} = \frac{S_T \times (273.15 + 25)}{273.15 + T}$$

$$\%靈敏度 = \frac{-S_{25}}{59.2} \times 100\%$$

S_T：校正溫度 T℃下之斜率(mV/pH)，記錄至小數點第一位

S_{25}：25℃下之斜率(mV/pH)

mV_1：緩衝液一測得之電位(mV)

mV_2：緩衝液二測得之電位(mV)

pH_1：緩衝液一在校正溫度 T℃下之 pH 值

pH_2：緩衝液二在校正溫度 T℃下之 pH 值

T：校正溫度(℃)

(3) 計算實例：某實驗室 pH 計之校正結果為

使用緩衝液：7.00、10.01

校正溫度：20℃

測得電位值：緩衝液 7.00 為 2 mV，緩衝液 10.01 為-170mV

則校正參數計算如下：

由緩衝液包裝瓶或 COA 查得在 20℃下緩衝液之 pH 值為 7.02 及 10.06。

$$S_T = \frac{mV_2 - mV_1}{pH_2 - pH_1} = \frac{-170 - 2}{10.06 - 7.02} = -56.6 mV/pH$$

$$S_{25} = \frac{S_T \times (273.15 + 25)}{273.15 + T} = \frac{-56.6 \times (273.15 + 25)}{273.15 + 20} = -57.5 mV/pH$$

$$\%靈敏度 = \frac{-S_{25}}{59.2} \times 100\% = \frac{57.5}{59.2} \times 100\% = 97.3\%$$

$$E0 = mVT - (pHT - 7.00) \times ST$$
$$= 2 - (7.02 - 7.00) \times -56.6 = 3 \ mV$$

$$pH_0 = pH_T - \frac{mV_T - 0}{S_T} = 7.02 - \frac{2 - 0}{-56.6} = 7.06$$

註 2： 於現場量測時，樣品可使用攪拌器攪拌、手動攪拌(Manually stirring)或搖動(Swirling)樣品容器，惟需注意電極不能碰觸樣品容器壁，此外，亦可將電極直接浸入水體中，緩慢搖動電極，俟穩定後讀取 pH 值並記錄溫度。

註 3： 本方法之廢液依一般無機廢液處理。

■ 表 7-1　pH 標準緩衝溶液配製表

標準緩衝溶液	在 25℃的 pH 值	在 25℃每 1000 mL 水溶液所需要之化學物重量
主要標準緩衝溶液：		
飽和酒石酸氫鉀緩衝溶液 (potassium hydrogen tartrate)	3.557	＞7g 無水酒石酸氫鉀 (KHC$_4$H$_4$O$_6$) *
檸檬酸二氫鉀緩衝溶液 (potassium dihydrogen citrate)	3.776	11.41g 無水檸檬酸二氫鉀(KH$_2$C$_6$H$_5$O$_7$)
苯二甲酸鹽緩衝溶液 (potassium hydrogen phthalate)	4.004	10.12g 無水苯二甲酸氫鉀 (KHC$_8$H$_4$O$_4$)
磷酸鹽緩衝溶液 (potassium dihydrogen phosphate + disodium hydrogen phosphate)	6.863	3.387g 無水磷酸二氫鉀 (KH$_2$PO$_4$) + 3.533g 無水磷酸氫二鈉 (Na$_2$HPO$_4$)**
磷酸鹽緩衝溶液 (potassium dihydrogen phosphate + disodium hydrogen phosphate)	7.415	1.179g 無水磷酸二氫鉀 (KH$_2$PO$_4$) + 4.303g 無水磷酸氫二鈉 (Na$_2$HPO$_4$)**
四硼酸鈉（硼砂）緩衝溶液 (sodium borate decahydrate) (borax)	9.183	3.80g10 分子結晶水四硼酸鈉 (Na$_2$B$_4$O$_7$·10 H$_2$O)
碳酸鹽緩衝溶液 sodium bicarbonate + sodium carbonate	10.014	2.092g 無水碳酸氫鈉 (NaHCO$_3$)+2.640g 無水碳酸鈉(Na$_2$CO$_3$)
次要標準緩衝溶液：		
季草酸鉀緩衝溶液 (potassium tetroxalate dihydrate)	1.679	12.61g2 分子結晶水季草酸鉀 (KH$_3$C$_4$O$_8$·2H$_2$O)
飽和氫氧化鈣緩衝溶液 (Calcium hydroxide)	12.454	＞2g 氫氧化鈣 (Ca(OH)$_2$) *

* 剛超過溶解度之量

** 使用剛煮沸(Freshly boiled)並經冷卻後之蒸餾水配製即為（不含二氧化碳）之配製水

資料來源：同本文參考資料之表 4500-H$^+$：I

7-4　水中電導度測定

實驗日期：＿＿＿＿＿＿＿＿＿

任課教師：＿＿＿＿＿＿＿＿＿

班級：＿＿＿＿＿＿＿＿＿　　組別：＿＿＿＿＿＿＿＿＿

學號：＿＿＿＿＿＿＿＿＿　　姓名：＿＿＿＿＿＿＿＿＿

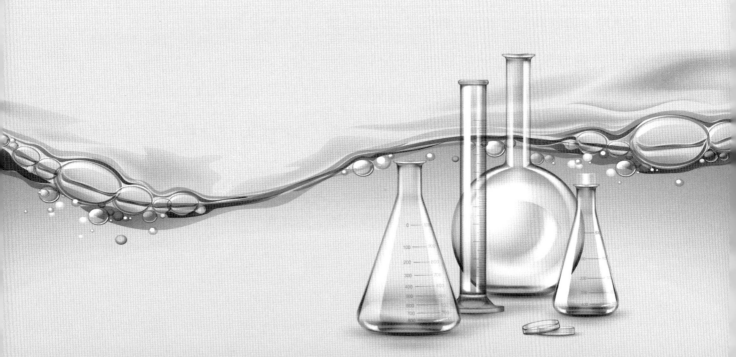

一、實驗原理

比電導度可用來表示溶液的導電能力。導電力和溶液中的離子之有無與離子濃度、活性、價數，及離子間相對濃度有關，和溶液的溫度也有關係。於實驗室中，通常是量測溶液的電阻(Resistance)。已知一個導體的電阻是和它的截面積成反比，和其長度成正比。因此溶液電阻的大小，是決定於所使用的電導度電池(Conductivity Cell)。導電度(Conductivity)為將電流通過，長 1 cm 之液柱時電阻(Resistance)之倒數，單位為 $\Omega/cm(s/cm)$，導電度較小時以其或表示，記為 $m\Omega/cm(ms/cm)$ 或 $\mu\Omega/cm(\mu s/cm)$。導電度之測定需用標準導電度溶液先行校正導電度計後，再測定水樣之導電度。當溫度改變攝氏 1 度時，比導電度會偏差 1.9%，因此測定時，最好使用水浴維持在 $25\pm0.5℃$，否則需校正溫度偏差，並以 25℃ 之校正值表示之。

二、實驗步驟

1. 將標準氯化鉀溶液及待測定之水樣置於室溫或水浴中保持恆溫，此時水溫應在 25±0.5℃，否則依表二調整電極至標準值，或依下式調整電極讀值：

   校正值=$1413\times[1-0.191\times(25-T)]$ EC=ECt/$[1-0.191\times(25-T)]$（T：水溫℃）

2. 測定水樣時，電極先用充分之去離子蒸餾水淋洗，然後用水樣淋洗後，再測其導電度。

3. 以同樣步驟測定其他各水樣之導電度。

4. 水樣多時，應於測定過程中，以標準氯化鉀溶液校正之。

● **準備物品：**

1. 各組請準備 3 種清潔劑，如洗碗精、洗髮乳、沐浴乳或洗面乳，建議勿帶潤髮乳或柔軟劑。

2. 並準備 3 種飲料，但類型不要相同，如果汁類、汽水類、茶類等。

● **水樣製備方法：**

1. 本實驗可比照實驗 3：pH 測定之水樣配製。

2. 將清潔劑樣品分別倒入乾燥並已秤重之燒杯後，再行秤重並加水稀釋並計算出稀釋倍數，以比電導度計偵測。

3. 將飲料樣品分別倒入乾燥並已秤重之燒杯後，以比電導度計偵測未稀釋樣品之比電導度值，再行取樣並加水稀釋，計算出稀釋倍數，以比電導度計偵測稀釋後樣品數值。

三、實驗結果

1. 請於表格中進行結果記錄。

樣品名稱	稀釋倍數	稀釋前電導度	稀釋後電導度	單位

四、問題

1. 樣品稀釋的多寡，是否會影響電導度值？並請說明電導度值之變化情形。

2. 目前法規中是否有針對電導度作限值之規範，請列出條文及說明？原因為何？

3. 水質分析項目中，電導度值的數據能呈現哪些現象？

4. pH 值與電導度值的關係為何？

五、實驗心得與討論

MEMO

六、環檢所公告方法

◎水中導電度測定方法－導電度計法(NIEA W203.51B)

（一）方法概要

　　導電度(Conductivity)為將電流通過 1cm^2 截面積，長 1cm 之液柱時電阻(Resistance)之倒數，單位為 mho/cm，導電度較小時以其 10^{-3} 或 10^{-6} 表示，記為 mmho/cm 或 μmho/cm。導電度之測定需要用標準導電度溶液先行校正導電度計後，再測定水樣之導電度。

（二）適用範圍

　　本方法適用於水及廢污水中導電度之測定，測定範圍因導電度槽之電極常數 C 值之大小而異，一般而言，電極常數和測定範圍之關係如表 7-2 所示。

（三）干擾

1. 電極上附著不潔物時，會造成測定時之誤差，故電極表面需經常保持乾淨（註 1），使用前需用標準之氯化鉀溶液校正之。

2. 當溫度改變攝氏 1℃時，導電度會偏差 1.9%，因此測定時，最好使用水浴維持在 25±0.5℃，否則需校正溫度偏差，並以 25℃ 之校正值表示之（註 2）。

（四）設備

1. 導電度計：包括導電電極（白金電極或其他金屬製造之電極，至少具有 1.0 之電極常數者）鹽橋（使用範圍在 1–1000μmho/cm 或更大者）（註 3）或溫度測定及補償裝置。

2. 溫度計，可讀至 0.1℃ 者（註 4）。

3. 水浴：有恆溫裝置及耐腐蝕者（註 4）。

（五）試劑

1. 去離子蒸餾水：其導電度必須小於 1μmho/cm 者。

2. 標準氯化鉀溶液，0.01 N：溶解 0.7456 g 標準級氯化鉀（105℃烘乾 2 小時）於去離子蒸餾水中，並於 25℃時，稀釋至 1000 mL。

（六）採樣與保存

本方法可使用於現場或實驗室測定，若採樣後無法在 24 小時內測定完成，則需立即以 0.45μm 之濾膜過濾後 4℃冷藏並避免與空氣接觸。過濾時，濾膜及過濾器應先使用大量去離子蒸餾水及水樣淋洗。

（七）步驟

1. 將標準氯化鉀溶液及待測定之水樣置於室溫或水浴中保持恆溫，此時水溫應在 25±0.5℃，否則依表 7-3 調整電極之導電度值（註 2）。

2. 測定水樣時，電極先用充分之去離子蒸餾水淋洗，然後用水樣淋洗，再測其導電度。

3. 以同樣步驟測定其他各水樣之導電度。

4. 水樣多時，應於測定過程中，以標準氯化鉀溶液校正之。

（八）結果處理

若無溫度測定補償裝置者。則需以下式計算：

$$k, \mu mho / cm = \frac{(km)}{1 + 0.0191(t - 25)}$$

其中：$k, \mu mho / cm = $ 換算成 25℃時之導電度

km = 在 t℃時測得之導電度

（九）品質管制

略。

（十）精密度及準確度

略。

（十一）參考資料

1. American Public Health Association, American Water Works Association & Water Pollution Control Federation. Standard Methods for the Examination of Water and Wastewater, 20th ED.,p2-46~47, 1998.

2. 日本規格協會，JIS 手冊，公害關係篇，K0102，p.2111~2115，1998。

3. U.S. EPA, Methods for Chemical Analysis of Water, and Wastes, Method 120.1, EPA-600/4-79-020, Revised March 1983.

■ 表 7-2　電極常數 C 與測定範圍之關係

電極常數(cm^{-1})	測定範圍(µmho/cm)
0.01	20 以下
0.1	1~200
1	10~2000
10	100~20000
50	1000~200000

■ 表 7-3　0.01 N 之標準氯化鉀溶液於不同溫度下之導電度值

℃	µmho/cm
15	1142
16	1169
17	1196
18	1223
19	1250
20	1277
21	1304
22	1331
23	1358
24	1385
25	1412
26	1439
27	1466
28	1493
29	1525
30	1554
31	1584
32	1613

註 1：請參照導電度計操作手冊，經常清洗電極。

註 2：若導電度計附有溫度測定及補償裝置者，請依操作手冊操作，不必另行校正溫度偏。

註 3：市售之導電度計依各種廠牌型式不同，而有不同之測定範圍，應選購適合測定各水樣者。

註 4：若導電度計附有溫度測定補償裝置者，本設備可省略。

MEMO

7-5 水中濁度檢測

實驗日期：＿＿＿＿＿＿＿＿

任課教師：＿＿＿＿＿＿＿

班級：＿＿＿＿＿＿＿＿＿　　　　組別：＿＿＿＿＿＿＿＿＿＿

學號：＿＿＿＿＿＿＿＿＿＿　　　姓名：＿＿＿＿＿＿＿＿＿＿

一、實驗原理

　　水的濁度(Turbidity)是由於水中存在之懸浮固體，如：泥土、泥砂微小有機及無機物質、浮游生物以及其他用顯微鏡才可看到之微小生物等引起。水中濁度的判定不易以肉眼觀察，雖然能以目視水質之污濁，但卻無法將濁度大小量化，因此藉由濁度計來檢測水中因色度、濁度、SS 所導致的水質的不透明程度。

　　濁度計是利用光線的穿透程度，當水中因色度或 SS 而導致水質的不透明，而阻礙光線的穿透，其光線穿透率經過換算所得之數值，稱之為濁度，單位為 NTU。在特定條件下，比較水樣和標準參考濁度懸浮液對特定光源散射光的強度，以測定水樣的濁度。散射光強度愈大者，其濁度亦愈大。

　　濁度的檢測屬於物理性的觀測，但採樣及保存樣品應於採樣後儘速分析，否則樣品須置於暗處 4℃冷藏，以減少微生物對懸浮物的分解作用，並於 48 小時內進行分析。

二、實驗步驟

1. 濁度計校正：依照製造商提供之儀器操作手冊之說明校正儀器。若儀器已經校正過刻度時，則需使用適當的標準濁度懸淨液於水樣可能之濁度範圍驗證其準確度。若儀器未經刻度校正時，則須使用適當之標準濁度懸浮液製作檢量線或採用市售之標準濁度管。

2. 搖動水樣使固態顆粒均勻分散，待氣泡消失後將水樣倒入樣品試管中，直接從濁度計之刻度（或讀數計）讀取 NTU 值或從合適的檢驗量線中求得濁度值。

3. 若水樣目視濁度甚大時，可加大儀器偵測刻度或以無濁度水稀釋水樣。由稀釋液測得之濁度乘以稀釋倍數即得原始水樣的濁度。

4. 打開濁度計之電源開關，熱機 30 分鐘以上備用。

5. 以標準濁度管校正儀器。

6. 校正完成後，將水樣倒入樣品試管內，注意勿超過瓶外標線，小心將外側之指印及水漬以拭鏡紙擦拭乾淨，並將遮光罩蓋上讀取數值。

● **實驗流程：**

1. 校正濁度計。

2. 檢測以備好之數種樣品，包括以不同顏色之墨水（紅、藍及黑）及澱粉水等，並稀釋數種倍數予以偵測稀釋倍數 $= \dfrac{(樣品＋水)量}{樣品量}$。

3. 檢測戶外採樣之樣品。

三、實驗結果

1. 請於表格中進行結果記錄。

樣品名稱	稀釋倍數	稀釋前濁度(NTU)	稀釋後濁度(NTU)

三、實驗結果

四、問題

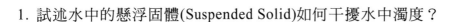

1. 試述水中的懸浮固體(Suspended Solid)如何干擾水中濁度？

2. 水樣稀釋前後，濁度數值變化狀況為何？請就實驗結果說明之。

3. 請說明洪水、家庭污水中引起濁度物質的性質？

4. 常於夏季因乾旱缺水而採隔日供水，但下起一場大雨或是颱風過後，卻出現未來幾天內要停水的狀況，原因為何？

五、實驗心得與討論

MEMO

六、環檢所公告方法

◎水中濁度檢測方法－濁度計法(NIEA W219.52C)

（一）方法概要

在特定條件下，比較水樣和標準參考濁度懸浮液對特定光源散射光的強度，以測定水樣的濁度。散射光強度越大者，其濁度亦越大。

（二）適用範圍

本方法適用於飲用水水質、飲用水水源水質之濁度測定，濁度單位（Nephelometric turbidity unit，簡稱 NTU）。

（三）干擾

1. 水樣中漂浮碎屑(Debris)和快速沈降的粗粒沈積物會使濁度值偏低。

2. 微小的氣泡會使濁度值偏高。

3. 水樣中因含溶解性物質而產生顏色時，該溶解性物質會吸收光而使濁度值降低。

4. 若裝樣品之玻璃試管不乾淨或振動時，所得的結果將不準確。

（四）設備及材料

1. 濁度計

   (1) 含照射樣品的光源和一個或數個光電偵測器及一個讀數計，能顯示出與入射光呈 90 度角之散射光強度。濁度計之設計應使在無濁度存在時，只有極少的迷光 (Straylight)為偵測器所接收，並於短時間溫機後無明顯的偏移現象。

   (2) 至少應可測定 0 至 40 NTU 之範圍，若要測的水樣濁度低於 1 NTU 時，此濁度計之解析度應可偵測濁度差異至 0.02 NTU 或更低。

   (3) 樣品試管必須為乾淨無色透明之玻璃管，當管壁有刻痕或磨損時，即應丟棄。光線通過的地方不可用手握持，惟可增加試管長度或裝一保護匣，使試管可以握持。使用過之試管可用肥皂水清洗，再用試劑水沖洗多次後，晾乾備用。不可使用刷子清洗試管。

   (4) 設計相異之濁度計，即使以相同之濁度懸浮液校正，其濁度值亦可能有所差異。為減少此種差異，須遵循下述設計準則：

     a. 光源：使用鎢絲燈，操作色溫(Colortemperature)設在 2200 至 3000°K。

     b. 樣品試管中入射光及散射光通過之總距離不超過 10cm。

c. 偵測器接收散射光之位置以入射光之 90 度角為中心點，偏差不超過±30 度角。偵測器和濾光系統（若使用時）在 400 至 600 nm 之間應有光譜波峰之反應。

2. 抽氣渦濾裝置及 0.45μm 孔徑之濾膜。

（五）試劑

1. 試劑水：無濁度之蒸餾水。如果無法確定所使用之蒸餾水不含濁度時，可將蒸餾水通過 0.45 μm 孔徑之濾膜，先倒掉最初之 200 mL，使過濾後蒸餾水之濁度低於或等於未經過濾之蒸餾水。

2. Formazin 儲備濁度懸浮液
   (1) 溶液 I：溶解 1.000g 硫酸肼(Hydrazinesulfate)$(NH_2)_2 \cdot H_2SO_4$ 於試劑水中，定容至 100 mL。（注意：硫酸肼係致癌劑，應小心使用，避免吸入、攝取及皮膚接觸）。
   (2) 溶液 II：溶解 10.00g 環六亞甲基四胺(Hexamethylenetetramine)$(CH_2)_6N_4$ 於試劑水中，定容至 100 mL。
   (3) 取 5.0 mL 溶液 I 及 5.0 mL 溶液 II，放入適當體積之玻璃瓶內混合，於 25±3℃ 靜置 24 小時，此儲備濁度懸浮液之濁度為 4000 NTU。此儲備濁度懸浮液必須每年配製。

3. Formazin 標準濁度懸浮液：取 10.0 mL 儲備濁度懸浮液，以試劑水稀釋至 100 mL，此懸浮液之濁度定為 400 NTU，或視需要以試劑水稀釋標準濁度懸浮液至所需濁度。此等標準濁度懸浮液必須每月配製。亦可使用市售之合格標準濁度懸浮液。

（六）採樣及保存

樣品應於採樣後盡速分析，否則樣品須置於暗處 4℃ 冷藏，以減少微生物對懸浮物的分解作用，並於 48 小時內進行分析。

（七）步驟

1. 濁度計校正：使用前需先以適當之標準濁度懸浮液於各濁度範圍校正，或依照製造商提供之儀器操作手冊之說明校正儀器。若儀器已經過刻度校正時，則需使用適當的標準濁度懸浮液驗證其準確度。

2. 濁度測定：搖動水樣使固態顆粒均勻分散，待氣泡消失後，將水樣倒入樣品試管中，直接從濁度計讀取濁度值。

（八）結果處理

1. 計算

濁度(NTU)=A

A：水樣之濁度(NTU)

2. 水樣之濁度應記錄至表 7-4 所列之最近值。

（九）品質管制

1. 空白分析：每十個樣品或每批次樣品至少執行一次空白樣品分析。

2. 查核分析：每十個樣品或每批次樣品，至少執行一次查核分析。查核分析之回收率應在 85%至 115%。

3. 重複分析：每十個樣品或每批次樣品至少執行一次重複分析，重複分析之相對差異百分比應在 25%以內。

（十）精密度及準確度

　　某實驗室分別配製 100、30、8、2 NTU 之水樣進行五次分析，得到平均回收率分別為 98%、100%、102%、88%標準偏差分別為 2.7、0.4、0.11、0.05，詳如表 7-5。

（十一）參考資料

　　American Public Health Association，American Water Works Association & Water Pollution Control Federation. Standard Methods for the Examination of Water and Wastewater，20thed. Method 2130B, p.2-9~11. APHA, Washington, D.C,USA,1998.

註：廢液分類處理原則－依一般無機廢液處理。

■ 表 7-4　濁度應記錄至所列之最近值

濁度(NTU)	最近值
0.0~1.0	0.05
1~10	0.1
10~40	1
40~100	5
100~400	10
400~1000	50
>1000	100

■ 表 7-5　含濁度水樣之精密度和準確度測試結果

配製值 NTU	分析平均值 NTU	平均回收率 (%)	標準偏差 NTU	精密度 (RSD)%	準確度 (X)%
100	98	98.0	2.7	2.8	95.2~100.8
30	30	100.0	0.4	1.3	98.7~101.3
8.0	8.2	102.5	0.11	1.3	101.2~103.8
2.0	1.8	88.0	0.05	2.8	85.2~90.8

7-6　水中透視度檢測

實驗日期：_____

任課教師：_____

班級：_____　　組別：_____

學號：_____　　姓名：_____

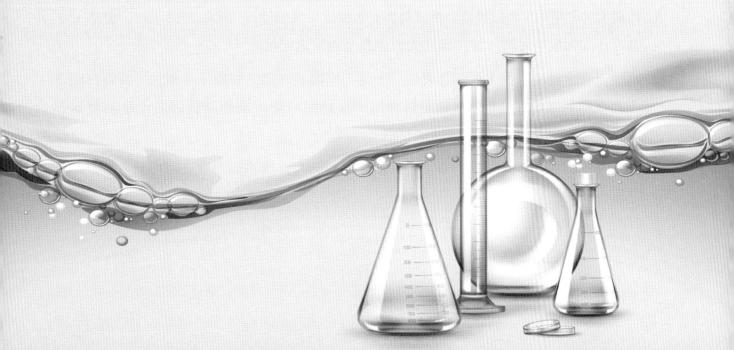

一、實驗原理

　　水中因懸浮固體、色度及泥砂而造成水的不透明，進而影響水的潔淨，為了檢測水的不透明程度，使用未經任何處理之水樣搖勻後倒滿透視度計中，一邊從上面觀察，一邊從底部放水，直至透視度計底部標誌板的十字能明顯地看出雙線時，讀出透視度計上之數字，即稱為透視度。

　　目前本項檢測已停用，主因是以肉眼觀測時會流於主觀而導致數值的誤差。本方法適用於測量廢污水之透視度，偵測範圍為 0~30 cm。當水樣澄清且透視度值已達 30 cm，此時應再倒入水樣使其超過 30 cm，若觀測時仍能直視管底的十字標記，記錄數值時應以 ≧ 30 cm 記錄，以免使人錯認水樣的乾淨程度。

　　透視度檢測時所易出現的干擾分別為：

1. 水樣低於外界環境溫度時，透視度計外壁會產生之霧層會造成偏差。

2. 光源之強度、顏色均會影響測定值，故以白天檢測為宜，但避免日光直射。

3. 檢測時，透視度計應避免受到光線的阻礙，包括觀測者的陰影，或檢測場地光線不足的影響。

● **設備：**

1. 透視度計：偵測範圍 0~30 cm，構造如圖 7-2。

2. 依圖 7-2 所示，0~15 cm 間每一刻度為 2 mm，15~30 cm 間每一刻度為 5 mm。

3. 輔助光源：可調亮度之白色光源。

4. 照度計。

● **步驟：**

1. 透視度計使用前，先以照度計測試外界光源強度，其照度以 1000~2000 Lux（燭光/m²）為宜，如照度不足時，使用輔助光源調整至適當之照度。

2. 水樣充分振盪混合後，注滿透視度計，從上端觀察底部之雙線十字標誌，同時打開下方出之鐵夾（活栓），使水樣順暢流出，直到能清楚辨別標誌板上之十字為雙線為止，立即關閉鐵夾（活栓），讀出水面之刻度。

3. 重複 5 次步驟 2，或由 3 位以上不同觀察者觀測，以求水面刻度之平均值，單位以公分表示之，即為透視度。

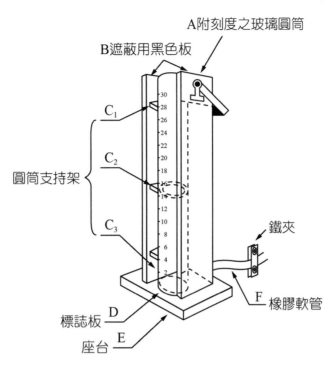

■ 圖 7-2 透視度計

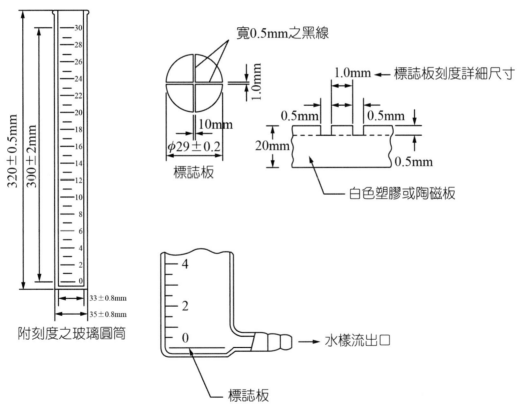

■ 圖 7-3 透視度計各部說明圖

二、實驗流程

1. 檢測以好之數種樣品，包括以不同顏色墨水（紅、藍及黑）及澱粉水等，並稀釋數種倍數予以偵測。

2. 檢測自戶外採樣之樣品。

3. 每一樣品須由 3 位同學（或以上）同時檢測，再將測值予以平均，其平均值才為透視度值。

三、實驗結果

樣品名稱	稀釋倍數	透視度值	觀測者	平均值	說　明

四、問題

1. 請說明透視度檢測之優、缺點？

2. 水樣稀釋前後，透視度數值變化為何？請就實驗結果描述。

3. 同一水樣之濁度與透視度值是否有任何的關聯性？請說明之

4. 如何測定水中透明度？透明度的用途為何？（請詳查環檢所資料再予回答）

五、實驗心得與討論

五、實驗心得與討論

六、環檢所公告方法

◎水之透視度檢測方法－透視度計法(NIEA W221、50A)

（一）原理

　　未經任何處理之水樣搖勻後倒滿透視度計中，一邊從上面觀察，一邊從底部放水，直至透視度計底部標誌板的十字能明顯地看出雙線時，讀出透視度計上之數字，稱為透視度。

（二）適用範圍

　　本方法適用於測量廢污水之透視度，偵測範圍為 0~30cm。

（三）干擾

1. 水樣低於外界環境溫度時，透視度計外壁產生之霧層會造成偏差。

2. 光源之強度、顏色均會影響測定值，故以白天（光）為宜，但避免日光直射。

（四）設備

1. 透視度計：偵測範圍 0~30cm，構造如圖 7-1，圖 7-2 所示，0~15cm 間每一刻度為 2mm，15~30cm 間每一刻度為 5mm。

2. 輔助光源：可調亮度之白色光源。

3. 照度計。

（五）步驟

1. 透視度計使用前，先以照度計測試外界光源之強度，其照度以 1000~2000 Lux（燭光／M^2）為宜，如照度不足時，使用輔助光源調整至適當之照度。

2. 水樣充分振盪混合後，注滿透視度計，從上端觀察底部之雙線十字標誌，同時打開下方出之鐵夾（活栓），使水樣順暢流出，直到能清楚辨別標誌板上之十字為雙線為止，立即關閉鐵夾（活栓），讀出水面之刻度。

3. 重複步驟 2.五次，求水面刻度之平均值，以公分表示之，即為透視度。

（六）參考資料

　　日本規格協會，JIS 手冊，公害關係篇，K0102，P.811(1982)。

◎水體透明度測定方法(NIEA E220.51C)

（一）方法概要

　　透明度(Transparency)是指光線能夠穿透水之程度。本方法係利用沙奇盤(Secchi disk)或沙奇管，量測水面至其可見之距離，即為水體之透明度，又稱沙奇透明度(Secchi transparency)。

（二）適用範圍

　　本方法適用於地面水體，例如湖泊、水庫、池塘、沼澤、河川或海洋。

（三）干擾

　　水面有波紋影響能見度時，不宜量測。

（四）設備與材料

1. 沙奇盤：金屬或塑膠圓盤，本身應有重量或附加重錘以使盤身可沈入水中。沙奇盤越大可量測透明度越深，依透明度深淺，可分別採用不同直徑之沙奇盤，如下表。沙奇盤顏色可為白色或黑白扇形相間（如圖 7-3），量測海洋透明度時建議使用白色沙奇盤。

量測透明度範圍	沙奇盤直徑
0.15 至 0.5m	≧2cm
0.5 至 1.5m	≧6cm
1.5 至 5m	≧20cm
5 至 15m	≧60cm

2. 吊繩索：選擇不易伸縮或變形之繩索，固定於圓盤上，須保持圓盤之平衡，然後由盤面開始，標示長度：1 公尺以內以公分為單位，1 公尺以上以 0.1 公尺為單位，由於繩索浸水後，可能會縮短或延長，必要時校正其刻度，或直接採用材質不易伸縮或變形之捲尺吊掛沙奇盤。

3. 沙奇管（又稱透視度計）：塑膠製之透明量筒，外部刻上刻度，內置一小型沙奇盤（直徑約 3.5 至 4.5cm），底部有一排水閥，可量之透明度不超過沙奇管高度（如圖 7-4），為求一致性，高度建議採用 100cm。

4. 定位設備：依據採樣地點所需能確定採樣測站之座標，如全球定位系統(GPS)。

5. 安全設備：依據採樣地點所需之基本安全設備，如救生衣、救生圈。救生衣及救生圈
之材料、結構及標示必須符合經濟部標準檢驗局所訂之國家標準。

（五）試劑

略。

（六）採樣及保存

略。

（七）步驟

1. 檢測前注意事項
   (1) 由於風浪、暴雨、洪水或施工等不尋常因素所造成之混濁，不宜量測，如必須量
   測，應將異常現象，詳細記錄，供日後參考。
   (2) 光線過暗會影響能見度，以上午九時至下午三時間量測較為適合。
   (3) 水面陽光反射過強影響視線時，應背對太陽在身影或船影下量測。
   (4) 量測人員若視力不佳時，應矯正至正常視力，且不可戴太陽眼鏡，以避免影響檢
   測結果。
   (5) 進行觀測時應穿著救生衣，在不危及安全之情況下，盡量接近水面垂直觀測。

2. 沙奇盤
   (1) 將沙奇盤垂直沈入水中，直到看不見為止，讀取其水深。
   (2) 將沙奇盤徐徐拉起，至恰可看見為止，讀取其水深。
   (3) 如此反覆三次，共 6 次測值，取其平均值，即為透明度。

3. 沙奇管：水流過淺、湍急或採樣點距離水面過高，不適合使用沙奇盤時，改用沙奇管
   量測。
   (1) 水樣充分振盪混合後，注入沙奇管內，從上端觀察底部之沙奇盤，同時打開下方
   排水閥，使水樣順暢流出，直到恰能看見沙奇盤，立即關閉排水閥，讀出水面之
   刻度。
   (2) 重複上述 3.(1)步驟 5 次，求水面刻度之平均值，以公分表示之，即為透明度。

（八）結果處理

略。

（九）品質管制

略。

（十）精密度與準確度

略。

（十一）參考資料

1. 行政院環境保護署，水庫水質監測採樣技術手冊，p6-10-12，現場採樣作業，中華民國85年。

2. H. Olen, and G. Flock, The Lake and Reservoir Restoration Guidance Manual, North American Lake Management Society, Merrifield, VA.Problem Identification, Second Edition, U.S. EPA, 1990.

3. R. E. Wedepohl, D. R. Knauer, G. B. Wolbvert, H. Olem, and P. J. Garrison, Monitoring Lake and Reservoir Restoration: Technical Supplement to The Lake and Reservoir Restoration Guidance Manual, North American Lake Management Society, Washington DC. Monitoring Method, 1990.

4. U.S. EPA, Survey of the Nation's Lakes. Field operations manual, EPA 841-B-07-004, 2007.

5. MPCA, Citizen Stream Monitoring Program Instruction Manual, wq-csm-01-05, Minnesota Pollution Control Agency, Saint Paul, Minnesota.

6. R. W. Holmes, The Secchi disk in turbid coastal waters, Limnol. Oceangr, 15:688-694, 1970.

■ 圖 7-4　沙奇盤，左為白盤、右為黑白扇形相間，本身應有重量或附加重錘以使盤身可沈入水中，吊繩索具有標識之刻度。

■ 圖 7-5　沙奇管，又稱透視度計。塑膠製之透明量桶，外部刻上刻度，內置一小型沙奇盤，底部有一排水閥。

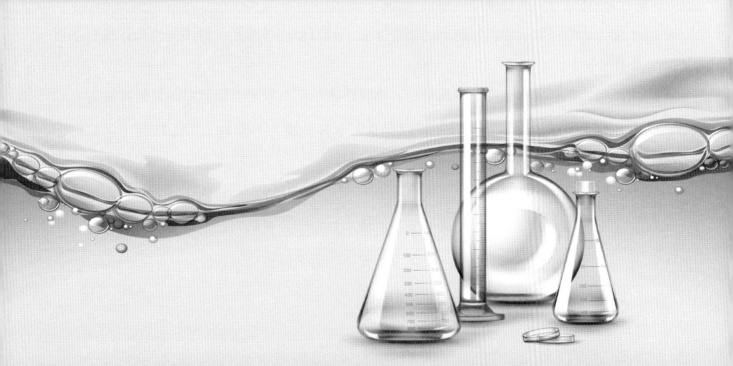
7-7　水中總固體物(TS)、懸浮固體物(SS)及揮發性固體物(VS)檢測

實驗日期：＿＿＿＿＿＿＿＿

任課教師：＿＿＿＿＿＿＿＿

班級：＿＿＿＿＿＿＿＿　　　組別：＿＿＿＿＿＿＿＿

學號：＿＿＿＿＿＿＿＿　　　姓名：＿＿＿＿＿＿＿＿

一、實驗原理

■ 圖 7-6　水中固體物種類

　　水中的濁度與透視度不佳，主要的肇因通常是水中的固體物所影響，而水質檢測將水中的固體物劃分為數種不同的類型，如上圖所示。

　　將混合均勻之水樣倒入蒸發皿中，在 $103 \sim 105^{\circ}C$ 乾燥至恆重，蒸發皿上所增加之重量為總固體物重(TS)，若水樣經玻璃纖維濾紙過濾後，濾紙在 $103 \sim 105^{\circ}C$ 乾燥至恆重，濾紙所增加之重量為懸浮性固體重(SS)，再將此乾燥後樣品置入 $550^{\circ}C$ 高溫爐中，懸浮性固體中減少之重量為揮發性固體物(VS)。

　　本檢測方法適用於飲用水、地面水、地下水、鹽水及放流水之總懸浮固體含量之測定，其最大測定值為 20,000 mg/L。由於含有高量固體物的水喝起來不可口，可能引發生理上不適反應，故最好不要超過 500 mg/L。檢測時需注意干擾的現象，包括：

1. SS 數據中有一部分在一定時間內可以沉降者稱可沉降性固體物。

2. 水樣宜用塑膠或玻璃瓶裝，避免懸浮物附著。宜儘早分析，一般存於 $4^{\circ}C$ 冰箱內。

3. 水樣中若含大量鈣、鎂、氯化物及硫酸鹽，易受潮解，故需要較長之乾燥時間、適當的乾燥保存方法及快速的秤重。

4. 水樣中大漂浮物、塊狀物等均應事先除去；若有浮油或浮脂，應事先以攪拌機打散再取樣。

5. 由於濾片之阻塞會使過濾時間拖長，導致膠體粒子之吸附而使懸浮固體數據偏高。

6. 若水樣含有大量之溶解固體，需以足量之水沖洗濾片，以除去附著於其上之溶解固體。

7. 減少開啟乾燥器之次數，以避免濕氣進入。

8. 含油脂量過高的樣品，因很難乾燥至恆重，會影響分析結果之準確度。

9. 水樣於檢測時務必均勻混合，以免因水樣不均而造成數據的誤差。

10. 採樣時須使用抗酸性之玻璃瓶或塑膠瓶，以免懸浮固體吸附於其器壁上，分析前均應保持於 4℃ 之暗處，以避免固體被微生物分解。採樣後儘速檢測，最長保存期限為七天。

二、實驗步驟

- **設備：**

1. 蒸發皿（可使用表玻璃代替）：100 mL。

2. 乾燥器。

3. 烘箱：能控溫在 103~105℃。

4. 分析天平：能精秤至 0.1 mg（四位數天平）。

5. 玻璃纖維濾紙。

6. 過濾裝置。

7. 抽氣裝置。

8. 坩堝。

9. 高溫爐：能控溫在 600℃ 以上。

- **步驟：**

1. 前置步驟

   (1) 準備玻璃纖維濾紙：

   ① 將濾紙鋪於過濾裝置上，打開抽氣裝置，連續各以 20 mL 去離子沖洗三次，繼續抽氣至除去所有之水分。將濾片取下置於鋁盤上，小心勿使濾紙黏在圓盤上。

   ② 接著移入烘箱中以 103~105℃ 烘乾一小時，再將之取出移入乾燥器中冷卻後加以秤重（通常為 30 分鐘）。重複上述烘乾、冷卻、乾燥、秤重之步驟，直至前後兩次重量差在 0.5 mg 之內並小於前重之 4%，此時視為「恆重」。將濾紙保存於乾燥器內備用。

   (2) 濾紙及樣品量之選擇：

   ① 樣品量以能獲得 10~200 mg 間之固體重為宜。若過濾時間超過 10 分鐘，則需加大濾紙之尺寸或減少樣品之體積（可精秤 0.0002 g 四位數微量天平）。如總懸浮固體重小於 10 mg/L，須使用較精密之天平（可精秤 0.002 mg 六位數微量天平）。

2. 樣品檢測步驟

(1) 樣品分析步驟：

① TS：

　　a. 已乾燥並秤重之蒸發皿（可以表玻璃取代）(W_A)，吸取定量且混合均勻之樣品(V_A)置入蒸發皿中。

　　b. 放入烘箱以 103~105℃烘乾後（必須全部乾燥），將之移入乾燥器中冷卻 30 分鐘後秤重。

　　c. 重複前述烘乾、冷卻及秤重步驟，至前後兩次重量差在 0.5 mg 之內，並小於前重之 4%(W_B)。

$$TS(mg/L) = \frac{(W_B - W_A) \times 1000}{V_A}$$

② SS：

　　a. 將已秤重之濾紙(W_C)裝於過濾裝置上，以少量的蒸餾水將濾紙定位。先以磁棒攪拌水樣，邊攪拌，邊吸取定量之樣品(V_B)通過過濾裝置。

　　b. 分別以 10 mL 蒸餾水沖洗濾紙及過濾裝置三次，待洗液流盡後繼續抽氣 3 分鐘。

　　c. 將濾紙取下移入圓盤中，放入烘箱以 103～105℃烘乾 1 小時後，將之移入乾燥器中冷卻 30 分鐘後秤重。

　　d. 重複前述烘乾、冷卻及秤重步驟，至前後兩次重量差在 0.5 mg 之內並小於前重之 4%(W_D)。

$$SS(mg/L) = \frac{(W_D - W_C) \times 1000}{V_B}$$

③ VS：

　　a. 將上述濾紙移入 550℃高溫爐內燒 15～20 分鐘。

　　b. 再移至乾燥器器內冷卻至室溫。（乾燥時間參考上述步驟 d）

　　c. 秤濾紙重(W_E)。

$$VS(mg/L) = \frac{(W_D - W_E) \times 1000}{V_B}$$

④ SVI：

    a. SVI(Sludge Volume. Index，污泥容積指標）為判別活性污泥池之污泥(MLSS)沉降特性。

    b. 取前述之樣品 1 L，倒入 1 L 之量筒中。

    c. 急速攪拌量筒中之污泥，然後靜置 30 分鐘，記錄沉降後污泥體積(V_C)

$$SV_{30}(\%) = \frac{V_C}{1000} \times 100\%$$

$$SVI(mL/g) = \frac{SV_{30}(\%) \times 10^4}{SS}$$

上述公式單位說明

W_A、W_B、W_C、W_D：單位 g

V_A、V_B、V_C：單位 L

三、實驗結果

X= g				
TS	$W_A=$	$W_B=$	$V_A=$	TS=
SS	$W_C=$	$W_D=$	$V_B=$	SS=
VS	$W_D=$	$W_E=$	$V_B=$	VS=
SVI	$V_C=$	$SV_{30}=$	SVI=	

1. 請詳列上述參數的計算過程：

四、問題

1. 何謂 SS、VS、TS、SVI？請詳細說明該名詞之中英文全名及定義。

2. 在檢測時，SS 與 MLSS 有何差別？

3. SVI 指標於污水工程上有何實際的意義？

4. 將樣品置於乾燥器中進行乾燥的目的為何？何謂「恆重」？

5. 本次實驗流程中，濾紙之前置處理步驟，其進行之目的為何？

6. 何謂 SDI？請計算本實驗之 SDI。

五、實驗心得與討論

六、環檢所公告方法

◎ 水中總溶解固體及懸浮固體檢測方法—103~105℃乾燥 (NIEA W210.58A)

（一）方法概要

　　將攪拌均勻之水樣置於已知重量之蒸發皿中，移入 103~105℃之烘箱蒸乾至恆重，所增加之重量即為總固體重。另將攪拌均勻之水樣以一已知重量之玻璃纖維濾片過濾，濾片移入 103~105℃烘箱中乾燥至恆重，其所增加之重量即為懸浮固體重。將總固體重減去懸浮固體重或將水樣先經玻璃纖維濾片過濾後，其濾液再依總固體檢測步驟進行，即得總溶解固體重。

（二）適用範圍

　　本方法適用於飲用水、飲用水水源、地面水體、地下水、放流水、廢（污）水及海域等水質中總固體、懸浮固體及總溶解固體（總溶解固體量或總溶解固體物）之測定。

（三）干擾

1. 水樣中若含大量鈣、鎂、氯化物及或硫酸鹽，易受潮解，故需要較長之乾燥時間、適當的乾燥保存方法及快速的稱重。

2. 水樣中大漂浮物、塊狀物等均應事先除去；若有浮油或浮脂，應事先以攪拌機打散再取樣。

3. 若蒸發皿上有大量之固體，可能會形成吸水硬塊，所以本方法限制所取樣品中固體之含量應低於 200 mg。

4. 由於濾片之阻塞會使過濾時間拖長，導致膠體粒子之吸附而使懸浮固體數據偏高。

5. 測定懸浮固體時，若水樣含有大量之溶解固體，需以足量之試劑水沖洗濾片，以除去附著於其上之溶解固體（註 1）。

6. 減少開啟乾燥器之次數，以避免濕氣進入。

7. 含油脂量過高的樣品，因很難乾燥至恆重，會影響分析結果之準確度。

8. 某些樣品會因化學反應導致一些物質產生相變化，例如：含亞鐵離子(Ferrous ions)之地下水，可能形成不溶性之氫氧化鐵(Ferric hydroxides)，或富含碳酸鹽(Carbonates)之軟化水(Softened water)，可能會沉澱出碳酸鈣。對於此類樣品，保存會對總溶解固體及懸浮固體的檢測可能造成影響。

（四）設備及材料

1. 蒸發皿：100 mL，材料可為下列三種之一：
   (1) 陶瓷，直徑 90 mm。
   (2) 白金或不和水樣產生反應的金屬材質。
   (3) 高矽含量玻璃。

2. 水浴槽。

3. 乾燥器。

4. 烘箱：能控溫在 103~105℃。

5. 分析天平：能精稱至 0.1 mg。

6. 鐵氟龍被覆之磁石。

7. 寬口之移液管或量筒。

8. 玻璃纖維濾片：Whatman grade 934AH; Pall type A/E; Millipore Type AP-40; E-D Scientific Specialties grade 161 或同級品。

9. 過濾裝置：下列三種形式之一
   (1) 薄膜式過濾漏斗。
   (2) 古氏坩堝：25 mL 或 40 mL。
   (3) 附 40~60 μm 孔徑濾板之過濾器。

10. 抽氣裝置。

11. 圓盤：鋁或不鏽鋼材質。

（五）試劑

試劑水：蒸餾水或去離子水。

（六）採樣及保存

採樣時須使用抗酸性之玻璃瓶或塑膠瓶，以免懸浮固體吸附於器壁上，分析前均應保存於 4±2℃之暗處，以避免固體被微生物分解。採樣後盡速檢測，最長保存期限為 7 天。分析時應將樣品恢復至室溫再行取樣。

（七）步驟

1. 總固體

(1) 蒸發皿之準備：將洗淨之蒸發皿置於 103~105℃烘箱中 1 小時，再將之取出移入乾燥器中冷卻，待其恆重後加以稱重。重複上述烘乾、冷卻、乾燥、稱重之步驟，直至前後兩次之重量差在 0.5 mg 範圍內。將蒸發皿保存於乾燥器內備用。

(2) 先將樣品充分混合後，以移液管或量筒（註 2）移取固體含量約在 2.5~200 mg 間之水樣量於已稱重之蒸發皿中（註 3），並在水浴槽或烘箱中蒸乾，蒸乾過程須調溫低於沸點 2℃以避免水樣突沸。樣品移取過程中須以磁石攪勻。如有必要可在樣品乾燥後續加入定量之水樣以避免固體含量過少而影響結果。將蒸發皿移入 103~105℃烘箱內 1 小時後，再將之移入乾燥器內，冷卻後稱重。重複上述烘乾、冷卻、乾燥及稱重步驟直到恆重為止（前後兩次之重量差在 0.5 mg 範圍內）。在稱重乾燥樣品時，小心因空氣暴露及樣品分解所導致之重量改變。

2. 懸浮固體

(1) 玻璃纖維濾片之準備：將濾片皺面朝上鋪於過濾裝置上，打開抽氣裝置，連續各以 20 mL 試劑水沖洗 3 次，繼續抽氣至除去所有之水分。將濾片取下置於圓盤上，移入烘箱中以 103~105℃烘乾 1 小時，再將之取出移入乾燥器中冷卻，待其恆重後加以稱重。重複上述烘乾、冷卻、乾燥、稱重之步驟，直至前後兩次之重量差在 0.5 mg 範圍內。將含濾片之圓盤保存於乾燥器內備用。

(2) 濾片及樣品量之選擇：樣品量以能獲得 2.5 至 200 mg 間之固體重（註 3），如固體含量太低則可增加樣品體積至 1 L 為止（註 4）。若過濾時間超過 10 分鐘以上，則可加大濾片之尺寸或減少樣品之體積。

(3) 樣品分析：將已稱重之濾片裝於過濾裝置上，以少量的試劑水將濾片定位。樣品移取過程中須以磁石攪勻，以移液管或量筒量取定量之水樣（註 2）通過過濾裝置。分別以至少 20 mL 試劑水沖洗濾片 3 次（註 1），待洗液流盡後繼續抽氣約 3 分鐘。將濾片取下移入圓盤中，放入烘箱以 103~105℃烘乾至少 1 小時後，將之移入乾燥器中冷卻後稱重。重複前述烘乾、冷卻、乾燥及稱重步驟，直至前後兩次之重量差在 0.5 mg 範圍內。

3. 總溶解固體

如僅需測定總溶解固體，則將水樣先經玻璃纖維濾片過濾後，其濾液再依（七）步驟 1.進行檢測，即可得總溶解固體。

（八）結果處理

每個樣品均須執行重複分析，以平均值出具報告。

1. 總固體$(mg/L) = \dfrac{(A-B) \times 1000}{V}$

   A：總固體及蒸發皿重(g)

   B：蒸發皿重(g)

   V：樣品體積(L)

2. 懸浮固體$(mg/L) = \dfrac{(C-D) \times 1000}{V}$

   C：懸浮固體及濾片重(g)

   D：濾片重(g)

   V：樣品體積(L)

3. 總溶解固體$(mg/L) = $總固體$(mg/L) - $懸浮固體$(mg/L)$

   或總溶解固體$(mg/L) = \dfrac{(E-B) \times 1000}{V}$

   E：總溶解固體及蒸發皿重(g)

   B：蒸發皿重(g)

   V：樣品體積(L)

（九）品質管制

1. 空白樣品分析：每 10 個樣品或每批次樣品至少執行一次空白樣品分析，空白分析值應小於法規管制標準值的 5%。

2. 重複樣品分析：每個樣品必須執行重複分析，其相對差異百分比應符合表 7-7 之規範。

（十）精密度與準確度

某單一實驗室對品管樣品進行 20 次重複分析，所得結果如表 7-6 所示。

（十一）參考文獻

1. American Public Health Association, American Water Works Association & Water Pollution Control Federation. Standard Methods for the Examination of Water and Wastewater，22th ed. Method 2540 Solid，2-62~69. APHA，Washington，D.C，USA，2012.

2. Environmental Monitoring System Laboratory Office Of Research And Development. U.S. Environmental Protection Agency Storet No.00530 Method：160.2, 1971.

3. American Society for Testing and Materials, Standard Test Methods for Filterable Matter (Total Dissolved Solids)and Nonfilterable Matter(Total Suspended Solids)in Water , 5907-10, 2010.

註 1： 對於富含高溶解性物質的樣品（如海水、鹽水或某些廢水等）可視情況增加沖洗濾片之試劑水量，以去除滯留在濾紙上的溶解性物質（如鹽類或糖類），建議以 50~150 mL 試劑水沖洗 3 次。

註 2： 取樣量大於 100 mL 時，可以量筒取樣，取樣前充分混合樣品，並快速地將樣品倒入量筒中定量。若以移液管取樣，為得到較均勻的樣品，選擇中間深度且在漩渦跟容器壁中間處取樣（如圖 7-7 所示）。

註 3： 若樣品固體量太高，即令減少取樣體積，亦無法符合本方法限制所取樣品中固體含量應低於 200 mg 之需求時，應加註說明。

註 4： 對於過濾 1 L 後樣品之懸浮固體量仍未達 2.5 mg 時，可酌量將樣品體積增加至 2 L 為止。

註 5： 廢液分類處理原則—依一般無機廢液處理。

■ 表 7-6　品管樣品*進行 20 次重複分析

測試項目	配製值 mg/L	分析平均值 mg/L	平均回收率 (%)	標準偏差 mg/L	精密度 (RSD)%	準確度 (X)%
總固體	200.0	199.0	99.5	0.3	0.2	99.3~99.7
懸浮固體	100.0	96.0	96.0	0.6	0.6	95.4~96.6
總溶解固體	100.0	103.0	103.0	0.5	0.5	102.5~103.5

* 品管樣品係溶解 0.200 g 之高嶺土及 0.200 g 之氯化鈉於試劑水後，稀釋至 2.0 L，其中高嶺土經重複洗滌、過濾、105℃烘乾之前處理步驟；氯化鈉經 105℃烘乾之前處理。

■ 表 7-7　重複分析相對差異百分比之規範

檢測範圍	容許相對差異百分比
＜25mg/L	20%
≧25mg/L	10%

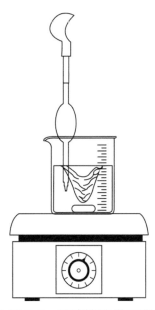

■ 圖 7-7　移液管取樣示意圖

◎ 污泥廢棄物中總固體、固定性及揮發性固體含量檢測方法 (NIEA R212.02C)

（一）方法概要

　　將混樣均勻之污泥廢棄物樣品置於已知重量之蒸發皿中，移入 103~105℃之烘箱烘乾至恆重，計算其總固體含量；再將此蒸發皿移入 550±25℃之高溫爐高溫灰化至恆重，所減少之重量即為揮發性固體含量，殘餘之重量為固定性固體含量。

（二）適用範圍

　　本方法適用於污泥廢棄物中總固體含量、固定性及揮發性固體含量之測定。

（三）干擾

1. 分析樣品中的總固體及揮發性固體含量將會於乾燥過程中因含有碳酸銨及揮發性物質而造成負誤差。

2. 廢棄物樣品中若含有大量鈣、鎂、氯化物或硫酸鹽，易受潮解，故需要較長之乾燥時間、適當的乾燥保存方法及快速的稱重。

3. 有機物含量較多之樣品需要較長之灰化時間。

4. 樣品經由乾燥及燃燒後相當具有吸濕性，應減少開啟乾燥器之次數，並盡快分析。

（四）設備及材料

1. 蒸發皿（附上蓋）：100 mL，材料可為下列三種之一。
   (1) 陶瓷。
   (2) 鉑金。
   (3) 硼矽玻璃或同級品（僅用於總固體含量 103~105℃分析）。

2. 橡膠手套。

3. 水浴設備。

4. 乾燥器。

5. 烘箱：能控溫在 103~105℃。

6. 高溫爐：能控制溫度在 550±25℃。

7. 分析天平：能精稱至 10mg。

（五）試劑

試劑水：蒸餾水或去離子水。

（六）採樣及保存

採樣時須依據「事業廢棄物採樣方法(NIEA R118)」，樣品使用抗酸性之玻璃瓶或塑膠瓶保存於 4±2℃之暗處。採樣後盡速檢測，最長保存期限為 7 天。

（七）步驟

1. 蒸發皿之準備

將洗淨之蒸發皿置於 550±25℃高溫爐中燃燒 1 小時，若僅需分析總固體含量，則放入 103~105℃的烘箱加熱 1 小時。將蒸發皿移入乾燥器內冷卻備用，使用前才稱重。

2. 總固體含量測定（註 1）

若樣品為具有流動性則須將之混合攪拌均勻，若樣品為固態，如污泥餅之類，則須先穿戴乾淨橡膠手套將樣品撥碎。

取 25~50g 之樣品置於蒸發皿，並秤重，具有流動性之樣品，須先進行水浴蒸發至近乾，再將之移入 103~105℃烘箱內烘至少 24 小時（固態樣品，如污泥餅之類，稱取樣品後於 103~105℃烘箱內烘至少 24 小時）之後移入乾燥器內冷卻至溫度平衡後稱重；將蒸發皿重複烘乾（至少 1 小時）、冷卻、乾燥及稱重步驟直到恆重為止（前後兩次之樣品重量差須在 50mg 範圍內或小於前樣品重之 4%）。

3. 固定性及揮發性固體含量測定

將經過總固體含量分析之蒸發皿置於 550±25℃高溫爐中燃燒至少 1 小時。若分析燃燒之樣品數量多時須要延長燃燒時間。重複上述燃燒（至少 30 分鐘）、冷卻、乾燥及稱重步驟直到恆重為止。（前後兩次之樣品重量差須在 50 mg 範圍內或小於前樣品重之 4%）。

（八）結果處理

$$總固體含量(\%(w/w)) = \frac{(A-B) \times 100}{C-B}$$

$$固定性固體含量(\%(w/w)) = \frac{(D-B) \times 100}{A-B}$$

$$揮發性固體含量(\%(w/w))=\frac{(A-D)\times100}{A-B}$$

A：樣品 103~105℃乾燥後之固體及蒸發皿重(g)

B：蒸發皿重(g)

C：樣品之原（濕）重及蒸發皿重(g)

D：樣品經 550±25℃燃燒後剩餘固體及蒸發皿重(g)

（九）品質管制

每十個樣品或每一批樣品至少應執行一次重複樣品分析，其相對差異百分比應在5%以內。

（十）精密度與準確度

略。

（十一）參考文獻

1. APHA, American water work association & water pollution control federation. Standard methods for the examination of water and wastewater. 22th Ed. Method 2540G, P2-68～P2-69, Washington, D.C., USA, 2012.

2. 行政院環境保護署，事業廢棄物水份測定方法－間接測定法 NIEA R203.02C，中華民國 98 年。

3. 行政院環境保護署，廢棄物中灰分、可燃分測定方法 NIEA R205.01C，中華民國 92 年。

註 1：若樣品中含有大量有機物或臭味，建議將水浴、烘箱及高溫爐設備置於抽風櫃中測定。

7-8　酸度與鹼度檢測

實驗日期：＿＿＿＿＿＿＿

任課教師：＿＿＿＿＿＿＿

班級：＿＿＿＿＿＿＿　　　組別：＿＿＿＿＿＿＿

學號：＿＿＿＿＿＿＿　　　姓名：＿＿＿＿＿＿＿

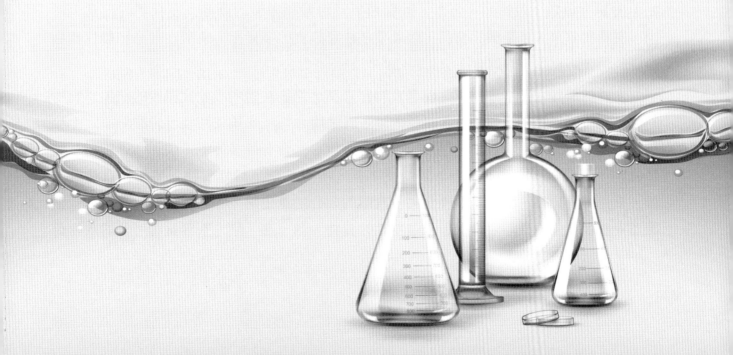

一、實驗原理

　　何謂酸、鹼呢？嚐嚐看，吃起來是酸酸的就是酸、吃起來澀澀的就是鹼，但我們總不能每一樣都用吃吃看的吧！若遇到稍微強酸或強鹼的物質不就毀了嗎？所以這種測試方式是不可行的。因此我們一般是以儀器或試紙來測定。

　　酸、鹼性物質對於人類生活會有哪些影響呢？酸雨對地球上的生物具有毀滅性的傷害。酸雨可使湖泊水域酸化，影響水中生物的生機，使魚蝦不能生存。也可使土壤產生酸化作用，影響作物的生長造成森林的死亡。此外，酸雨也可析出水源地的重金屬，而危害飲用水的安全，影響身體健康。酸雨也會對建築物的侵蝕，造成古蹟的毀損，尤其是一些用石灰岩（即碳酸鈣）所建造而成的；這是因為酸能輕而易舉的將碳酸鈣分解成二氧化碳氣體，造成雕像表面斑駁、脫落。

　　生活中什麼東西是屬於鹼的東西？清潔劑、唾液、粉筆、肥皂、石灰等等都找得到鹼的存在。洗手用的肥皂是屬於鹼性的，石灰則是用於製造豆腐、豆花不可缺少的元素之一，沒有了鹼，這些東西就做不出來了。另外洗衣服常用的漂白水也是鹼的一種。一般實驗中最常見到的鹼就是氫氧化鈉(NaOH)，摸起來滑滑的，在高濃度時具有很強的腐蝕性（跟強酸的傷害是一樣的），必須非常小心。

　　哪些是酸性食品？哪些是鹼性食品呢？如果食物代謝後所產生的磷酸根、硫酸根、氯離子等離子比較多，就容易在體內形成酸，而產生酸性反應。如果產生的鈉離子、鉀離子、鎂離子、鈣離子較多，就容易在體內產生較多的鹼，形成鹼性反應。這和食物中的礦物質含量有關。

　　一般說來，食品中含有鉀、鈉、鈣、鎂等較多金屬元素，能於人體內氧化生成帶陽離子的鹼性氧化物，生理上稱鹼性食品。而這類食品一般含蛋白質少而礦物質多，如：乳類、海藻、蔬菜、薯類、水果、咖啡等。另外一些食品則含有硫、磷等非金屬元素，和人體內氧化後生陰離子的酸根，生理上稱酸性食品。這類食品通常含較高的蛋白質，如：肉類、魚類、穀物類、蛋類、油脂類以及用穀類釀製的酒等；在我們的日常生活中，主食和葷菜大多是酸性食品，因此要多注意飲食的多樣化，使酸性食品和鹼性食品合理搭配，防止單調的飲食而引起體內的酸鹼不平而失調。

　　食物的酸鹼並不是憑口感，而是食物經過消化之後在體內吸收代謝後的結果。食物的酸鹼程度可以經由實驗測定。簡單的說，就是將食物乾燥燒成灰後，用酸鹼滴定中和可得知。一般的五穀、雜糧、豆類與蛋類、肉類等，含有較多的硫、磷，所以被稱為酸性食物；蔬菜水果則含有較多的鉀、鈣、鎂，所以被稱為鹼性食物。牛奶含有豐富的磷，但是鈣質更多，因此是鹼性食物。食鹽的成分是氯化鈉，在體內解離的氯離子及鈉離子一樣多，剛好酸鹼平衡，所以是中性的食物。糖、油、醋、茶等食物所含的礦物質

含量甚微，因此可視為中性食物。至於汽水，因為在製造過程中會加入磷，所以是酸性食物。簡單的歸納，動物性食品中，除牛奶外，多半是酸性食品；植物性食品中，除五穀、雜糧、豆類外，多半為鹼性食品；而鹽、油、糖、咖啡、茶等，都是中性食品。但也有少數例外：例如李子照理說應該是鹼性食品，但所含的有機酸人體不能代謝，因此會留在體內呈現酸性反應。橘子或檸檬則不同，它們含的有機酸可經由人體代謝，屬於鹼性食品。

　　食物的酸鹼究竟會對身體造成多少影響？老實說，影響非常的小。因為人體的血液與體液的酸鹼值只要有一點點改變，就會造成新陳代謝的失調與混亂，所以人體有良好的酸鹼緩衝系統，使體液保持恆定的酸鹼值，緩衝掉食物酸鹼所帶來的影響。對健康的人而言，尿液的酸鹼性就與食物有關：肉吃得多的，尿液通常呈酸性；吃素的人，尿液呈中性或弱鹼性的機會較多。站在營養保健的角度來看，食物的攝取能做到酸鹼平衡最好。雖然食物的酸鹼本身對身體所造成的影響非常微小，但無論是吃得過酸還是過鹼，代表的都是一種營養不均衡，久了對健康就會造成傷害。但是把食物以「酸鹼」二分為「好壞」是一種錯誤的認知。少吃些肉，多吃些菜是對的；如果酸性食物吃的太多，吃些鹼性食物均衡一下也是可接受的，但是不要矯枉過正了。只要遵循著均衡飲食的原則，注意天然新鮮食物的充份攝取，在營養上、在酸鹼上，都能得到良好的平衡。

二、實驗步驟

1. 酸度(Acidity)檢驗：

　(1) 指示劑法(Indicator method)：

　　① 儀器：

　　　◆ 滴定管，50 mL，經校正者。

　　　◆ 移液管，50 mL，經校正者。

　　② 試劑：

　　　◆ 酚酞指示劑：溶解 0.5 克酚酞(phenolphthalein)於 50 mL 95％乙醇中，次加入 50 mL 蒸餾水，滴加 0.02 N NaOH 溶液至微紅色。

　　　◆ 甲基橙指示劑：溶解 0.05 克甲基橙(methyl orange)於 100 mL 蒸餾水。

　　　◆ 標準氫氧化鈉滴定液，0.02 N：以不含 CO_2 之蒸餾水稀釋 67 mL 15 N NaOH 至 1 升，所得為 1 N NaOH 溶液。再以不含 CO_2 之蒸餾水稀釋此 1 N NaOH 20.0 mL 至 1 升。貯於用橡皮塞緊蓋之派力克斯玻璃瓶中，最好每星期重配一次。另溶解 4.085 克無水 $KHC_8H_4O_4$ 於無 CO_2 之蒸餾水中，配成 1 公升，其濃度恰為 0.0200 N。以此標定氫氧化鈉滴定液，其步驟和滴定酸度時一樣。

③ 步驟：

◆ 酚酞酸度：

· 以移液管吸取水樣 50 mL，放入玻璃量筒或三角燒瓶內。

· 加入 2 滴酚酞指示劑。

· 由滴定管滴入 0.02 N NaOH 滴定液，一面攪拌混合。

· 至有持久性之粉紅色出現為止(pH=8.3)。

◆ 甲基橙酸度：

· 以移液管吸取水樣 50 mL，放入玻璃量筒或三角燒瓶內。

· 加入 2 滴甲基橙指示劑。

· 用 0.02 N NaOH 滴定液滴定至呈淺橙色(pH=4.5)。

④ 計算：

◆ 甲基橙酸度：$(CaCO_3, mg/L) = \dfrac{A \times N \times 50000}{V}$

◆ 酚酞酸度：$(CaCO_3, mg/L) = \dfrac{B \times N \times 50000}{V}$

此處　A＝達到甲基橙終點所用之鹼量(mL)

B＝達到酚酞終點所用之鹼量(mL)

N＝滴定劑(NaOH)之當量濃度

V＝水樣體積(mL)

(2) 電位滴定法(Potentiometric method)：

a. 儀器：

凡具有玻璃電極能夠測定 pH 值之儀器。

b. 試劑：

0.02 N 氫氧化鈉滴定液，配法與 A 法同。

c. 步驟：

◆ 用移液管吸取 50 mL 經沉澱之水樣於燒瓶內。

◆ 放入 pH 儀器之電極。

◆ 用 0.02 N NaOH 滴定液滴定至所選定之終點 pH 值。如 pH=4.5 即為甲基層終點，pH=8.3 即為酚酞終點。

2. 鹼度(Alkalinity)檢驗：

(1) 儀器：

① 滴定管，50 mL，經校正者。

② 移液管，50 mL，經校正者。

(2) 試劑：

① 無 CO_2 蒸餾水：pH 須不低於 6.0。將蒸餾水煮沸 15 分鐘，冷卻至室溫。冷卻時宜用表面玻璃蓋好燒杯。

② 酚酞指示劑：溶解 0.5 克酚酞(phenolphthalein)於 50 mL 95％乙醇中，再加入 50 mL 蒸餾水，滴加 0.02 N NaOH 溶液至微紅色。

③ 甲基橙指示劑：溶解 0.05 克甲基橙(methyl orange)於 100 mL 蒸餾水。

④ 標準硫酸滴定液，0.02 N：先配製 0.1 N 貯備液，取 3 mL 濃硫酸，稀釋至 1 公升。以無 CO_2 蒸餾水稀釋 200 mL 0.1 N 貯備液至 1 公升。另配製 0.02 N 硫酸鈉溶液。將標準級之純碳酸鈉在 140℃之烘箱中乾燥，秤取此無水碳酸鈉 1.060 克，置於 1 L 量瓶中，以少許無 CO_2 蒸餾水溶解之，然後稀釋至 1 L，以此 0.02 N 標準碳酸鈉溶液標定上面配製之 0.02 N 硫酸溶液，其步驟完全與滴定鹼度時相同，每 1.00 mL 0.02 N 之標準硫酸滴定液相當於 1.00 mg $CaCO_3$。

(3) 步驟：

① 酚酞鹼度：

◆ 以移液管吸取水樣 50 mL，放入玻璃量筒或三角燒瓶內。

◆ 加入 2 滴酚酞指示劑；如有紅色顯現，即有酚酞鹼度，繼續下面步驟。

◆ 由滴定管滴入 0.02 N 標準硫酸滴定液，一面攪拌混合。

◆ 滴定至粉紅色剛好消失為止。

② 甲基橙總鹼度：

◆ 以移液管吸取水樣 50 mL，放入玻璃量筒或三角燒瓶內；或用滴定酚酞鹼度後之水樣。

◆ 加入 2 滴甲基橙指示劑。

◆ 在白色墊板上用 0.02 N 標準酸滴定至顏色由橙色(pH=4.6)轉變為淺紅色(pH=4.0)。

(4) 計算：

① 酚酞鹼度($CaCO_3$, mg/L)=$\dfrac{A \times N \times 50000}{V}$

② 總鹼度($CaCO_3$, mg/L)=$\dfrac{B \times N \times 50000}{V}$

此處　A＝達到酚酞終點所用之標準酸量(mL)

　　　B＝達到甲基橙終點所用之標準酸總量(mL)

　　　N＝滴定劑之當量濃度

　　　V＝水樣體積 (mL)

三、實驗結果

編號	項目	N 值	滴定量(mL)	數值(mg/L)
	甲基橙酸度			
	酚酞酸度			
	酚酞鹼度			
	總鹼度			

四、問題

1. 酸度與酸性，鹼度與鹼性，其定義是否相同？請分別說明之。

2. 如何判別食物的酸度與鹼度？酸性與鹼性？

五、實驗心得與討論

六、環檢所公告方法

◎水中鹼度檢測方法－滴定法(NIEA W449.00B)

（一）方法概要

　　水之鹼度是其對酸緩衝能力(Buffer capacity)的一種度量。將水樣以校正過之適當 pH 計或自動操作之滴定裝置，並使用特定之 pH 顏色指示劑，在室溫下以標準酸滴定樣品到某特定的 pH 終點時，所需要標準酸之當量數即為鹼度（註 1）。

（二）適用範圍

　　本方法適用於地面水體（不包括海水）、地下水、放流水及廢（污）水中鹼度之檢驗。

（三）干擾

1. 皂類、油性物質、懸浮固體或沉澱物質，會包覆電極，而造成電極反應遲鈍。可延長加入滴定劑之間隔時間，使電極達到平衡或經常清洗電極。

2. 如果樣品含有自由餘氯，則加入 0.05 Ml（約 1 滴）0.1 M 硫代硫酸鈉溶液，或以紫外光線照射破壞之。

（四）設備及材料

1. 電位滴定計(Potentiometric titrator)：使用玻璃電極可讀至 0.05pH 單位之 pH 計或其它電子式自動 pH 滴定裝置。依原廠或供應商所提供的指引，執行校正及量測。特別注意溫度補償及電極之維護。如果未附溫度自動補償者，則滴定溫度須控制在 25±5℃。

2. 滴定用容器：大小及型式應依據所使用電極及樣品量之大小，保持樣品以上的空間越小越好，但其空間須允許滴定操作及電極感測部分可全部浸入。對於傳統的電極，可使用不具倒嘴之 200 mL 高型 Berzelius 燒杯。燒杯需以具三孔之瓶塞栓塞，供插入二支電極及滴管用。如為使用小型組合式的玻璃電極，則需使用 125 mL 或 250 mL 附二孔瓶塞之三角錐瓶。

3. 電磁攪拌器。

4. 移液管或經定期校正之自動移液管。

5. 定量瓶。

6. 滴定管：50、25、10 mL 或使用自動滴定裝置。

7. 聚乙烯瓶：1 L。

8. 分析天平：可精秤至 0.1 mg。

（五）試劑

1. 試劑水：不含二氧化碳的去離子蒸餾水（經煮沸 15 分鐘且已冷卻至室溫），其最終之 pH 值應≧6.0 且其導電度應在 2 μ mhos/cm 以下。用以製備空白樣品、儲備或標準溶液、標定及所有稀釋之用水。

2. 碳酸鈉溶液(Na_2CO_3)，約 0.05 N：乾燥 3 至 5 g 一級標準品碳酸鈉（於 250℃ 4 小時；再於乾燥器中冷卻）。取上述無水碳酸鈉 2.5±0.2 g（精確至 mg），置入 1 L 量瓶，以試劑水加至標線，溶解並混合。保存期限不可超過一星期。

3. 標準硫酸或鹽酸溶液，0.1 N：稀釋 2.8 mL 濃硫酸或 8.3 mL 濃鹽酸至 1 L。

   標準酸標定方法：

   取 40.00 mL 碳酸鈉溶液，置於燒杯內，加約 60 mL 試劑水，再以電位滴定計滴定至 pH 值為 5。取出電極，清洗電極，並收集清洗液於同一燒杯內，覆蓋錶玻璃緩緩的煮沸 3 至 5 分鐘，冷卻至室溫，清洗錶玻璃於燒杯內，以配製之標準酸溶液滴定至 pH 轉折點時，即為滴定終點。

   計算標準酸之當量濃度：

   $$當量，N = \frac{A \times B}{53.00 \times C}$$

   A：配製碳酸鈉溶液(0.05 N)時，1 L 量瓶中碳酸鈉的重量(g)。
   B：使用碳酸鈉溶液之體積(mL)。
   C：滴定時使用標準酸溶液之體積(mL)。

   爾後計算時使用所測得之當量濃度或將濃度調整至 0.1000 N(1 mL 0.1000 N 溶液＝5.00 mg $CaCO_3$)。

4. 標準硫酸或鹽酸溶液，0.02 N：以試劑水稀釋 200.0 mL 0.1000 N 標準酸溶液至 1 L。以 15.0 mL 0.05 N 碳酸鈉溶液，用電位滴定計來標定。標定步驟遵循前述 3.的步驟；1 mL=1.00 mg $CaCO_3$。

5. 第一階段 pH8.3 指示劑溶液

(1) 酚酞溶液：溶解 0.5 g 酚酞(Phenolphthalein)於 50 mL 95%乙醇或異丙醇，加入 50 mL 試劑水。

(2) 間甲酚紫指示劑溶液(Metacresol purple indicator solution)：溶解 100 mg 間甲酚紫於 100 mL 試劑水中。

6. 第二階段 pH4.5 指示劑溶液

(1) 溴甲苯酚綠指示劑溶液(Bromcresol green indicator solution)：溶解 100 mg 溴甲酚綠鈉鹽(Bromcresol green sodium salt)，於 100 mL 試劑水中。

(2) 溴甲酚綠—甲基紅混合指示劑(Mixed bromcresol green-methyl red indicator solution)：可使用水溶液或酒精溶液。

溶解 100mg 溴甲酚綠鈉鹽(Bromcresol green sodium salt)及 20 mg 甲基紅鈉鹽(Methyl red sodium salt)於 100 mL 試劑水或 95%乙醇或異丙醇。

7. 硫代硫酸鈉($Na_2S_2O_3 \cdot 5H_2O$)溶液，0.1 N：溶解 25 g 硫代硫酸鈉，再以試劑水稀釋至 1000 mL。

8. 鹼度查核標準溶液：稱取不同於（五）2.來源之試藥級無水碳酸鈉 0.106 g，置入 1 L 量瓶，以試劑水加至標線，溶解並混合，1 mL＝0.10 mg $CaCO_3$。亦可依比例自行配製其他適當濃度標準溶液，或使用具保存期限及濃度證明文件之市售標準溶液。

（六）採樣及保存

樣品採集於 PE 或硼矽玻璃瓶，水樣應完全裝滿瓶子，然後鎖緊瓶蓋，宜貯存於約 4℃之低溫。當曝露於空氣中樣品可能會產生微生物作用，失去或得到 CO_2 或其他氣體，故樣品之分析應盡可能在一日內完成，絕不可超過 48 小時。若有生物性作用影響的疑慮時，應在 6 小時內分析。同時應避免樣品攪動、搖動及在空氣中曝露過長。

（七）步驟

1. 樣品鹼度測定

(1) 準備樣品及 pH 計或電位滴定計等自動滴定裝置，並選擇適當的樣品量及適當的當量濃度標準硫酸或鹽酸溶液（註 2）。

   a. 如使用之 pH 計等未附溫度自動補償者，則滴定溫度須予控制，應先將樣品回溫至室溫。

   b. 使用一吸管將 50.0（100.0 或其他適量）mL 的樣品吸取至三角錐瓶（吸管尖端靠近瓶底再排出樣品）。因樣品中鹼度的範圍可能很大，一般可先做預試驗滴

定,以決定適當的樣品量大小(註 3)及適當的標準酸(硫酸或鹽酸)當量濃度(0.02 N 或 0.1 N)滴定液。

(2) 測量樣品 pH 值

a. 以試劑水清洗 pH 計的電極及滴定用容器,丟棄清洗液。

b. 以試劑水潤洗電極,再以柔軟面紙輕輕拭乾後置入水樣中,每次更換水樣均應先將電極淋洗乾淨並拭乾。

c. 加數滴第一階段 pH8.3 指示劑溶液。

d. 加入適當當量的標準酸(硫酸或鹽酸)溶液,以 0.5 mL 或更少的增加量,使 pH 改變量在小於 0.2 pH 單位的增加量。在每一添加後,以磁性攪拌器緩和攪拌完全混合,避免濺起,滴定至預先選擇之 pH 固定讀值(pH 值為 8.3),使顏色由此粉紅色變為無色,並呈持久性無色之特性當量終點(見表 7-9)。

e. 記錄 pH 值 8.3 時之標準酸滴定量,A1(mL)。

f. 加數滴第二階段 pH4.5 指示劑溶液。

g. 再繼續加入標準酸滴定溶液及測量 pH 值,直至 pH4.5 以下,顏色明顯變化之特定終點,紀錄 pH 值 4.5 之標準酸滴定量,A2(mL)。

2. 低鹼度樣品的電位滴定計滴定

鹼度低於 20 mg/L 樣品,最好以電位計法測定(可避免在終點時由 CO_2 所造成的假終點判斷)。取 100 至 200 mL 樣品於適當容器內,並使用 10 mL 滴定管盛裝 0.02 N 標準酸小心滴定之。在 pH 值 4.3 至 4.7 範圍內,停止滴定,然後紀錄所用標準酸滴定液的體積 B(mL)及精確的 pH 值。續再小心添加滴定液,使 pH 值確實減少 0.3pH 單位,然後再紀錄標準酸滴定液所滴定之體積量 C(mL)。

(八)結果處理

1. 電位滴定至終點 pH

鹼度滴定至 pH4.5(或 pH8.3)(mgCaCO$_3$/L)

$$= \frac{A_2(或 A_1) \times N \times 50,000}{V}$$

或

$$鹼度(mg\ CaCO_3/L) = \frac{A \times t \times 1,000}{V}$$

A：使用標準酸的體積(mL)（A1：達到 pH8.3 時，所使用標準酸的體積；A2：達到 pH4.5 時，所使用標準酸的體積）

N：標準酸的當量濃度

t：標準酸滴定濃度(mg CaCO₃/L)

V：樣品體積(mL)

2. 低鹼度樣品的電位滴定計滴定

$$總鹼度(mg\ CaCO_3/L) = \frac{(2B-C)\times N\times 50,000}{V}$$

B：第一次記錄 pH 之滴定液體積(mL)

C：使達到比第一次記錄 pH 值時，再降低 pH0.3 單位之所有滴定液體積(mL)

N：標準酸的當量濃度

V：樣品體積(mL)

（九）品質管制

1. 在檢測每個樣品時，電極應以試劑水完全洗淨。

2. 空白分析：每批次或每十個樣品至少應執行一個空白樣品分析。

3. 查核樣品分析：每批次或每十個樣品至少應執行一個查核樣品分析，並求其回收率。

（十）精密度及準確度

單一實驗室針對鹼度參考樣品之精密度與準確度檢測結果，見表 7-8。

（十一）參考資料

American Public Health Association, American Water Works Association & Water Pollution Control Federation. Standard Methods for the Examination of Water and Wastewater,20th ed., Method 2320 B , p.2-26~2-29 , APHA, Washington, D.C.,USA, 1998.

註 1： 滴定終點所選擇的 pH 值有二，即 pH 值 8.3 及 4.5。

在滴定的第一階段以酚 (Phenolphthalein)或間甲酚紫(Metacresol purple)為指示劑，選擇 pH 值 8.3 為終點，此時碳酸根(CO_3^{2-})轉為碳酸氫根(HCO_3^-)的當量點，習慣稱為酚 鹼度(Phenolphthalein alkalinity)或 p 鹼度。

而第二階段滴定以溴甲酚綠指示劑(Bromcresol green indicator)或溴甲酚綠—甲基紅混合指示劑(Mixed bromcresol green-methyl red)，滴定至 pH 值 4.5 終點，此時碳酸氫根(HCO_3^-)轉變為碳酸(H_2CO_3)的當量點，此時以相當於鹼度濃度為一升含有碳酸鈣($CaCO_3$)毫克數，計算出之鹼度稱為總鹼度(Total alkalinity)或 T 鹼度。

註 2： 在廢水中鹼度範圍很大，故樣品取量的大小及使用的滴定酸當量濃度常無法固定。建議先做預備試驗滴定，以決定適當樣品量大小及標準酸滴定液的當量。

(1) 當使用樣品有效體積小至允許陡峭的終點，由使用一有效大量體積滴定液（20 mL 或更多滴定量，使用 50 mL 的滴定管）可以得相對的精確體積量。

(2) 對於樣品的鹼度值小於 1000mg $CaCO_3$/L，選擇一體積小於 50 mg $CaCO_3$ 當量鹼度及 0.02 N 標準硫酸或鹽酸滴定液。

(3) 對於鹼度大於約 1000 mg $CaCO_3$/L，使用一份含有鹼度當量小於 250 mg $CaCO_3$ 及 0.1 N 標準硫酸或鹽酸滴定液。

註 3：不可使用過濾、稀釋、濃縮或其它方式而改變樣品，以避免干擾。

註 4：廢液分類處理原則－本檢驗廢液依一般無機廢液處理。

■ 表 7-8　單一實驗室針對鹼度參考樣品之檢測結果

配製值 (mg/L)	測值平均值 (mg/L)	精密度 (RSD)%	準確度 (X)%	分析次數 (n)
15.2	14.9	9.43	97.6±9.2	7
33.0	33.6	0.45	101.9±0.5	3
48.5	49.6	3.14	102.4±3.2	12
60.2	61.4	2.71	102.5±2.8	9
91.8	92.9	3.17	101.2±3.2	6

■ 表 7-9　指示劑顏色變化參考表

指示劑	PH 變化範圍	顏色變化
酚酞	8.2~9.8	無←→粉紅
間甲酚紫	7.6~9.2	黃←→紫
溴甲酚綠	3.8~5.4	黃←→藍
溴甲酚綠－甲基紅	5.1	紅←→藍

7-9　水中溶氧檢測

實驗日期：＿＿＿＿＿＿＿＿＿

任課教師：＿＿＿＿＿＿＿＿＿

班級：＿＿＿＿＿＿＿＿＿　　　組別：＿＿＿＿＿＿＿＿＿

學號：＿＿＿＿＿＿＿＿＿　　　姓名：＿＿＿＿＿＿＿＿＿

一、實驗原理

水樣採集盛裝於 BOD 瓶中，先後加入硫酸亞錳及鹼性碘化物－疊氮化鈉溶液，立即於現場測定，或加入濃硫酸與疊氮化鈉溶液以水封方式保存，測定時再加入硫酸亞錳及鹼性碘化物溶液。亞錳離子於鹼性下生成氫氧化亞錳。水中溶氧會將氫氧化亞錳的沉澱物氧化成高價錳氧化物，當水樣酸化後，高價錳氧化物氧化碘離子生成與溶氧相同當量之碘分子，再以硫代硫酸鈉溶液滴定，由其消耗量即可求得水樣中之溶氧量。

$$Mn^{2+} + 2OH^- \rightarrow Mn(OH)_2$$

$$2Mn(OH)_2 + O_2 \rightarrow 2MnO_2 + 2H_2O$$

$$MnO_2 + 2I^- + 4H^+ \rightarrow Mn^{2+} + I_2 + 2H_2O$$

$$2S_2O_3^{2-} + I_2 \rightarrow S_4O_6^{2-} + 2I^-$$

一莫耳氧分子消耗四莫耳硫代硫酸鈉

進行溶氧量檢測時會出現的干擾包括：

1. 特定的氧化物質會將碘離子氧化為碘分子（正偏差），而部分還原物質則會將碘分子還原為碘離子（負偏差）。當高價錳氧化物沈澱物被酸化時，大部分的有機物質會同時產生部分氧化，而使測值偏低。

2. 水樣中若含有機懸浮固體或嚴重污染時，可能會造成較大的誤差；若有顏色或過度混濁而影響滴定終點判定時，則不適用本方法，此時可使用水中溶氧檢測方法－電極法(NIEA W455)測試。

3. 亞硝酸鹽會氧化溶氧測定過程中所加入的碘離子，生成碘與二氧化二氮，而二氧化二氮再與空氣中的氧作用生成亞硝酸鹽，此循環性干擾可在原有試劑中加入疊氮化物與亞硝酸鹽反應去除，特別適用於廢污水、生物處理放流水、河川水及 BOD 培養樣品的檢測。

4. 水樣中含有高濃度三價鐵離子時，如酸礦水，可在固氧步驟加入濃硫酸前加入 1 mL 氟化鉀溶液，並依步驟處理後立即滴定，可適用於三價鐵離子濃度小於 200 mg/L 水樣之溶氧測定。

二、實驗步驟

● 本實驗所需設備為：

1. BOD 專用瓶：容量 300 mL，具有磨砂口玻璃瓶蓋者。

2. 定量瓶：100 mL、1 L。

3. 吸量管：2 mL。

4. 燒杯、三角錐瓶。

5. 滴定裝置：滴定管刻度至 0.05 mL。

6. 磁石、磁攪拌器。

● 所需的試劑包括：

1. 試劑水：比電阻 ≥ 16MΩ-cm 之純水。

2. 濃硫酸：分析級。

3. 硫酸溶液，3 M：取約 70 mL 試劑水於燒杯內，緩慢加入 16.7 mL 濃硫酸並攪拌均勻，待冷卻後倒入 100 mL 定量瓶內，以試劑水緩慢定容至 100 mL。

4. 氫氧化鈉溶液，6 M：溶解 24 g 氫氧化鈉於適量試劑水中，再定容至 100 mL。

5. 疊氮化鈉溶液：溶解 2 g 疊氮化鈉於 100 mL 試劑水。

6. 硫酸亞錳溶液：溶解 480gMnSO$_4$·4H$_2$O 或 400gMnSO$_4$·2H$_2$O 或 364gMnSO$_4$·H$_2$O 於試劑水，過濾後定容至 1 L。此溶液若加入已酸化之碘化鉀溶液中，再加入澱粉指示劑時，不應產生藍色。

7. 鹼性碘化物溶液：溶解 500 g 氫氧化鈉（或 700g 氫氧化鉀）與 135 g 碘化鈉（或 150 g 碘化鉀）於試劑水中，並定容至 1 L，鈉鹽與鉀鹽可以互相替換使用。此溶液在稀釋並酸化後若加入澱粉指示劑，不應產生藍色。

8. 鹼性碘化物－疊氮化鈉溶液：溶解 500 g 氫氧化鈉（或 700 g 氫氧化鉀）與 135 g 碘化鈉（或 150 g 碘化鉀）於試劑水中，並定容至 1 L；另外溶解 10 g 疊氮化鈉(NaN$_3$)於 40 mL 試劑水中，俟溶解後，加入上述的 1 L 溶液中。鈉鹽與鉀鹽可以互相替換使用，此溶液在稀釋並酸化後若加入澱粉指示劑，不應產生藍色。

9. 澱粉指示劑：可自行配製或使用市售粉末指示劑。自行配製方式如下，取 2 g 試藥級可溶性澱粉於燒杯，加入少量試劑水攪拌成乳狀液後倒入於 100 mL 沸騰之試劑水中，煮沸數分鐘後靜置一夜；加入 0.2 g 水楊酸(Salicylic acid)保存之，使用時取其上層澄清液。

10. 碘酸氫鉀標準溶液，0.002083 M：溶解 0.8124 g 分析級碘酸氫鉀 (KH(IO$_3$)$_2$) 於試劑水中，並定容至 1 L。

11. 硫代硫酸鈉滴定溶液，約 0.025 M：溶解 6.205 g 硫代硫酸鈉 (Na$_2$S$_2$O$_3$·5H$_2$O)於試劑水中，加入 1.5 mL/6M 氫氧化鈉溶液（或 0.4g 固體氫氧化鈉），以試劑水定容至 1 L，貯存於棕色瓶。本溶液每星期用碘酸氫鉀標準溶液標定。

硫代硫酸鈉溶液之標定：在三角瓶內溶解約 2 g 不含碘酸鹽之碘化鉀於 100 mL 至 150 mL 試劑水，加入 1 mL/3M 硫酸或數滴濃硫酸溶液及 20.00mL 碘酸氫鉀標準溶液，以試劑水稀釋至約 200 mL，隨即以硫代硫酸鈉溶液滴定所釋出的碘，在接近滴定終點（即呈淡黃色）時，加入澱粉指示劑，繼續滴定至藍色消失，採用兩次平均值且兩次滴定體積差值不得大於 0.1 mL。

$$IO_3^- + 5I^- + 6H^+ \rightarrow 3I_2 + 3H_2O$$

$$3I_2 + 6S_2O_3^{2-} \rightarrow 6I^- + 3S_4O_6^{2-}$$

$$1 \text{ m mole } KH(IO_3)_2 = 12 \text{ m mole } S_2O_3^{2-}$$

硫代硫酸鈉莫耳濃度 (M) = $\dfrac{12 \times M4V4}{V3}$

M$_4$ = 碘酸氫鉀標準液濃度 (M)

V$_4$ = 碘酸氫鉀標準液之體積 (mL)

V$_3$ = 硫代硫酸鈉滴定溶液之消耗體積(mL)

12. 氟化鉀溶液：溶解 40 g 氟化鉀(KF·2H$_2$O)於試劑水中，並定容至 100 mL。

● 檢測 DO 時須注意水樣採樣的技巧及保存方式，包括：

1. 小心將水樣裝入 BOD 瓶，在取樣時，應避免水樣長期暴露大氣中或被攪動，且不要有氣泡遺留在瓶內。

2. 當裝滿 BOD 瓶後，使之溢流約 10 秒鐘，然後蓋上瓶蓋；在裝填水樣時，應防止對流和氣泡生成。記錄採樣時之溫度（至±1℃或更準確）。

3. 若從具有壓力之管線採水樣時，可用玻璃管或橡膠管將水樣接至水龍頭，再延伸至瓶底，使溢出水量約為瓶子體積之 2 或 3 倍，然後蓋上瓶蓋，使無氣泡遺留在瓶內。

4. 水樣如不能現場分析，在取樣後，即加入 0.7 mL 濃硫酸與 1 mL 疊氮化鈉溶液(2 g NaN$_3$/100 mL H$_2$O)以避免微生物作用進行，並迅速依分析步驟(3)加入試劑固定保存；如於現場分析，則依分析步驟檢測。

5. 貯存的樣品需避免強光，並盡量於 8 小時內完成分析。

● **在操作本實驗時應注意：**

1. 實驗中所使用之多項藥品皆具危險性（含有 H_2SO_4），因此操作時需將手套戴上，並於實驗開始前，準備濕抹布以應變。

2. 加完疊氮化鈉試劑後封蓋排出多餘之水樣及試劑時，不可讓水樣倒在衣服或身上及地上，最好直接倒入水槽中，並以清水沖洗瓶外表

3. 加強酸時需於抽氣櫃中操作，並儘量使用 10 mL 之吸管，以免酸蒸氣衝入吸球中而損壞吸球。

● **實驗流程圖解：**

1. 標定硫代硫酸鈉溶液之濃度。

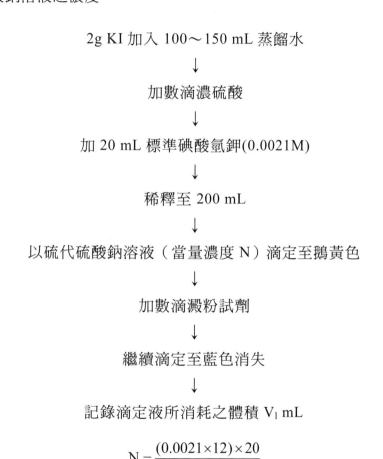

2g KI 加入 100～150 mL 蒸餾水

↓

加數滴濃硫酸

↓

加 20 mL 標準碘酸氫鉀(0.0021M)

↓

稀釋至 200 mL

↓

以硫代硫酸鈉溶液（當量濃度 N）滴定至鵝黃色

↓

加數滴澱粉試劑

↓

繼續滴定至藍色消失

↓

記錄滴定液所消耗之體積 V_1 mL

$$N = \frac{(0.0021 \times 12) \times 20}{V_1}$$

2. 溶氧之測定步驟：

A.即採即測（可保存 30 分鐘）

加 1 mL 硫酸亞錳溶液

↓

加 1 mL 鹼性碘化物－疊氮化物試劑

↓

蓋好蓋子，翻轉數次

↓

1.水中有氧

$Mn^{2+}+O_2+2OH^-\rightarrow MnO_2\downarrow$（棕色）

↓

2.水中無氧

$Mn^{2+}+2OH^-\rightarrow Mn(OH)_2\downarrow$（白色）

↓

靜置至上層液體積達瓶體積一半以上

↓

加 1 mL 濃硫酸

↓

蓋上蓋子，翻轉數次至沉澱完全溶解

↓

取出 200 mL 之水樣(V_1)

（可取任意體積）

↓

以硫代硫酸鈉溶液（當量濃度 N）滴定至淡黃色

↓

加數滴澱粉液（呈藍色）

↓

繼續滴定至藍色消失（藍→無）

↓

記錄滴定液所消耗之體積 A mL

↓

計算溶氧值

$$溶氧量(mg\ O_2/L)=\frac{A\times N\times 8,000}{V_1}\times\frac{V}{V-V_2}$$

A=水樣消耗之硫代硫酸鈉滴定溶液體積(mL)

M=硫代硫酸鈉滴定溶液當量濃度

V_1=滴定用的水樣體積(mL)

V=BOD 瓶之容量(mL)=300 mL

V_2=所加入硫酸亞錳和鹼性碘化物試劑的總體積(mL)=2 mL

B.保存後測定
*以 BOD 瓶取水樣，加入 0.7 Ml 濃硫酸保存及 1 Ml 疊氮化納溶液並水封

加 2 mL 硫酸亞錳溶液
↓
加 3 mL 鹼性碘化物－疊氮化物試劑
↓
蓋好蓋子，翻轉數次
↓
1.水中有氧
$Mn^{2+}+O_2+2OH^-\rightarrow MnO_2\downarrow$（棕色）
↓
2.水中無氧
$Mn^{2+}+2OH^-\rightarrow Mn(OH)_2\downarrow$（白色）
↓
靜置至上層液體積達瓶體積一半以上
↓
加 2 mL 濃硫酸
↓
蓋上蓋子，翻轉數次至沉澱完全溶解
↓
取出 200mL 之水樣(V_1)
(可取任意體積)
↓
以硫代硫酸鈉溶液（當量濃度 N）滴定至淡黃色
↓
加數滴澱粉液（呈藍色）
↓
繼續滴定至藍色消失（藍→無）
↓
記錄滴定液所消耗之體積 A mL
↓
計算溶氧值

$$溶氧量(mg\ O_2/L)=\frac{A\times N\times 8,000}{V_1}\times\frac{V}{V-V_2}$$

A=水樣消耗之硫代硫酸鈉滴定溶液體積(mL)

M=硫代硫酸鈉滴定溶液當量濃度

V_1=滴定用的水樣體積(mL)

V=BOD 瓶之容量(mL)=300 mL

V_2=所加入硫酸亞錳和鹼性碘化物試劑的總體積(mL)=6.7 mL

（保存劑濃硫酸 0.7 mL+疊氮化鈉試劑 1mL+硫酸亞錳試劑 2 mL+鹼性碘化物 3mL=6.7 mL）

三、實驗結果

1. 請進行結果填寫。

2. 標定硫代硫酸鈉（N值）的數據及計算過程。

3. 水樣 DO 之滴定數據及計算過程。

四、問題

1. 普通河川中，為何要保持定量的溶氧？

2. 至戶外進行現場採樣，試述為何溶氧要在現場予以加藥安定？

3. 重新標定 $Na_2S_2O_3$ 的目的為何？

4. 請說明以 DO Meter 與滴定法檢測溶氧時的差異？

五、實驗心得與討論

六、環檢所公告方法

◎水中溶氧檢測方法－碘定量法

中華民國 107 年 12 月 27 日環署授檢字第 1070008224 號公告

自中華民國 108 年 4 月 15 日生效

NIEA W422.53B

（一）方法概要

　　水樣採集盛裝於 BOD 瓶中，先後加入硫酸亞錳及鹼性碘化物－疊氮化鈉溶液，立即於現場測定，或加入濃硫酸與疊氮化鈉溶液以水封方式保存，測定時再加入硫酸亞錳及鹼性碘化物溶液。亞錳離子於鹼性下生成氫氧化亞錳。水中溶氧會將氫氧化亞錳的沉澱物氧化成高價錳氧化物，當水樣酸化後，高價錳氧化物氧化碘離子生成與溶氧相同當量之碘分子，再以硫代硫酸鈉溶液滴定，由其消耗量即可求得水樣中之溶氧量（註 1）。

（二）適用範圍

　　本方法適用於飲用水、飲用水水源、地面水體、地下水、放流水及廢（污）水之溶氧測定。

（三）干擾

1. 特定的氧化物質會將碘離子氧化為碘分子（正偏差），而部分還原物質則會將碘分子還原為碘離子（負偏差）。當高價錳氧化物沈澱物被酸化時，大部分的有機物質會同時產生部分氧化，而使測值偏低。

2. 水樣中若含有機懸浮固體或嚴重污染時，可能會造成較大的誤差；若有顏色或過度混濁而影響滴定終點判定時，則不適用本方法，此時可使用水中溶氧檢測方法－電極法(NIEA W455)測試。

3. 亞硝酸鹽會氧化溶氧測定過程中所加入的碘離子，生成碘與二氧化二氮，而二氧化二氮再與空氣中的氧作用生成亞硝酸鹽，此循環性干擾可在原有試劑中加入疊氮化物與亞硝酸鹽反應去除，特別適用於廢污水、生物處理放流水、河川水及 BOD 培養樣品的檢測。

4. 水樣中含有高濃度三價鐵離子時，如酸礦水，可在七、步驟加入濃硫酸前加入 1 mL 氟化鉀溶液，並依步驟處理後立即滴定，可適用於三價鐵離子濃度小於 200 mg/L 水樣之溶氧測定。

（四）設備與材料

1. 凱末爾型(Kemmere)或同等級採樣器（如圖一）之採樣器。

2. BOD 瓶：容量 60 mL 至 300 mL，具有磨砂口玻璃瓶蓋。

3. 量瓶。

4. 移液管或刻度吸量管。

5. 燒杯、三角瓶。

6. 滴定裝置：刻度至 0.05 mL 之滴定管、電子滴定管或自動滴定儀。

7. 溫度計，可讀至 0.1℃者。

8. 磁石、磁攪拌器。

9. 天平：可精稱至 0.1 mg 者。

（五）試劑

1. 試劑水：比電阻 ≧ 16MΩ-cm 之純水。

2. 濃硫酸：分析級。

3. 硫酸溶液，3 M：取約 70 mL 試劑水於燒杯內，緩慢加入 16.7 mL 濃硫酸並攪拌均勻，待冷卻後倒入 100 mL 定量瓶內，以試劑水緩慢定容至 100 mL。

4. 氫氧化鈉溶液，6 M：溶解 24 g 氫氧化鈉於適量試劑水中，再定容至 100 mL。

5. 疊氮化鈉溶液：溶解 2 g 疊氮化鈉於 100 mL 試劑水。

6. 硫酸亞錳溶液：溶解 480gMnSO$_4$・4H$_2$O 或 400gMnSO$_4$・2H$_2$O 或 364gMnSO$_4$・H$_2$O 於試劑水，過濾後定容至 1 L。此溶液若加入已酸化之碘化鉀溶液中，再加入澱粉指示劑時，不應產生藍色。

7. 鹼性碘化物溶液：溶解 500 g 氫氧化鈉（或 700 g 氫氧化鉀）與 135 g 碘化鈉（或 150g 碘化鉀）於試劑水中，並定容至 1 L，鈉鹽與鉀鹽可以互相替換使用。此溶液在稀釋並酸化後若加入澱粉指示劑，不應產生藍色。

8. 鹼性碘化物－疊氮化鈉溶液：溶解 500 g 氫氧化鈉（或 700 g 氫氧化鉀）與 135 g 碘化鈉（或 150 g 碘化鉀）於試劑水中，並定容至 1 L；另外溶解 10 g 疊氮化鈉(NaN$_3$)於 40 mL 試劑水中，俟溶解後，加入上述的 1 L 溶液中。鈉鹽與鉀鹽可以互相替換使用，此溶液在稀釋並酸化後若加入澱粉指示劑，不應產生藍色。

9. 澱粉指示劑：可自行配製或使用市售粉末指示劑。自行配製方式如下，取 2 g 試藥級可溶性澱粉於燒杯，加入少量試劑水攪拌成乳狀液後倒入於 100 mL 沸騰之試劑水中，煮沸數分鐘後靜置一夜；加入 0.2 g 水楊酸(Salicylic acid)保存之，使用時取其上層澄清液。

10. 碘酸氫鉀標準溶液，0.002083M：溶解 0.8124 g 分析級碘酸氫鉀(KH(IO₃)₂)於試劑水中，並定容至 1 L。

11. 硫代硫酸鈉滴定溶液，約 0.025 M：溶解 6.205 g 硫代硫酸鈉(Na₂S₂O₃‧5H₂O)於試劑水中，加入 1.5 mL、6 M 氫氧化鈉溶液（或 0.4 g 固體氫氧化鈉），以試劑水定容至 1 L，貯存於棕色瓶。本溶液每星期用碘酸氫鉀標準溶液標定。

    硫代硫酸鈉溶液之標定：在三角瓶內溶解約 2 g 不含碘酸鹽之碘化鉀於 100 mL 至 150 mL 試劑水，加入 1 mL/3M 硫酸或數滴濃硫酸溶液及 20.00 mL 碘酸氫鉀標準溶液，以試劑水稀釋至約 200 mL，隨即以硫代硫酸鈉溶液滴定所釋出的碘，在接近滴定終點（即呈淡黃色）時，加入澱粉指示劑，繼續滴定至藍色消失（註 2），採用兩次平均值且兩次滴定體積差值不得大於 0.1 mL。

12. 氟化鉀溶液：溶解 40 g 氟化鉀(KF‧2H₂O) 於試劑水中，並定容至 100 mL。

（六）採樣與保存

溶氧樣品採集時應非常小心，首要原則為避免因樣品與空氣接觸或攪動而造成氣相成分之改變。樣品採集方式與樣品來源及分析方法有密切關係，如採集河川、湖泊或水庫等非表層水樣時，應特別小心以減少因壓力與溫度改變所造成的問題。

1. 採樣
   (1) 採集表層水必須使用窄口玻璃磨砂之 BOD 瓶，並立即封口避免空氣的傳輸。
   (2) 採集壓力管線中之樣品時，則須連接玻璃或塑膠管於接頭處，並將其延伸至瓶底處，讓水溢流 2 倍至 3 倍瓶體積，且確保無氣泡殘留。
   (3) 圖一為適合採集溪水、池水或適當深度的蓄池水之採樣器。當採集深度大於 2m 的樣品時，建議使用凱末爾或同等級型式定深採樣器，採集後由採樣器底部連接管子至 BOD 瓶底部，讓其充滿 BOD 瓶並溢流約 10 秒，整個過程避免攪動或有氣泡產生。
   (4) 採集溶氧樣品時，應同時記錄水溫至 0.1℃ 或更精確。

2. 保存
   (1) 水樣立即依七、步驟（一）檢測溶氧，且於採樣後 30 分鐘內完成分析。

(2) 若水樣無法立即測定時，應於採樣後添加 0.7 mL 濃硫酸和 1 mL 疊氮化鈉溶液於 BOD 瓶內，此步驟可抑制生物活性及維持水中溶氧，以水封方式於 4℃±2℃下可保存四至八小時，並依七、步驟（二）儘速完成分析。

（七）步驟

1. 水樣立即測定
   (1) 在裝滿水樣之 BOD 瓶中，先加入 1 mL 硫酸亞錳溶液，再加入 1 mL 鹼性碘化物－疊氮化鈉溶液，加試劑時移液管應伸入水中或使尖端剛好在水面上緩緩加入。
   (2) 小心加蓋，勿遺留氣泡，上下倒置 BOD 瓶數次，使其混合均勻。俟沉澱物下沉至約半瓶的體積後，打開瓶蓋加入 1 mL 濃硫酸，加蓋後再上下倒置 BOD 瓶數次直到沉澱物完全溶解（註 3）。
   (3) 由 BOD 瓶中取適量水樣置於適當容器內，以標定過之硫代硫酸鈉滴定溶液滴定至淡黃色，加入數滴澱粉指示劑，繼續滴定至第一次藍色消失時，即為滴定終點（註 4）。若超過滴定終點時，可用碘酸氫鉀標準溶液反滴定，或再加入一定體積七、步驟（一）2 之水樣繼續滴定。

2. 水樣無法立即測定，經保存後之樣品測定
   (1) 在裝滿水樣 BOD 瓶中加入 2 mL 硫酸亞錳溶液後，再加入 3 mL 鹼性碘化物溶液，加試劑時移液管應伸入水中或使尖端剛好在水面上緩緩加入。
   (2) 小心加蓋，勿遺留氣泡，上下倒置 BOD 瓶數次，使混合均勻。俟沉澱物下沉至約半瓶的體積後，打開瓶蓋加入 2 mL 濃硫酸，加蓋後再上下倒置 BOD 瓶數次直到沉澱物完全溶解（註 3）。
   (3) 由 BOD 瓶中取適量水樣置於適當容器內，以標定過之硫代硫酸鈉滴定溶液滴定至淡黃色，加入數滴澱粉指示劑，繼續滴定至第一次藍色消失時，即為滴定終點（註 4）。若超過滴定終點時，可用碘酸氫鉀標準溶液反滴定，或再加入一定體積七、步驟（二）2 之水樣繼續滴定。

（八）結果處理

1. 溶氧量計算公式：

$$溶氧量\ (mg\ O_2/L) = \frac{A \times N \times \frac{32}{4}}{\frac{V1}{1000}\frac{V-V2}{V}} = \frac{A \times N \times 8000}{V1} \times \frac{V}{V-V2}$$

A = 水樣消耗之硫代硫酸鈉滴定溶液體積(mL)

N = 硫代硫酸鈉滴定溶液當量濃度(N)＝莫耳濃度 (M)

V$_1$ = 滴定用的水樣體積(mL)

V = BOD 瓶之體積(mL)

V$_2$：

1. V$_2$=2 mL；水樣為立即測定時，V$_2$=七、步驟（一）1 mL 硫酸亞錳溶液及 1 mL 鹼性碘化物－疊氮化鈉溶液總體積。

2. V$_2$=6.7 mL；水樣為無法立即測定時，V$_2$=六、採樣與保存（二）0.7 mL 濃硫酸和 1 mL 疊氮化鈉溶液及七、步驟（二）2 mL 硫酸亞錳溶液和 3 mL 鹼性碘化物溶液總體積。

2. 若所得的結果欲以%飽和程度表示時，可參考表一所對應溫度及氯度之飽和溶氧進行換算。若採樣時的大氣壓力並非 1 標準大氣壓力(atm)或水中氯離子濃度不同時，可依表一所列公式或內插法計算。

（九）品質管制

重複樣品分析：每批次或每 10 個樣品至少執行 1 次重複樣品分析，兩次測值差異之絕對值應小於 0.3 mg/L。

（十）精密度與準確度

1. 在試劑水中，測得溶氧的精密度以±1SD（標準偏差）表示為±20 μg/L；在廢水及二級處理之放流水中為±60 μg/L；在有大量干擾物存在的水體中±1SD 有可能高達±100 μg/L。（資料來源：參考資料一）。

2. 以碘定量法與電極法進行河川水與水庫水過飽和溶氧測定，其相關係數 R 分別為 0.997 及 0.986。

（十一）參考資料

1. American Public Health Association, American Water Works Association & Water Environment Federation. Standard Methods for the Examination of Water and Wastewater, 23rd ed., Method 4500-O A, B, C, pp. 4-144～4-148, Washington, D.C., USA, 2017.

2. USEPA, Methods for Chemical Analysis of Water and Wastes, Method 360.2, Dissolved Oxygen, EPA/600/4-79/020, March 1983.

註 1. $Mn^{2+} + 2OH^- \rightarrow Mn(OH)_2$

$2Mn(OH)_2 + O_2 \rightarrow 2MnO_2 + 2H_2O$

$$MnO_2 + 2I^- + 4H^+ \rightarrow Mn^{2+} + I_2 + 2H_2O$$
$$2S_2O_3^{2-} + I_2 \rightarrow S_4O_6^{2-} + 2I^-$$

一莫耳氧分子消耗四莫耳硫代硫酸鈉

註 2. $IO_3^- + 5I^- + 6H^+ \rightarrow 3I_2 + 3H_2O$

$$3I_2 + 6S_2O_3^{2-} \rightarrow 6I^- + 3S_4O_6^{2-}$$

1 m mole $KH(IO_3)_2 = 12$ m mole $S_2O_3^{2-}$

硫代硫酸鈉莫耳濃度(M) $= \frac{12 \times M_4 V_4}{V_3}$

$M_4 =$ 碘酸氫鉀標準液濃度(M)

$V_4 =$ 碘酸氫鉀標準液之體積(mL)

$V_3 =$ 硫代硫酸鈉滴定溶液之消耗體積(mL)

註 3. 有時樣品酸化後仍存在棕色或黑色沉澱物，則多靜置一些時間，沉澱物會自動溶解，如果尚未溶解，可加數滴濃硫酸幫助溶解。

註 4. 溶液會因亞硝酸鹽之催化效應或未錯合的微量鐵離子將碘離子氧化成碘，而呈現藍色，此時不需再行滴定。

註 5. 本文引用之公告方法內容及編碼，以環保署最新公告者為準。

■ 表 7-10　在 101.3kPa（即 760mmHg）大氣壓，暴露在含飽和水分之空氣中，不同溫度(℃)及水中氯度(Chlorinity)時水中飽和溶氧度(mg/L)

溫度＼氯度	水中飽和溶氧度(mg/L)					
	0.0	5.0	10.0	15.0	20.0	25.0
0.0	14.621	13.728	12.888	12.097	11.355	10.657
1.0	14.216	13.356	12.545	11.783	11.066	10.392
2.0	13.829	13.000	12.218	11.483	10.790	10.139
3.0	13.460	12.660	11.906	11.195	10.526	9.897
4.0	13.107	12.335	11.607	10.920	10.273	9.664
5.0	12.770	12.024	11.320	10.656	10.031	9.441
6.0	12.447	11.727	11.046	10.404	9.799	9.228
7.0	12.139	11.442	10.783	10.162	9.576	9.023
8.0	11.843	11.169	10.531	9.930	9.362	8.826
9.0	11.559	10.907	10.290	9.707	9.156	8.636
10.0	11.288	10.656	10.058	9.493	8.959	8.454
11.0	11.027	10.415	9.835	9.287	8.769	8.279
12.0	10.777	10.183	9.621	9.089	8.586	8.111
13.0	10.537	9.961	9.416	8.899	8.411	7.949
14.0	10.306	9.747	9.218	8.716	8.242	7.792
15.0	10.084	9.541	9.027	8.540	8.079	7.642
16.0	9.870	9.344	8.844	8.370	7.922	7.496
17.0	9.665	9.153	8.667	8.207	7.770	7.356
18.0	9.467	8.969	8.497	8.049	7.624	7.221
19.0	9.276	8.792	8.333	7.896	7.483	7.090

■ 表 7-10　在 101.3kPa（即 760mmHg）大氣壓，暴露在含飽和水分之空氣中，不同溫度(℃)及水中氯度(Chlorinity)時水中飽和溶氧度(mg/L)（續）

水中飽和溶氧度(mg/L)						
溫度＼氯度	0.0	5.0	10.0	15.0	20.0	25.0
20.0	9.092	8.621	8.174	7.749	7.346	6.964
21.0	8.915	8.456	8.021	7.607	7.214	6.842
22.0	8.743	8.297	7.873	7.470	7.087	6.723
23.0	8.578	8.143	7.730	7.337	6.963	6.609
24.0	8.418	7.994	7.591	7.208	6.844	6.498
25.0	8.263	7.850	7.457	7.083	6.728	6.390
26.0	8.113	7.711	7.327	6.962	6.615	6.285
27.0	7.968	7.575	7.201	6.845	6.506	6.184
28.0	7.827	7.444	7.079	6.731	6.400	6.085
29.0	7.691	7.317	6.961	6.621	6.297	5.990
30.0	7.559	7.194	6.845	6.513	6.197	5.896
31.0	7.430	7.073	6.733	6.409	6.100	5.806
32.0	7.305	6.957	6.624	6.307	6.005	5.717
33.0	7.183	6.843	6.518	6.208	5.912	5.631
34.0	7.065	6.732	6.415	6.111	5.822	5.546
35.0	6.950	6.624	6.314	6.017	5.734	5.464
36.0	6.837	6.519	6.215	5.925	5.648	5.384
37.0	6.727	6.416	6.119	5.835	5.564	5.305
38.0	6.620	6.316	6.025	5.747	5.481	5.228
39.0	6.515	6.217	5.932	5.660	5.400	5.152
40.0	6.412	6.121	5.842	5.576	5.321	5.078
41.0	6.312	6.026	5.753	5.493	5.243	5.005
42.0	6.213	5.934	5.667	5.411	5.167	4.933
43.0	6.116	5.843	5.581	5.331	5.091	4.862
44.0	6.021	5.753	5.497	5.252	5.017	4.793
45.0	5.927	5.665	5.414	5.174	4.944	4.724
46.0	5.835	5.578	5.333	5.097	4.872	4.656
47.0	5.744	5.493	5.252	5.021	4.801	4.589
48.0	5.654	5.408	5.172	4.947	4.730	4.523
49.0	5.565	5.324	5.094	4.872	4.660	4.457
50.0	5.477	5.242	5.016	4.799	4.591	4.392

（資料來源：參考資料一）。

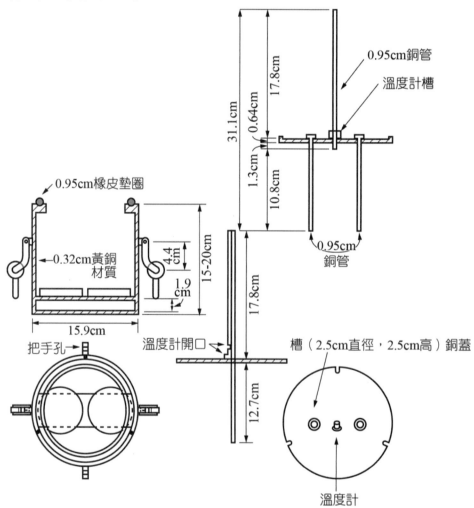

註：

1. 此表以三位小數點表示，有助於內插法之使用。

2. 當大氣壓力不是在標準狀態時，可依下式計算飽和溶氧。

$$C_p = C \times P \left[\frac{(1 - P_{wv}/P)(1-\theta P)}{(1-P_{wv})(1-\theta)} \right]$$

C_p=當非標準狀態時的溶氧量(mg/L)
C=在標準 1 大氣壓(atm) 時的溶氧量(mg/L)
P=採樣時的氣壓(atm)
P_{wv}=水蒸氣壓(atm)，可由方程式求得
$\ln P_{wv}$=11.8571 － (3840.70/T) － (216961/T^2)
T=凱氏溫度 (K)
θ=0.000975－(1.426×10^{-5}t) ＋ (6.436×$10^{-8}t^2$)
t=攝氏溫度 (℃)
例如：在 20℃，0.700atm 且氯度為 0 時之溶氧量
C_p=C×P(0.990092)=6.30mg/L

3. 氯度(Chlorinity)定義
氯度＝鹽度／1.80655
海水中，氯度約等於氯離子濃度（g/kg 溶液）。在廢水中，則須先測定導電度以估算離子強度以校正其溶氧效果，才能利用此表。

■ 圖 7-8　DO 及 BOD 採樣器示意圖

7-10　水中生化需氧量檢測

實驗日期：_____

任課教師：_____

班級：_____　　組別：_____

學號：_____　　姓名：_____

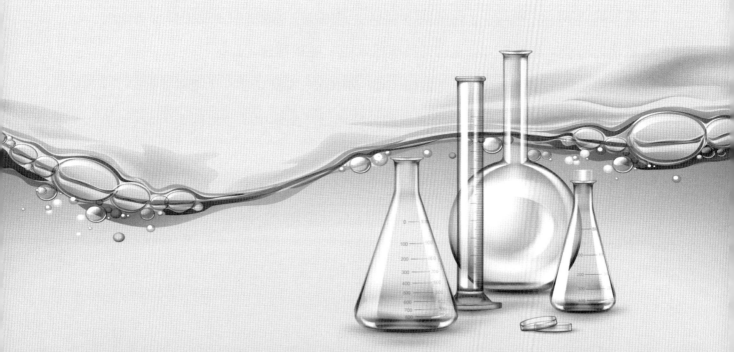

一、實驗原理

　　水樣在 20℃恆溫培養箱中暗處培養五天後,測定水樣中好氧性微生物在此期間氧化水中物質所消耗之溶氧(Dissolved Oxygen, DO),即可求得生化需氧量(Biochemical Oxygen Demand, BOD)。

　　此法適用於地面水、地下水及放流水中之生化需氧量檢驗。

　　不過檢測生化需氧量時須留意水樣的狀況,以免出現干擾現象,加上因檢測時間長達 6 天,稍有疏忽就無法達成生化需氧量的測定。

1. 水樣中若含肉眼可見之動、植物,應先去除之。

2. 水樣之 pH 值介於 6.5~7.5 之間。

3. 水樣中若含餘氯,則會消耗溶氧而造成誤差,可以使用亞硫酸鈉以排除干擾(尤其檢測海水樣品時更需留意)。

4. 水樣中若含氰離子、六價鉻離子及重金屬等均會造成干擾,必須經過適當處理,否則不適宜生化需氧量之測定。

5. 水樣中無機物質如硫化物及亞鐵的氧化作用會消耗氧氣而造成誤差;此外,水樣中還原態氮的氧化作用亦會消耗氧氣而造成誤差,但可使用抑制劑以避免氧化作用。

　　由於檢測生化需氧量主要是藉由水樣的溶氧變化來獲取數據,因此除檢測 DO 所需藥劑外,仍須準備下列試劑及設備:

1. 磷酸鹽緩衝溶劑:溶解 8.5 g 磷酸二氫鉀(KH_2PO_4)、21.75 g 磷酸氫二鉀(K_2HPO_4)、33.4 g 磷酸氫二鈉($Na_2HPO_4 \cdot 7H_2O$)及 1.7 g 氯化銨於約 500 mL 蒸餾水中,再以蒸餾水稀釋至 1 L,此時 pH 值應為 7.2。本溶液或以下所述溶液中,若有生物滋長之跡象時即應捨棄。

2. 硫酸鎂溶液:溶解 22.5 g 硫酸鎂($MgSO_4 \cdot 7H_2O$)於蒸餾水中,並稀釋至 1 L。

3. 氯化鈣溶液:溶解 27.5 g 氯化鈣於蒸餾水中,並稀釋至 1 L。

4. 氯化鐵溶液:溶解 0.25 g 氯化鐵($FeCl_3 \cdot 6H_2O$)於蒸餾水中,並稀釋至 1 L。

5. 硫酸溶液,IN:緩緩加 28 mL 濃硫酸於攪拌之蒸餾水中,並稀釋至 1 L(注意:配置過程中會產生大量熱)。

6. 氫氧化鈉溶液,1N:溶解 40 g 氫氧化鈉於蒸餾水中,並稀釋至 1 L。

7. 亞硫酸鈉溶液,約 0.025 N:溶解 1.575 g 亞硫酸鈉(Na_2SO_3)於 1 L 蒸餾水中。此溶液不穩定,須於使用當日配置。

8. 硝化抑制劑：加 3 mg 之 2-Chloro-6- (trichloromethyl)pyridine（簡稱 TCMP）於 300 mL BOD 瓶內，然後蓋上瓶蓋，或加適量之 TCMP 於稀釋水中，使其最終濃度為 10 mg/L。純的 TCMP 之溶解速率可能很慢，也可能浮在樣品的表面。有些市售的 TCMP 較易溶於水樣，但其純度可能不是 100%，需調整其用量。

9. 葡萄糖－麩胺酸標準溶液：將試劑級之葡萄糖及麩胺酸先在 103℃烘乾 1 小時，冷卻後溶解 150 mg 葡萄糖及麩胺酸於蒸餾水中，並稀釋至 1 L。此溶液應於使用前配置。

10. 氯化銨溶液：溶解 1.15 g 氯化銨於約 500 mL 蒸餾水中，以氫氧化鈉溶液調整 pH 值至 7.2，並用蒸餾水稀釋至 1 L。此溶液之濃度為 0.3 mg N/mL。

11. 碘化鉀溶液：溶解 10 g 碘化鉀於 100 mL 蒸餾水中。

12. BOD 瓶：容量 300 mL。

13. 恆溫培養箱：溫度可控制在 20±1℃，並可避光（預防 BOD 瓶中水樣之藻類行光合作用而導致水樣之溶氧增加）。

14. 溶氧測定裝置及方法。

15. 稀釋水之製備：

(1) 於每 1 L 蒸餾水中，各加入 1 mL 之磷酸鹽緩衝溶液、硫酸鎂溶液、氯化鈣溶液及氯化鐵溶液作為 BOD 瓶內提供微生物生長的基本元素，通入經過濾且不含有機物質之空氣，使製備之稀釋水的溶氧達飽和，通常可使用曝氣機連續曝氣 4～6 小時，並於使用前靜置 30 分鐘以上，不建議曝氣超過 6 小時（或隔夜）；或亦可將製備之稀釋水置於加蓋棉花塞之瓶內，保存足夠之時間，使其溶氧達飽和狀態（較不建議）。

(2) 製備稀釋水時，應使用乾淨之玻璃器皿，以確保稀釋水之品質。使用前應使稀釋水之溫度維持在 20℃。

16. 葡萄糖－麩胺酸標準溶液之檢查：

(1) 測定葡萄糖－麩胺酸標準溶液之 2%稀釋液在 20℃培養 5 天之 BOD 值(198±30.5 mg/L)。由於 BOD 之測定係生物檢定，因此，當毒性物質存在或使用於植菌之菌種不良時，均對 BOD 之測定結果影響很大，所以必須藉由添加純有機化合物水樣之 BOD 測定結果，以檢查稀釋水品質、菌種有效性及分析技術。

(2) 本溶液應於使用前配製。

17. 植菌（微生物）：

(1) 菌種來源：使用於植菌之菌種，必須含有對水樣中生物可分解性有機物質具氧化能力之微生物族群。

(2) 菌種的取得可由家庭污水、廢水處理廠未經氯或其他方式消毒之排放水及排放口之表面廢污水均可取得理想的微生物族群。使用市售菌種前，應以該菌種測定葡萄糖－麩胺酸標準溶液之 BOD，其 BOD 值應落在 198±30.5 mg/L 範圍內，才能使用該菌種。

植菌的步驟適用於水樣非常乾淨或有毒性物質的存在；若水樣為稍有污染的河水或廢水處理廠的水樣，可省略植菌的步驟。

18. 水樣稀釋：

(1) 稀釋後之水樣，必須確定培養 5 天後，殘餘之溶氧在 1 mg/L 以上，且溶氧消耗量大於 2 mg/L。因此依經驗以稀釋水將水樣稀釋成數種不同濃度，使其溶氧消耗量合於上述範圍。一般可由水樣測得之 COD 值來推算其 BOD 值及稀釋濃度。

(2) 若仍無法確定適當之稀釋倍數，可將水樣作數瓶不同稀釋倍數，以求得一正確值。

(3) 水樣之稀釋方法有兩種，可先用量筒稀釋後，再裝入 BOD 瓶，或直接在 BOD 瓶中稀釋。

19. DO_0 測定：

(1) 若水樣含會迅速與溶氧反應之物質，則於稀釋水填滿 BOD 瓶後，應立即測定初始溶氧。若測定之初始溶氧未明顯地迅速下降，則水樣稀釋與測定初始溶氧之期間長短即非重要因素。

(2) BOD 瓶於使用前應以清潔劑洗淨，並以蒸餾水淋洗乾淨並晾乾。在培養期間應以水封方式隔絕空氣。水封方式是添加蒸餾水於已加蓋玻璃塞之 BOD 瓶喇叭狀口。水封後應以紙、塑膠類杯狀物或薄金屬套覆蓋 BOD 瓶之喇叭狀口，以減少培養期間水分之蒸發。

20. 稀釋水空白試驗(Blank Sample)：

(1) 以稀釋水為空白試樣，以檢查未經植菌之稀釋水的品質及培養瓶之清潔。

(2) 檢驗每批水樣時，應同時培養一瓶未經植菌之稀釋水。於培養前及培養後（20℃，5 天）測定溶氧，其溶氧消耗量不應超過 0.2 mg/L，最好在 0.1 mg/L 以下。

21. 恆溫培養箱培養 5 天：將稀釋水樣、稀釋水空白、植菌稀釋水及葡萄糖－麩胺酸標準溶液等樣品水封後，置於 20±1℃之恆溫培養箱內培養 5 天。

22. DO_5 測定：將稀釋水樣、稀釋水空白、植菌稀釋水及經植菌之葡萄糖－麩胺酸標準溶液 2%稀釋液在 20±1℃之恆溫培養箱培養 5 天後，測定其最終溶氧。

23. 結果計算：

(1) 無植菌水樣之生化需氧量：

$$BOD(mg/L) = \frac{(D_1 - D_2)}{P}$$

例：$P = \frac{5}{300}$ or $\frac{10}{300}$，5、10 為真實水樣加入量

(2) 植菌水樣之生化需氧量：

$$BOD(mg/L) = \frac{[(D_1 - D_2) - (B_1 - B_2) \times f]}{P}$$

D_1：稀釋水樣之初始（第 0 天）溶氧(mg/L)

D_2：稀釋水樣經 20℃恆溫培養箱培養 5 天之溶氧(mg/L)

$P = \dfrac{水樣體積(mL)}{稀釋水樣之最終體積(mL)}$

B_1：稀釋水經植菌後測得之初始溶氧(mg/L)

B_2：稀釋水經植菌後在 20℃恆溫培養箱培養 5 天之溶氧(mg/L)

f：添加於稀釋水樣之菌種與添加於植菌稀釋水之菌種兩者之比值

$f = \dfrac{稀釋水樣中之菌種百分比(\%)}{植菌稀釋水中之菌種百分比(\%)} = (1-P)$

[實例說明]： 取 30 mL 原水樣，加入 BOD 瓶，再以菌種稀釋水稀釋至 300 mL，其 f 值之運算式為：

$$f = \frac{A \times \dfrac{270}{300}}{A} = 0.9$$

A=植菌稀釋水之菌種百分比(%)

or $P = \dfrac{30}{300} = 0.1$，f=1−0.1=0.9

二、實驗流程

1. 稀釋水的準備（曝氣水＋營養鹽），於實驗前需曝氣至少 4～6 個小時以上，並於使用前靜置 30 分鐘使溶氧穩定。

2. 水樣的準備：

(1) 取適當水樣，以稀釋水稀釋至 300 mL，並蓋上瓶蓋。包括：

    a. 空白水樣(Blank)2 瓶。

    b. 待測水樣各兩瓶，並以稀釋水稀釋至 300 mL BOD 瓶內。

(2) BOD 封瓶前，須先將瓶身傾斜 45°敲氣泡後，再蓋上蓋子。

(3) 第一瓶 BLANK 水樣，直接檢測其溶氧值，為第 0 天溶氧值(DO_0)。

(4) 第二瓶水封後，於 20℃恆溫箱中五天，測第五天溶氧值(DO_5)。

(5) BLANK 之溶氧差不得大於 0.2 mg/L，最好不超過 0.1 mg/L，DO_5 溶氧值至少為 1 mg/L 以上。(DO_0–DO_5)之溶氧差至少為 2 mg/L。

3. 計算：

(1) 天然水樣：

$$BOD(mg/L) = \frac{(DO_0 - DO_5)}{P}$$

(2) 使用經植菌之稀釋水時：

$$BOD(mg/L) = \frac{(D_1 - D_2) - (B_1 - B_2) \times f}{P}$$

D_1 ： 水樣之初始（第 0 天）溶氧(mg/L)

D_2 ： 水樣經 20℃恆溫培養箱培養 5 天之溶氧(mg/L)

P ： 加入之原水樣體積(mL)／稀釋後水樣體積(300 mL)=1／稀釋倍數

B_1 ： 稀釋水經植菌後測得之初始溶氧(mg/L)-Blank

B_2 ： 稀釋水經植菌後在 20℃恆溫培養箱培養 5 天之溶氧(mg/L)- Blank

f ： 添加於稀釋水樣之菌種與添加於植菌種兩者之比值

$$f = \frac{水樣中之菌種百分比(\%)}{植菌稀釋水樣中之菌種百分比(\%)} = (1 - P)$$

三、實驗結果

原始水樣加入量 (mL)	DO$_0$ (mg/L)	DO$_5$ (mg/L)	稀釋倍數	生化需氧量(mg/L)

請列出上述 DO 及 BOD 計算過程。

四、問題

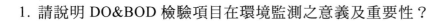

1. 請說明 DO&BOD 檢驗項目在環境監測之意義及重要性？

2. DO 及 BOD 的檢測步驟，有何關連性？

3. 請說明 BOD 測試時，控制 20℃的環境及 5 天的時間的目的為何？

4. 今有一水樣之 COD= 400 mg/L，請估算檢測 BOD 時應加入的樣品體積為若干才最適當？

五、實驗心得與討論

MEMO

六、環檢所公告方法

◎水中生化需氧量檢測方法(NIEA W510.55B)

（一）方法概要

水樣在 20℃恆溫培養箱中暗處培養 5 天後，測定水樣中好氧性微生物在此期間氧化水中物質所消耗之溶氧(Dissolved oxygen, DO)，即可求得 5 天之生化需氧量(Biochemical oxygen demand, BOD5)。

（二）適用範圍

本方法適用於地面水體、地下水、放流水及廢（污）水中生化需氧量檢測。

（三）干擾

1. 酸性或鹼性之水樣會造成誤差，應使用氫氧化鈉或硫酸調整之。

2. 水樣中若含餘氯會造成誤差，可以使用亞硫酸鈉排除干擾。

3. 水樣中若含氰離子、六價鉻離子、重金屬及其他毒性化學物質均會造成干擾，必須經過適當處理，否則不適宜生化需氧量之測定。

4. 水樣中溶氧若過飽和會造成誤差。可將水溫調整至 20±3℃，再通入空氣或充分搖動以去除干擾。

5. 水樣中無機物質如硫化物及亞鐵離子之氧化作用會消耗溶氧而造成誤差；此外，水樣中還原態氮之氧化作用亦會消耗溶氧而造成誤差，可使用硝化抑制劑以避免氧化作用。

6. 水樣中若含肉眼可見之生物，應去除之。

（四）設備及材料

1. BOD 瓶：60 mL 或更大容量之玻璃瓶（以 300 mL 具玻璃塞及喇叭狀口之 BOD 瓶為佳）。使用前應以清潔劑洗淨，然後以試劑水淋洗乾淨並晾乾。

2. 恆溫培養箱：溫度可控制在 20±1℃，並可避光以預防 BOD 瓶中藻類行光合作用而導致水樣溶氧增加。

3. 高壓滅菌釜：溫度能保持在 121℃（壓力約 15 lb/in² 或 1.1 Kg/cm²）滅菌 15 分鐘以上。

4. 溶氧測定裝置：參照水中溶氧檢測方法—碘定量法(NIEA W422)或水中溶氧檢測方法—電極法(NIEA W455)。

（五）試劑

　　所有配製使用的試劑化合物除非另有說明，否則必須是分析試藥級；以下所述溶液中，若有沈澱或生物滋長跡象時即應捨棄。

1. 試劑水：比電阻 $\geq 16M\Omega$ -cm 之純水。

2. 磷酸鹽緩衝溶液：溶解 8.5 g 磷酸二氫鉀(KH_2PO_4)、21.75 g 磷酸氫二鉀(K_2HPO_4)、33.4g 磷酸氫二鈉($Na_2HPO_4 \cdot 7H_2O$)及 1.7 g 氯化銨(NH_4Cl)於約 500 mL 試劑水中，再以試劑水稀釋至 1 L，此溶液 pH 值應為 7.2，無需任何調整。或者，溶解 42.5 g 磷酸二氫鉀(KH_2PO_4)及 1.7 g 氯化銨(NH_4Cl)於約 700 mL 試劑水中，以 10 M 氫氧化鈉溶液調整 pH 值至 7.2，再以試劑水稀釋至 1 L。

3. 硫酸鎂溶液：溶解 22.5 g 硫酸鎂($MgSO_4 \cdot 7H_2O$)於試劑水中，並稀釋至 1 L。

4. 氯化鈣溶液：溶解 27.5 g 氯化鈣($CaCl_2$)於試劑水中，並稀釋至 1 L。

5. 氯化鐵溶液：溶解 0.25 g 氯化鐵($FeCl_3 \cdot 6H_2O$)於試劑水中，並稀釋至 1 L。

6. 硫酸溶液，0.5 M：緩緩加 28 mL 濃硫酸於攪拌之試劑水中，並稀釋至 1 L（註 1）。

7. 氫氧化鈉溶液，1 M：溶解 40 g 氫氧化鈉於試劑水中，並稀釋至 1 L。

8. 氫氧化鈉溶液，10 M：溶解 40 g 氫氧化鈉於試劑水中，並稀釋至 100 mL。

9. 亞硫酸鈉溶液，0.0125 M：溶解 1.575 g 亞硫酸鈉(Na_2SO_3)於 1 L 試劑水中。此溶液不穩定，須於使用當日配製。

10. 硝化抑制劑：使用 2-氯-6-（三氯甲基）砒啶(2-Chloro-6-(trichloromethyl)pyridine, TCMP)或 TCMP 市售品。

11. 葡萄糖—麩胺酸溶液：葡萄糖(Glucose)及麩胺酸(Glutamic acid)經 103 ± 2℃烘乾至少 1 小時後，溶解 0.1500 g 葡萄糖及 0.1500 g 麩胺酸於試劑水中，並稀釋至 1 L。此溶液滅菌（過濾滅菌或 121℃高溫高壓滅菌 15 分鐘）後貯存於 4 ± 2℃下，可保存 3 個月，若溶液無法維持在無菌狀態，應於使用前配製。

12. 碘化鉀溶液：溶解 10 g 碘化鉀於 100 mL 試劑水中。

13. 源水：水樣稀釋用，可使用去離子水、蒸餾水、經去氯後之自來水或天然水。

（六）採樣及保存

　　水樣在採集後迄分析之保存期間內，可能會因微生物分解有機物質而降低 BOD 值。水樣若在採樣後 2 小時內開始分析，可不需冷藏，若採樣後無法在 2 小時內開始分析，則水樣應冷藏於 4±2℃暗處，並儘可能在 6 小時內分析，但無論如何，水樣應於採樣後 48 小時內進行分析。

（七）步驟

1. 準備程序

　（1）水樣前處理

　　　a. 所有水樣均須確認 pH 值，若未介於 6.0 至 8.5 範圍內，調整水樣溫度至 20±3℃後，以 0.5 M 硫酸或 1 M 氫氧化鈉溶液將水樣之 pH 值調整為 7.0 至 7.2，所加入硫酸或氫氧化鈉溶液體積不可稀釋樣品超過 0.5%。所有經調整 pH 值之水樣均須植菌。

　　　b. 含餘氯之水樣：水樣應儘可能在加氯消毒前採集，以避免水樣中含有餘氯。若水樣含有餘氯，可添加亞硫酸鈉溶液去除之。亞硫酸鈉溶液使用量可由下述試驗結果來決定：在每 1000 mL 中性水樣中加入 10 mL1+1 醋酸溶液（或 1+50 硫酸溶液）及 10 mL 碘化鉀溶液，混合均勻後，以 0.0125 M 亞硫酸鈉溶液滴定，當碘和澱粉指示劑所形成之藍色複合物消失時即為滴定終點。在中性水樣中依比例添加上述試驗所得之亞硫酸鈉溶液用量，混合 10 至 20 分鐘後，檢查水樣是否仍含有餘氯（註 2）。所有加氯／去氯之水樣均須植菌。

　　　c. 含毒性物質之水樣：某些工業廢水如電鍍廢水含有毒金屬，此類水樣需經過特殊處理。

　　　d. 含過飽和溶氧之水樣：低溫或發生光合作用之水樣，在 20℃之溶氧可能過飽和，可將水溫調整至 20±3℃，再通入乾淨且經過濾之空氣或充分搖動以驅出過飽和溶氧。

　　　e. 含過氧化氫之水樣：一些採集於造紙廠或紡織廠之工業漂白程序水樣含有過氧化氫，會造成水樣中溶氧濃度過飽和。此類水樣可於開口容器中充分混合一段時間（混合時間視過氧化氫含量，可能需 1 至 2 小時），以消耗水樣中過氧化氫。在混合過程中可觀測樣品中溶氧濃度變化或以過氧化氫試紙確認過氧化氫之去除率，當停止混合後 30 分鐘內溶氧不再增加，可視為過氧化氫已完全反應。

　（2）源水之選擇及貯存

　　水樣稀釋用之源水須確認不含重金屬（特別是銅）及毒性物質如餘氯等。應使用乾淨容器保存，以確保源水品質。源水可以一直貯存至使用，只要其所製備之稀

釋水空白值符合（九）2.所規定之品質管制範圍，此貯存可以改善某些源水之品質，但對某些源水則可能因微生物滋長而導致品質退化。

(3) 菌種準備

使用於植菌之菌種必須含有對水樣中生物可分解性有機物質具氧化能力之微生物。家庭污水、廢水生物處理廠未經加氯或其他方式消毒之放流水及排放口之表面廢污水，均含有理想的微生物。某些未經處理之工業廢水、消毒過之廢水、高溫廢水或 pH 值小於 6 或大於 8.5 之廢水中微生物均不足，這些水樣均須添加適量菌種。理想菌種來源為廢水生物處理系統內之混合液或其放流水，若無法取得，可採用家庭污水為菌種來源，使用前須先在室溫下靜置使其澄清，靜置時間應在 1 小時以上，但最長不超過 36 小時，取用時應取上層液。若使用廢水生物處理系統內之混合液或其放流水時，採集後應加入硝化抑制劑。

某些水樣可能含有無法由家庭污水來源之菌種以正常速率分解之有機物質，此時應使用廢水生物處理系統內之混合液或其未經消毒之放流水做為菌種來源。若無生物處理設備，則取用放流口下方 3 至 8 公里處之水。若此菌種來源亦無法取得時，可以在實驗室內自行培養或使用市售菌種。實驗室內自行培養菌種時，以土壤懸浮物、活性污泥或市售菌種做為初始菌種，於經沈澱之家庭污水連續曝氣培養，並且每日增加少量污水添加量。然後以此菌種測定葡萄糖－麩胺酸溶液之 BOD 值，直至測值隨時間增加達到一穩定值且在 198±30.5 mg/L 範圍內，此即表示菌種培養成功。

2. 檢測程序

(1) 稀釋水製備

取適量體積之源水於適當容器中，在使用於 BOD 檢測前，確認溶氧濃度至少 7.5 mg/L，若溶氧濃度不足，則搖晃或通入經過濾且不含有機物質之空氣，或亦可將源水置於具棉花塞蓋之瓶內，保存足夠時間，使其溶氧達 7.5 mg/L。每 1 L 源水中，加入磷酸鹽緩衝溶液、硫酸鎂溶液、氯化鈣溶液及氯化鐵溶液各 1 mL，充分混合並調整溫度至 20±3℃。稀釋水應於使用前製備，除非貯存之稀釋水空白值符合（九）2.所規定之品質管制範圍。若稀釋水空白值超出品質管制範圍，應純化改良或改用其他源水，不可為使稀釋水空白值落入管制範圍中，而添加氧化劑或將稀釋水暴露於紫外線中。

(2) 水樣溫度調整

水樣於稀釋前，應調整溫度至 20±3℃。

(3) 水樣稀釋

原則上，稀釋後之水樣，經培養 5 天後，殘餘溶氧在 1.0 mg/L 以上，且溶氧消耗量大於 2.0 mg/L 時可靠性最大。以稀釋水將水樣稀釋成至少 3 個稀釋倍數，估計

稀釋水樣經培養 5 天後，可導致殘餘溶氧在 1.0 mg/L 以上，且溶氧消耗量至少 2.0 mg/L。一般可由水樣測得之 COD 值來推算其 BOD 值及稀釋濃度。通常各種水樣之稀釋濃度為：嚴重污染之工業廢水 0.0~1.0%；未經處理及經沉澱之廢水 1~5%；生物處理過之放流水 5~25%；受污染之河川水 25~100%。水樣之稀釋方法有兩種，可先用定量容器稀釋後再裝入 BOD 瓶，或直接在 BOD 瓶中稀釋。

a. 以定量容器稀釋水樣：取欲稀釋體積之水樣置於量筒或定量瓶中，水樣取樣前應充分混合，以避免固體物沉降漏失，以稀釋水裝填至 2/3 滿，並應避免氣泡進入，添加適量之菌種及硝化抑制劑，最後以稀釋水稀釋至最終體積。以虹吸管將稀釋水樣吸入所需數量之 BOD 瓶中，注意在轉移的過程中，小心避免固體物於量筒或定量瓶中沉降。

b. 直接在 BOD 瓶中稀釋水樣：取欲稀釋體積之水樣置於 BOD 瓶中，以稀釋水裝填至約 2/3 滿，於個別 BOD 瓶中添加適量之菌種及硝化抑制劑，再以稀釋水填滿 BOD 瓶，如此，當塞入瓶蓋時，即可將所有空氣排出，而無氣泡殘留於 BOD 瓶內。當水樣之稀釋比率大於 1：100 時，水樣應先以量瓶做初步稀釋，然後再以 BOD 瓶做最後稀釋。稀釋後 BOD 瓶中水樣體積若超過 67%，稀釋水樣中之營養鹽可能不足而影響菌種活性，此時，直接於 BOD 瓶中以 1 mL/L（0.30 mL/300 mLBOD 瓶）比例加入營養鹽、礦物質與緩衝溶液。

(4) 菌種添加

若水樣需要植菌，於水樣做最後稀釋前添加於稀釋容器或 BOD 瓶中，若廢水樣品在稀釋前含有毒性物質，不可將菌種直接添加於廢水樣品中。一般而言，300 mLBOD 瓶中添加 1~3 mL 沉降後之原水或初級放流水，或 1~2 mL1：10 稀釋之活性污泥混合液，將可提供適量之微生物。菌種使用前不可過濾，在菌種轉移過程中需攪動，以確保每一 BOD 瓶中所添加之微生物量相同。加入每一 BOD 瓶中菌種所導致之溶氧消耗量應介於 0.6~1.0 mg/L 範圍內，但所加入菌種量應調整至使葡萄糖－麩胺酸溶液之 BOD 值落在 198±30.5 mg/L 範圍內。

(5) 硝化抑制劑添加

需要添加硝化抑制劑之水樣包括經生物處理之放流水、以生物處理之放流水植菌之水樣及河川水等。所有添加硝化抑制劑之樣品皆須植菌。硝化抑制劑之使用量應記錄於檢驗報告中。

每 1 L 稀釋水樣添加 10 mgTCMP，或添加 3 mgTCMP 於 300 mLBOD 瓶內，且於樣品初步稀釋後及以稀釋水做最後稀釋前加入，在稀釋水樣未裝 2/3 滿前不可添加 TCMP 於 BOD 瓶內。純的 TCMP 溶解速率可能很慢，若未混合完全可能浮在樣品表面。有些市售之 TCMP 較易溶於水樣，但其純度可能不是 100%，需調整其用量。

(6) BOD 瓶水封

為避免在培養期間空氣進入 BOD 瓶中，應將 BOD 瓶水封，其方式為添加蒸餾水於已加蓋玻璃塞之 BOD 瓶喇叭狀口。水封後應以紙、塑膠類杯狀物或薄金屬套覆蓋 BOD 瓶之喇叭狀口，以減少培養期間水分蒸發（註 3）。

(7) 初始溶氧測定

將稀釋水樣、重複分析水樣、植菌控制、稀釋水空白及葡萄糖－麩胺酸溶液等樣品依照碘定量法(NIEAW422)（七）1.1 一至四步驟或依電極法(NIEAW455)進行初始溶氧測定。水樣稀釋後應於 30 分鐘內測定初始溶氧。若使用電極法，於初始溶氧測定後，以稀釋水樣或稀釋水填滿 BOD 瓶以取代被置換之溶液，緊密蓋上瓶蓋後水封；若使用碘定量法，則每一稀釋水樣須裝兩個 BOD 瓶，取其中一瓶測定初始溶氧，另一瓶則緊密蓋上瓶蓋後水封。

(8) 水樣培養

將水封後樣品置於 20±1℃之恆溫培養箱內培養。培養期間應避光，以避免藻類行光合作用而導致水樣之溶氧增加。

(9) 最終溶氧測定

於恆溫培養箱培養 5 天±6 小時後，將稀釋水樣、重複分析水樣、植菌控制、稀釋水空白及葡萄糖－麩胺酸溶液依照碘定量法（七）1.一至四步驟或依電極法測定最終溶氧。

（八）結果處理

將溶氧消耗量大於 2.0 mg/L 且殘餘溶氧在 1.0 mg/L 以上之稀釋水樣，依下列公式計算生化需氧量。

$$BOD_5\left(mg/L\right)=\frac{(D_1-D_2)-(S)V_S}{P}$$

D_1：稀釋水樣之初始溶氧(mg/L)

D_2：稀釋水樣經 20℃培養 5 天後之溶氧(mg/L)

S：每一 BOD 瓶中，每 mL 菌種之溶氧消耗量($\triangle$DO/Ml)，若水樣未植菌，S=0

Vs：每一 BOD 瓶中菌種體積(mL)

P：水樣體積(mL)／稀釋水樣之最終體積(mL)

若水樣有多個稀釋濃度符合溶氧消耗量大於 2.0 mg/L 且殘餘溶氧在 1.0 mg/L 以上，且較高稀釋濃度之水樣不含毒性跡象和明顯異常情況，在合理範圍內以平均值出具報告。

（九）品質管制

1. 植菌控制：若稀釋水樣有植菌，則須做植菌控制。所謂植菌控制即是將菌種當成水樣測定其 BOD 值。以稀釋水將菌種稀釋成至少 3 個稀釋倍數，理想狀況下，經培養 5 天後，最大稀釋倍數要導致至少 2.0 mg/L 之溶氧消耗，且最小稀釋倍數之殘餘溶氧在 1 mg/L 以上。使用斜率法或比例法計算每 mL 菌種之溶氧消耗量。

   (1) 斜率法：溶氧消耗量大於 2.0 mg/L 且殘餘溶氧在 1.0 mg/L 以上之植菌控制，以溶氧消耗量(mg/L)對應菌種體積(mL)作圖，可呈現線性關係，其斜率表示每 mL 菌種之溶氧消耗量，而截距則為稀釋水之溶氧消耗量，其值必須小於 0.2 mg/L。

   (2) 比例法：溶氧消耗量大於 2.0 mg/L 且殘餘溶氧在 1.0 mg/L 以上之植菌控制，將溶氧消耗量(mg/L)除以菌種體積(mL)並求其平均值。

   不同稀釋倍數所求得之每 mL 菌種之溶氧消耗量，若最大及最小值之相對差異百分比大於 30%時，表示菌種中可能含有有毒物質或較大顆粒，此時必須確認或更換菌種來源。

2. 稀釋水空白分析：每批次或每 10 個樣品至少執行一次稀釋水空白分析。稀釋水空白應含營養鹽、礦物質和緩衝溶液，但不添加菌種及硝化抑制劑。於培養前及培養後（20℃，5 天）測定溶氧，其溶氧消耗量不應超過 0.2 mg/L，最好在 0.1 mg/L 以下。

3. 葡萄糖－麩胺酸溶液查核分析：每批次或每 10 個樣品至少執行一次葡萄糖－麩胺酸溶液查核分析。於 3 個 BOD 瓶中各加入適量葡萄糖－麩胺酸溶液，使每個 BOD 瓶含 3.0 mg 葡萄糖/L 及 3.0 mg 麩胺酸/L（6 mL 葡萄糖－麩胺酸溶液/300 mLBOD 瓶），於 20℃培養 5 天後，依八、結果處理計算葡萄糖－麩胺酸溶液 BOD 值。3 瓶之 BOD 平均值應在 198±30.5 mg/L 範圍內。

4. 重複樣品分析：每批次或每 10 個樣品至少執行一次重複樣品分析，其相對差異百分比應在 20%以內。

（十）精密度與準確度

1. 國內單一實驗室測定葡萄糖－麩胺酸溶液之結果如下表所示：

葡萄糖－麩胺酸溶液 (mg/L)	葡萄糖－麩胺酸溶液之統計 BOD 值(mg/L)	月回收濃度平均值(mg/L)	月標準偏差平均值(mg/L)	二重複分析樣品數	分析月數
300	198±30.5*	189	8.7	58	14

資料來源：行政院環境保護署環境檢驗所例行檢驗之資料。

*該統計值請參考（十）精密度與準確度 3.。

2. 單一實驗室測定葡萄糖－麩胺酸溶液之結果如下表所示：

葡萄糖－麩胺酸溶液(mg/L)	葡萄糖－麩胺酸溶液之統計 BOD 值(mg/L)	月回收濃度平均值(mg/L)	月標準偏差平均值(mg/L)	三重複分析樣品數	分析月數
300	198±30.5*	204	10.4	421	14

資料來源：同本文之參考資料（一）。

*該統計值請參考（十）精密度與準確度 3.。

3. 實驗室間比測：在一系列的比測中，每次邀請 2~112 間實驗室（包括許多檢驗員及許多菌種來源），測定葡萄糖與麩胺酸 1：1 混合之合成水樣在培養 5 天後之 BOD 值，合成水樣之濃度範圍為 3.3 至 231 mg/L。所得之平均值及標準偏差 S 之回歸方程式如下：

$$\overline{X} = 0.658 \times 添加濃度(mg/L) + 0.280\ mg/L$$

$$S = 0.100 \times 添加濃度(mg/L) + 0.547\ mg/L$$

以 300 mg/L 葡萄糖－麩胺酸溶液經培養 5 天為例，代入上式，其 BOD 之平均值為 198 mg/L，標準偏差 S 為 30.5 mg/L。（資料來源：同本文之參考資料 1.）

（十一）參考資料

1. American Public Health Association, American Water Works Association & Water Pollution Control Federation. Standard Methods for the Examination of Water and Wastewater, 21th ED., Method 5210B, p.5-2~5-7. APHA, Washington, D.C., USA. 2005.

2. 行政院環境保護署，水質檢測方法，水中溶氧檢測方法—碘定量法，W422。

3. 行政院環境保護署，水質檢測方法，水中溶氧檢測方法－電極法，W455。

註 1： 需注意配製過程中會產生大量熱。

註 2： 過量之亞硫酸鈉溶液會形成需氧量，並會慢慢地與經氯化水樣中可能存在之有機氯胺化合物起反應。

註 3： 為減少誤差，宜使用經校正體積且編碼相同之 BOD 瓶及瓶蓋。若瓶蓋無編碼，可自行刻記。

7-11　水中化學需氧量檢測

實驗日期：＿＿＿＿＿＿＿＿＿＿

任課教師：＿＿＿＿＿＿＿＿＿＿

班級：＿＿＿＿＿＿＿＿＿　　組別：＿＿＿＿＿＿＿＿＿

學號：＿＿＿＿＿＿＿＿＿　　姓名：＿＿＿＿＿＿＿＿＿

一、實驗原理

　　酸化之水樣加入過量之重鉻酸鉀溶液迴流煮沸，殘留之重鉻酸鉀，以硫酸亞鐵銨溶液滴定；由消耗之重鉻酸鉀量，即可求得水樣中化學需氧量(Chemical Oxygen Demand, COD)，以表示水樣中可被氧化有機物之含量。

　　使用重鉻酸鉀為氧化劑，其氧化力較其他氧化劑強，且對大部分有機物的氧化可達理論值的 95~100%。

$$(COH)_n + Cr_2O_7^{2-} + H^+ + O_2 \rightarrow CO_2 + H_2O + Cr^{+3}$$

　　本方法適用於地面水、地下水及放流水中化學需氧量（樣品中濃度為 900 mg/L 以下，且鹵離子濃度小於 2000 mg/L）之檢驗。

　　測定化學需氧量須留意水樣的狀況，以免造成數據的不正確，水樣容易出現的干擾包括：

1. 吡啶及其同類化合物無法被氧化，使 COD 值偏低。

2. 揮發性之直鏈脂肪族化合物不易氧化。可加入硫酸銀試劑(Ag_2SO_4)作為催化劑。

3. 鹵離子之干擾，可事先加入硫酸汞以生成錯鹽方式排除之，通常可於 20 mL 水樣中加入 0.4 g 硫酸汞，使其產生沉澱去除干擾。（尤其檢測海水樣品時更需留意）

4. 無機鹽類如六價鉻離子、亞鐵離子、亞錳離子及硫化物等會形成干擾。因此若已知含有以上之干擾物質應分別定量，並校正 COD 值。

5. 廢棄物中的氯氮或由含氮有機物質中釋放出的氯氮，在含高濃度之氯離子時，會被氧化而造成干擾。

6. 氯離子會被重鉻酸鉀氧化生成氯而產生正干擾，此種干擾可加入硫酸汞排除。當水樣量為 20 mL 時，加入 0.4 g 硫酸汞，假設氯離子濃度為 2,000 mg/L，則硫酸汞與氯離子之重量比為 10：1；若已知水樣中氯離子濃度小於 2,000 mg/L，則只要維持硫酸汞：氯離子＝10：1 比例即可；但當氯離子濃度大於 2,000 mg/L 時，本方法即不適用。溴及碘離子之干擾與去除與氯離子相同。

二、本檢測所需的試劑及設備包括

1. 試劑水：去離子水。

2. 沸石。

3. 氯離子試紙：測試範圍應包括 500 mg/L 至 3,000 mg/L，Merckoquant® Chloride test、QUANTOFIX® Chloride 或同級品。

4. 硫酸汞：分析級。

5. 濃硫酸：分析級。

6. 硫酸-硫酸銀試劑：於 2.5 L 濃硫酸中加入 25 g 硫酸銀，靜置 1 天至 2 天使硫酸銀完全溶解；20 mL 水樣加入 30 mL 此試劑相當於添加 0.015 g/mL 之硫酸銀；此試劑亦可使用已配妥之市售品。

7. 重鉻酸鉀標準溶液（標定用），0.02083 M：以試劑水溶解分析級之重鉻酸鉀 6.1295 g（先在 150℃烘乾 2 小時）於 1 L 量瓶中，定容至標線，或精取市售 0.04167 M 重鉻酸鉀溶液 500 mL 於 1 L 量瓶中，以試劑水定容至標線。

8. 重鉻酸鉀標準溶液（標定用），0.004167 M：以試劑水溶解分析級之重鉻酸鉀 1.2259 g（先在 150℃烘乾 2 小時）於 1 L 量瓶中，定容至標線，或精取市售 0.04167 M 重鉻酸鉀溶液 100 mL 於 1 L 量瓶中，以試劑水定容至標線。

9. 重鉻酸鉀標準溶液（迴流用），0.02083 M：取 40 g 硫酸汞溶於 800 mL 試劑水中後，加入 100 mL 濃硫酸使上述溶液完全溶解，移入 1 L 量瓶，再稱取分析級之重鉻酸鉀 6.1295 g（先在 150℃烘乾 2 小時）加入 1 L 量瓶中，完全溶解後以試劑水定容至標線。或稱取分析級之重鉻酸鉀 6.1295 g（先在 150℃烘乾 2 小時）溶於 500 mL 試劑水中，加入適量市售之硫酸-硫酸汞試劑，使硫酸汞含量為 40 g/L，混合溶解，以試劑水定容至 1 L（如稱取分析級之重鉻酸鉀 6.1295 g（先在 150℃烘乾 2 小時）溶於 500 mL 試劑水中，加入 200 mL 市售之 200 g/L 硫酸-硫酸汞試劑，混合溶解，以試劑水定容至 1 L）。20 mL 水樣添加 10 mL 本溶液相當於加入 0.4 g 硫酸汞固體，當水樣氯離子小於 2,000 mg/L 時，可依干擾(6)原則減少硫酸汞添加量。

10. 重鉻酸鉀標準溶液（迴流用），0.004167 M：取 40 g 硫酸汞溶於 800 mL 試劑水中後，加入 100 mL 濃硫酸使上述溶液完全溶解，移入 1 L 量瓶，再稱取分析級之重鉻酸鉀 1.2259 g（先在 150℃烘乾 2 小時）加入 1 L 量瓶中，完全溶解後以試劑水定容至標線。或稱取分析級之重鉻酸鉀 1.2259 g（先在 150℃烘乾 2 小時）溶於 500 mL 試劑水中，加入適量市售之硫酸-硫酸汞試劑，使硫酸汞含量為 40 g/L，混合溶解，以試劑水定容至 1 L（如稱取分析級之重鉻酸鉀 1.2259 g（先在 150℃烘乾 2 小時）溶於 500 mL 試劑水中，加入 200 mL 市售之 200 g/L 硫酸-硫酸汞試劑，混合溶解，以試劑水定容至 1 L）。

水質分析檢測及實驗
Water Quality Analysis and Experiment

20 mL 水樣添加 10 mL 溶液相當於加入 0.4 g 硫酸汞固體，當水樣氯離子小於 2,000 mg/L 時，可依三、（一）原則減少硫酸汞添加量。

11. 菲羅啉(Ferroin)指示劑：溶解 1.485 g 1,10-二氮雜菲(1,10-Phenanthroline monohydrate, $C_{12}H_8N_2 \cdot H_2O$)及 0.695 g 硫酸亞鐵於試劑水中定容至 100mL。亦可使用已配妥之市售品。

12. 硫酸亞鐵銨滴定溶液，0.125 M：溶解 49 g 硫酸亞鐵銨於試劑水中，加入 20 mL 濃硫酸，冷卻後定容至 1 L。使用前標定之。標定方法：稀釋 10mL 0.02083M 重鉻酸鉀標準溶液（標定用）至約 100 mL，加入 30 mL 濃硫酸，冷卻至室溫，加入 2 滴至 3 滴菲羅啉指示劑，以 0.125 M 硫酸亞鐵銨滴定，當溶液由藍綠色變為紅棕色時即為終點。

$$硫酸亞鐵銨滴定溶液濃度(M) = \frac{0.02083(M) \times 10(mL) \times 6}{消耗之硫酸亞鐵銨滴定溶液體積(mL)}$$

13. 硫酸亞鐵銨滴定溶液，0.025 M：溶解 9.75 g 硫酸亞鐵銨於試劑水中，加入 20 mL 濃硫酸，冷卻後定容至 1 L。使用前標定之。標定方法：稀釋 10 mL 0.004167M 重鉻酸鉀標準溶液（標定用）至約 100 mL，加入 30 mL 濃硫酸，冷卻至室溫，加入 2 滴至 3 滴菲羅啉指示劑，以 0.025 M 硫酸亞鐵銨滴定，當溶液由藍綠色變為紅棕色時即為終點。

$$硫酸亞鐵銨滴定溶液濃度(M) = \frac{0.004167(M) \times 10(mL) \times 6}{消耗之硫酸亞鐵銨滴定溶液體積(mL)}$$

14. COD 標準溶液：在 1 L 量瓶內溶解 0.0850 g 無水鄰苯二甲酸氫鉀（110℃乾燥至恒重）於試劑水中，定容至標線，本溶液之理論 COD 值為 100 mg/L。在未觀察到微生物生長情況下，此溶液在棕色瓶內可冷藏保存至 3 個月。此標準溶液可視實際使用需求，依比例配製適當濃度。

15. 以玻璃瓶或塑膠瓶採集適量樣品約 100 mL，若無法於採樣後 15 分鐘內進行分析，應以濃硫酸調整 pH 值至 2 以下，並於 4 ±2℃冷藏，保存期限為 7 天。

● **水樣檢測的步驟簡述如下（可利用後續的實驗流程來驗證加藥及檢測的正確性）：**

1. 每一水樣檢測前均須測定氯離子濃度，並記錄之。檢測方法可採用以下 3 種方法之一：

(1) 導電度估算法：

未加保存試劑之水樣，測定水樣之導電度，導電度≦4,000 μmho/cm，視為氯離子濃度小於 2,000 mg/L，記錄導電度值；若導電度＞4,000 μmho/cm，則測定氯離子濃度。

(2) 氯離子試紙估算法：

未加保存試劑之水樣，以氯離子試紙測定水樣之氯離子濃度，氯離子濃度≦1,500 mg/L，視為氯離子濃度小於 2,000 mg/L，記錄氯離子濃度，氯離子濃度≧3,000 mg/L，視為氯離子濃度大於 2,000 mg/L，記錄氯離子濃度；氯離子濃度介於 1,500 mg/L 至 3,000 mg/L 間，則測定氯離子濃度。

(3) 氯離子濃度檢測

2. 若水樣 COD 值大於 50 mg/L 時：

(1) 取 20 mL 混合均勻之水樣（若水樣之 COD 值大於 400 mg/L 時，應予適當稀釋）於 250 mL 錐形瓶（或具相同功能之容器）內，加入數粒沸石及 10.0 mL 0.02083 M 重鉻酸鉀溶液（迴流用）混勻後（混合時須冷卻以避免揮發性物質逸失），連接冷凝管，並通入冷卻水。

(2) 由冷凝管頂端加入 30 mL 硫酸-硫酸銀試劑，搖晃混合均勻後方可加熱，以免酸液濺出，沸騰後迴流 2 小時，迴流時以小燒杯蓋在冷凝管頂端以防污染物掉入。

(3) 冷卻後，以 30 mL 試劑水由冷凝管頂端沖洗冷凝管內壁，取出錐形瓶（或具相同功能之容器），加入 30 mL 試劑水，冷卻至室溫。

(4) 加入 2 滴至 3 滴菲羅啉指示劑，以 0.125 M 硫酸亞鐵銨溶液滴定至當量點，此時溶液由藍綠色轉為紅棕色。所有的樣品應使用等量指示劑。

(5) 同時以試劑水進行空白試驗。

3. 若水樣 COD 值低於 70 mg/L：

使用 0.004167 M 重鉻酸鉀標準溶液（迴流用）及 0.025 M 硫酸亞鐵銨滴定溶液，並依上述步驟操作。操作時須特別小心，因玻璃器皿或空氣中微量的有機質都會導致誤差。

4. 同時以鄰苯二甲酸氫鉀標準溶液做查核樣品分析，以評估分析技術及試劑品質。

5. 結果處理

$$化學需氧量(mg / L) = \frac{(A - B) \times C \times 8,000}{V}$$

A：空白消耗之硫酸亞鐵銨滴定液體積(mL)
B：水樣消耗之硫酸亞鐵銨滴定液體積(mL)

C：硫酸亞鐵銨滴定液之莫耳濃度(M)

V：水樣體積(mL)

● 實驗流程圖解：

1. N 值標定（FAS，硫酸亞鐵氨濃度標定）

取 10 mL 0.004167 M 重鉻酸鉀，稀釋至 100 mL，倒入三角錐瓶

↓

加 30 mL 濃硫酸（非硫酸試劑）

↓

冷卻後，加 2～3 滴 Ferroin 指示劑

↓

以 FAS 滴定 (0.025 M)

↓

計算 FAS 當量濃度

$$\text{FAS 當量濃度，N} = \frac{10 \times 6 \times 0.004167}{\text{FAS滴定用量(mL)}}$$

2. 水樣配法：

待測水樣 V mL，加蒸餾水稀釋至 20 mL（也可以不稀釋，V=20 mL）

20 mL 蒸餾水分別裝入迴流瓶(Blank)

↓

加入 10 mL 0.02083 M 重酪酸鉀

↓

加入 3～4 顆沸石

↓

充分攪拌

↓

將 COD 瓶上迴流架，打開冷卻水

↓

自冷凝管頂端加入 30 mL 硫酸試劑於迴流瓶

↓

沸騰後，迴流 2 小時(145～150℃)

↓

冷卻至室溫

↓

加入 2～3 滴 Ferroin（菲羅啉）指示劑

↓

以 FAS（硫酸亞鐵氨 0.125 M）滴定剩餘之重鉻酸鉀

（顏色變化：橘黃→藍綠→綠→紅棕色）

↓

計算 COD 值

※註：若 COD<70 mg/L，改用 0.004167 M 重鉻酸鉀及 0.025 M FAS 溶液。

$$COD(mg/L) = \frac{(A-B) \times N \times 8000}{V}$$

A：Blank 所用的 FAS 體積，mL

B：水樣所用的 FAS 體積，mL

N：FAS 的當量濃度

V：加入待測水樣體積(mL)

三、實驗結果

FAS 標定　FAS 滴定體積：　　　　　　　　　　mL	N=
樣品體積(V)=＿＿＿＿＿＿＿＿＿＿＿＿＿＿＿＿＿＿＿＿mL	
空白水樣以 FAS 滴定體積(A)=＿＿＿＿＿＿＿＿＿＿＿mL	
水樣以 FAS 滴定體積(B)=＿＿＿＿＿＿＿＿＿＿＿＿＿mL	
COD=	

1. 計算過程：（須詳列計算過程）

四、問題

1. 哪些有機物在 COD 試驗中無法被氧化？

2. 同一樣品之 COD 與 BOD 值是否有相關性？

3. 為何須要重新標定 FAS 的濃度？

4. 檢測 COD 時，為何重鉻酸鉀的加入時機需要在水樣加入硫酸汞之後，請說明之？

五、實驗心得與討論

MEMO

六、環檢所公告方法

◎水中化學需氧量檢測方法─重鉻酸鉀迴流法

中華民國 107 年 11 月 22 日環署授檢字第 1070007386 號公告

自中華民國 108 年 2 月 15 日生效

NIEA W515.55A

（一）方法概要

水樣加入過量重鉻酸鉀溶液，在約 50% 硫酸溶液中迴流，剩餘之重鉻酸鉀，以硫酸亞鐵銨溶液滴定，由消耗之重鉻酸鉀量，即可求得水樣中化學需氧量（Chemical oxygen demand，簡稱 COD），此表示樣品中可被氧化有機物的含量。

（二）適用範圍

本方法適用於氯離子濃度小於 2,000 mg/L 之飲用水水源、地面水體、地下水體、放流水及廢(污)水中化學需氧量檢驗。

（三）干擾

1. 氯離子會被重鉻酸鉀氧化生成氯而產生正干擾，此種干擾可加入硫酸汞排除。當水樣量為 20 mL 時，加入 0.4 g 硫酸汞，假設氯離子濃度為 2,000 mg/L，則硫酸汞與氯離子之重量比為 10：1；若已知水樣中氯離子濃度小於 2,000 mg/L，則只要維持硫酸汞：氯離子＝10：1 比例即可；但當氯離子濃度大於 2,000 mg/L 時，本方法即不適用。溴及碘離子之干擾與去除與氯離子相同。

2. 吡啶(Pyridine)及其同類化合物無法被氧化，會使 COD 測值較計算值為低。

3. 揮發性之直鏈脂肪族化合物不易被氧化，迴流過程中所加入之硫酸銀試劑具有催化作用，可加速其分解。

4. 水樣中亞硝酸鹽氮濃度通常小於 1 mg/L，在此情況下干擾可忽略。至於高濃度亞硝酸鹽產生之干擾，可依每 1 mg 亞硝酸鹽氮加入 10 mg 胺基磺酸(Sulfamic acid)來排除，惟在空白樣品中須加入相同量的胺基磺酸。

5. 無機鹽類如六價鉻離子、亞鐵離子、亞錳離子、硫化物、亞硝酸鹽氮及亞硫酸鹽等會因氧化還原反應而造成干擾。

6. 廢水中已含或經由含氮有機物分解產生的氨氮，並不會與重鉻酸鉀反應，惟會與氯離子被氧化產生的氯作用生成氯胺，故氯離子所造成的干擾無法採用吸收並定量所生成氯氣的方式來校正。

（四）設備與材料

1. 迴流裝置：口徑 24/40 之 250 mL 錐形瓶、直形或球型冷凝管或具相同功能之迴流裝置。

2. 加熱裝置。

3. 滴定裝置。

4. 天平：可精稱至 0.1 mg。

5. 導電度計：具溫度補償功能。

（五）試劑

1. 試劑水：去離子水。

2. 沸石。

3. 氯離子試紙：測試範圍應包括 500 mg/L 至 3,000 mg/L，Merckoquant® Chloride test、QUANTOFIX® Chloride 或同級品。

4. 硫酸汞：分析級。

5. 濃硫酸：分析級。

6. 硫酸-硫酸銀試劑：於 2.5 L 濃硫酸中加入 25g 硫酸銀，靜置 1 天至 2 天使硫酸銀完全溶解；20 mL 水樣加入 30 mL 此試劑相當於添加 0.015 g/mL 之硫酸銀；此試劑亦可使用已配妥之市售品。

7. 重鉻酸鉀標準溶液（標定用），0.02083 M：以試劑水溶解分析級之重鉻酸鉀 6.1295 g（先在 150℃烘乾 2 小時）於 1 L 量瓶中，定容至標線，或精取市售 0.04167 M 重鉻酸鉀溶液 500mL 於 1 L 量瓶中，以試劑水定容至標線。

8. 重鉻酸鉀標準溶液（標定用），0.004167 M：以試劑水溶解分析級之重鉻酸鉀 1.2259 g（先在 150℃烘乾 2 小時）於 1 L 量瓶中，定容至標線，或精取市售 0.04167 M 重鉻酸鉀溶液 100 mL 於 1 L 量瓶中，以試劑水定容至標線。

9. 重鉻酸鉀標準溶液（迴流用），0.02083 M：取 40 g 硫酸汞溶於 800 mL 試劑水中後，加入 100 mL 濃硫酸使上述溶液完全溶解，移入 1 L 量瓶，再稱取分析級之重鉻酸鉀 6.1295 g（先在 150℃烘乾 2 小時）加入 1 L 量瓶中，完全溶解後以試劑水定容至標線。或稱取分析級之重鉻酸鉀 6.1295 g（先在 150℃烘乾 2 小時）溶於 500 mL 試劑水中，加入適量市售之硫酸-硫酸汞試劑，使硫酸汞含量為 40 g/L，混合溶解，以試

劑水定容至 1 L（如稱取分析級之重鉻酸鉀 6.1295 g（先在 150℃烘乾 2 小時）溶於 500 mL 試劑水中，加入 200 mL 市售之 200 g/L 硫酸-硫酸汞試劑，混合溶解，以試劑水定容至 1 L）。

20 mL 水樣添加 10 mL 本溶液相當於加入 0.4 g 硫酸汞固體，當水樣氯離子小於 2,000 mg/L 時，可依三、（一）原則減少硫酸汞添加量。

10. 重鉻酸鉀標準溶液（迴流用），0.004167 M ：取 40 g 硫酸汞溶於 800 mL 試劑水中後，加入 100 mL 濃硫酸使上述溶液完全溶解，移入 1 L 量瓶，再稱取分析級之重鉻酸鉀 1.2259 g（先在 150℃烘乾 2 小時）加入 L 量瓶中，完全溶解後以試劑水定容至標線。或稱取分析級之重鉻酸鉀 1.2259 g（先在 150℃烘乾 2 小時）溶於 500 mL 試劑水中，加入適量市售之硫酸-硫酸汞試劑，使硫酸汞含量為 40g/L，混合溶解，以試劑水定容至 1 L（如稱取分析級之重鉻酸鉀 1.2259 g（先在 150℃烘乾 2 小時）溶於 500 mL 試劑水中，加入 200 mL 市售之 200 g/L 硫酸-硫酸汞試劑，混合溶解，以試劑水定容至 1 L）。

20 mL 水樣添加 10 mL 溶液相當於加入 0.4 g 硫酸汞固體，當水樣氯離子小於 2,000 mg/L 時，可依三、（一）原則減少硫酸汞添加量。

11. 菲羅啉(Ferroin)指示劑：溶解 1.485g1,10-二氮雜菲(1,10-Phenanthroline monohydrate, $C_{12}H_8N_2 \cdot H_2O$)及 0.695 g 硫酸亞鐵於試劑水中定容至 100 mL。亦可使用已配妥之市售品。

12. 硫酸亞鐵銨滴定溶液，0.125M：溶解 49 g 硫酸亞鐵銨於試劑水中，加入 20mL 濃硫酸，冷卻後定容至 1 L。使用前標定之。標定方法：稀釋 10 mL 0.02083 M 重鉻酸鉀標準溶液（標定用）至約 100 mL，加入 30 mL 濃硫酸，冷卻至室溫，加入 2 滴至 3 滴菲羅啉指示劑，以 0.125 M 硫酸亞鐵銨滴定，當溶液由藍綠色變為紅棕色時即為終點。

$$酸亞鐵銨滴定溶液濃度(M) = \frac{0.02083(M) \times 10(mL) \times 6}{消耗之硫酸亞鐵銨滴定溶液體積(mL)}$$

13. 硫酸亞鐵銨滴定溶液，0.025 M：溶解 9.75 g 硫酸亞鐵銨於試劑水中，加入 20 mL 濃硫酸，冷卻後定容至 1 L。使用前標定之。標定方法：稀釋 10 mL 0.004167 M 重鉻酸鉀標準溶液（標定用）至約 100 mL，加入 30 mL 濃硫酸，冷卻至室溫，加入 2 滴至 3 滴菲羅啉指示劑，以 0.025 M 硫酸亞鐵銨滴定，當溶液由藍綠色變為紅棕色時即為終點。

$$硫酸亞鐵銨滴定溶液濃度(M)=\frac{0.004167(M)\times10(mL)\times6}{消耗之硫酸亞鐵銨滴定溶液體積(mL)}$$

14. COD 標準溶液：在 1 L 量瓶內溶解 0.0850 g 無水鄰苯二甲酸氫鉀（110℃乾燥至恒重）於試劑水中，定容至標線，本溶液之理論 COD 值為 100 mg/L。在未觀察到微生物生長情況下，此溶液在棕色瓶內可冷藏保存至 3 個月。此標準溶液可視實際使用需求，依比例配製適當濃度。

（六）採樣與保存

以玻璃瓶或塑膠瓶採集適量樣品約 100 mL（註1），若無法於採樣後 15 分鐘內進行分析，應以濃硫酸調整 pH 值至 2 以下，並於 4℃±2℃冷藏，保存期限為 7 天。

（七）步驟

1. 每一水樣檢測前均須測定氯離子濃度，並記錄之。檢測方法可採用以下 3 種方法之一：

    (1) 導電度估算法：

    未加保存試劑之水樣，依「水中導電度測定方法－導電度計法」(NIEA W203)測定水樣之導電度，導電度≦4,000 µmho/cm，視為氯離子濃度小於 2,000 mg/L，記錄導電度值；若導電度＞4,000 µmho/cm，則依七（一）2 或七（一）3 測定氯離子濃度。

    (2) 氯離子試紙估算法：

    未加保存試劑之水樣，以氯離子試紙測定水樣之氯離子濃度，氯離子濃度≦1,500 mg/L，視為氯離子濃度小於 2,000 mg/L，記錄氯離子濃度，氯離子濃度≧3,000 mg/L，視為氯離子濃度大於 2,000 mg/L，記錄氯離子濃度；氯離子濃度介於 1,500 mg/L 至 3,000 mg/L 間，則依七（一）3 測定氯離子濃度。

    (3) 氯離子濃度檢測方法：

    依「水中氯鹽檢測方法－硝酸汞滴定法」(NIEA W406)或「水中氯鹽檢測方法－硝酸銀滴定法」(NIEA W407)或「水中陰離子檢測方法－離子層析法」(NIEA W415)測定水樣之氯離子濃度。

    若已知水樣中含有非氯離子之其他鹵離子（溴離子及碘離子），則選用適當檢測方法分別檢測，並相加合計。

2. 若水樣 COD 值大於 50 mg/L 時：

    (1) 取 20 mL 混合均勻之水樣（若水樣之 COD 值大於 400 mg/L 時，應予適當稀釋）於 250 mL 錐形瓶（或具相同功能之容器）內，加入數粒沸石及 10.0 mL

0.02083 M 重鉻酸鉀溶液（迴流用）混勻後（混合時須冷卻以避免揮發性物質逸失），連接冷凝管，並通入冷卻水。

(2) 由冷凝管頂端加入 30 mL 硫酸-硫酸銀試劑，搖晃混合均勻後方可加熱，以免酸液濺出，沸騰後迴流 2 小時，迴流時以小燒杯蓋在冷凝管頂端以防污染物掉入。

(3) 冷卻後，以 30 mL 試劑水由冷凝管頂端沖洗冷凝管內壁，取出錐形瓶（或具相同功能之容器），加入 30 mL 試劑水，冷卻至室溫。

(4) 加入 2 滴至 3 滴菲羅啉指示劑，以 0.125 M 硫酸亞鐵銨溶液滴定至當量點，此時溶液由藍綠色轉為紅棕色。所有的樣品應使用等量指示劑。

5. 同時以試劑水進行空白試驗。

3. 若水樣 COD 值低於 70 mg/L：

使用 0.004167 M 重鉻酸鉀標準溶液（迴流用）及 0.025 M 硫酸亞鐵銨滴定溶液，依七、（二）1 至 5 操作。操作時須特別小心，因玻璃器皿或空氣中微量的有機質都會導致誤差。

4. 同時以鄰苯二甲酸氫鉀標準溶液做查核樣品分析，以評估分析技術及試劑品質。

（八）結果處理

$$化學需氧量(mg/L) = \frac{(A-B) \times C \times 8,000}{V}$$

A：空白消耗之硫酸亞鐵銨滴定液體積(mL)

B：水樣消耗之硫酸亞鐵銨滴定液體積(mL)

C：硫酸亞鐵銨滴定液之莫耳濃度(M)

V：水樣體積(mL)

（九）品質管制

1. 空白樣品分析：每批次樣品至少執行 2 次空白分析，取滴定 mL 數平均值。

2. 重複樣品分析：每批次或每 10 個樣品至少執行 1 次重複樣品分析，其相對差異百分比應在 20%以內。

3. 查核樣品分析：每批次或每 10 個樣品至少執行 1 次查核樣品分析，回收率應在 85%至 115%範圍內。

4. 添加樣品分析：本方法不執行添加分析。

（十）精密度與準確度

國內某單一實驗室對 100 mg/L 之品管樣品經進行 22 次重複分析，結果如下所示：

測試項目	樣品濃度 (mg/L)	回收濃度 (mg/L)	回收率 (%)	標準偏差(%)	分析次數
COD	100.0	97.4	97.4	2.2	22

（十一）參考資料

1. American Public Health Association, American Water Works Association & Water Environment Federation. Standard Methods for the Examination of Water and Wastewater, 23th Ed., pp. 5 -17 ～ 5 - 19. APHA, Washington, D.C., USA .2017.

2. DIN 38409-H41-1 Determination of the Chemical Oxygen Demand (COD)，December 1980.

註 1：如要以七、（一）3.測定氯離子濃度，須依其方法另採集足夠量樣品以供分析。

註 2：本檢驗相關之廢液，依含汞無機廢液處理。

註 3：本文引用之公告方法名稱及編碼，以環保署最新公告者為準。

7-12 水中真色度檢測

實驗日期：＿＿＿＿＿＿＿＿

任課教師：＿＿＿＿＿＿＿＿

班級：＿＿＿＿＿＿＿＿　　組別：＿＿＿＿＿＿＿＿

學號：＿＿＿＿＿＿＿＿　　姓名：＿＿＿＿＿＿＿＿

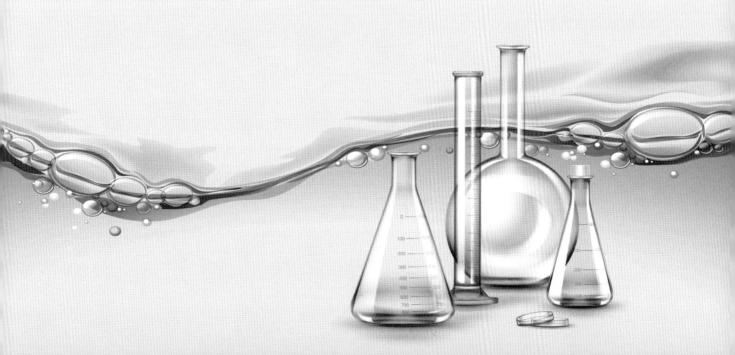

一、實驗原理

　　水中顏色之來源可能為天然金屬離子（鐵與錳），腐植質或泥煤，藻類，蘆草，及工業廢污，往往需要除色處理以迎合一般及工業上所用。此處所謂之「色」係指「真色」，指當水樣去除濁度後，所測得之色度稱為真色(true color)；若未除去濁度時，所測得之色度稱為外觀色(apparent color)，檢驗外觀色時係用原水樣，毋須經過過濾或離心沉澱。

　　檢測真色度時，水樣利用分光光度計在 590 nm、540 nm、438 nm 三個波長測量透光率，由透光率計算三色激值(Tristimulus Value)及蒙氏轉換值(Munsell Values)，最後利用亞當－尼克森色值公式(Adams-Nickerson chromatic value formula)算出 DE 值。DE 值與標準品檢量線比對可求得樣品之真色色度值（ADMI 值，美國染料製造協會，American Dye Manufacturers Institute）。

　　一個色度單位係指 1mg 鉑以氯鉑酸根離子(Chloroplatinateion)態存在於 1 L 水溶液中時所產生之色度。由於水樣中之濁度會造成測試干擾，故於偵測前，必須先行過濾。

　　本方法適用於具有顏色之水或廢水，其顏色特性可不同於鉑－鈷標準品之黃色色系。適用範圍為 25 至 250 色度單位，若樣品高於 250 色度單位，以定量稀釋後測定。

• 試劑及設備包括：

1. 試劑水：不含濁度之試劑水。

2. 色度標準儲備溶液：溶解 1.246 g 氯鉑酸鉀(K_2PtCI_6)和 1.00 g 晶狀的氯化亞鈷($CoCl_2 \cdot 6H_2O$)於含 100 mL 濃鹽酸之試劑水中，再以試劑水稀釋至 1000 mL，此標準儲備溶液為 500 色度單位。

3. 分光光度計：波長能設定在 590 nm、540 nm、438 nm，並具有 1 公分及 5 公分光徑之樣品槽。

4. 抽氣過濾裝置。

5. 濾紙：孔徑 0.45 μm，可耐酸鹼之濾紙。

6. 天平：可精秤至 0.1 mg。

　　在取樣檢測真色度時，必須使用清潔並經試劑水清洗過之塑膠瓶或玻璃瓶，在取樣前採樣瓶要用擬採集之水樣洗滌 2~3 次，再採集 100 mL 水樣。因生物之活性可能改變樣品顏色特性，故採樣後應儘可能在最短時間內分析；若無法即時分析，水樣應貯存於 4℃暗處運送及保存，並於 48 小時內完成分析。

二、真色度的標準檢測步驟

1. 檢量線製備：取色度標準儲備溶液 10.0、20.0、30.0、40.0、50.0 mL 分別置於量瓶中，以試劑水定容至 100.0 mL，配成一系列色度標準溶液，分別為 50、100、150、200、250 色度單位。

2. 樣品利用 0.45 μm 濾紙過濾，去除濁度。

3. 標準溶液與樣品的偵測，皆以 590 nm、540 nm、438 nm 三個波長測透光率，在測定標準溶液與樣品之前，以試劑水設定三個波長的透光率為 T%=100%。

4. 記錄每一個標準溶液及樣品在波長 590 nm、540 nm、438 nm 時之透光率，再查表或是利用真色度試算表求出真色度值。

- **計算：**

    樣品及標準溶液的三色激值，以下列公式計算：

    $$X=(T_3 \times 0.1899)+(T_1 \times 0.791)$$
    $$Y=T_2$$
    $$Z=T_3 \times 1.1835$$

    其中：T_1 即由波長 590 nm 測得之透光率。

    　　　T_2 即由波長 540 nm 測得之透光率。

    　　　T_3 即由波長 438 nm 測得之透光率。

    其中：樣品的三色激值以 Xs、Ys、Zs 表示。

    　　　標準溶液的三色激值以 Xr、Yr、Zr 表示。

    　　　試劑水的三色激值以 Xc、Yc、Zc 表示，Xc=98.09、Yc=100.0、Zc=118.35。

    查表請參照第五章環保署公告之附表。查表方法是以附表之 xyz 欄位查出與三色激值相近或相同之數值，再由 Vxyz 欄位查出相對應之蒙氏轉換值 Vxyz，並以內插法求出精確值。

    其中：樣品的蒙氏轉換值以 Vxs、Vys、Vzs 表示

    　　　標準溶液的蒙氏轉換值以 Vxr、Vyr、Vzr 表示

    　　　試劑水的蒙氏轉換值以 Vxc、Vyc、Vzc 表示

    接下來，樣品及標準溶液的 DE 值，以下列公式計算

    $$DE = \{(0.23\Delta Vy)^2 + [\Delta(Vx-Vy)]^2 + [0.4\Delta(Vy-Vz)]^2\}^{1/2}$$

其中：ΔVy=Vys–Vyc

Δ(Vx–Vy)=(Vxs–Vys)–(Vxc–Vyc)

Δ(Vy–Vz)=(Vys–Vzs)—(Vyc–Vzc)

再將標準溶液的 DEn 值，依下式算出標準溶液校正因數 Fn 其中 n 代表標準溶液 n，APHAn 為標準溶液 n 之色度值，L 為樣品槽的光徑值（公分），並以標準溶液之 DEn 值為 X 軸，校正因數 Fn 為 Y 軸繪製標準溶液曲線圖，利用標準溶液曲線圖及樣品 DE 值，求出樣品 F 值，再求出樣品真色色度值（ADMI 值），L 為樣品槽的光徑值（公分）。

由於查表方式相當繁瑣，故可利用環保署所設計之真色度計算表格，將可省略查表的麻煩。

● 實驗設計流程：

1. 各組取色度標準儲備溶液 10.0、20.0、30.0、40.0、50.0 mL 分別置於定量瓶中，以試劑水定容至 100.0 mL，配成一系列色度標準溶液，分別為 50、100、150、200、250 色度單位。

2. 各組取指定之未知水樣，體積量依各組規定倒入 100 mL 定量瓶中，以蒸餾水定容稀釋至 100.0 mL，配成未知色度溶液。

3. 將上述水樣利用 0.45 μm 濾紙過濾，去除濁度。

4. 分光光度計先熱機 30 分鐘以上。

5. 樣品以 590 nm、540 nm、438 nm 三個波長，利用分光光度計測穿透度。

6. 測定樣品之前，需先以蒸餾水試劑水設定三個波長的透光率為 T%=100%。

7. 利用所附的公式表計算其色度。或利用真色色度試算表自動計算程式進行，可至環保署環境檢驗所網站(http://www.niea.gov.tw)下載。

8. 真色色度試算表填寫範例如表 7-11。

■ 表 7-11　水中真色色度試算表範例

方法編號：NIEA W223.50B　　檢測方法：ADMI 法　　儀器名稱型號：

頁數：第　頁／共　頁
分析日期：　年　月　日
波長：438,540,590 nm

1. 檢量線

樣品槽光徑：1cm（視檢測時之石英管大小，可為 1cm 或 5cm）註1

色度	APHA 值	透光率			三色激值			蒙氏轉換值			DEn 值	Fn 值	
		T1	T2	T3	Xr	Yr	Zr	Vxr	Vyr	Vzr	值	值	
色度標準溶液	50	99.96	98.04	88.02	95.78	98.04	104.17	9.812	9.826	9.424	0.166	301	F=α*DE+b
	100	99.59	95.61	77.10	93.42	95.61	91.25	9.717	9.729	8.935	0.324	309	α=44.18
	150	99.40	93.70	67.69	91.48	93.70	80.11	9.636	9.652	8.471	0.479	313	b=294
	200	98.16	90.65	58.85	88.82	90.65	69.65	9.525	9.527	7.993	0.623	321	r=0.9945
	250	98.49	89.03	51.84	87.75	89.03	61.35	9.479	7.479	7.579	0.762	328	

2. 樣品檢測

樣品編號	稀釋倍數註2	透光率			三色激值			蒙氏轉換值			DE 值	F 值	ADMI 值註3
		T1	T2	T3	Xs	Ys	Zs	Vxs	Vys	Vzs			
1	10.0	99.80	99.40	98.20	97.59	99.40	116.22	9.885	9.879	9.840	0.020	294	59
2	10.0	100.00	99.30	98.40	97.79	99.30	116.46	9.892	9.875	9.848	0.021	295	62
3	5.0	95.50	97.60	97.90	94.13	97.60	115.86	9.745	9.808	9.828	0.069	297	102
4	5.0	98.50	96.40	99.20	96.75	96.40	117.40	9.851	9.761	9.879	0.104	298	155
5	3.0	100.00	100.00	99.20	97.94	100.00	117.40	9.898	9.902	9.879	0.014	294	12

註：1.須視檢測時之光柵大小及石英管大小而改變。
註：2.稀釋倍數依實驗時之稀釋狀況而定。
註：3.ADMI 值會自動顯示。

三、實驗結果

樣品名稱	稀釋倍數	590 nm	540 nm	438 nm	備註

四、問題

1. 請描述水中顏色的來源為何？

2. 如何分辨「外觀色」與「真色」的差異？

3. 在水質檢測項目中，為何取消透視度檢測而改以真色度檢測，其理由為何？

五、實驗心得與討論

六、環檢所公告方法

◎水中真色色度檢測方法－分光光度計法(ANIEA W223.52B)

（一）方法概要

　　真色是指水樣去除濁度後之顏色。水樣利用分光光度計在 590 nm、540 nm 及 438 nm 三個波長測量透光率，由透光率計算三色激值(Tristimulus value)及孟氏轉換值(Munsell values)，最後利用亞當－尼克森色值公式(Adams-Nickerson chromatic value formula)算出中間值（DE，Delta E 或稱 Delta Error）。DE 值與標準品檢量線比對可求得樣品之真色色度值（ADMI 值，美國染料製造協會，American Dye Manufacturers Institute）。

（二）適用範圍

　　本方法適用於具有顏色之廢（污）水檢測，其顏色特性可不同於鉑－鈷標準品之黃色色系。

（三）干擾

　　略。

（四）設備及材料

1. 分光光度計：波長能設定在 590 nm、540 nm 及 438 nm，並具有 5 cm 或 10 cm 光徑之樣品槽，且其透光率讀值需至小數點下 2 位。

2. 抽氣過濾裝置。

3. 濾紙：孔徑 0.45 μm，可耐酸鹼之濾紙（如 Millipore 之 membrane filter 或同級品）。

4. 離心機。

5. 天平：可精稱至 0.1 mg。

（五）試劑

1. 試劑水。

2. 濃鹽酸：分析級。

3. 氯鉑酸鉀(K_2PtCl_6)：分析級。

4. 氯化亞鈷($CoCl_2 \cdot 6H_2O$)：分析級。

5. 色度標準儲備溶液：溶解 1.246 g 氯鉑酸鉀和 1.00 g 晶狀的氯化亞鈷於含 100 mL 濃鹽酸之試劑水中，再以試劑水定容至 1,000 mL，此標準儲備溶液為 500 色度單位（註 1），此溶液可保存三個月。

（六）採樣及保存

使用已清潔並經試劑水清洗過之塑膠瓶或玻璃瓶，在取樣前採樣瓶要用擬採集之水樣洗滌 2 至 3 次，再採集 100 mL 水樣。因生物之活性可能改變樣品顏色特性，故採樣後應盡可能在最短時間內分析；若無法即時分析，水樣應貯存於 4±2℃暗處運送及保存，並於 48 小時內完成分析。

（七）步驟

1. 檢量線製備

在分光光度計線性範圍內，取色度標準儲備溶液配製成一系列至少五種不同色度之標準溶液，其色度範圍如 25 至 250 色度單位，或其他適當範圍，於波長 590 nm、540 nm 及 438 nm 處求得其透光率，再依（八）結果處理計算得標準溶液之檢量線圖。

2. 樣品利用 0.45 μm 濾紙過濾或以離心方式去除濁度。

3. 標準溶液與樣品皆以 590 nm、540 nm 及 438 nm 三個波長測定其透光率；在測定標準溶液與樣品之前，以試劑水設定三個波長的透光率為 T%＝100%。

4. 記錄每一個標準溶液及樣品在波長 590 nm、540 nm 及 438 nm 時之透光率。

（八）結果處理

將標準溶液及樣品於波長 590 nm、540 nm 及 438 nm 時之透光率，依下列公式計算得出真色色度值（ADMI 值）。

1. 樣品及標準溶液的三色激值

$$X=(T_3 \times 0.1899)+(T_1 \times 0.791)$$

$$Y=T_2$$
$$Z=T_3 \times 1.1835$$

其中：

T_1：由波長 590 nm 測得之透光率

T_2：由波長 540 nm 測得之透光率

T_3：由波長 438 nm 測得之透光率

樣品的三色激值以 X_s、Y_s、Z_s 表示

標準溶液的三色激值以 X_r、Y_r、Z_r 表示

試劑水的三色激值以 X_c、Y_c、Z_c 表示，一般以試劑水調整 100%透光率後，其值為 $X_c=98.09$、$Y_c=100.0$、$Z_c=118.35$

2. 將三色激值轉換成孟氏轉換值 V_x、V_y、V_z，其值可由附表中求得。

   樣品的孟氏轉換值以 V_{xs}、V_{ys}、V_{zs} 表示

   標準溶液的孟氏轉換值以 V_{xr}、V_{yr}、V_{zr} 表示

   試劑水的孟氏轉換值以 V_{xc}、V_{yc}、V_{zc} 表示

3. 樣品及標準溶液的 DE 值

$$DE = \{(0.23\triangle V_y)^2+[\triangle(V_x\text{-}V_y)]^2+[0.4\triangle(V_y\text{-}V_z)]^2\}^{1/2}$$

   其中：
   $\triangle V_y=V_{ys}\text{-}V_{yc}$
   $\triangle(V_x\text{-}V_y)=(V_{xs}\text{-}V_{ys})\text{-}(V_{xc}\text{-}V_{yc})$
   $\triangle(V_y\text{-}V_z)=(V_{ys}\text{-}V_{zs})\text{-}(V_{yc}\text{-}V_{zc})$

4. 將標準溶液的 DE 值，依下式算出標準溶液校正因子 F_n

$$F_n = \frac{APHA_n \times b}{DE_n}$$

   $APHA_n$：標準溶液 n 之色度值
   DE_n：標準溶液 n 之 DE 值
   b：樣品槽的光徑值(cm)

5. 以 DEn 值為 X 軸，校正因子 F_n 為 Y 軸繪製標準溶液檢量線圖。

6. 利用標準溶液檢量線圖及樣品 DE 值，求出樣品 F 值，再由下列公式求出樣品真色色度值（ADMI 值）。

$$真色色度值（ADMI 值）=\frac{F\times DE}{b}$$

   b：樣品槽的光徑值(cm)

（九）品質管制

1. 檢量線：每次樣品分析前應重新製作檢量線，其線性相關係數（r 值）應大於或等於 0.990。檢量線製作完成應即以第二來源標準品配製接近檢量線中點濃度之標準品確認，其相對誤差值應在±15%以內。

2. 檢量線查核：每 10 個樣品及每批次分析結束時，執行一次檢量線查核，以檢量線中間濃度附近的標準溶液進行，其相對誤差值應在±15%以內。

3. 空白樣品分析：每批次或每 10 個樣品至少執行一次空白樣品分析，空白分析值應小於管制值 5%。

4. 重複樣品分析：每批次或每 10 個樣品至少執行一次重複樣品分析，其相對差異百分比應在 20%以內。

5. 查核樣品分析：每批次或每 10 個樣品至少執行一次查核樣品分析，其回收率應在 80~120%範圍內。

（十）精密度及準確度

某單一實驗室的精密度及準確度

精密度	樣品	分析次數	差異百分比%	標準偏差%
	墨綠色染料	20	0.18	0.24
準確度	查核樣品	分析次數	平均回收率%	標準偏差%
	150 色度單位	20	100.35	0.59

（十一）參考資料

1. U.S. Environmental Protection Agency, Environmental Monitoring and Support Laboratory. 1983. Methods for Chemical analysis of Water and Wastes, Method 110.1.

2. American Public Health Association, American Water Works Association & Water Pollution Control Federation. Standard Methods for the Examination of Water and Waste water, 20th Ed, Method 2120 E, ADMI Tristimulus Filter Method, p. 2-7~2-8. APHA, Washington, DC., USA, 1998.

3. 元智大學環境科技研究中心，廢水中色度檢驗方法之建立。EPA-83-11-3-09-02-07，行政院環境保護署環境檢驗所，1994。

註 1： 一個色度單位係指 1mg 鉑以氯鉑酸根離子(Chloroplatinate ion)態存在於 1 L 水溶液中時所產生之色度。

註 2：本檢驗相關之廢液，依一般無機廢液處理。

7-13　水中硫酸鹽檢測

實驗日期：＿＿＿＿＿＿＿＿＿

任課教師：＿＿＿＿＿＿＿＿＿

班級：＿＿＿＿＿＿＿＿＿　　組別：＿＿＿＿＿＿＿＿＿

學號：＿＿＿＿＿＿＿＿＿　　姓名：＿＿＿＿＿＿＿＿＿

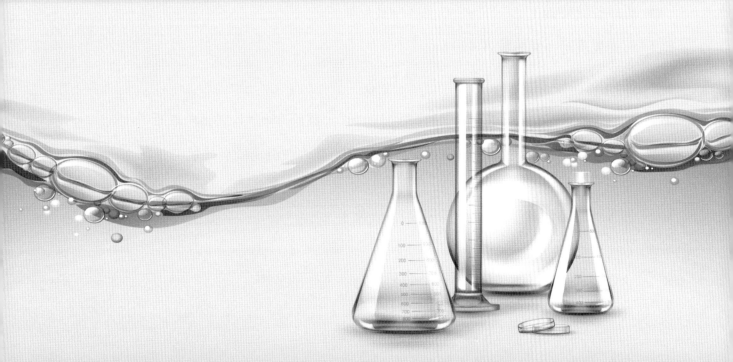

一、實驗原理

硫酸鹽是自然水中的主要陰離子。給水中，若適量時對人類有清胃腸、通大便的功用。工業用水中若含有大量之硫酸鹽、將在造成鍋爐中的鍋垢，或在熱交換器管壁上產生結垢的現象而降低熱傳導效應。此外，硫酸鹽在厭氣環境下會還原為 H_2S 而產生臭味與腐蝕問題。

硫酸鹽在乙酸溶液中，可與氯化鋇反應，生成硫酸鋇的沉澱，本實驗即利用分光光度計量測硫酸鋇懸浮液之吸收度，然後由檢量線求得硫酸鹽離子的濃度。

本方法適用於水及廢污水中硫酸鹽之檢驗，其硫酸根濃度範圍為 $1 \sim 40$ mg/L。

• 水樣的狀況會造成的干擾，包括：

1. 顏色或懸浮物質產生干擾（某些懸浮物質可過濾除去），若其干擾不甚大時，可於加入氯化鋇以前先行讀取水樣吸光度以校正干擾。

2. 矽濃度超過 500 mg/L 時，產生干擾。

3. 水樣若含有大量有機物時，硫酸鋇沉澱效果不佳。

二、藥劑及設備

1. 調理試劑：混合 30 mL 濃鹽酸(HCl)、300 mL 蒸餾水及 100 mL95%乙醇(C_2H_5OH)或異丙醇(isopropyl alcohol)及 75 g 氯化鈉(NaCl)使成一均勻溶液，再加入 50 mL 甘油(glycerol)，混合均勻。

2. 氯化鋇($BaCl_2$)結晶，細度 $20 \sim 30$ 網目。

3. 硫酸鹽標準溶液：溶解 0.1479 g 無水硫酸鈉(Na_2SO_4)於蒸餾水，稀釋至 1 L。其中 1.00 mL=100 μg SO_4^{2-}。

4. 馬錶或計時器。

5. 分光光度計，使用波長 420 nm。

• 檢測的標準步驟：

1. 量取 100 mL 水樣或適量水樣稀釋至 100 mL，置於 250 mL 之三角錐瓶中。

2. 加入 5.0 mL 調理試劑，以磁石攪拌混合之；若溶液混濁或有顏色時，在 420 nm 波長下讀取「水樣空白吸光度」。

3. 加入一匙氯化鋇，於定速率下攪拌 1 分鐘。

4. 攪拌終了，立即以分光光度計連續測定吸光度 4 分鐘，每 30 秒讀取吸光度一次，記錄 4 分鐘內之最大吸光度，視需要扣除「水樣空白吸光度」。

5. 由檢量線求得硫酸根濃度(mg/L)。

6. 檢量線製備：分別精取 0.00，5.00，10.0，15.0 至 40.0 mL 硫酸鹽標準溶液，稀釋至 100 mL，依水樣操作步驟 4，讀取最大吸光度，繪製硫酸根含量(mg/L)與吸光度之檢量線。

● **實驗設計流程：**

1. 各組取硫酸鹽標準溶液 0.00、5.00、10.00、20.00、40.00 mL 分別置於定量瓶中，以試劑水定容至 100.0 mL，配成一系列標準溶液。

2. 各組取上課指定之未知水樣，體積量依各組規定倒入 100 mL 定量瓶中，以蒸餾水定容稀釋至 100 mL，配成未知溶液。

3. 將上述水樣依照操作步驟加入調理劑及氯化鋇，硫酸鹽標準溶液則省略此步驟。

4. 分光光度計先熱機 30 分鐘。

5. 水樣以 420 nm 波長，利用分光光度計測吸光度。

6. 測定樣品之前，需先以蒸餾水設定吸光度為 0。

7. 利用檢量線計算未知水樣之硫酸鹽濃度。

三、實驗結果

標準名稱(mL)	吸光值	換算硫酸鹽濃度(mg/L)

1. 請記錄檢量線數據並貼上檢量線迴歸曲線圖，並將迴歸方程式列出：

四、問題

1. 試列舉出下水道發生腐蝕現象時，所需要的條件及反應狀況為何？

2. 當水中硫酸鹽存在時，容易引發哪些環境問題？

3. 下水道中，如何避免因硫化物所導致的混凝土管壁侵蝕現象？

五、實驗心得與討論

六、環檢所公告方法

◎水中硫酸鹽檢測方法－濁度法(NIEA W430.51C)

（一）方法概要

含硫酸鹽水樣於加入緩衝溶液後，再加入氯化鋇，使生成大小均勻之懸浮態硫酸鋇沉澱，以分光光度計於 420 nm 測其吸光度並由檢量線定量之。

（二）適用範圍

本方法適用於飲用水、地面水、地下水及廢（污）水中硫酸鹽之檢測，其適用之硫酸鹽濃度範圍為 1~40 mgSO$_4^{2-}$/L。

（三）干擾

1. 色度或大量濁度（懸浮物質）將產生干擾（某些懸浮物質可過濾去除），若兩者濃度較硫酸鹽濃度為小時，可依步驟（七）4.校正干擾。

2. 矽濃度超過 500mgSiO$_2$/L 時，產生干擾。

3. 水樣若含有大量干擾性有機物，硫酸鋇沉澱效果不佳。

（四）設備

1. 天平：可精秤至 0.1 mg。

2. 量匙：容量約 0.2~0.3 mL。

3. 磁石攪拌器。

4. 碼錶或計時器。

5. 分光光度計：使用波長 420 nm，並具 1~10 cm 光徑之樣品槽（註 1）。

（五）試劑

1. 試劑水：比電阻值 ≧16 MΩ-cm 之純水。

2. 緩衝溶液 A：溶解 30 g 氯化鎂(MgCl$_2$·6H$_2$O)、5 g 醋酸鈉(CH$_3$COONa·3H$_2$O)、1.0 g 硝酸鉀(KNO$_3$)及 20 mL 醋酸(99%CH$_3$COOH)於約 500 mL 蒸餾水中，並稀釋至 1 L。

3. 緩衝溶液 B（適用於水樣中硫酸鹽濃度小於 10mg/L）：溶解 30 g 氯化鎂(MgCl$_2$·6H$_2$O)、5 g 醋酸鈉(CH$_3$COONa·3H$_2$O)、1.0 g 硝酸鉀(KNO$_3$)、0.111 g 硫酸鈉(Na$_2$SO$_4$)及 20 mL 醋酸(99%CH$_3$COOH)於約 500 mL 蒸餾水中，並稀釋至 1 L。

4. 氯化鋇($BaCl_2$)結晶,細度 20~30 網目。

5. 硫酸鹽標準溶液:在 1,000 mL 定量瓶內,溶解 0.1479 g 無水硫酸鈉(Na_2SO_4)於蒸餾水,並稀釋至標線,其濃度為 100 $mgSO_4^{2-}/L$。

(六)採樣與保存

略。

(七)步驟

1. 硫酸鋇濁度之形成:量取 100 mL 水樣或適量水樣稀釋至 100 mL,置於 250 mL 之三角燒瓶。加入 20 mL 緩衝溶液(緩衝溶液之選擇與使用方式,請參閱(八)結果處理),以磁石攪拌混合之。攪拌時加入一匙氯化鋇並立刻計時,於定速率下攪拌 60±2 秒。

2. 硫酸鋇濁度之測定:攪拌終了,將溶液倒入分光光度計樣品槽中,於 5±0.5 分鐘測定其濁度。

3. 檢量線製備:分別精取 0.00、5.00、10.0、15.0、20.0、25.0、30.0、35.0、40.0 mL 硫酸鹽標準溶液,稀釋至 100 mL,依檢測步驟操作,繪製硫酸鹽含量(mg)-吸光度之檢量線。每分析三至四個水樣,以標準溶液查核檢量線之穩定性。

4. 水樣色度及濁度之校正:水樣於加入緩衝溶液後,加入氯化鋇前測其空白值以校正色度及濁度干擾。

(八)結果處理

若使用緩衝溶液 A,水樣在扣除加入氯化鋇前之吸光度後,直接由檢量線求得硫酸鹽濃度,若使用緩衝溶液 B,需扣除以上式求得之空白水樣硫酸鹽濃度才為水樣中硫酸鹽濃度;因檢量線不為線性,故無法以水樣吸光度扣除空白水樣之吸光度後,再由檢量線求得水樣硫酸鹽濃度。

(九)品質管制

1. 空白分析:每批次樣品或每十個樣品至少執行一次空白樣品分析,空白分析值應小於兩倍方法偵測極限。

2. 重覆分析:每批次樣品或每十個樣品至少執行一次重覆分析,其差異百分比應在 15% 以內。

3. 查核樣品分析：每批次樣品或每十個樣品至少執行一次查核樣品分析，並求其回收率，回收率應在 80~120%範圍內。

4. 添加標準品分析：每批次樣品或每十個樣品至少執行一次添加標準品分析，並求其回收率，回收率應在 80~120%範圍內。

（十）精密度與準確度

單一實驗室以濁度計檢測單一樣品，平均值為 7.45 mg/L，標準偏差為 0.13 mg/L，變異係數為 1.7%。兩個添加標準品分析之回收率分別為 85%及 91%。

（十一）參考資料

American Public Health Association, American Water Works Association & Water Pollution Control Federation, Standard Methods for the Examination of Water and Wastewater, 20th ed., Method 4500-SO42-E, pp.4-178~4-179, APHA, Washington, D.C.,USA, 1998。

註 1： 使用濁度計(Nephelometer)、光度計（Filter photometer，具在 420nm 有最大穿透度之紫色濾光片）亦可。

註 2： 本檢驗廢液依一般無機廢液處理原則處理。

MEMO

7-14 水中硝酸鹽檢測

實驗日期：_____

任課教師：_____

班級：_____   組別：_____

學號：_____   姓名：_____

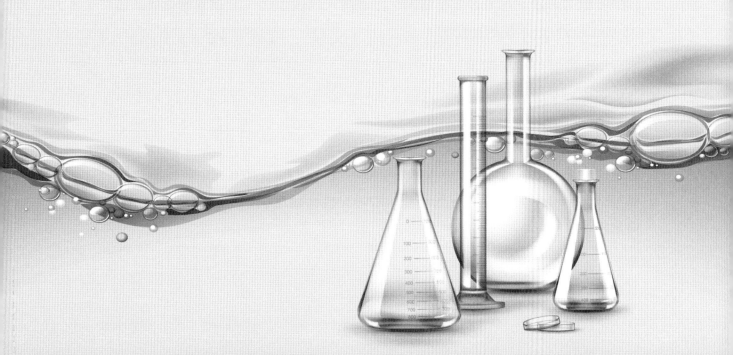

一、實驗原理

　　水中硝酸根在波長 410 nm 之吸光度遵循畢爾定理，本實驗利用硝酸根在 95℃ 之硫酸溶液中與馬錢子鹼生成黃色複合物，再以分光光度計測其吸光度。

● 適用範圍：

　　本方法適用於水及廢污水中硝酸鹽之檢驗，其硝酸態氮濃度範圍為 0.1～2.0 mg/L。

● 干擾：

1. 溶解有機物質、色度、強氧化或還原劑。

2. 亞鐵離子、鐵離子。四價錳離子、餘氯等。

3. 餘氯的干擾可加入亞砷酸鈉排除之。

二、試劑及設備

1. 亞砷酸鈉溶液：溶解 5.0 g 亞砷酸鍋鈉($NaAsO_2$)於 1 L 蒸餾水。

2. 氯化鈉溶液：溶解 300 g 氯化鈉(NaCl)於 1 L 蒸餾水。

3. 硫酸溶液：緩慢將 500 mL 濃硫酸(H_2SO_4)加入於 125 mL 蒸餾水，冷卻後緊蓋瓶塞以避免吸收空氣中的濕氣。

4. 馬錢子鹼－氯苯磺酸溶液：溶解 1 g 馬錢子鹼硫酸鹽(Brucine Sulfate)及 0.1 g 氨苯礦酸(Sulfanilic Acid)於 70 mL 熱蒸餾水中，再加入 3 mL 鹽酸(HCl)，冷卻後以蒸餾水稀釋至 100 mL，並貯存於棕色玻璃瓶。

5. 硝酸鹽儲備溶液：在 1 L 定量瓶內，溶解 0.7218 g 無水硝酸鉀(KNO_3)於蒸餾水，稀釋至 1 L；其中 1.00 mL=100 μg。此溶液加入 2 mL 氯仿($CHCl_3$)可保存 6 個月。

6. 硝酸鹽標準溶液：在 1 L 定量瓶內，以蒸餾水稀釋 10.0 mL 硝酸鹽儲備溶液至 1 L；1.00 mL=1.00 μg，使用前配製。

7. 水浴：溫度能設定 95℃ 者。

8. 分光光度計：使用波長 410 nm。

● 步驟：

1. 檢量線製備：分別精取 0.00，1.00，2.00，5.00，8.00，10.0 mL 硝酸鹽標準溶液，稀釋至 10.0 mL，與水樣同時處理並讀取吸光度，繪製硝酸態氮濃度(μg/L)與吸光度之檢量線。

2. 水樣分析：

(1) 若水樣含有餘氯，每 0.1 mg/L 加入一滴亞砷酸鈉溶液混合均勻後，每 50 mL 水樣再多加一滴亞砷酸鈉溶液。

(2) 精取 10 mL 水樣或適量水樣稀釋至 10 mL，置於 50 mL 試管中，將試管平均分置於試管架。

(3) 試管架置於冷水浴中，每一試管各加 2 mL 氯化鈉溶液，10 mL 硫酸溶液，混合均勻，冷卻。

(4) 如溶液混濁或有顏色出現，俟冷卻至室溫後，在 410 nm 讀取「水樣空白吸光度」

(5) 加入 0.5 mL 馬錢子鹼－氨苯磺酸溶液，搖動試管使均勻混合，然後與試管架置於 95℃ 水浴中（置入後溫度變化須小於 2℃）。

(6) 25 分鐘後，將試管移出，置於冷水浴中，待冷卻至室溫後，在 410 nm 讀取吸光度；扣除「水樣空白吸光度」，由檢量線求得硝酸態氮含量(mg/L)。

(7) 計算硝酸態氮濃度(mg/L)＝硝酸根濃度(mg/L)＝硝酸態氮濃度(mg/L)×4.43。

● 實驗流程：

1. 取硝酸鹽標準溶液 0.00，1.00，2.00，5.00，8.00，10.0 mL 硝酸鹽標準溶液，稀釋至 10 mL，配成一系列標準溶液。

2. 取未知水樣，體積量依各組規定倒入 10 mL 定量瓶中，以蒸餾水定容稀釋至刻度，配成未知溶液。

3. 將上述水樣依照操作步驟加入試劑，硝酸鹽標準溶液則省略此步驟。

4. 分光光度計先熱機 30 分鐘。

5. 水樣以 410 nm 波長，利用分光光度計測吸光度。

6. 測定樣品之前，需先以蒸餾水設定吸光度為 0。

7. 利用檢量線計算未知水樣之硝酸鹽濃度。

三、實驗結果

樣品名稱	吸光值	換算硝酸鹽濃度(mg/L)

1. 請記錄檢量線數據並貼上檢量線迴歸曲線圖，並將迴歸方程式列出。

四、問題

1. 藍嬰症與硝酸鹽的關係為何？

2. 請說明硝酸鹽對人體健康及環境污染上有何影響？

3. 請寫出環境中，硝酸鹽發生之原因及反應式？

五、實驗心得與討論

六、環檢所公告方法

◎水中硝酸鹽氮檢測方法－分光光度計法(NIEA W419.51A)

（一）方法概要

　　水溶性有機物質和硝酸鹽在 220 nm 有吸光現象，而硝酸鹽在 275 nm 不吸光，因此本方法以紫外光光度計測量水樣在 220 nm 之吸光度，扣除水樣在 275 nm 之 2 倍吸光度可求得水中硝酸鹽氮(NO_3^--N)之含量。

（二）適用範圍

　　本方法僅適用於有機物及干擾性無機離子含量低之飲用水中硝酸鹽氮的檢測。若溶解性有機物干擾之校正值（275 nm 處之兩倍吸光度）大於 220 nm 處吸光度的 10 %，則此方法不適用。

（三）干擾

1. 水樣中氫氧根或碳酸根濃度達 1,000 $mgCaCO_3/L$ 時，可用 1M 鹽酸溶液酸化水樣以排除干擾。

2. 溶解性有機物、界面活性劑、亞硝酸鹽及六價鉻等皆會對本方法造成干擾；其他在自然水體中不常見的無機離子及有機物，如次氯酸鹽及氯酸鹽等亦可能造成干擾；針對無機離子之干擾，可製作含此一無機離子相當濃度之硝酸鹽氮檢量線，以修正其干擾。

3. 水中之懸浮固體會對測定造成干擾，可以 0.45 μm 孔徑濾紙過濾去除之。

（四）設備

1. 濾紙：0.45 μm 孔徑。

2. 分光光度計：使用波長 220 nm 及 275 nm，附 1 cm（或更長之光徑）之石英樣品槽。

3. 天平：可精秤至 0.1 mg。

（五）試劑

1. 試劑水：不含硝酸鹽之二次蒸餾水或去離子蒸餾水。

2. 鹽酸溶液，1 M：將 83 mL 濃鹽酸緩慢加入約 800 mL 試劑水中，定容至 1 L。

3. 硝酸鹽氮儲備溶液：精秤經 105℃隔夜乾燥之硝酸鉀 0.7218 g，溶於試劑水中定容至 1,000 mL；1.0 mL=100 μgNO$_3^-$-N。加入 2 mL 氯仿，此溶液可保存 6 個月。

4. 硝酸鹽氮中間溶液：在 500 mL 量瓶，以試劑水稀釋 50 mL 硝酸鹽氮儲備溶液至刻度；1.0 mL=10.0 μgNO$_3^-$-N。加入 2 mL 氯仿，此溶液可保存 6 個月。

（六）採樣與保存

採集至少 100 mL 之水樣於乾淨之玻璃或塑膠瓶中，盡速分析，若於 4℃暗處冷藏，可保存四十八小時，已加氯消毒之樣品，則因較為穩定，可保存二十八天。

（七）步驟

1. 取澄清的水樣 50.0 mL，必要時，可先將水樣以 0.45 μm 之濾紙過濾；並加入 1 mL 1 M 鹽酸溶液，完全混合均勻。

2. 製作一個含空白和至少五種濃度的檢量線，如分別精取 0、1.0、2.0、4.0、7.0…35.0 mL 等適量硝酸鹽氮中間溶液稀釋至 50.0 mL。

3. 製備檢量線之標準溶液，須與水樣之處理方式相同，加入 1 mL1 M 鹽酸溶液，完全混合均勻。

4. 以試劑水將分光光度計歸零或歸 100%透光度。

5. 分別讀取檢量線之標準溶液與待測樣品在 220 nm 及 275 nm 之吸光度。

6. 硝酸鹽氮之淨吸光度為 220 nm 之吸光度減 2 倍 275 nm 之吸光度。

（八）結果處理

1. 繪製一淨吸光度與硝酸鹽氮濃度之檢量線。

2. 樣品中硝酸鹽氮之濃度可以下式計算：（註 1）

$$C_s = C \times F$$

C$_s$：樣品中硝酸鹽氮濃度(mgNO$_3^-$-N/L)

C：檢量線求得之硝酸鹽氮濃度(mg NO$_3^-$-N/L)

F：稀釋倍數

（九）品質管制

1. 檢量線：每次樣品分析前應製作檢量線，其線性相關係數（r 值），應大於或等於 0.995。檢量線製作完成後，應即以第二來源標準品配製接近檢量線中點濃度之標準品確認，其相對誤差值應在 ±15%以內。

2. 檢量線查核：每 10 個樣品及每批次分析結束時，執行一次檢量線查核，以檢量線中間濃度附近的標準溶液進行，其相對誤差值應在 ±15%以內。

3. 空白樣品分析：每批次或每 10 個樣品至少執行一次空白樣品分析，空白分析值應小於二倍方法偵測極限。

4. 重複樣品分析：每批次或每 10 個樣品至少執行一次重複樣品分析，其相對差異百分比應在 20%以內。

5. 查核樣品分析：每批次或每 10 個樣品至少執行一次查核樣品分析，其回收率應在 80~120%範圍內。

6. 添加分析：每批次或每 10 個樣品至少執行一次添加樣品分析，其回收率應在 75~125%範圍內。

（十）精密度及準確度

單一實驗室以本方法進行精密度與準確度之測定，所得結果如下表所示。

品管項目	樣品濃度(mg/L)	添加濃度 (mg/L)	回收率 標準偏差(%)	分析次數
重複分析	0.94	－	99.8±9.6	20
添加標準品	0.94	0.4	98.9±6.0	10
添加標準品	1.095	0.6	97.2±2.1	2
查核樣品	0.4	－	101.3	2
查核樣品	0.6	－	98.3	2
查核樣品	0.8	－	97.8±2.3	8

資料來源：臺灣省自來水股份有限公司第十二區管理處。

（十一）參考資料

American Publish Health Association, American Water Work Association &Water Pollution Control Federation. Standard Method for the Examination of Water and Wastewater, 20th Ed., Method 4500 - NO3- B, p.4-115, APHA, Washington, D.C.,USA, 1998.

註 1： 溶解性有機物之校正值即 2 倍 275nm 之吸光度，若大於 10 ％的 220nm 之吸光度時，表示干擾太大，此方法不適用。

註 2： 本檢驗相關之廢液，依一般無機廢液處理。

7-15 水中大腸桿菌群檢測—濾膜法

實驗日期：_____

任課教師：_____

班級：_____　　組別：_____

學號：_____　　姓名：_____

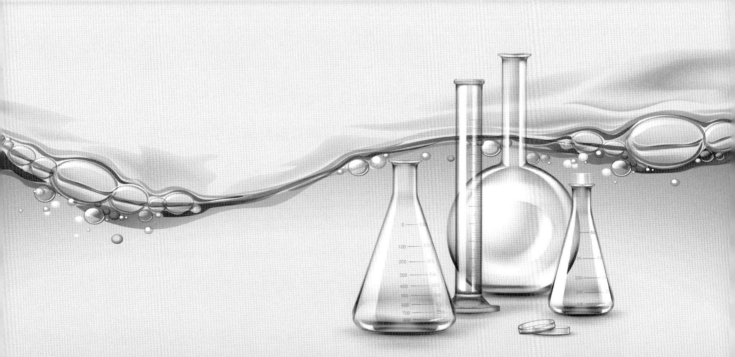

一、實驗原理

本方法係用濾膜檢測非飲用水中好氧或兼性厭氧、革蘭氏染色陰性、不產芽孢之大腸桿菌群(Coliform group)細菌。該群細菌在含有乳糖的 Endo 培養基上，於 35±1℃培養24+2 小時會產生紅色色系具金屬光澤菌落。所有缺乏紅色金屬光澤的菌落，均判定為非大腸桿菌群。

濾膜法(Membrane Filter Method)，不同於倒碟法、畫碟法及塗抹法，此種方法是利用過濾的方法，使樣品中微生物在過濾的過程中，停留在濾膜上方，只要將濾膜放置在適當的培養基上培養，即可得知在濾過的樣品中微生物的數目，故此法常用於液體樣品菌數的測定上，但由於是用過濾的方法，因此使用時須準備過濾的裝置及濾膜。一般在以濾膜法進行計數時，樣品中的菌數最好在 20 至 200 菌落數(CFU)(Colony Forming Units)內，所以樣品必須先做適當的稀釋。濾膜法的技術是採用菌落計數(Colony count)的技術，這種計數方法的基本假設是每一活細胞都可以長成一菌落，故可以利用菌落的數目來估計定量體積樣本中的活菌數。但利用此法計算活菌數時，須特別注意此時所用的培養基及培養條件，對菌落的生成相當重要。一般用來測數的方法是利用混合稀釋法，接種不同稀釋度、一定體積的樣品於一定種類的培養基中，培養後測其菌落數目即可，此種方法並非直接測數樣品中的活菌數，故其求出的活菌數單位經常用菌落形成單位（菌落數(CFU)）來加以表示。

以往做大腸桿菌的檢測是採用多管酸酵測試法(Multiple-tube test)或稱最大可能數測試法(Most Probable Number Method，簡稱 MPN)，多管酸酵法是利用統計的方法，估計懸浮於溶液中活菌數的一種方法，由於是估計溶液中的活菌數，所以這種方法常用於水中菌數的檢測上，不過因程式繁瑣，現較少採用。

● 適用範圍：

本方法適用於非飲用水（包括地面水體、地下水體、廢水、污水等）及水源水質水樣中大腸桿菌群之檢測。

● 干擾：

1. 水樣中含有抑制或促進大腸桿菌群細菌生長之物質。

2. 檢測使用的玻璃器皿及設備含有抑制或促進大腸桿菌群細菌生長的物質。

3. 其他。

二、實驗步驟

- **設備：**

1. 量筒：一般使用 100 mL、500 mL 及 1000 mL 之量筒。

2. 吸管：一般使用 1 mL、5 mL 及 10 mL 之無菌玻璃吸管或無菌塑膠製吸管，應有 0.1 mL 之刻度。

3. 稀釋瓶：一般使用 100 mL、250 mL、500 mL 及 1000 mL 能耐高壓滅菌之硼矽玻璃製品。

4. 三角錐瓶：一般使用 250 mL、500 mL、1000 mL 及 2000 mL 能耐高壓滅菌之硼矽玻璃製品。

5. 採樣容器：無菌之玻璃或塑膠製有蓋容器，使用市售無菌袋亦可。

6. 培養皿：硼矽玻璃製或可拋棄式塑膠製培養皿。其大小以 60×15 mm、50×12 mm 或其他適當大小者。

7. 過濾裝置：能耐高溫高壓滅菌的玻璃、塑膠、陶瓷或不鏽鋼等材質構成之無縫隙漏斗，以鎖定裝置、磁力或重力固定於底部。

8. 抽氣幫浦：水壓式或吸氣式，壓力差最好在 138 至 207 kPa 者。

9. 濾膜：一般使用 0.45 μm 孔徑且有格子記號的濾膜，直徑 47 mm，能使水中大腸桿菌群完全滯留者。

10. 鑷子：前端圓滑、內側無波紋。

11. 培養箱：溫度能保持 35±1℃者。

12. 加熱板：可調溫度，並附磁石攪拌功能者。

13. 菌落計數器：用於計算菌落數目。

14. 天平：能精稱至 0.01 g 者。

15. 高壓滅菌釜：用於稀釋、過濾裝置等不能乾熱滅菌之材料及用具等之滅菌。能以中心溫度 121℃（壓力約 15 lb/in^2 或 1 kg/cm^2）滅菌 15 分鐘以上者。

16. 乾熱滅菌器（烘箱）：用於玻璃器皿等用具之滅菌。溫度能保持 160℃達 2 小時或 170℃達 1 小時以上者。

• 試劑：

1. 培養基，可選用市售商品化培養基。

   (1) LES ENDO AGAR 培養基（又名 M-ENDO AGAR LES 培養基）

     每一公升之 LES ENDO AGAR 培養基含下列成份：

酵母抽出物(Yeast extract)	1.2 g
胰化酪蛋白腖(Casitone 或 Trypticase)	3.7 g
胰化蛋白腖(Tryptose)	7.5 g
硫化蛋白腖(Thiopeptone 或 Thiotone)	3.7 g
乳糖(Lactose)	9.4 g
磷酸氫二鉀(K_2HPO_4)	3.3 g
磷酸二氫鉀(KH_2PO_4)	1.0 g
氯化鈉(NaCl)	3.7 g
去氧膽酸鈉(Sodium desoxycholate)	0.1 g
硫酸月桂酸鈉(Sodiurn lauryl sulfate)	0.05 g
亞硫酸鈉(Na_2SO_3)	1.6 g
鹼性洋紅(Basic fuchsin)	0.8 g
瓊脂(Agar)	15.0 g

     將上述成分溶於含 20 mL 酒精(95%, v/v)之 1 公升蒸餾水中，煮沸溶解後（此培養基不可高溫高壓滅菌），冷卻至 45 至 50℃，分裝約 5 mL 之培養基至直徑 60 mm 培養皿中，置於室溫下凝固後，保存在 2 至 10℃不透光的容器或黑暗中。培養基使用期限以不超過兩週為限。可根據檢測需求量，依配方比例配製培養基。

   (2) m-Endo broth 培養基：

     每一公升之 m-Endo broth 培養基含下列成分：

酵母抽出物(Yeast extract)	1.5 g
胰化蛋白腖(Tryptose 或 Polypeptone)	10.0 g
硫化蛋白腖(Thiopeptone 或 Thiotone)	5.0 g
胰化酪蛋白腖(Casitone 或 Trypticase)	5.0 g
乳糖(Lactose)	12.5 g
氯化鈉(NaCl)	5.0 g
磷酸氫二鉀(K_2HPO_4)	4.375 g
磷酸二氫鉀(KH_2PO_4)	1.375 g
硫酸月桂酸鈉(Sodium lauryl sulfate)	0.05 g
去氧膽酸鈉(Sodium desoxycholate)	0.1 g

| 亞硫酸鈉(Na$_2$SO$_3$) | 2.1 g |
| 鹼性洋紅(Basic fuchsin) | 1.05 g |

將上述成分溶於含 20 mL 酒精(95%，v/v)之 1 公升蒸餾水中，煮沸後（此培養基不可高溫高壓滅菌）冷卻。分裝約 1.8 至 2.2 mL 培養液至含墊片之直徑 60 mm 培養皿中。培養基使用以不超過 96 小時為限。可根據檢測需求量，依配方比例配製培養基。本培養基亦有添加瓊脂的配方，配製方法及使用期限參照 LES Endo agar 培養基。

2. 磷酸二氫鉀溶液：

取 3.4g 磷酸二氫鉀(KH$_2$PO$_4$)溶於 50 mL 的蒸餾水中，待完全溶解後，以 1.0 N NaOH 溶液調整其 pH 值為 7.2±0.5，然後加蒸餾水至全量為 100 mL，儲存於冰箱中作為原液備用。

3. 氯化鎂溶液：

取 8.1 g 氯化鎂(MgCl$_2$ · 6H$_2$O)先溶於少量蒸餾水，待完全溶解後，再加蒸餾水至全量為 100 mL，儲存於冰箱中作為原液備用。

4. 無菌稀釋液：

分別取 10 mL 氯化鎂溶液和 2.5 mL 磷酸二氫鉀溶液，再加入蒸餾水至全量為 2 L，混搖均勻後，分裝於稀釋瓶中，經 121℃ 滅菌 15 分鐘，作為無菌稀釋液備用。

● **採樣與保存：**

1. 採微生物檢測之水樣時，應使用清潔並經滅菌之玻璃或塑膠容器或市售無菌採樣袋，且於採樣時應避免受到污染。水樣若含有餘氯時，無菌容器中應加入適量之硫代硫酸鈉（120 mL 的水樣中加入 0.1 mL、10%的硫代硫酸鈉可還原 15 mg/L 的餘氯）。

2. 水樣運送及保存之溫度應維持在 4℃。

3. 水樣應於採樣後 24 小時內完成檢測，並置入培養箱中培養。

4. 水樣體積以能做完所需檢測為準，但不得少於 100 mL。

● **步驟：**

1. 視水樣中微生物可能濃度範圍進行水樣稀釋步驟。使用無菌吸管吸取 10 mL 之水樣至 90 mL 之無菌稀釋液中，形成 10 倍稀釋度之水樣，混合均勻。而後自 10 倍稀釋度水樣，以相同操作方式進行一系列適當之 100 倍、1,000 倍、10,000 倍等稀釋水樣，並混搖均勻。進行稀釋步驟時，均需更換無菌吸管。水樣稀釋步驟如圖 7-9 所示。

2. 以無菌鑷子夾起無菌濾膜，放在無菌過濾裝置之有孔平板上，小心將漏斗固定，將過濾裝置接上抽氣幫浦。加入適量無菌稀釋液，以測定過濾設備是否裝置妥當。

3. 以無菌吸管吸取 10 mL 的原液及（或）各稀釋度水樣至無菌過濾器中過濾。過濾後，再以 20 至 30 mL 之無菌稀釋液沖洗漏斗；每個稀釋度水樣皆需進行二重複。

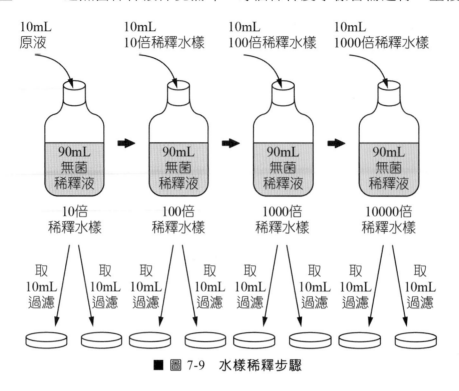

■ 圖 7-9　水樣稀釋步驟

4. 沖洗過濾後，解開真空裝置，將漏斗移開。儘速以無菌鑷子取出過濾後之濾膜置於培養基上，濾膜應完全與培養基貼合，避免產生氣泡。將培養皿置於 35+1℃ 培養箱內培養 24±2 小時。進行不同稀釋度水樣時，應更換無菌過濾器（漏斗），或將過濾器（漏斗）滅菌後才可再使用。

5. 計數各稀釋度培養皿中所產生的紅色金屬光澤菌落，並記錄之，若紅色金屬光澤菌落太多或雜菌菌落數太多造成判讀困難，則以「菌落太多無法計數」(Too numerous to count；TNTC)表示。

● **結果處理：**

1. 以含 20 至 80 個菌落之同一稀釋度的兩個培養皿計算其菌落數，以菌落數(CFU/100 mL)表示之。計算公式如下：

$$\text{總菌落數(CFU/100 mL)} = \frac{(X+Y) \times 100}{(\text{過濾體積}/D) + (\text{過濾體積}/D)}$$

註：
D：菌落數在 20 至 80 個之間的稀釋度。
X、Y：D 稀釋度之兩個培養皿的紅色金屬光澤菌落數。

2. 培養皿之菌落數不在 20 至 80 個菌落之間時，則依菌落數實際數目以下列方式處理：

   (1) 若原液及各稀釋水樣中僅有一個稀釋度的一個培養皿菌落數在 20 至 80 個之間，則以上述公式計算之。

   (2) 若原液培養皿中均無菌落生長，則菌落數以小於 10(<10)表示；若僅原液有菌落產生且少於 20 個，亦應計數菌落數。

   (3) 若各培養皿之菌落數均不在 20 至 80 個之間，則選取最接近 80 個菌落數之同一稀釋度的兩個培養皿以上述公式計算。

3. 數據表示：若計算所得之菌落數小於 10，以「<10」表示；菌落數小於 100 時，以整數表示（小數位數四捨五入），菌落數大於 100 以上時，只取兩位有效數字，並以科學記號表示，例如菌落數為 142 時以 1.4×10^2 表示之，菌落數 155 時以 1.6×10^2 表示之，菌落數為 18900 時以 1.9×10^4 表示。

4. 報告必須註明採樣時間、開始培養時間、培養基名稱及各稀釋度的原始數據。

● **實驗流程：**

1. 於操作前，須以 70%酒精噴灑手部，操作過程中請勿交談。

2. 過濾裝置需先行滅菌，於每次使用時，先以火焰再次滅菌，待冷卻後，以無菌水再沖洗。

3. 鑷子從 95%酒精中取出，以酒精燈燃燒滅菌，待涼後取出無菌包裝之濾紙放入過濾裝置後，再放回 95%酒精中備用。（取出濾紙步驟亦同）

4. 飲水機檢驗，以無菌袋取樣，須防止污染發生，過濾水樣體積 100 mL 後，再以約 10 mL 無菌水緩緩沖洗過濾裝置。

5. 水樣過濾後，夾入培養皿中，迅速蓋上上蓋後，倒置培養皿，寫上班級、組別及樣品編號後，放入 35℃ 恆溫箱中 24 hr（隔天觀察）。

6. 標準樣品檢驗，依上課規定取出標準品後稀釋至 100 mL，再依步驟 4.～5.之飲水機檢驗方式過濾水樣，放入 35℃ 恆溫箱中 24 hr（隔天觀察）。

7. 計算濾膜上有粉紅色或暗紅色具金屬光澤之菌落數量。

8. 大腸桿菌密度(CFU/100 mL)$=\dfrac{\text{濾紙上菌落數} \times 100}{\text{原水樣體積(非過濾體積)}}$。

三、實驗結果

樣品名稱	原水樣體積	菌落數	大腸桿菌密度

1. 請列出計算過程：

四、問題

1. 在培養過程中，為何要倒置培養皿？其理由為何？

2. 水樣稀釋的目的為何？哪些情況須進行水樣稀釋的步驟？

3. 若於第 2 天觀察培養皿時，發現整個培養基已經無法個別計數，其發生原因為何？如何補救？

4. 水質檢測大腸桿菌的目的及意義為何？

5. 為何大腸桿菌可當作生物指標的對象？其理由為何？

五、實驗心得與討論

六、環檢所公告方法

◎水中大腸桿菌群檢測方法－濾膜法(NIEA E202.55B)

（一）方法概要

　　本方法係用濾膜檢測水中好氧或兼性厭氧、革蘭氏染色陰性、不產芽孢之大腸桿菌群(Coliform group)細菌。該菌群細菌在含有乳糖的 LES Endo agar 或含有乳糖的 m-Endo broth 培養基吸收襯墊上，於 35±1℃培養 24±2 小時會產生具金屬光澤菌落（圖 7-9）。所有缺乏金屬光澤的菌落，均判定為非大腸桿菌群。

（二）適用範圍

　　本方法適用於地面水體、地下水體、廢水、污水、放流水及海域地面水體之大腸桿菌群檢測。

（三）干擾

1. 水樣中含有抑制或促進大腸桿菌群細菌生長之物質。

2. 檢測使用的玻璃器皿及設備含有抑制或促進大腸桿菌群細菌生長的物質。

3. 濁度過高之水樣易造成濾膜孔隙阻塞，或造成細菌菌落瀰漫生長(Spreading)而影響水樣檢驗的觀察及結果的判讀。

（四）設備及材料

1. 量筒：100 至 1000 mL 之量筒。

2. 吸管：有 0.1 mL 刻度之 10 mL 無菌玻璃吸管或無菌塑膠吸管，或無菌微量吸管(Micropipet)。

3. 稀釋瓶：100 至 1000 mL 能耐高溫高壓滅菌之硼矽玻璃製品。

4. 錐形瓶：200 至 1000 mL 能耐高溫高壓滅菌之硼矽玻璃製品。

5. 採樣容器：容量 120 mL 以上無菌之硼矽玻璃或塑膠有蓋容器，或市售無菌袋。

6. 培養皿：硼矽玻璃製品或市售無菌塑膠培養皿，大小為 60×15 mm、50×12 mm 或其他適當大小。

7. 過濾裝置：能耐高溫高壓滅菌的玻璃、塑膠、陶瓷或不鏽鋼等材質構成之無縫隙濾杯，以鎖定裝置、磁力或重力固定於底座。

8. 抽氣幫浦：壓力差宜為 138 至 207 kPa。

9. 濾膜：使用直徑 47mm、孔徑 0.45 μm 且有格線的無菌濾膜。

10. 鑷子：前端平滑、內側無波紋，使用前浸泡於 95%酒精再以火焰燃燒滅菌。

11. 培養箱：溫度能保持在 35±1℃。

12. 加熱板：附磁石攪拌功能。

13. 天平：待測物重量大於 2 g 時，須能精秤至 0.01 g；待測物重量不大於 2 g 時，須能精秤至 0.001 g。

14. 高壓滅菌釜：溫度能保持在 121℃（壓力約 15 lb/in² 或 1.05 kg/cm²）滅菌 15 分鐘以上。

15. 高溫乾熱烘箱：如用於玻璃器皿等用具之滅菌，溫度須能保持在 170±10℃達 2 小時以上。

16. 水浴槽：溫度能保持在約 50℃。

17. 冰箱：溫度能保持在 4±2℃。

18. 無菌操作檯：正壓式無菌操作檯或垂直循環負壓式無菌操作檯（ClassII 生物安全櫃）。

19. pH 計：精確度達 0.1 pH 單位。用於內含瓊脂培養基之 pH 值測定時，應搭配表面電極(Surface probe)。

20. 照明設備：菌落計數時，須使用白色螢光燈自上方照明。

21. 放大鏡或解剖顯微鏡：菌落計數時，可使用放大鏡或解剖顯微鏡（光源須為白色螢光燈）輔助。

22. 吸收襯墊：直徑約 47 mm，厚度約 0.8 mm 之無菌襯墊，須可吸收 2.0±0.2 mL 之液態培養基，且不可含有亞硫酸根離子等抑制物質。

（五）試劑

本方法所使用的化學藥品須為試藥級以上，培養基為微生物級製品。

1. 試劑水：導電度在 25℃時小於 2 μmho/cm(μS/cm)。

2. 培養基：應使用市售商品化培養基。

    (1) LES Endo agar 培養基（又名 m-Endo agar LES 培養基）

    每一公升之 LES Endo agar 培養基含下列成份：

酵母抽出物(Yeast extract)	1.2 g
胰化酪蛋白腖（Casitone 或 Trypticase）	3.7 g
胰化蛋白示(Tryptose)	7.5 g
硫化蛋白腖（Thiopeptone 或 Thiotone）	3.7 g
乳糖(Lactose)	9.4 g
磷酸氫二鉀(K_2HPO_4)	3.3 g
磷酸二氫鉀（KH_2PO_4）	1.0 g
氯化鈉(NaCl)	3.7 g
去氧膽酸鈉(Sodium desoxycholate)	0.1 g
硫酸月桂酸鈉(Sodium lauryl sulfate)	0.05 g
亞硫酸鈉(Na_2SO_3)	1.6 g
鹼性洋紅(Basic fuchsin)	0.8 g
瓊脂(Agar)	15.0 g

將 51 g m-Endo agar LES 培養基粉末置於無菌錐形瓶，加入內含 20 mL 酒精(95%, v/v)之 1 L 試劑水，煮沸溶解後（註：此培養基不可高溫高壓滅菌），冷卻至約 50 ℃，於無菌操作檯內分裝至無菌培養皿中，使培養基厚度約 2 至 4mm。室溫下靜置凝固後，避光保存於 4±2℃，保存期限為 14 天。可根據檢測需求量，依配方比例配製培養基。

    (2) m-Endo broth 培養基

    每一公升之 m-Endo broth 培養基含下列成分：

酵母抽出物(Yeast extract)	1.5 g
胰化蛋白示（Tryptose 或 Polypeptone）	10.0 g
硫化蛋白腖（Thiopeptone 或 Thiotone）	5.0 g
胰化酪蛋白腖（Casitone 或 Trypticase）	5.0 g
乳糖(Lactose)	12.5 g
氯化鈉(NaCl)	5.0 g
磷酸氫二鉀(K_2HPO_4)	4.375 g
磷酸二氫鉀(KH_2PO_4)	1.375 g
硫酸月桂酸鈉(Sodium lauryl sulfate)	0.05 g

去氧膽酸鈉(Sodium desoxycholate)	0.1 g
亞硫酸鈉(Na$_2$SO$_3$)	2.1 g
鹼性洋紅(Basic fuchsin)	1.05 g

將 48 gm-Endo broth 培養基粉末置於無菌錐形瓶，加入內含 20 mL 酒精(95%, v/v)之 1 L 試劑水，煮沸後（註：此培養基不可高溫高壓滅菌）冷卻，於無菌操作檯內分裝約 1.8 至 2.2 mL 培養液至含無菌吸收襯墊之培養皿中，分裝至培養皿之培養液須當天使用完畢。未分裝之培養液應避光保存於 4±2℃，保存期限為 96 小時。可根據檢測需求量，依配方比例配製培養基。

3. 無菌稀釋液

(1) 磷酸二氫鉀儲備溶液

取 3.4 g 磷酸二氫鉀(KH$_2$PO$_4$)溶於 50 mL 之試劑水中，俟完全溶解後，以 1N 氫氧化鈉溶液調整其 pH 值為 7.2±0.1，然後加試劑水至全量為 100 mL，滅菌（過濾滅菌或 121℃高溫高壓滅菌 15 分鐘以上）後，儲存於冰箱中備用。4±2℃下保存期限為 6 個月（註 1）。可根據檢測需求量，依比例配製。

(2) 氯化鎂儲備溶液

取 8.1 g 六水氯化鎂(MgCl$_2$‧6H$_2$O)或 3.8 g 無水氯化鎂，先溶於少量試劑水中，俟完全溶解後，再加試劑水至全量為 100 mL，滅菌（過濾滅菌或 121℃高溫高壓滅菌 15 分鐘以上）後，儲存於冰箱中備用。4±2℃下保存期限為 6 個月（註 1）。可根據檢測需求量，依比例配製。

(3) 無菌稀釋液

分別取 10 mL 氯化鎂儲備溶液和 2.5 mL 磷酸二氫鉀儲備溶液，加入試劑水至全量為 2000 mL，混搖均勻後，分裝於稀釋瓶中，經 121℃高溫高壓滅菌 15 分鐘以上，作為無菌稀釋液備用。如欲用於水樣稀釋，分裝之無菌稀釋液滅菌後體積須為 90±2.0 mL。4±2℃下保存期限為 6 個月（註 1）。可根據檢測需求量，依比例配製。

（六）採樣與保存

1. 採微生物檢測之水樣時，應使用清潔並經滅菌之玻璃瓶、無菌塑膠容器或市售無菌採樣袋，且於採樣時應避免受到污染。水樣若含有餘氯時，應使用內含硫代硫酸鈉錠劑之無菌採樣袋，或於無菌容器中加入適量之無菌硫代硫酸鈉以中和餘氯（採取加氯之廢水時，每 100 mL 之水樣如加入 0.1 mL 之 10%硫代硫酸鈉，可中和之餘氯量約為 15 mg/L。採取含氯之飲用水水樣時，每 100 mL 之水樣如加入 0.1 mL 之 3%硫代硫酸鈉，可中和之餘氯量約為 5 mg/L）。

2. 採樣前應清潔手部,再採取水樣,所採水樣應具有代表性。

3. 運送時水樣溫度應維持在小於 10℃且不得凍結,而實驗室內保存溫度應維持在 4±2℃。

4. 水樣應於採樣後 24 小時內完成水樣過濾步驟((七)步驟 5.)並置入培養箱中培養。

5. 水樣量以能做完所需檢測為度,但不得少於 100 mL。

(七)步驟

1. 水樣在進行檢測或稀釋之前必須劇烈搖晃 25 次以上,以使樣品充分混合均勻。

2. 視水樣中微生物可能濃度範圍進行水樣稀釋步驟。使用無菌吸管吸取 10 mL 之水樣至 90 mL 之無菌稀釋液中,形成 10 倍稀釋度之水樣,混合均勻。而後自 10 倍稀釋度水樣,以相同操作方式進行一系列適當之 100、1000、10000 倍等稀釋水樣,並混搖均勻。進行稀釋步驟時,均需更換無菌吸管。水樣稀釋步驟如圖 7-10 所示(註 2)。

3. 以無菌鑷子夾起無菌濾膜,放在無菌過濾裝置之有孔平板上,小心將濾杯固定。加入適量無菌稀釋液,以測定過濾設備是否裝置妥當。

4. 以無菌吸管吸取 10 mL 的原液及(或)各稀釋度水樣至無菌過濾器中過濾。原液及(或)各稀釋度水樣皆需進行二重複。過濾後,再以 20 mL 以上之無菌稀釋液沖洗濾杯。

5. 沖洗過濾後,將濾杯移開,儘速以無菌鑷子夾起過濾後之濾膜置於培養基上,濾膜應完全與培養基貼合,以免產生氣泡。

6. 將培養皿倒置於培養箱內,於 35±1℃下培養 24±2 小時。

7. 若欲進行另一個水樣時,應更換無菌過濾器(濾杯),亦可將過濾器(濾杯)以火烤後降至接近室溫重複使用。

8. 計數各稀釋度培養皿中所產生的金屬光澤菌落(註 3)並記錄之。若濾膜上金屬光澤菌落與雜菌菌落之總數超過 200 個,或是細菌瀰漫生長造成判讀困難,則以「菌落太多無法計數」(Too numerous to count; TNTC)表示,代表此一培養皿無法進行大腸桿菌群定量(註 4)。

(八)結果處理(計算實例請參照附表)

1. 若原液及各稀釋水樣之可定量培養皿中,僅有一個稀釋度的二重複培養皿之金屬光澤菌落數均在 20 至 80 個之間,則選取該稀釋度之兩個培養皿,以下列公式計算大腸桿菌群密度,單位為 CFU/100 mL(Colony forming units/100 mL):

$$大腸桿菌群(CFU/100mL) = \frac{選取培養皿之金屬光澤菌落數總和}{選取培養皿之水樣實際體積總和} \times 100$$

$$= \frac{X+Y}{(10/D)+(10/D)} \times 100$$

註：D：選取培養皿之稀釋度

X、Y：D 稀釋度之兩個培養皿的金屬光澤菌落數

2. 若結果與（八）1.所述不符，則以下列方式計算大腸桿菌群密度：

(1) 若原液及各稀釋度水樣之可定量培養皿中，僅有一個稀釋度的一個培養皿金屬光澤菌落數在 20 至 80 個之間，則選取該稀釋度之兩個培養皿，以上述公式計算。

(2) 若原液培養皿中均無金屬光澤菌落生長，則大腸桿菌群菌落數以「<10CFU/100 mL」表示；若各培養皿之金屬光澤菌落數均小於 20 個（TNTC 之培養皿不計），則選取金屬光澤菌落數最接近 20 個之同一稀釋度的兩個培養皿，以上述公式計算。

(3) 若各培養皿之金屬光澤菌落數均不在 20 至 80 個之間（TNTC 之培養皿不計），則選取金屬光澤菌落數最接近 80 個之同一稀釋度的兩個培養皿，以上述公式計算。

3. 數據表示：若計算結果小於 10，以「<10CFU/100 mL」表示；小於 100 時，以整數表示（小數位數四捨五入）；100 以上時，只取兩位有效數字（四捨五入）。

4. 檢測紀錄須註明採樣時間、培養起始及終了時間、培養基名稱、培養溫度及各稀釋度的原始數據等相關資料。

（九）品質管制

1. 微生物採樣人員及檢測人員應具備微生物基本訓練及知識。

2. 每批次採樣時應進行運送空白。

3. 每 10 個樣品應執行 1 個方法空白樣品分析，若每批次樣品數少於 10 個，則每批次仍應執行 1 個方法空白樣品分析。

4. 用於結果計算之二重複數據，其對數差異值不可超出精密度管制參考範圍（計算方式參考「環境微生物檢測通則－細菌(NIEA E101)」），除非二重複之菌落數均小於 20。

5. 新購入之培養基，每批號均須以大腸桿菌群菌株（如 E. coli、Enterobacter aerogenes、Citrobacter freundii）或含有大腸桿菌群之水樣進行測試（測試方式詳見「環境微生物檢測通則－細菌(NIEA E101)」）。

6. 若一季期間水樣均未檢出大腸桿菌群，則須以大腸桿菌群菌株進行培養基測試，以確保數據品質。

7. 本方法培養所得之細菌可能具有感染性，檢測後之培養基及器皿應經高溫高壓滅菌處理。

（十）精密度與準確度

略

（十一）參考文獻

American Public Health Association, American Water Works Association & Water Environment Federation. Standard Methods for the Examination of Water and Wastewater, 22nd ed., Method 9222B, APHA, Washington, D. C., USA, 2012.

註 1： 溶液如出現異物或混濁，則不可繼續使用。

註 2： 水樣如須稀釋，建議於稀釋後 30 分鐘內完成檢測步驟，以免造成細菌死亡或增生，影響實驗結果。

註 3： 只要菌落出現金屬光澤，無論金屬光澤是覆蓋整個菌落或是只覆蓋菌落中央一小部分，均判定為大腸桿菌群細菌。

註 4： 若根據歷史數據或水樣特性，水樣有濁度較高之狀況，或預期濾膜上之雜菌菌落數可能為金屬光澤菌落數的 10 倍以上，可將 10 mL 水樣以 2 張以上之濾膜過濾（如過濾 5 mL、5 mL），培養後再將金屬光澤菌落數加總計算，以降低干擾。

註 5： 本文引用之公告方法名稱及編碼，以環保署最新公告者為準。

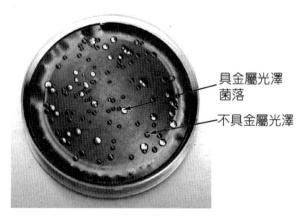

■ 圖 7-10 大腸桿菌群濾膜法培養結果

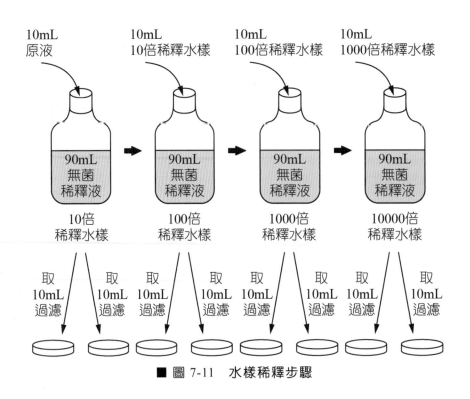

■ 圖 7-11　水樣稀釋步驟

■ 表 7-12　大腸桿菌群計算實例說明

培養皿中之金屬光澤菌落數				大腸桿菌群密度 (CFU/100mL)	參考
原液 10mL	稀釋 10 倍（原液 1mL）	稀釋 100 倍（原液 0.1mL）	稀釋 1000 倍（原液 0.01）		
TNTC；TNTC	<u>75</u>；<u>70</u>	6；7	1；0	7.3×10^3	（八）1.
TNTC；TNTC	<u>21</u>；<u>17</u>	3；4	0；0	1.9×10^3	（八）2.(1)
TNTC；TNTC	<u>15</u>；<u>13</u>	0；0	0；0	1.4×10^3	（八）2.(2)
0；0	0；0	0；0	0；0	<10	（八）2.(2)
TNTC；TNTC	TNTC；TNTC	<u>90</u>；<u>85</u>	11；9	8.8×10^4	（八）2.(3)

註：畫雙底線數字表示用於結果計算。

7-16　瓶杯試驗—Jar Test

實驗日期：＿＿＿＿＿＿＿＿

任課教師：＿＿＿＿＿＿＿

班級：＿＿＿＿＿＿＿＿＿　　組別：＿＿＿＿＿＿＿＿＿

學號：＿＿＿＿＿＿＿＿＿　　姓名：＿＿＿＿＿＿＿＿＿

一、實驗原理

混凝(Coagulation)一詞意指「將之聚集」(Drive together)；而膠凝(Flocculation)一詞意指「膠羽形成」。一般而言，混凝係添加混凝劑於水樣中，利用快混(Rapid Mixing)使混凝劑迅速且均勻分布增加其與膠體粒子間之碰撞、凝聚機會，並破壞膠體粒子之穩定性。而膠凝係使此不穩定之膠體粒子，藉由慢混(Slow Mixing)之方式而逐漸形成微細膠羽，並利用速度坡降(Velocity Gradient)使彼此間相互碰撞而產生較大膠羽以達到足夠沉降速度。

水中膠體顆粒常會保持分散懸浮狀態而不易凝聚沉降，此一現象與性質稱為穩定(Stability)。混凝作用的意義就是要消除膠體顆粒的穩定性，使懸浮粒子態相互接觸而凝結沉降。

去除顆粒穩定性有四種主要機制，雖然不同的化學混凝劑對於膠體穩定性去除之方式不同，茲將常用以解釋膠體去穩定的四種反應機制敘述於下：

1. 電雙層之壓縮(double-layer compression)：
   在溶液中加入電解質，使膠體電雙層中擴散層的電荷密度增加，則中和膠體表面電荷所需擴散層的體積相對減少，因而壓縮了電雙層厚度，使膠體顆粒因而可以更加接近，以利於凝聚。

2. 吸附及電性中和(adsorption and charge neutralization)：
   有些化學物可被膠體顆粒表面所吸附，若被吸附離子的電荷與膠體表面電性相反，則此種吸附作用可使顆粒表面電位減小，並使膠體顆粒之間的靜電斥力大幅降低，穩定性乃得以解除。此種去除穩定的機制只在某個混凝劑濃度範圍內才發生，且與膠體濃度、溶液之 pH 值及溶液內其他陰、陽離子之存在有關。

3. 沉澱物絆除(enmeshment in a precipitate)：
   一般加入之無機電解質混凝劑通常帶有金屬離子，如 Al^{3+}、Fe^{3+}，此種混凝劑之加入與溶液中存在之氫氧根離子產生沉澱物($Al(OH)_3(s)$、$Fe(OH)_3(s)$)，則膠體粒子可作為此類沉澱物之凝結核粒，也可在沉澱物沉澱時為其網羅而併合沉降，此去除方式通常稱為掃曳(sweep)混凝，每一種混凝劑會有最佳混凝作用之 pH 值的存在。

4. 吸附及架橋作用(adsorption and interparticle bridging)：
   研究顯示，陽、陰離子型的高分子聚合物對負電性膠體顆粒之穩定解除極有效，這種現象無法由電雙層壓縮及電性中和模式來合理解釋，可說明此類高分子聚合物(Polymer)的作用特性。高分子聚合物的分子必須含有能與膠體表面某一位置發生接觸作用的官能基，當聚合物與顆粒電性相反，其接觸可藉由庫侖引力、離子交換或是氫

鍵結合而發生；若電性相同則可由凡得瓦力所引起，藉此架橋作用可使膠體顆粒彼此間接團聚而沉澱。另外，當混凝攪拌過於激烈或時間過久，亦有可能破壞已完成之架橋複合物。

一般應用於水處理上的常用混凝劑可分為無機性的電解質混凝劑以及高分子有機聚合物兩類；而無機性的電解質混凝劑又以在溶液中能解離出 Al^{3+} 的鋁鹽及解離出 Fe^{2+}、Fe^{3+} 的鐵鹽為主。

$$Al_2(SO_4)_3 + 6OH^- \rightarrow 2Al(OH)_3 + 3SO_4^{2-} + 6CO_2$$
$$Al_2(SO_4)_3 + 6HCO_3^- \rightarrow 2Al(OH)_3 + 3SO_4^{2-} + 6CO_2$$
$$Fe + 3OH \rightarrow Fe(OH)_3$$

石灰在混凝作用的機制與鋁鹽，鐵鹽不同。石灰會與碳酸氫鹽反應成碳酸鈣沉澱及與正磷酸鹽反應形成羥基磷酸鈣($Ca_4(OH)(PO_4)_3$)。

$$Ca^{2+} + HCO_3^- + OH^- \rightarrow CaCO_3 + H_2O$$
$$5Ca^{2+} + 4OH^- + 3(HPO_4^-)^{2-} \rightarrow Ca_4(OH)(PO_4)_3 + 3H_2O$$
$$FeCl_3 + 3H_2O \rightarrow Fe(OH)_3 + 3H^+ + 3Cl^-$$

作為混凝劑的高分子聚合物係由稱為單體(monomers)的物質所組成的長鏈分子；高分子聚合物(polymer)消除膠體穩定性的機制係為架橋作用，因此聚合物之大小及形狀對混凝有效性之決定相當重要。高分子聚合物若能對膠體顆粒產生有效混凝時，通常其添加時僅需少量即可，較其他無機電解質混凝劑所需劑量要少得多。但因高分子聚合物通常僅具有架橋作用，因此最佳添加量範圍較鋁鹽、鐵鹽更為窄，超量或不足皆會導致膠體顆粒再穩定。但高分子聚合物另有其優點，即在溶液中的作用幾乎不消耗鹼度，對於 pH 值的控制上相當方便，極適用於處理低鹼度廢水。使用高分子聚合物為混凝劑，產生沉澱污泥量亦較少，同時污泥也較易脫水，並可避免過多細小膠羽的產生。

混凝沉澱之進行，影響程度最大的操作控制因數首推溶液的 pH 值。一般而言，重金屬離子形成不溶性固體物的最佳 pH 控制範圍約介於 8~11；而混凝處理雖因混凝劑之不同選擇，最佳 pH 控制範圍則大約在 5~8 之間。如何在混凝與膠凝兩連續處理流程上尋求一適當而有效之 pH 控制，將直接影響到廢水中重金屬之去除效率。

二、實驗步驟

● 試劑及設備：

1. 瓶杯試驗機：（見圖 7-12）

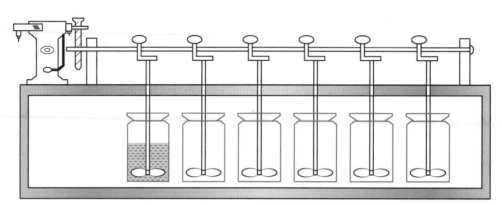

■ 圖 7-12　瓶杯實驗設備

2. 1 L 燒杯 6 個及玻璃棒。

3. 天平。

4. pH meter。

5. 高嶺土。

6. 混凝劑。

7. 鹼劑。

8. 濁度計。

● 瓶杯試驗標準步驟：

1. 取用 200 mL 水樣，先調節 pH=6.0，以玻璃棒或電磁攪拌器攪拌，緩緩加入混凝劑，於每次加藥後，快攪拌 1 分鐘，再慢攪拌 3 分鐘，持續重複加藥，並記錄總加藥量，直到形成膠羽為止。

2. 準備 6 個燒杯，各放入 1 L 水樣，以 NaOH 或 H_2SO_4 調整 pH 值為 5.0，5.5，6.0，6.5，7.0，7.5，每個燒杯中皆加入步驟 1 所得之加藥量。

3. 水樣經快混 3 分鐘，接著慢混 12~15 分鐘。快混轉速 100 rpm，慢混轉速 30～40 rpm。

4. 靜置 10~30 分鐘後，待膠羽沉澱後，測定上澄液之濃度，以濁度、真色度、BOD 或 COD 等表示去除狀況。

5. 利用 pH 與偵測濃度值作圖，選定 6 瓶燒杯中去除率最佳的 pH 值。

6. 同步驟 2.，但 pH 值調整為步驟 5.的最佳 pH 值，各水樣加入不同的藥量。

7. 再依步驟 3.～5.，利用加藥量與偵測濃度值作圖，選定 6 瓶燒杯中去除率最佳的加藥量。

8. 若使用助凝劑(polymer)，於快混停止前加入。

● **實驗流程：**

1. 水樣：以自來水與高嶺土配置原水 1.1 L(0.5 g/L)。

2. 取 100 mL 檢測原水濁度。

3. 剩餘水樣置於 1 L 之燒杯中。

4. 依 A、B、C、D 四組條件，分別以 NaOH 或 H_2SO_4 再調整為 pH=7 及 pH=9（共 8 杯）。

5. 依下列之藥品（混凝劑及鹼度）劑量，先秤重硫酸鋁及碳酸鈉備用。

組別	A	B	C	D
硫酸鋁(mg/L)	0	10	20	30
碳酸鈉(mg/L)	30	30	30	30

6. 先依步驟 5.之鹼度(Na_2CO_3)加入各燒杯中，攪拌使 Na_2CO_3 溶解。

7. 將燒杯置入瓶杯試驗機上，在快混前，再分別加入步驟 4 之混凝劑，快混條件：100 rpm，1 分鐘。

8. 慢混 30 rpm，20 分鐘。

9. 靜置 30 分鐘，取上澄液備用。

10. 測定混凝後上澄液濁度。

11. 將各組結果合併，繪製濁度曲線（X=混凝劑加量，Y=濁度）圖，選取最佳加藥量及最佳 pH 值。

圖例：

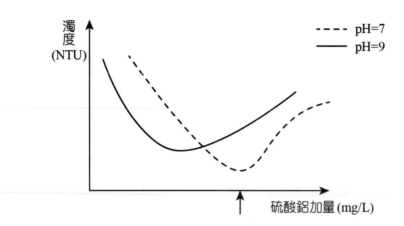

三、實驗記錄

Al₂SO₄ mg/l		0	10	20	30
pH=7	前				
	後				
pH=9	前				
	後				

＊填入濁度值

1. 請繪製濁度曲線圖，並於圖上標示最佳 pH 值及加藥劑量？

四、問題

1. Jar Test 的目的為何？

2. 混凝過程中，為何需要快混及慢混？其主要原因為何？

3. Jar Test 在水處理工程上的目的為何？

4. 實驗流程中加入碳酸鈉的理由為何？

5. 請列舉瓶杯試驗應用於淨水處理及廢水處理的範例（各一個）？

五、實驗心得與討論

MEMO

MEMO

MEMO

New Wun Ching Developmental Publishing Co., Ltd.
New Age · New Choice · The Best Selected Educational Publications—NEW WCDP

新文京開發出版股份有限公司

NEW WCDP

新世紀 · 新視野 · 新文京 ─ 精選教科書 · 考試用書 · 專業參考書